JN186306

Spin Geometry

スピノール場の数学

本間 泰史 著

森北出版株式会社

—— 序 論 ——

スピン幾何学とは微分幾何学の一つの分野であり，リーマン幾何学だけでは見えなかった新しい幾何学を与えてくれる．リーマン幾何学では，リーマン計量から定まる曲率，測地線，ラプラス作用素などを用いて多様体の構造を調べることになる．一方，スピン幾何学では，リーマン多様体に「スピン構造」という位相的構造[†1]を加えることにより，テンソル場に代わる「スピノール場」，ラプラス作用素に代わる「ディラック作用素」を用いて多様体の構造を調べる．テンソル場をスピノール場に変えただけと思いきや，指数定理においてディラック作用素は本質的な役割を果たし，キリングスピノールなどの特殊なスピノール場にはさまざまな重要な幾何構造が付随するのである．大域解析学や表現論そして理論物理学との関連も深く，スピン幾何学は現代数学で不可欠な分野である．

●ディラック作用素が数学に与えた影響

物理学者ディラック（P. Dirac）は，1928 年，相対性理論と適合する量子論を定式化するためにディラック方程式を導入した．ディラック作用素の誕生である．クライン–ゴルドン方程式とよばれる 2 階微分方程式は量子論での確率解釈が困難であったため，彼はそれを 1 階微分方程式であるディラック方程式に分解した．つまり，ディラック作用素とは，2 階微分作用素であるダランベルシアン（ユークリッド空間ならラプラス作用素）の 2 乗根となる 1 階微分作用素である[†2]．しかし，ラプラス作用素のように関数空間上の微分作用素ではなく，スピノール場に作用する微分作用素として定義される．また，ディラック作用素の係数行列は物理学においてガンマ行列とよばれ，数学的にいえば内積と外積代数を混ぜた関係式であるクリフォード関係式を満たすことがわかる．すなわち「クリフォード代数」を生成する．このようなディラックによるアイデアが，非常に豊かな数学・物理学を与えることは歴史が示している．数学分野において，その最たるものが指数定理であろう[†3]．それは，古典的なガウス–ボ

---

†1 スピン構造をもつかは多様体に依存する．たとえば球面はもつが，複素偶数次元射影空間 $\mathbb{C}P^{2n}$ はもたない．

†2 ローレンツ計量でのディラック方程式とリーマン計量でのディラック方程式の解析的な扱いはまったく異なる．

†3 ゲルファント（Gel'fand）によって示唆され，アティヤ＝シンガー（Atiyah-Singer）によって証明された．

ンネ（Gauss-Bonnet）定理やリーマン–ロッホ（Riemann-Roch）定理の一般化であり，多様体上の楕円型微分作用素の解析的指数が微分位相不変量である位相的指数に一致することが理解される．指数定理は微分幾何学・微分位相幾何学・大域解析学を結びつけるもので，それ以降の数学・理論物理学に与えた影響は大きい．たとえば，多様体上の非線形微分方程式のモジュライ空間（解空間）の次元計算に指数定理が使われる．ディラック作用素やスピノール場に関連した数学は，サイバーグ–ウィッテン（Seiberg-Witten）理論などのゲージ理論，非可換幾何学，K 理論，正スカラー曲率の問題，ツイスター理論，四元数ケーラー幾何学，G_2 や Spin(7) を用いた例外幾何学，エータ不変量，表現論での離散系列の構成，クリフォード解析学，量子アノマリーなどがあげられる．また，理論物理学におけるディラック方程式が与えた影響をあげればきりがないであろう．そして，超弦理論において，平行スピノールやキリングスピノールなどの特殊なスピノール場が現れている．

なお，スピノールの概念はディラック（もしくはパウリ（W. Pauli））によって初めて導入されたわけではない．クリフォード代数の起源は，ハミルトン（W. Hamilton）の四元数やグラスマン（H. Grassmann）のグラスマン代数に始まり，1878 年に発表されたクリフォード（W. Clifford）の論文である．そして，1913 年にカルタン（E. Cartan）はリー群の表現を構成するためにスピノールを導入している．また，クリフォード代数は純粋数学以外の分野でも独自の発展をしており，工学では geometric algebra とよばれ，コンピュータグラフィックスやロボット工学へ利用されている．

●本書の特色

本書の前半部（第 1～4 章）では，理論の詳細を述べつつ，手を動かしながら直感力が働くような方法でスピン幾何学に必要な概念を解説する．また，微分幾何学の基本事項である主束や接続などについて述べてあるので，**本書の前半部は微分幾何学の入門書として利用できる**．後半部（第 5～8 章）においてはスピン幾何学を解説する．スピン幾何の基本定理である指数定理については証明の概略を述べたあと，具体例を用いて指数の計算を行う．使い方をマスターしてほしい．そして，本書の最終目標である「平行スピノールをもつ多様体の分類」，「キリングスピノールをもつ多様体の分類定理」に向かって，スピノール場がどのように微分幾何学に利用されるのかを学んでいく．分類する際に，カラビ–ヤウ構造や G_2 構造などの重要な幾何構造が現れることがわかる．

このように本書はスピン幾何学の基礎を学びながらさまざまな幾何構造に触れ，関連した最先端の論文を理解するために必要な知識を解説したものであり，スピン幾何学を軸にして，微分幾何学の道具の使い方も理解できる．数学（または理論物理）を専攻する学部 3，4 年生以上または研究者向けに書いたが，第 1，2 章は線形代数の続きなので読みやすいだろう．第 3 章からは多様体の基礎を学んだ読者向けに書いている．なるべく最短コースでスピン幾何学が身に付くようにしたので，細かい部分にとらわれず，定義・定理の意味や本質は何なのか考えながら読んでほしい．また，学部生や修士 1 年生はすべての「問」に取り組んでほしい．解答はつけていないが，森北出版の Web サイト

http://www.morikita.co.jp/books/mid/007761

には掲載するので，必要に応じて参照するとよいだろう．

●本書の構成

第 1，2 章ではクリフォード代数・スピン群・スピノール表現について述べる．必要なリー群の知識は付録にまとめてある．2.2 節のフェルミオン表示はスピノールを直感的に理解するためには必読である．また，2.3〜2.5 節は必要に応じてあとから読み返すのがよい．2.3 節はスピノール空間上の四元数構造などの話である．2.4 節は第 6 章で利用する．2.5 節はスピノールと八元数の話題であり，第 8 章の G_2 幾何，Spin(7) 幾何で利用する．

第 3 章では主束・ベクトル束・層について解説したあと，スピン幾何学の舞台となるスピン多様体・スピノール束を定義する．また，ベクトル束の特性類について分裂原理に重点をおいて解説する．

第 4 章は微分幾何学で必須となる接続・共変微分・曲率・ホロノミー群について解説する．リーマン幾何学からの必要事項はここにまとめてある．なお，リーマン幾何学で重要な概念である測地線については触れていない．

第 5 章からスピン幾何学が始まる．まず，ディラック作用素の定義と基本的性質について述べ，指数定理を解説する．また，スピン幾何学の基本定理ともいえる固有値評価と消滅定理について述べる．

第 6 章では，指数定理の応用としてガウス－ボンネ－チャーン（Gauss-Bonnet-Chern）の定理および符号数定理について解説する．さらに，リーマン幾何学における消滅定理を解説する．第 5 章での消滅定理と比較してほしい．

第 7 章は平行スピノールやキリングスピノールなどの特殊なスピノール場を導入し，その性質を解説する．たとえば，キリングスピノールをもつスピン多様体はアインシュタイン多様体となることがわかる．

第 8 章ではベルジェ（M. Berger）によるリーマンホロノミー群の分類定理を解説したあとで，そこに現れるさまざまな幾何構造（ケーラー（Kähler），カラビ－ヤウ

(Calabi-Yau)，超ケーラー，四元数ケーラー，G_2，Spin(7)）の定義と基礎事項を解説する．そして，本書の最終目標である平行スピノールをもつ多様体の分類，キリングスピノールをもつ多様体の分類を述べる．

付録では本書を読むために必要な，リー群・等質空間・表現論の基礎事項，ドラームコホモロジー群などの微分形式に関する基礎事項について述べてある．

最後に，目的に応じた本書の読み方を書いておこう．

- スピン幾何学の基礎事項を知りたい場合．

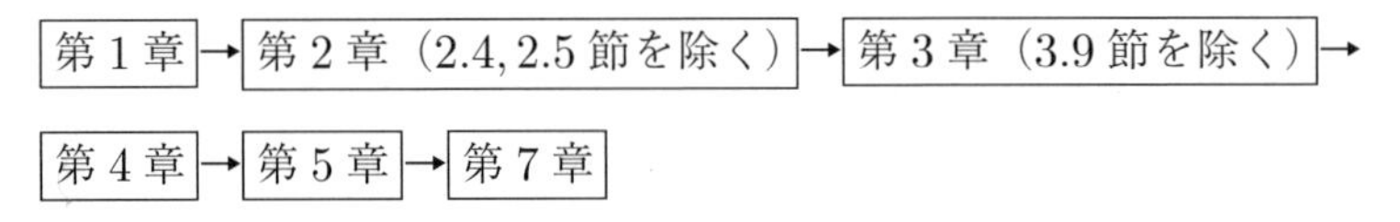

- さらに，（古典的）リーマン幾何学への応用も知りたい場合．

第1章 → 第2章（2.5節を除く） → 第3章（3.9節を除く） →

第4章 → 第5章 → 第6章（6.2.2項を除く） → 第7章

- スピン幾何学とさまざまな幾何学とのかかわりを知りたい場合，最先端の論文を理解したい場合にはすべて読むのがよい．もちろん，これが著者としてのお勧めである．

2016年8月

著　者

目 次

第 1 章 クリフォード代数

クリフォード代数は，内積をもつベクトル空間に付随した代数であり，内積と外積の両方の情報を含んでいる．そのため，数学のみならず物理学や工学でも利用される基本的な道具の一つである．その定義は簡単だが，周期性などの豊富な数学的な構造をもち，第 2 章でのスピノールの構成に用いられる．この章では，テンソル代数から始め，外積代数，クリフォード代数を定義し，今後必要とするいくつかの性質について解説する．さらに，スピン群を構成する．なお，多様体上へと拡張するには，基底のとり方によらない定義が必要である．そこで，クリフォード代数の普遍的な定義と基底による定義の両方の視点から説明する．

1.1 テンソル代数

まずはテンソル代数について解説する．V, W を実数 $\mathbb{R}$ 上の有限次元ベクトル空間とする．このとき，新しいベクトル空間 $V \otimes W$ で，次のような性質を満たすものが構成できる．

- $v \in V$，$w \in W$ に対して，テンソル積 $v \otimes w \in V \otimes W$ が定義される．
- テンソル積について，次の双線形性が成立する．$c_1, c_2 \in \mathbb{R}$ に対して，

$$\begin{aligned}(c_1 v_1 + c_2 v_2) \otimes w &= c_1(v_1 \otimes w) + c_2(v_2 \otimes w), \\ v \otimes (c_1 w_1 + c_2 w_2) &= c_1(v \otimes w_1) + c_2(v \otimes w_2)\end{aligned} \tag{1.1}$$

- $V \otimes W$ の次元 $\dim_{\mathbb{R}} V \otimes W$ は $\dim_{\mathbb{R}} V \times \dim_{\mathbb{R}} W$ である．

テンソル積を実際に構成してみよう．

定義 1.1 写像 $B : V \times W \to \mathbb{R}$ が**双線形形式**とは，次を満たすことである．

- $B(c_1 v_1 + c_2 v_2, w) = c_1 B(v_1, w) + c_2 B(v_2, w)$
- $B(v, c_1 w_1 + c_2 w_2) = c_1 B(v, w_1) + c_2 B(v, w_2)$

つまり，各成分について線形性が成立する．さらに，$V \times W$ 上の双線形形式全体を

$$B_{V,W} := \{B \mid B : V \times W \to \mathbb{R} \text{ は双線形形式 }\}$$

とすれば，$B_{V,W}$ は $\mathbb{R}$ 上ベクトル空間となる．

定義 1.2　$V \times W$ 上の双線形形式全体のベクトル空間 $B_{V,W}$ の双対空間[†1] を $V \otimes W := (B_{V,W})^*$ と書き，V, W **のテンソル積空間**とよぶ．また，$v \in V, w \in W$ に対して，積 $v \otimes w \in V \otimes W$ を次で定義する．

$$(v \otimes w)(B) := B(v, w), \quad (B \in B_{V,W})$$

▶**問1.1**　式 (1.1) を証明せよ．◀

$V \otimes W$ をより具体的に書くには次のようにすればよい．V の基底を $v_1, \dots, v_n$，W の基底を $w_1, \dots, w_m$ とする．双線形形式 $B : V \times W \to \mathbb{R}$ は，線形性から nm 個の実数 $\{B(v_i, w_j)\}_{i,j}$ がわかれば唯一つに定まる．そこで，双線形形式 B_{kl} を $B_{kl}(v_i, w_j) = \delta_{ki}\delta_{lj}$ を満たすように定めると，$\{B_{kl}\}_{k,l}$ が $B_{V,W}$ の基底になる．特に，$B_{V,W}$ の次元は $\dim_{\mathbb{R}} V \times \dim_{\mathbb{R}} W = nm$ である．テンソル積空間 $V \otimes W$ は，この双対空間として定義したので，B_{kl} の双対基底を $v_k \otimes w_l$ と書けば，

$$V \otimes W = \left\{\sum c_{ij} v_i \otimes w_j \mid c_{ij} \in \mathbb{R}\right\}$$

となる．

命題 1.1　$V \otimes W$ は次の普遍性を満たす．$\mathbb{R}$ 上ベクトル空間 U および双線形写像 $B : V \times W \to U$ に対して，線形写像 $\beta : V \otimes W \to U$ で次の図式を可換（$B(v, w) = \beta(v \otimes w)$）にするものが唯一つ存在する．

$$\begin{array}{ccc} V \times W & \xrightarrow{\otimes} & V \otimes W \\ & {\scriptstyle B} \searrow & \downarrow {\scriptstyle \beta} \\ & & U \end{array}$$

証明　$B : V \times W \to U$ に対して，$\xi \in U^*$ とすれば，$\xi \circ B : V \times W \to \mathbb{R}$ は双線形形式であるので，線形写像 ${}^t\beta : U^* \ni \xi \mapsto \xi \circ B \in B_{V,W}$ を得る．この双対写像をとれば，

[†1] ベクトル空間 U 上の線形形式が成すベクトル空間 $U^* := \{f : U \to \mathbb{R} \mid f \text{ は線形 }\}$ が U の双対空間である．U の基底 $\{v_i\}_{i=1}^n$ に対し，$w_j(v_i) = \delta_{ij}$ なる U^* の基底 $\{w_j\}_{j=1}^n$ を双対基底という．ここで，δ_{ij} はクロネッカーのデルタを表す．

$$\beta : V \otimes W = (B_{V,W})^* \ni \phi \mapsto \phi \circ {}^t\beta \in (U^*)^* \cong U$$

という線形写像を得るが，$v \otimes w \in V \otimes W$ に対して，

$$\xi(\beta(v \otimes w)) = (v \otimes w)({}^t\beta(\xi)) = (v \otimes w)(\xi \circ B) = \xi(B(v,w)), \quad (\forall \xi \in U^*)$$

となるので，$\beta(v \otimes w) = B(v,w)$ を満たす．

一意性を示そう．$\{v_i\}_i, \{w_j\}_j$ を V, W の基底とすれば，B は $\{B(v_i, w_j)\}_{i,j}$ で決まる．また，$\{v_i \otimes w_j\}_{i,j}$ は $V \otimes W$ の基底であるので，β は $\{\beta(v_i \otimes w_j)\}_{i,j}$ で決まる．$\beta(v_i \otimes w_j) = B(v_i, w_j)$ となるので，β は B から一意的に定まる． □

この普遍性の有用性は，次のような標準的な同型[†1]を証明できることである．

命題 1.2 ベクトル空間のテンソル積に関して，次のような標準的な同型が成立する．

(1) $V \otimes W \cong W \otimes V$

(2) $(V_1 \otimes V_2) \otimes V_3 \cong V_1 \otimes (V_2 \otimes V_3)$

(3) $V \otimes (W_1 \oplus W_2) \cong (V \otimes W_1) \oplus (V \otimes W_2)$

(4) $\mathbb{R} \otimes V \cong V \otimes \mathbb{R} \cong V$

証明 最初の主張のみ証明しよう．双線形写像 $\Phi : V \times W \ni (v,w) \mapsto w \otimes v \in W \otimes V$ を考えると，$F : V \otimes W \to W \otimes V$ で $F(v \otimes w) = w \otimes v$ となるものが存在する．同様に，$G : W \otimes V \to V \otimes W$ で $G(w \otimes v) = v \otimes w$ となるものが存在する．また，$G \circ F(v \otimes w) = v \otimes w$ となり $G \circ F = \mathrm{id}$ となる．同様に $F \circ G = \mathrm{id}$．よって，$V \otimes W \cong W \otimes V$ となる． □

▶問 1.2 線形写像 $F : V \to V'$，$G : W \to W'$ に対し，

$$F \times G : V \times W \ni (v,w) \mapsto F(v) \otimes G(w) \in V' \otimes W'$$

が双線形写像であることを示せ．そこで，F, G のテンソル積である線形写像 $F \otimes G : V \otimes W \to V' \otimes W'$ が自然に定義される． ◀

▶問 1.3 ベクトル空間 V, W に対して，V から W への線形写像全体のベクトル空間を $\mathrm{Hom}(V,W)$ と書く．標準的な同型 $\mathrm{Hom}(V,W) \cong V^* \otimes W$ を示せ． ◀

上の命題 1.2 から，テンソル積空間 $(V_1 \otimes V_2) \otimes V_3$ および $V_1 \otimes (V_2 \otimes V_3)$ を $V_1 \otimes V_2 \otimes V_3$ と書いてよいことになる．そこで，ベクトル空間 V の p 階テンソル積を考えてみる．

$$T^p(V) := \otimes^p V = \underbrace{V \otimes V \otimes \cdots \otimes V}_{p\ 個}$$

[†1] n 次元ベクトル空間 V の基底を一つとれば，同型 $V \cong \mathbb{R}^n$ を得るが，この同型は基底のとり方に依存している．命題 1.2 における同型は，基底のとり方によらない「標準的な同型」である．

これまで述べたことからわかるように，$T^p(V)$ の基底として，

$$\{v_{i_1}\otimes\cdots\otimes v_{i_p}\,|\,1\leq i_1,\ldots,i_p\leq n=\dim_{\mathbb{R}}V\}$$

をとることができ，$\dim_{\mathbb{R}}T^p(V)=n^p$ となる．また，V 上の p 重線形形式

$$K:V\times V\times\cdots\times V\to\mathbb{R}$$

の全体は n^p 次元のベクトル空間となるが，その双対空間が $T^p(V)$ である．

テンソル積を使って $\mathbb{R}$ 上代数をつくることができる．ここで，$\mathbb{R}$ 上ベクトル空間 A が $\mathbb{R}$ 上代数であるとは，双線形かつ結合的な乗法が定義されていることである．

定義 1.3　V を $\mathbb{R}$ 上有限次元ベクトル空間とし，V の p 階テンソル積空間の直和（$p=0,1,\ldots$）を考える．

$$T^*(V):=\bigoplus_{p=0}^{\infty}T^p(V)$$

ここで，$T^0(V)=\mathbb{R}$ としている．この無限次元ベクトル空間 $T^*(V)$ を V に対する**テンソル代数**という．$\mathbb{R}$ 上（結合的）代数構造は

$$\phi=v_1\otimes\cdots\otimes v_p\in T^p(V),\quad \psi=w_1\otimes\cdots\otimes w_q\in T^q(V)$$

に対して，

$$\phi\otimes\psi:=v_1\otimes\cdots\otimes v_p\otimes w_1\otimes\cdots\otimes w_q\in T^{p+q}(V)$$

とし，線形に拡張したものを入れればよい．特に，V の基底を $v_1,\ldots,v_n$ とすれば，$T^*(V)$ は $\mathbb{R}$ 上代数として $\{v_1,\ldots,v_n\}$（および $\{1\}$）から生成される．

テンソル代数の普遍性について述べておこう．

命題 1.3 (普遍性)　A を結合法則を満たす $\mathbb{R}$ 上代数とする．線形写像 $f:V\to A$ に対して，代数準同型 $F:T^*(V)\to A$ で，$F|_{T^1(V)=V}=f$ となるものが唯一つ存在する．ここで，F が代数準同型とは，線形かつ $F(\phi\psi)=F(\phi)F(\psi)$ を満たすことである．

証明　条件を満たすような代数準同型を得るには，

$$F(v_1\otimes\cdots\otimes v_p)=f(v_1)\cdots f(v_p)$$

として，線形に拡張すればよい．また，$T^*(V)$ が $\{v\,|\,v\in V\}$ で生成されるので，F は f から唯一つに定まる． □

1.2 外積代数

前節で解説したテンソル積に交代性を課すことにより外積代数を構成する．外積代数を多様体上で考えたものが微分形式である．

V を $\mathbb{R}$ 上 n 次元ベクトル空間として，$v_1, \ldots, v_n$ を V の基底とする．$\{v_1, \ldots, v_n\}$（および $\{1\}$）を生成元とし，関係式を $v_i \wedge v_j = -v_j \wedge v_i$ $(i, j = 1, \ldots, n)$ とした $\mathbb{R}$ 上代数を**外積代数**といい，$\Lambda^*(V)$ と書く．このとき，$\Lambda^*(V)$ のベクトル空間としての基底として，次のものがとれることがわかる．

$$\{1\} \cup \{v_{i_1} \wedge v_{i_2} \wedge \cdots \wedge v_{i_p} \mid 1 \leq i_1 < \cdots < i_p \leq n,\ p = 1, \ldots, n\}$$

たとえば，$5 + 3v_7 - 4v_1 \wedge v_3 \wedge v_5$ は $\Lambda^*(V)$ の元である．また，二つの元の外積は，

$$\begin{aligned}
&(-2 + 3v_2 - 2v_1 \wedge v_3) \wedge (2v_1 + v_2) \\
&\quad = -4v_1 - 2v_2 + 6v_2 \wedge v_1 + 3v_2 \wedge v_2 - 4v_1 \wedge v_3 \wedge v_1 - 2v_1 \wedge v_3 \wedge v_2 \\
&\quad = -4v_1 - 2v_2 - 6v_1 \wedge v_2 + 4v_1 \wedge v_1 \wedge v_3 + 2v_1 \wedge v_2 \wedge v_3 \\
&\quad = -4v_1 - 2v_2 - 6v_1 \wedge v_2 + 2v_1 \wedge v_2 \wedge v_3
\end{aligned}$$

のように計算すればよい．上のような外積代数の定義では，V の基底のとり方に依存しているので，テンソル代数のときのように，普遍的な定義を与えよう．

V のテンソル代数 $T^*(V)$ を考える．$T^*(V)$ の部分集合

$$S = \{v \otimes v \mid v \in V\}$$

から生成される両側イデアルを $I(V)$ とする．つまり，$I(V)$ は，S の元に両側から $T^*(V)$ の元を掛けて，それらの線形結合をとったものの全体のことである．

定義 1.4 V を $\mathbb{R}$ 上 n 次元ベクトル空間とする．V の**外積代数**とは，商代数

$$\Lambda^*(V) := T^*(V)/I(V)$$

のことである．自然な射影を $\pi : T^*(V) \to \Lambda^*(V)$ とし，$\Lambda^p(V) := \pi(\otimes^p V)$ を V の p **次交代テンソル積空間**とよぶ．また，$\alpha = \pi(a) \in \Lambda^p(V)$, $\beta = \pi(b) \in \Lambda^q(V)$ に対して，

$$\alpha \wedge \beta := \pi(a \otimes b)$$

を α と β の**外積**または**交代テンソル積**とよぶ．

射影 π の線形性およびテンソル積 $\otimes$ の線形性・結合法則から，次が成立する．

$$(c_1\alpha_1 + c_2\alpha_2) \wedge \beta = c_1(\alpha_1 \wedge \beta) + c_2(\alpha_2 \wedge \beta),$$
$$\alpha \wedge (c_1\beta_1 + c_2\beta_2) = c_1(\alpha \wedge \beta_1) + c_2(\alpha \wedge \beta_2),$$
$$(\alpha \wedge \beta) \wedge \gamma = \alpha \wedge (\beta \wedge \gamma)$$

$I(V)$ は S から生成されるので，$\Lambda^0(V)$，$\Lambda^1(V)$ には影響しない．つまり，$\Lambda^0(V) = \pi(\otimes^0 V) = \mathbb{R}$, $\Lambda^1(V) = \pi(\otimes^1 V) = V$ となる．そこで，$v \in V$ **に対して** $\pi(v) \in \Lambda^*(V)$ **を，そのまま** v **と書く**．$v_1, \ldots, v_n$ を V の基底とすれば，$a \in \otimes^p V$ は，

$$a = \sum_I c_I v_{i_1} \otimes \cdots \otimes v_{i_p}, \quad I = (i_1, \ldots, i_p)$$

と書けるので，

$$\alpha = \pi(a) = \sum_I c_I v_{i_1} \wedge \cdots \wedge v_{i_p}$$

となる．よって，$\{v_{i_1} \wedge \cdots \wedge v_{i_p}\}_I$ により $\Lambda^p(V)$ は生成されるが，一次独立ではないのでもう少し考察が必要である．

■**例 1.1**　手始めに $\Lambda^2(V) = \pi(\otimes^2 V)$ を考えてみる．$v = \pi(v)$（$v \in V$）に対して，$v \wedge v = \pi(v \otimes v)$ であるが，$v \otimes v \in I(V)$ より $v \wedge v = 0$ となる．また，$v, w \in V$ に対して，$(v + w) \otimes (v + w) \in I(V)$ により，

$$(v + w) \otimes (v + w) = v \otimes v + v \otimes w + w \otimes v + w \otimes w \in I(V)$$

となるので，

$$v \wedge w = \pi(v \otimes w) = \pi(-v \otimes v - w \otimes v - w \otimes w) = -\pi(w \otimes v) = -w \wedge v$$

を得る．このように，$v_1, \ldots, v_n$ を V の基底とすれば，

$$v_i \wedge v_i = 0, \quad v_i \wedge v_j = -v_j \wedge v_i, \quad (i \neq j)$$

という関係式を得る．特に，$\{v_i \wedge v_j | 1 \leq i < j \leq n\}$ が $\Lambda^2(V)$ の基底となり（命題 1.6），$\dim_{\mathbb{R}} \Lambda^2(V) = \binom{n}{2} = \dfrac{n!}{2!(n-2)!}$ となる．■

この例からわかるように，外積代数を理解するには，次の交代関係式を用いて具体的な計算をするのがよい．

$$v \wedge w = -w \wedge v, \quad (\forall v, w \in V) \tag{1.2}$$

命題 1.4　$\alpha \in \Lambda^p(V)$, $\beta \in \Lambda^q(V)$ とすれば，$\alpha \wedge \beta = (-1)^{pq} \beta \wedge \alpha$ となる．特に，$\alpha \in \Lambda^{2p+1}(V)$ ならば，$\alpha \wedge \alpha = 0$ となる．

証明 線形性から，$\alpha = v_{i_1} \wedge \cdots \wedge v_{i_p}$，$\beta = v_{j_1} \wedge \cdots \wedge v_{j_q}$ について示せばよい．式 (1.2) を使えば命題は証明できる． □

命題 1.5 $\dim_{\mathbb{R}} V = n$ として，$v_1, \ldots, v_n$ を V の基底とすれば，$v_1 \wedge v_2 \wedge \cdots \wedge v_n$ が $\Lambda^n V$ の基底である．特に，$\dim_{\mathbb{R}} \Lambda^n V = 1$ である．

証明 $\Lambda^n V$ は $v_{i_1} \wedge \cdots \wedge v_{i_n}$ の線形結合全体であるが，外積の交代性から $v_1 \wedge \cdots \wedge v_n$ で張られる．よって，$\dim_{\mathbb{R}} \Lambda^n V \leq 1$ となる．さて，$\Lambda^n V$ の双対空間 $(\Lambda^n V)^* \cong \Lambda^n V^*$ は，V 上の n 次交代形式[†1]が成す空間である．V 上の n 次交代形式として行列式が次のように定義できる．V の基底を選び $V \cong \mathbb{R}^n$ とみなしておく．$w_1, \ldots, w_n \in V$ に対して，$(w_1, \ldots, w_n)$ は $n \times n$ 行列であるので，その行列式が定義できる（基底のとり方に依存していることに注意）．

$$\det : V \times V \times \cdots \times V \ni (w_1, \ldots, w_n) \mapsto \det(w_1, \ldots, w_n) \in \mathbb{R}$$

この det は V 上の n 次交代形式であり，$\det \neq 0$ である．よって，$\dim_{\mathbb{R}} \Lambda^n V^* = \dim_{\mathbb{R}} \Lambda^n V \geq 1$ となる．以上から，$\dim_{\mathbb{R}} \Lambda^n V = 1$ を得る． □

命題 1.6 $v_1, \ldots, v_n$ を V の基底とする．このとき，$\begin{pmatrix} n \\ p \end{pmatrix}$ 個の元

$$v_{i_1} \wedge v_{i_2} \wedge \cdots \wedge v_{i_p}, \quad (1 \leq i_1 < \cdots < i_p \leq n)$$

が $\Lambda^p(V)$ の基底になる．特に，$\dim_{\mathbb{R}} \Lambda^p(V) = \begin{pmatrix} n \\ p \end{pmatrix}$ となる．また，$p > n$ ならば $\Lambda^p(V) = \{0\}$ となる．

証明 すでに述べたように，$\Lambda^p(V)$ は

$$v_{i_1} \wedge v_{i_2} \wedge \cdots \wedge v_{i_p}, \quad (i_1, \ldots, i_p = 1, \ldots, n)$$

で張られる．さらに交代性を考えると，

$$v_{i_1} \wedge v_{i_2} \wedge \cdots \wedge v_{i_p}, \quad (1 \leq i_1 < \cdots < i_p \leq n)$$

で張られる．これらが一次独立であることを証明すればよい．

$$\sum_{1 \leq i_1 < \cdots < i_p \leq n} c_{i_1 \ldots i_p} v_{i_1} \wedge v_{i_2} \wedge \cdots \wedge v_{i_p} = 0$$

と仮定する．$I = \{i_1, \ldots, i_p\}$ として，$v_I := v_{i_1} \wedge \cdots \wedge v_{i_p}$ とすれば，先ほどの式は $\sum_I c_I v_I = 0$ となる．また，$I' = \{1, \ldots, n\} \setminus I$ とすれば，$v_I \wedge v_{I'} = \pm v_1 \wedge \cdots \wedge v_n$ である．そこで，

[†1] V 上の n 次交代形式とは，V 上の n 次線形形式であり，行列式 det のように成分を入れ替えると符号が変わる交代性を満たすもののことである．

$$0 = \left(\sum_I c_I v_I\right) \wedge v_{J'} = \pm c_J v_1 \wedge \cdots \wedge v_n \in \Lambda^n V$$

となり，命題1.5より $c_J = 0$ $(\forall J)$．よって，$\{v_I\}_I$ は一次独立である．□

■**例1.2**　$V = \mathbb{R}^3$ の標準基底を e_1, e_2, e_3 とする．次は各 $\Lambda^p(V)$ の基底である．

$$1 \in \Lambda^0 V = \mathbb{R}, \quad e_1,\ e_2,\ e_3 \in \Lambda^1 V = V = \mathbb{R}^3,$$
$$e_1 \wedge e_2,\ e_2 \wedge e_3,\ e_3 \wedge e_1 \in \Lambda^2 V, \quad e_1 \wedge e_2 \wedge e_3 \in \Lambda^3 V$$
■

▶**問1.4**　以下を証明せよ．

(1) $(\Lambda^p(V))^*$ は V 上 p 次交代形式全体のベクトル空間と同一視できる．

(2) U をベクトル空間として，V 上の U 値の p 次交代形式 $A : V \times \cdots \times V \to U$ に対して，次の図式を可換にする線形写像 $\alpha : \Lambda^p(V) \to U$ が唯一つ存在する．

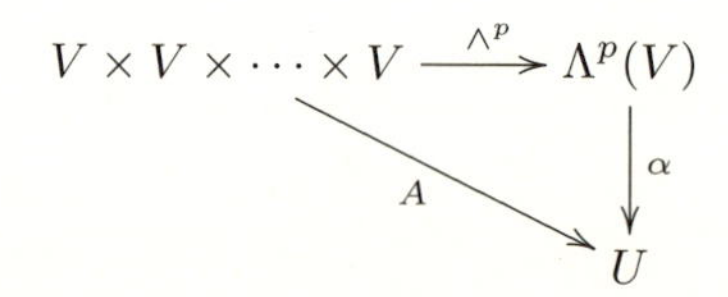

ここで，$\wedge^p(v_1, \ldots, v_p) = v_1 \wedge \cdots \wedge v_p$（$v_i \in V$）である．

(3)（普遍性）　A を $\mathbb{R}$ 上の結合法則を満たす代数とする．線形写像 $f : V \to A$ があり，$f(v)^2 = 0$ を満たすなら，代数準同型 $F : \Lambda^*(V) \to A$ で，$F|_V = f$ となるものが唯一つ存在する．◀

1.3　ホッジのスター作用素

向き付き内積空間 V の外積代数 $\Lambda^*(V)$ 上には，ホッジのスター作用素が定義できる．それはリーマン多様体へと拡張され，さまざまな応用をもつ．まず，ベクトル空間の向きを定義する．

定義1.5　n 次元 $\mathbb{R}$ 上ベクトル空間 V に対して，$\Lambda^n(V) \setminus \{0\} \cong \mathbb{R} \setminus \{0\}$ は二つの連結成分をもつ．一つの連結成分を「正の向き」と定めることで V に向きが定まる．$v_1 \wedge v_2 \wedge \cdots \wedge v_n$ が正の向きに入るとき，$(v_1, \ldots, v_n)$ を正の基底とよぶ．

n 次元 $\mathbb{R}$ 上ベクトル空間 V を正定値内積 $\langle \cdot, \cdot \rangle$ が入った内積空間とする．V の内積を $\Lambda^p(V)$ 上の内積へ拡張できる．実際，$\phi, \psi \in \Lambda^p(V)$ が，

$$\phi = v_1 \wedge v_2 \wedge \cdots \wedge v_p, \quad \psi = w_1 \wedge w_2 \wedge \cdots \wedge w_p, \quad (v_i, w_i \in V)$$

と表されているとき，$\langle \phi, \psi \rangle = \det(\langle v_i, w_j \rangle)_{ij}$ として，双線形で拡張すれば $\Lambda^p(V)$ 上

の内積を得る．また，異なる次数の交代テンソルに対して，内積は零とする．

$$\langle \phi, \psi \rangle = 0, \quad (\phi \in \Lambda^p(V), \quad \psi \in \Lambda^q(V), \quad p \neq q)$$

▶**問 1.5**　V の正規直交基底を $e_1, \ldots, e_n$ とすれば，

$$\{e_{i_1} \wedge \cdots \wedge e_{i_p} \,|\, 1 \leq i_1 < \cdots < i_p \leq n\}$$

は $\Lambda^p(V)$ の正規直交基底となることを示せ．◀

V を n 次元の向き付きの内積空間として，$(e_1, \ldots, e_n)$ を正の正規直交基底とする．このとき，V の**体積要素**を次で定義する．

$$\mathrm{vol} := e_1 \wedge \cdots \wedge e_n \in \Lambda^n(V) \tag{1.3}$$

▶**問 1.6**　体積要素が正の正規直交基底のとり方によらないことを示せ．◀

定義 1.6　V を n 次元の向き付きの内積空間とする．任意の正規直交基底 $e_1, \ldots, e_n$ に対し，

$$*\,(1) = \pm e_1 \wedge \cdots \wedge e_n, \quad *(e_1 \wedge \cdots \wedge e_n) = \pm 1,$$
$$*\,(e_1 \wedge \cdots \wedge e_p) = \pm e_{p+1} \wedge \cdots \wedge e_n$$

とする．ここで，符号は $e_1 \wedge \cdots \wedge e_n$ が正の向きなら $+$，負の向きなら $-$ とする．そして，この $*$ を線形に拡張して，

$$* : \Lambda^*(V) \to \Lambda^*(V)$$

を得る．この線形写像を**ホッジのスター作用素**（Hodge-star 作用素）という．

■**例 1.3**　$(e_1, \ldots, e_n)$ を正の正規直交基底とする．このとき $(e_2, e_3, e_4, e_1, e_5, \ldots, e_n)$ は負の正規直交基底であるので，次の式が成り立つ．

$$*(e_2 \wedge e_3 \wedge e_4) = -e_1 \wedge e_5 \wedge \cdots \wedge e_n$$ ■

▶**問 1.7**　定義 1.6 から $* : \Lambda^p(V) \to \Lambda^{n-p}(V)$ であり，$*^2 : \Lambda^p(V) \to \Lambda^p(V)$ となる．このとき，$*^2 = (-1)^{p(n-p)}$ を示せ．特に $\Lambda^p(V) \cong \Lambda^{n-p}(V)$ を得る．また，$\phi, \psi \in \Lambda^p(V)$ に対し，次を示せ．

$$\langle \phi, \psi \rangle = *(\phi \wedge *\psi) = *(\psi \wedge *\phi) = \langle *\phi, *\psi \rangle, \quad \phi \wedge *\psi = \langle \phi, \psi \rangle \mathrm{vol}$$

内積と体積要素は正規直交基底のとり方によらないので，この関係式から，上で定義した $*$ が well-defined であることがわかる．◀

1.4 クリフォード代数

ベクトル空間 V に内積が入っている場合に，**内積と外積の情報を含めたクリフォード代数**（Clifford algebra）が定義できる．以下では，正定値内積 $\langle\cdot,\cdot\rangle$ が入った $\mathbb{R}$ 上ベクトル空間（内積空間）を考える．また，$\|v\| := \langle v,v\rangle^{1/2}$ としておく．

V を $\mathbb{R}$ 上 n 次元の内積空間とし，正規直交基底を $e_1,\ldots,e_n$ とする．生成元を $\{e_1,\ldots,e_n\}$（および $\{1\}$），関係式を

$$e_ie_j + e_je_i = -2\delta_{ij} = -2\langle e_i, e_j\rangle, \quad (i,j=1,\ldots,n)$$

として得られる $\mathbb{R}$ 上代数をクリフォード代数といい，$Cl(V)$ と書く．ベクトル空間としては外積代数と同型であり，次が基底となる．

$$\{1\} \cup \{e_{i_1}e_{i_2}\cdots e_{i_p} \mid 1 \leq i_1 < \cdots < i_p \leq n,\ p=1,\ldots,n\}$$

たとえば，$1-2e_1e_2+e_1e_4e_7$ は $Cl(V)$ の元であり，二つの元の積は，

$$\begin{aligned}(1-e_2+e_1e_3)(-e_1+2e_2) &= -e_1+2e_2+e_2e_1-2e_2e_2-e_1e_3e_1+2e_1e_3e_2\\ &= -e_1+2e_2-e_1e_2+2+e_1e_1e_3-2e_1e_2e_3\\ &= 2-e_1+2e_2-e_3-e_1e_2-2e_1e_2e_3\end{aligned}$$

のように計算すればよい．基底のとり方によらない定義を与えよう．

定義 1.7　$\mathbb{R}$ 上 n 次元の内積空間 V に対して，

$$S' = \{v\otimes v + \langle v,v\rangle 1 \mid v \in V\} \subset T^*(V)$$

から生成される両側イデアルを $J(V)$ とする．このとき，商代数である $\mathbb{R}$ 上代数

$$Cl(V) := T^*(V)/J(V)$$

を V に付随した**クリフォード代数**という．自然な射影を $\pi : T^*(V) \to Cl(V)$ として，$\alpha=\pi(a)$，$\beta=\pi(b)$ に対する積（**クリフォード積**）を次で定義する．

$$\alpha\beta := \pi(a\otimes b)$$

テンソル積の線形性と結合法則から，クリフォード積の線形性と結合法則を得る．

$$\begin{aligned}(c_1\alpha_1+c_2\alpha_2)\beta &= c_1(\alpha_1\beta)+c_2(\alpha_2\beta),\\ \alpha(c_1\beta_1+c_2\beta_2) &= c_1(\alpha\beta_1)+c_2(\alpha\beta_2),\end{aligned}$$

$$(\alpha\beta)\gamma = \alpha(\beta\gamma)$$

このように，$Cl(V)$ は，代数として $\{v \mid v \in V\}$（および $\{1\}$）から生成され，クリフォード関係式という次の関係式を満たす $\mathbb{R}$ 上の（結合）代数である．

$$vw + wv = -2\langle v, w\rangle, \quad (\forall v, w \in V) \tag{1.4}$$

証明　$v, w \in V$ として，

$$-\langle v+w, v+w\rangle = (v+w)(v+w) = -\|v\|^2 + vw + wv - \|w\|^2$$

となる．一方，左辺は $-\|v\|^2 - \|w\|^2 - 2\langle v, w\rangle$ であるので，クリフォード関係式を得る．□

注意 1.1　$\Lambda^*(V)$ は，$\Lambda^p(V)\Lambda^q(V) \subset \Lambda^{p+q}(V)$ を満たすので，次数付き代数とよばれる．しかし，クリフォード代数は次数付き代数ではない．たとえば，$v \in V$ に対して，$vv = -\langle v, v\rangle \in Cl(V)$ であり，v とそれ自身の積はスカラーとなる．

命題 1.7　$\pi(T^0(V)) = \pi(\mathbb{R}) = \mathbb{R} \subset Cl(V)$，$\pi(T^1(V)) = \pi(V) = V \subset Cl(V)$

証明　$v \in V$ に対して，$\pi(v) = 0$ とすると，$v \in J(V)$ となるが，$J(V)$ は S' から生成される両側イデアルであるので，$v = 0$．よって，$\pi|_V$ は単射であり $V \subset Cl(V)$ となる．同様にして，$\mathbb{R} \subset Cl(V)$ がわかる．□

さて，V は内積が入った空間であるので，正規直交基底を使うと $Cl(V)$ の構造がより明確になる．V の正規直交基底を $e_1, \ldots, e_n$ とすれば，クリフォード関係式は，

$$e_i e_j + e_j e_i = -2\langle e_i, e_j\rangle = -2\delta_{ij}$$

となる．たとえば，

$$e_1 e_3 e_1 e_2 = -e_1 e_1 e_3 e_2 = e_3 e_2 = -e_2 e_3$$

が成立する．正規直交基底を用いて $Cl(V)$ の基底を構成してみよう．$Cl(V)$ はテンソル代数の商代数であるので，任意の元は

$$\alpha = \sum_p \sum_{i_1,\ldots,i_p} c_{i_1\ldots i_p}\, e_{i_1}\cdots e_{i_p}, \quad (1 \le i_1, \ldots, i_p \le n)$$

と表せる．クリフォード関係式を用いて，和のとり方を $1 \le i_1 < \cdots < i_p \le n$ かつ $0 \le p \le n$ となるように変形でき，

$$\alpha = \sum_{p=0}^{n} \sum_{1 \le i_1 < \cdots < i_p \le n} c'_I\, e_{i_1}\cdots e_{i_p}, \quad (I = (i_1, \ldots, i_p))$$

となる．そこで，$Cl(V)$ はベクトル空間として

$$\{1\} \cup \{e_{i_1}e_{i_2}\cdots e_{i_p} | 1 \leq i_1 < \cdots < i_p \leq n, p = 1, \ldots, n\} \tag{1.5}$$

で張られる．よって，$\dim_{\mathbb{R}} Cl(V) \leq 2^n$ となる．実はこれらが基底となるので，$\dim_{\mathbb{R}} Cl(V) = 2^n$ となる．このことを証明するために，いくつかの概念を導入する．まず，クリフォード代数に対する普遍性を示そう．

命題 1.8 (普遍性)　A を結合法則を満たす1をもつ $\mathbb{R}$ 上代数とし，線形写像 $f : V \to A$ が $f(v)f(v) = -\langle v, v\rangle 1$ $(v \in V)$ を満たすとする．このとき，代数準同型 $F : Cl(V) \to A$ で，$F|_V = f$ となるものが唯一つ存在する．

証明　$v_1, \ldots, v_p \in V$ に対して，

$$F' : T^*(V) \ni v_1 \otimes \cdots \otimes v_p \mapsto f(v_1)\cdots f(v_p) \in A$$

を満たす代数準同型が唯一つ定まる．また，$a \in J(V)$ に対し，$F'(a) = 0$ なので，

$$F : Cl(V) = T^*(V)/J(V) \ni v_1 \cdots v_p \mapsto f(v_1)\cdots f(v_p) \in A$$

という代数準同型を得る．あとは線形に拡張すればよい．このとき $F|_V = f$ は明らか．また，$Cl(V)$ は $\{v \mid v \in V\}$ から生成されるので，F は唯一つである．□

■**例 1.4** ($\dim_{\mathbb{R}} V = 1$)　V を1次元の内積空間とし，正規直交基底を e_1 とする．$Cl(V)$ の生成元は $1, e_1$ であり，$e_1^2 = -1$ を満たす．そこで，$f : V \ni e_1 \mapsto \sqrt{-1} \in \mathbb{C}$ とすれば，$f(e_1)f(e_1) = (\sqrt{-1})^2 = -1$ であるので，$\mathbb{R}$ 上代数としての準同型 $F : Cl(V) \to \mathbb{C}$ を得る．明らかに同型写像であり，$Cl(V) \cong \mathbb{C}$ を得る．■

■**例 1.5** ($\dim_{\mathbb{R}} V = 2$)　**四元数** (quaternion) 全体の集合 $\mathbb{H}$ とは，$\mathbb{R}$ 上ベクトル空間

$$\mathbb{H} = \{a1 + bi + cj + dk \mid a, b, c, d \in \mathbb{R}\}$$

であり，四元数関係式

$$i^2 = j^2 = k^2 = -1, \quad ij = k, \quad jk = i, \quad ki = j$$

を満たす $\mathbb{R}$ 上の結合代数である．また，四元数共役を

$$p = a1 + bi + cj + dk \mapsto \bar{p} := a1 - bi - cj - dk$$

として定義する．このとき $\overline{pq} = \bar{q}\bar{p}$ に注意しよう（各自で確認のこと）．さて，V を2次元内積空間として，正規直交基底を e_1, e_2 とする．このとき，$f : V \to \mathbb{H}$ を $f(e_1) = i$, $f(e_2) = j$ として線形写像へと拡張すれば，代数準同型 $F : Cl(V) \to \mathbb{H}$ を得る．生成元と関係式が一致しているので，これは同型である．つまり，

$$1 \mapsto 1, \quad e_1 \mapsto i, \quad e_2 \mapsto j, \quad e_1e_2 \mapsto k$$

により，$Cl(V) \cong \mathbb{H}$ を得る．なお，$e_1 \mapsto j$, $e_2 \mapsto k$ などとしても同型対応 $Cl(V) \cong \mathbb{H}$ を得ることができる．このように同型対応は一通りではないことに注意しよう． ■

■**例 1.6** ($\dim_{\mathbb{R}} V = 3$)　3 次元内積空間 V の正規直交基底を e_1, e_2, e_3 とすれば，

$$1 \mapsto (1,1), \quad e_1 \mapsto (i,-i), \quad e_2 \mapsto (j,-j), \quad e_3 \mapsto (k,-k)$$

により，$Cl(V) \cong \mathbb{H} \oplus \mathbb{H}$ となる． ■

普遍性は次のように利用することもできる．線形写像 $\alpha : V \to Cl(V)$ を，$\alpha(v) = -v$ とすれば，$\alpha(v)\alpha(v) = -\langle v, v\rangle$ を満たすので，$\alpha : Cl(V) \to Cl(V)$ へ拡張できる．つまり，

$$\alpha(v_1 \cdots v_p) = (-1)^p v_1 \cdots v_p$$

となる代数同型を得る．$\alpha^2 = \mathrm{id}$ であるので，$Cl(V)$ を ± 1 固有空間へ分解できる．それを $Cl(V) = Cl(V)^0 \oplus Cl(V)^1$ とすれば，次のようになる．

$$Cl(V)^0 = \pi(\oplus_p T^{2p}(V)) = \left\{ \sum_p \sum_I c_I e_{i_1} \cdots e_{i_{2p}} \right\},$$

$$Cl(V)^1 = \pi(\oplus_p T^{2p+1}(V)) = \left\{ \sum_p \sum_I c_I e_{i_1} \cdots e_{i_{2p+1}} \right\}$$

命題 1.9　$Cl(V)$ の偶奇（even-odd）分解 $Cl(V) = Cl(V)^0 \oplus Cl(V)^1$（ベクトル空間としての直和）が成立する．また，積に関して

$$Cl(V)^i Cl(V)^j \subset Cl(V)^{i+j \bmod 2}$$

となり，$Cl(V)$ は $\mathbb{Z}_2$ 次数付き代数となる．特に，$Cl(V)^0$ は $Cl(V)$ の部分代数となる．

■**例 1.7**　V が 2 次元の内積空間のとき，例 1.5 のように $Cl(V) = \mathbb{H}$ とみなせば，

$$Cl(V)^0 = \{a1 + bk \mid a, b \in \mathbb{R}\} \cong \mathbb{C}, \quad Cl(V)^1 = \{ai + bj \mid a, b \in \mathbb{R}\}$$

となる． ■

さて，V_1, V_2 を $\mathbb{R}$ 上内積空間としたとき，その直和 $V = V_1 \oplus V_2$ を考える．内積は $\langle v_1 + v_2, w_1 + w_2\rangle = \langle v_1, w_1\rangle + \langle v_2, w_2\rangle$ としている．このとき，$Cl(V_1 \oplus V_2)$ と $Cl(V_1)$，$Cl(V_2)$ との関係を述べよう．まず，$\mathbb{Z}_2$ 次数付きテンソル積を定義する．

定義 1.8　$\mathbb{R}$ 上代数 A が $\mathbb{Z}_2$ **次数付き代数**とは，A はベクトル空間として，$A = A^0 \oplus A^1$ と直和分解され，積に関して $A^i A^j \subset A^{i+j \bmod 2}$ となることである．A, B を $\mathbb{Z}_2$ 次数付き代数として，$\mathbb{Z}_2$ 次数付きテンソル積 $A \hat{\otimes} B$ を次のように定義する．

- $A \hat{\otimes} B$ はベクトル空間としては通常のテンソル積 $A \otimes B$ である．
- $\mathbb{Z}_2$ 次数付きの積を次で定義する．

$$(a \otimes b)(a' \otimes b') := (-1)^{\deg(a')\deg(b)} aa' \otimes bb', \quad (a, a' \in A,\ b, b' \in B)$$

- $A \hat{\otimes} B$ の $\mathbb{Z}_2$ 次数を次で定義する．

$$(A \hat{\otimes} B)^0 := A^0 \otimes B^0 \oplus A^1 \otimes B^1, \quad (A \hat{\otimes} B)^1 := A^0 \otimes B^1 \oplus A^1 \otimes B^0$$

このようにして $\mathbb{Z}_2$ 次数付き代数 $A \hat{\otimes} B$ が定義できる，また，A, B, C を $\mathbb{Z}_2$ 次数付き代数とすれば，$(A \hat{\otimes} B) \hat{\otimes} C \cong A \hat{\otimes} (B \hat{\otimes} C)$ が成立する．

注意 1.2　A, B を代数とすれば，テンソル積 $A \otimes B$ に自然な代数構造が入るが，それは上で定義したものと積構造が異なる．

命題 1.10　次の代数としての同型が成立する．

$$Cl(V_1 \oplus V_2) \cong Cl(V_1) \hat{\otimes} Cl(V_2)$$

特に，ベクトル空間としての次元は $\dim_{\mathbb{R}} Cl(V_1 \oplus V_2) = \dim_{\mathbb{R}} Cl(V_1) \dim_{\mathbb{R}} Cl(V_2)$ となる．

証明　単射線形写像

$$f : V_1 \oplus V_2 \ni v_1 + v_2 \mapsto f(v_1 + v_2) = v_1 \otimes 1 + 1 \otimes v_2 \in Cl(V_1) \hat{\otimes} Cl(V_2)$$

を考えると，

$$\begin{aligned} f(v_1 + v_2) f(v_1 + v_2) &= (v_1 \otimes 1 + 1 \otimes v_2)^2 \\ &= v_1^2 \otimes 1 + (v_1 \otimes 1)(1 \otimes v_2) + (1 \otimes v_2)(v_1 \otimes 1) + 1 \otimes v_2^2 \\ &= -(\|v_1\|^2 + \|v_2\|^2)(1 \otimes 1) + v_1 \otimes v_2 - v_1 \otimes v_2 \\ &= -\|v_1 + v_2\|^2 1 \otimes 1 \end{aligned}$$

となる．そこで，普遍性から代数準同型 $F : Cl(V_1 \oplus V_2) \to Cl(V_1) \hat{\otimes} Cl(V_2)$ を得る．また，$V = V_1 \oplus V_2$ の正規直交基底 $e_1, \ldots, e_{n_1}, e'_1, \ldots, e'_{n_2}$ をとれば，$Cl(V_1) \hat{\otimes} Cl(V_2)$ は代数として $\{e_i \otimes 1\}_i$，$\{1 \otimes e'_j\}_j$ および $1 \otimes 1$ で生成されるので，F は同型写像である．　□

V を n 次元の内積空間とし，正規直交基底を $e_1, \ldots, e_n$ とする．$L_i = \mathbb{R}\langle e_i \rangle$ とす

れば，内積空間としての分解 $V = L_1 \oplus L_2 \oplus \cdots \oplus L_n$ が成立する．命題 1.10 から

$$\mathrm{C}l(V) \cong \mathrm{C}l(L_1) \hat{\otimes} \mathrm{C}l(L_2) \hat{\otimes} \cdots \hat{\otimes} \mathrm{C}l(L_n)$$

となるが，$Cl(L_i) \cong \mathbb{C}$ であるので，$\dim_{\mathbb{R}} Cl(V) = 2^n$ となる．

定理 1.1 V を n 次元の $\mathbb{R}$ 上内積空間とし，正規直交基底を $e_1, \ldots, e_n$ とする．クリフォード代数 $\mathrm{C}l(V)$ は $e_1, \ldots, e_n$（および 1）から生成され，関係式

$$e_i e_j + e_j e_i = -2\delta_{ij} = -2\langle e_i, e_j \rangle, \quad (i, j = 1, \ldots, n)$$

を満たす $\mathbb{R}$ 上代数である．そして，ベクトル空間としての基底は

$$\{1\} \cup \{e_{i_1} e_{i_2} \cdots e_{i_p} \mid 1 \leq i_1 < \cdots < i_p \leq n,\ p = 1, \ldots, n\}$$

で与えられる．特に，ベクトル空間として $\mathrm{C}l(V)$ と $\Lambda^*(V)$ は同型である．

われわれは正定値内積の入った n 次元実ベクトル空間 V からクリフォード代数を構成した．標準的内積の入ったユークリッド空間 $\mathbb{R}^n$ から構成したクリフォード代数を $\mathrm{C}l_n$ または $\mathrm{C}l_{n,0}$ と書くことにする．$Cl(V) \cong \mathrm{C}l_n$ であるので，以下では $\mathrm{C}l_n$ について考えよう．この $\mathrm{C}l_n$ の代数構造を詳しく調べるために，負定値内積の場合のクリフォード代数を利用する．符号数が (p, q) の内積 $\langle \cdot, \cdot \rangle_{p,q}$ を

$$\langle v, w \rangle_{p,q} = v_1 w_1 + \cdots + v_p w_p - v_{p+1} w_{p+1} - \cdots - v_{p+q} w_{p+q}, \quad (v, w \in \mathbb{R}^n)$$

とする．この内積を入れた $n = p + q$ 次元実ベクトル空間を $\mathbb{R}^{p,q}$ とし，関係式

$$vw + wv = -2\langle v, w \rangle_{p,q}, \quad (v, w \in \mathbb{R}^{p,q})$$

からつくられるクリフォード代数を $\mathrm{C}l_{p,q}$ と書く．物理学では，ミンコスフキー空間である符号数 $(3, 1)$ の 4 次元空間 $\mathbb{R}^{3,1}$ から得られる $\mathrm{C}l_{3,1}$ が重要である．$\mathrm{C}l_{p,q}$ の詳細は文献 [50] を見てほしい．ここでは符号数が $(n, 0)$ の場合の $\mathrm{C}l_n = \mathrm{C}l_{n,0}$ と符号数が $(0, n)$ の場合の $\mathrm{C}l_{0,n}$ を考える．これらが行列環（またはそれらの直和）と $\mathbb{R}$ 上代数として同型であることを示す．

定義 1.9 $K = \mathbb{R}, \mathbb{C}, \mathbb{H}$ とする．各成分が K に値をもつ $n \times n$ 行列を $K(n)$ とする．通常の行列の積によって，$K(n)$ は単位元（単位行列）をもつ K 上（結合）代数となり，これを**行列環**とよぶ．$K(n)$ は K 上代数であるので，$\mathbb{R}$ 上代数でもある．また，直和 $K(n) \oplus K(m)$ に対して，$(A, B)(C, D) = (AC, BD)$ と積を入れれば，K 上（よって $\mathbb{R}$ 上）代数 $K(n) \oplus K(m)$ を得る．また，$K(n) \otimes_{\mathbb{R}} K(m)$ に対して $(A \otimes B)(C \otimes D) = AC \otimes BD$ により積を入れれば $\mathbb{R}$ 上代数となる．ここで，行列

のテンソル積は問 1.2 と同様に定義している．

■**例 1.8**　$Cl_{1,0} \cong \mathbb{C}$，$Cl_{2,0} \cong \mathbb{H}$ という代数同型はすでに述べた．■

■**例 1.9**　$Cl_{0,1} \cong \mathbb{R} \oplus \mathbb{R}$ である．実際，$\mathbb{R}^{0,1}$ の正規直交基底を e_1 とすれば，$e_1^2 = -\langle e_1, e_1 \rangle_{0,1} = 1$ である．そこで，$f : \mathbb{R}^{0,1} \to \mathbb{R} \oplus \mathbb{R}$ を

$$f(1) = (1,1), \quad f(e_1) = (1,-1)$$

とすれば，$f(e_1)^2 = 1$ であり，代数同型 $F : Cl_{0,1} \to \mathbb{R} \oplus \mathbb{R}$ を得る．■

■**例 1.10**　$Cl_{0,2} \cong \mathbb{R}(2)$ である．実際，次の対応を考えればよい．

$$1 \mapsto \begin{pmatrix} 1 & 0 \\ 0 & 1 \end{pmatrix}, \quad e_1 \mapsto \begin{pmatrix} 1 & 0 \\ 0 & -1 \end{pmatrix}, \quad e_2 \mapsto \begin{pmatrix} 0 & 1 \\ 1 & 0 \end{pmatrix}, \quad e_1 e_2 = -e_2 e_1 \mapsto \begin{pmatrix} 0 & 1 \\ -1 & 0 \end{pmatrix}$$

■

補題 1.1　次の $\mathbb{R}$ 上代数としての同型が成立する．

$$Cl_{n,0} \otimes Cl_{0,2} \cong Cl_{0,n+2}, \quad Cl_{0,n} \otimes Cl_{2,0} \cong Cl_{n+2,0}$$

ここで，左辺は $\mathbb{R}$ 上代数としての通常のテンソル積である．

証明　$Cl_{n,0} \otimes Cl_{0,2} \cong Cl_{0,n+2}$ のみ証明しよう．$\mathbb{R}^{0,n+2}$ の正規直交基底を $e_1, \ldots, e_{n+2}$ とする．また，$\mathbb{R}^{n,0}$ の基底を $e'_1, \ldots, e'_n$，$\mathbb{R}^{0,2}$ の基底を e''_1, e''_2 とする．このとき，

$$f(e_i) := \begin{cases} e'_i \otimes e''_1 e''_2 & (1 \leq i \leq n) \\ 1 \otimes e''_{i-n} & (i = n+1, n+2) \end{cases}$$

とする．$1 \leq i, j \leq n$ に対して，

$$\begin{aligned} f(e_i)f(e_j) + f(e_j)f(e_i) &= e'_i e'_j \otimes e''_1 e''_2 e''_1 e''_2 + e'_j e'_i \otimes e''_1 e''_2 e''_1 e''_2 \\ &= -e'_i e'_j \otimes 1 - e'_j e'_i \otimes 1 = 2\delta_{ij} \end{aligned}$$

また，

$$f(e_{n+1})f(e_i) + f(e_i)f(e_{n+1}) = e'_i \otimes e''_1 e''_1 e''_2 + e'_i \otimes e''_1 e''_2 e''_1 = e'_i \otimes e''_2 - e'_i \otimes e''_2 = 0$$

となる．同様にして，$f(e_{n+2})f(e_i) + f(e_i)f(e_{n+2}) = 0$ となる．そして，$i, j = n+1, n+2$ に対して，$f(e_i)f(e_j) + f(e_j)f(e_i) = 2\delta_{ij}$ を得る．以上から，f は代数準同型 $F : Cl_{0,n+2} \to Cl_{n,0} \otimes Cl_{0,2}$ へ拡張できる．$\{e_i\}_{i=1}^{n+2}$ は $Cl_{0,n+2}$ の生成元であり，$\{e'_i \otimes e''_1 e''_2\}_{i=1}^{n} \cup \{1 \otimes e''_1, 1 \otimes e''_2\}$ は $Cl_{n,0} \otimes Cl_{0,2}$ の生成元なので，F は代数同型である．□

▶**問 1.8**　$Cl_{4,0} \cong Cl_{0,2} \otimes Cl_{2,0} \cong \mathbb{R}(2) \otimes \mathbb{H} \cong \mathbb{H}(2)$ となる．実際に，

$$e_1 \to \begin{pmatrix} k & 0 \\ 0 & -k \end{pmatrix}, \quad e_2 \to \begin{pmatrix} 0 & k \\ k & 0 \end{pmatrix}, \quad e_3 \to \begin{pmatrix} i & 0 \\ 0 & i \end{pmatrix}, \quad e_4 \to \begin{pmatrix} j & 0 \\ 0 & j \end{pmatrix}$$

と対応させることで，同型 $Cl_{4,0} \cong \mathbb{H}(2)$ を確かめよ． ◀

補題 1.2 $\mathbb{R}$ **上代数として**次の同型が成立する．

$$\mathbb{R}(n) \otimes \mathbb{R}(m) \cong \mathbb{R}(nm), \quad \mathbb{R}(n) \otimes_{\mathbb{R}} K \cong K(n),$$
$$\mathbb{C} \otimes_{\mathbb{R}} \mathbb{C} \cong \mathbb{C} \oplus \mathbb{C}, \quad \mathbb{H} \otimes_{\mathbb{R}} \mathbb{C} \cong \mathbb{C}(2), \quad \mathbb{H} \otimes_{\mathbb{R}} \mathbb{H} \cong \mathbb{R}(4)$$

証明 最初の 2 式は明らか．$\mathbb{C} \otimes_{\mathbb{R}} \mathbb{C} \cong \mathbb{C} \oplus \mathbb{C}$ を示すには，$\mathbb{C} \oplus \mathbb{C} \to \mathbb{C} \otimes_{\mathbb{R}} \mathbb{C}$ を

$$(1,0) \mapsto \frac{1}{2}(1 \otimes 1 + \sqrt{-1} \otimes \sqrt{-1}), \quad (0,1) \mapsto \frac{1}{2}(1 \otimes 1 - \sqrt{-1} \otimes \sqrt{-1})$$

として与えればよい．$\mathbb{H} \otimes_{\mathbb{R}} \mathbb{C} \cong \mathbb{C}(2)$ を示すには，$i \otimes 1, j \otimes 1, k \otimes 1$ を，それぞれ**パウリ**（Pauli）**行列**

$$\sigma_1 = \begin{pmatrix} i & 0 \\ 0 & -i \end{pmatrix}, \quad \sigma_2 = \begin{pmatrix} 0 & 1 \\ -1 & 0 \end{pmatrix}, \quad \sigma_3 = \begin{pmatrix} 0 & i \\ i & 0 \end{pmatrix} \tag{1.6}$$

に対応させればよい．$\mathbb{H} \otimes_{\mathbb{R}} \mathbb{H} \cong \mathbb{R}(4)$ を示そう．$\mathbb{H} = \mathbb{R}^4$ 上の線形変換

$$(\mathbb{H} \otimes_{\mathbb{R}} \mathbb{H}) \times \mathbb{H} \ni (p \otimes q, x) \mapsto px\bar{q} \in \mathbb{H}$$

を考える．ここで，$\bar{q}$ は四元数共役である．$\overline{q_1 q_2} = \overline{q_2}\,\overline{q_1}$ に注意すれば，上の写像は $\mathbb{H} \otimes_{\mathbb{R}} \mathbb{H}$ から $\mathbb{R}(4)$ への代数準同型を与える．$\mathbb{H} \otimes_{\mathbb{R}} \mathbb{H}, \mathbb{R}(4)$ はどちらも実 16 次元であり，写像を直接計算すれば単射であることもわかる．よって，同型である． □

注意 1.3 $\mathbb{C} \otimes_{\mathbb{R}} \mathbb{C} \cong \mathbb{C} \oplus \mathbb{C}$，$\mathbb{H} \otimes_{\mathbb{R}} \mathbb{C} \cong \mathbb{C}(2)$ は $\mathbb{C}$ 上代数としての同型でもある．

▶**問 1.9** パウリ行列 $\sigma_1, \sigma_2, \sigma_3$ が，次を満たすことを示せ．

$$\sigma_1^2 = \sigma_2^2 = \sigma_3^2 = -I_2, \quad \sigma_1\sigma_2 = \sigma_3, \quad \sigma_2\sigma_3 = \sigma_1, \quad \sigma_3\sigma_1 = \sigma_2$$

ここで，I_k は k 次単位行列を表す． ◀

▶**問 1.10** $\mathbb{C}(n)$ から $\mathbb{R}(2n)$ への埋め込みを次で与える．

$$A + \sqrt{-1}B \mapsto \begin{pmatrix} A & -B \\ B & A \end{pmatrix} \quad (A, B \in \mathbb{R}(n))$$

これを複素化（$\otimes_{\mathbb{R}}\mathbb{C}$ をすること）すれば，$\mathbb{C}$ 上代数としての埋め込み $\mathbb{C}(n) \oplus \mathbb{C}(n) \subset \mathbb{C}(2n)$ を得ることができるが，それは具体的には次のようになることを示せ．

$$(Z, W) \mapsto \frac{1}{2}\begin{pmatrix} Z & -\sqrt{-1}Z \\ \sqrt{-1}Z & Z \end{pmatrix} + \frac{1}{2}\begin{pmatrix} W & \sqrt{-1}W \\ -\sqrt{-1}W & W \end{pmatrix}$$ ◀

これまでの例と補題から次がわかる．

定理 1.2 (**(実) クリフォード代数の分類**)　クリフォード代数 $\mathrm{C}l_{n,0}$，$\mathrm{C}l_{0,n}$ に対して，表 1.1 のような $\mathbb{R}$ 上代数同型が成立する．

表 1.1　クリフォード代数の分類

$\mathrm{C}l_{1,0}$	$\mathbb{C}$	$\mathrm{C}l_{0,1}$	$\mathbb{R}\oplus\mathbb{R}$
$\mathrm{C}l_{2,0}$	$\mathbb{H}$	$\mathrm{C}l_{0,2}$	$\mathbb{R}(2)$
$\mathrm{C}l_{3,0}$	$\mathrm{C}l_{0,1}\otimes\mathrm{C}l_{2,0}\cong\mathbb{H}\oplus\mathbb{H}$	$\mathrm{C}l_{0,3}$	$\mathrm{C}l_{1,0}\otimes\mathrm{C}l_{0,2}\cong\mathbb{C}(2)$
$\mathrm{C}l_{4,0}$	$\mathrm{C}l_{0,2}\otimes\mathrm{C}l_{2,0}\cong\mathbb{H}(2)$	$\mathrm{C}l_{0,4}$	$\mathrm{C}l_{2,0}\otimes\mathrm{C}l_{0,2}\cong\mathbb{H}(2)$
$\mathrm{C}l_{5,0}$	$\mathrm{C}l_{0,3}\otimes\mathrm{C}l_{2,0}\cong\mathbb{C}(4)$	$\mathrm{C}l_{0,5}$	$\mathrm{C}l_{3,0}\otimes\mathrm{C}l_{0,2}\cong\mathbb{H}(2)\oplus\mathbb{H}(2)$
$\mathrm{C}l_{6,0}$	$\mathrm{C}l_{0,4}\otimes\mathrm{C}l_{2,0}\cong\mathbb{R}(8)$	$\mathrm{C}l_{0,6}$	$\mathrm{C}l_{4,0}\otimes\mathrm{C}l_{0,2}\cong\mathbb{H}(4)$
$\mathrm{C}l_{7,0}$	$\mathrm{C}l_{0,5}\otimes\mathrm{C}l_{2,0}\cong\mathbb{R}(8)\oplus\mathbb{R}(8)$	$\mathrm{C}l_{0,7}$	$\mathrm{C}l_{5,0}\otimes\mathrm{C}l_{0,2}\cong\mathbb{C}(8)$
$\mathrm{C}l_{8,0}$	$\mathrm{C}l_{0,6}\otimes\mathrm{C}l_{2,0}\cong\mathbb{R}(16)$	$\mathrm{C}l_{0,8}$	$\mathrm{C}l_{6,0}\otimes\mathrm{C}l_{0,2}\cong\mathbb{R}(16)$

また，次が成り立つ．

$$\mathrm{C}l_{n+8,0}\cong\mathrm{C}l_{n,0}\otimes\mathrm{C}l_{8,0}\cong\mathrm{C}l_{n,0}\otimes\mathbb{R}(16),\quad \mathrm{C}l_{0,n+8}\cong\mathrm{C}l_{0,n}\otimes\mathrm{C}l_{0,8}\cong\mathrm{C}l_{0,n}\otimes\mathbb{R}(16)$$

このように $\mathrm{C}l_n$ は**周期 8 の周期性**をもつ．実は，これは直交群のボット（Bott）周期性に対応している [3]．

さて，上の表を見ると $n=3 \mod 4$ のとき，$\mathrm{C}l_n=\mathrm{C}l_{n,0}$ は $\mathbb{R}$ 上代数として分解している．この分解を与えるために体積要素を導入しよう．

定義 1.10　$\mathbb{R}^n$ に，標準基底 $(e_1,\ldots,e_n)$ が正の正規直交基底となる標準的な向きを入れておく．このとき，$\omega:=e_1\cdots e_n\in\mathrm{C}l_n$ を $\mathrm{C}l_n$ の **(実) 体積要素**という．これは，同型 $\mathrm{C}l(V)\cong\Lambda^*(V)$ のもとで式 (1.3) の vol のことである．

命題 1.11　$v\in\mathbb{R}^n$ に対して，$\omega v=(-1)^{n-1}v\omega$ となる．特に，n が奇数のとき，ω は $\mathrm{C}l_n$ の**中心元**（すべての元と可換）である．また，$\omega^2=(-1)^{\frac{n(n+1)}{2}}$ である．特に，$n=4k,4k+3$ のとき，$\omega^2=1$ となる．

証明　$v=e_1$ としても一般性を失わない．そこで，$e_ie_j+e_je_i=-2\delta_{ij}$ を用いて，

$$\begin{aligned}\omega e_1&=e_1\cdots e_{n-1}e_n\underline{e_1}=-e_1\cdots e_{n-1}\underline{e_1}e_n=\cdots=(-1)^{n-1}e_1\underline{e_1}e_2\cdots e_n\\&=(-1)^{n-1}e_1\omega\end{aligned}$$

となる．同様に，次が得られる．

$$\begin{aligned}\omega^2&=e_1e_2e_3\cdots e_n\underline{e_1}e_2e_3\cdots e_n=(-1)^{n-1}e_1\underline{e_1}e_2e_3\cdots e_ne_2e_3\cdots e_n\\&=(-1)^{n-1}e_1^2e_2e_3\cdots e_n\underline{e_2}e_3\cdots e_n=(-1)^{(n-1)+(n-2)}e_1^2e_2\underline{e_2}e_3\cdots e_ne_3\cdots e_n\end{aligned}$$

$$= \cdots = (-1)^{(n-1)+\cdots+1} e_1^2 e_2^2 \cdots e_n^2 = (-1)^{(n-1)+\cdots+1}(-1)^n = (-1)^{\frac{n(n+1)}{2}}$$ □

系 1.1 $n = 4k+3$ のとき，線形同型 $\omega : Cl_n \ni \phi \mapsto \omega\phi \in Cl_n$ に対する ± 1 固有空間を $Cl_n^{\pm}$ と書けば，代数としての直和分解

$$Cl_n = Cl_n^+ \oplus Cl_n^-$$

を得る．さらに，代数同型 $\alpha : Cl_n^+ \cong Cl_n^-$ が成立する．また，$Cl_n = K(m) \oplus K(m)$ と行列環として実現したとき，$\omega = (I_m, -I_m)$, $Cl_n^+ = K(m) \oplus \{0\}$, $Cl_n^- = \{0\} \oplus K(m)$ であり，偶奇分解は，次のようになる．

$$Cl_n^0 = \{(A, A) \mid A \in K(m)\}, \quad Cl_n^1 = \{(A, -A) \mid A \in K(m)\}$$

証明 $n = 4k+3$ のときは，$\omega v = v\omega \, (\forall v \in \mathbb{R}^n)$ であるので，ω は代数としての分解 $Cl_n^+ \oplus Cl_n^-$ を与える．また，偶奇分解を与える代数同型 $\alpha : Cl_n \to Cl_n$ を考えると，$\alpha(\omega) = -\omega$ より，$\alpha(Cl_n^{\pm}) = Cl_n^{\mp}$ を得る．特に，$\alpha : Cl_n^+ \cong Cl_n^-$ である．そこで，$Cl_n = K(m) \oplus K(m)$ と実現した場合には，$\alpha(A, B) = (B, A)$ となる． □

▶**問 1.11** n が偶数のとき，Cl_n の中心（中心元全体の集合）は $\mathbb{R}1$ であることを示せ．n が奇数のとき，中心は $\mathbb{R}1 \oplus \mathbb{R}\omega$ であることを示せ． ◀

次の代数同型もあとで必要となる．

命題 1.12 自然な埋め込み $i : \mathbb{R}^{n-1} \ni v \mapsto v \in \mathbb{R}^n$ を拡張することにより，単射な代数準同型 $i : Cl_{n-1} \to Cl_n$ を得る，また，線形写像 $j : \mathbb{R}^{n-1} \ni v \mapsto ve_n \in Cl_n^0$ を拡張して，代数同型 $j : Cl_{n-1} \cong Cl_n^0$ を得る．ここで，$j|_{Cl_{n-1}^0} = i$ となる．

証明 最初の主張は明らか．次に，$j(e_k)^2 = e_k e_n e_k e_n = -e_k e_k e_n e_n = -1$ となるので，代数準同型 $j : Cl_{n-1} \to Cl_n^0$ を得るが，$\{e_k e_n\}_{k=1}^{n-1}$ が Cl_n^0 の生成元なので同型となる．また，$j(e_k e_l) = e_k e_n e_l e_n = e_k e_l$ より，$j|_{Cl_{n-1}^0} = i$ となる． □

1.5 複素クリフォード代数

第 2 章以降で多様体上のスピノール場を考える場合は，複素スピノール表現から導かれるものを考えることが多い．そこで，$\mathbb{R}$ 上代数であるクリフォード代数を複素化した複素クリフォード代数を導入しよう．

定義 1.11 Cl_n を複素化した $\mathbb{C}$ 上（結合）代数を $\mathbb{C}l_n = Cl_n \otimes_{\mathbb{R}} \mathbb{C}$ として，**複素**

クリフォード代数という．

n 次元複素ベクトル空間 $\mathbb{C}^n$ に，複素双線形写像で対称かつ非退化な標準的な「複素内積」$\langle\cdot,\cdot\rangle_{\mathbb{C}^n}$ を入れておく．Cl_n の場合と同様にして，次の $\mathbb{C}l_n$ の普遍性が成立する．

命題 1.13　A を 1 をもつ $\mathbb{C}$ 上結合代数として，線形写像 $f:\mathbb{C}^n \to A$ が，$f(v)^2 = -\langle v,v\rangle_{\mathbb{C}}1$ を満たせば，代数準同型 $F:\mathbb{C}l_n \to A$ で $F|_{\mathbb{C}^n} = f$ となるものが唯一つ存在する．

$\mathbb{R}^{p,q}$ から得られる $Cl_{p,q}$ の複素化 $Cl_{p,q}\otimes\mathbb{C}$ を考えたとき，複素化した内積は符号数によらず同型であるので，$Cl_{p,q}\otimes\mathbb{C}\cong\mathbb{C}l_n$ である．特に，補題 1.1 の複素バージョンとなる $\mathbb{C}$ 上代数同型

$$\mathbb{C}l_{n+2}\cong\mathbb{C}l_n\otimes_{\mathbb{C}}\mathbb{C}l_2$$

が成立する．また，補題 1.2 と定理 1.2 より，次の代数同型を得る．

$$\mathbb{C}l_{2m+1}\cong\mathbb{C}(2^m)\oplus\mathbb{C}(2^m),\quad \mathbb{C}l_{2m}\cong\mathbb{C}(2^m)$$

この同型は次のように証明してもよい．まず，$\mathbb{C}l_1, \mathbb{C}l_2$ を次のように実現する．$\mathbb{C}^n$ の標準基底を $e_1,\ldots,e_n$ としておけば，

(1) $\mathbb{C}l_1$ の基底は $1, e_1$ であるので，$1\mapsto(1,1)$，$e_1\mapsto(-i,i)$ と対応させれば，$e_1^2=-1$ より，同型 $\mathbb{C}l_1\cong\mathbb{C}\oplus\mathbb{C}$ を得る．

(2) $\mathbb{C}l_2\cong\mathbb{C}(2)$ である．実際，次のように対応させればよい．

$$1\mapsto\begin{pmatrix}1&0\\0&1\end{pmatrix},\quad e_1\mapsto\sigma_1,\quad e_2\mapsto\sigma_2,\quad e_1e_2\mapsto\sigma_3$$

さて，$\mathbb{C}(n)\otimes_{\mathbb{C}}\mathbb{C}(m)=\mathbb{C}(nm)$ であるので，$\mathbb{C}l_{n+2}\cong\mathbb{C}l_n\otimes_{\mathbb{C}}\mathbb{C}l_2\cong\mathbb{C}l_n\otimes_{\mathbb{C}}\mathbb{C}(2)$ を利用すれば，帰納的に $\mathbb{C}l_{2m+1}\cong\mathbb{C}(2^m)\oplus\mathbb{C}(2^m)$，$\mathbb{C}l_{2m}\cong\mathbb{C}(2^m)$ が証明できる．

また，$n=2m+1$ のとき，$\mathbb{C}l_{2m+1}$ の代数としての分解は，体積要素を利用すればよい．このとき，$\omega^2=1$ となるように次のように正規化しておく．

$$\omega := (\sqrt{-1})^{[\frac{n+1}{2}]}e_1\cdots e_n \tag{1.7}$$

この ω を**（複素）体積要素**とよぶ．ここで，$[x]$ は x を超えない最大の整数のことである．このとき，

$$\omega^2=1,\quad v\omega=(-1)^{n-1}\omega v,\quad (v\in\mathbb{C}^n)$$

となる．$n=2m+1$ のとき ω は中心元であり，$\omega:\mathbb{C}l_{2m+1}\ni\phi\mapsto\omega\phi\in\mathbb{C}l_{2m+1}$ の ±1 固有空間を $\mathbb{C}l_{2m+1}^{\pm}$ と書けば，次の $\mathbb{C}$ 上代数としての分解を得る．

$$\mathbb{C}l_{2m+1} = \mathbb{C}l_{2m+1}^{+} \oplus \mathbb{C}l_{2m+1}^{-} \cong \mathbb{C}(2^m) \oplus \mathbb{C}(2^m), \quad \alpha(\mathbb{C}l_{2m+1}^{\pm}) = \mathbb{C}l_{2m+1}^{\mp}$$

定理 1.3 $\mathbb{R}^n$ の向き付き正規直交基底を $(e_1, \ldots, e_n)$ とする．複素クリフォード代数 $\mathbb{C}l_n$ は，$e_1, \ldots, e_n$ および 1 から生成され，関係式が

$$e_i e_j + e_j e_i = -2\delta_{ij}$$

で与えられる $\mathbb{C}$ 上（結合）代数である．また，$\mathbb{C}$ 上ベクトル空間としての基底は，

$$\{1\} \cup \{e_{i_1} e_{i_2} \cdots e_{i_p} \mid 1 \leq i_1 < \cdots < i_p \leq n, \quad p = 1, \ldots, n\}$$

で与えられ，$\dim_{\mathbb{C}} \mathbb{C}l_n = 2^n$ である．さらに，次の同型が成立する．

$$\mathbb{C}l_{2m+1} \cong \mathbb{C}(2^m) \oplus \mathbb{C}(2^m), \quad \mathbb{C}l_{2m} \cong \mathbb{C}(2^m)$$

また，代数同型 $\alpha : \mathbb{C}l_n \to \mathbb{C}l_n$ を使えば，$\mathbb{Z}_2$ 次数付き代数としての分解（偶奇分解）

$$\mathbb{C}l_n = \mathbb{C}l_n^0 \oplus \mathbb{C}l_n^1, \quad \mathbb{C}l_n^i \mathbb{C}l_n^j \subset \mathbb{C}l_n^{i+j \mod 2}$$

を得る．$n = 2m + 1$ の場合には，$\omega = (I, -I) \in \mathbb{C}(2^m) \oplus \mathbb{C}(2^m)$ であり，次を得る．

$$\mathbb{C}l_{2m+1}^0 = \{(A, A) \mid A \in \mathbb{C}(2^m)\}, \quad \mathbb{C}l_{2m+1}^1 = \{(A, -A) \mid A \in \mathbb{C}(2^m)\}$$

1.6 スピン群

n 次スピン群 $\mathrm{Spin}(n)$ とは，n 次特殊直交群 $\mathrm{SO}(n)$ の非自明な二重被覆となるリー群である．特殊直交群の基本群を計算すると $\pi_1(\mathrm{SO}(n)) = \mathbb{Z}_2$（$n \geq 3$）であるので，$n \geq 3$ なら $\mathrm{Spin}(n)$ は単連結なリー群であり，$\mathrm{SO}(n)$ の普遍被覆群になる．この節では，特殊直交群の性質を調べ，スピン群を定義する．なお，リー群や等質空間の基礎事項については付録を参照してほしい．

n 次直交群 $\mathrm{O}(n)$ および n 次特殊直交群 $\mathrm{SO}(n)$ は，

$$\mathrm{O}(n) = \{g \in \mathbb{R}(n) | \langle gv, gw \rangle = \langle v, w \rangle, \ \forall v, w \in \mathbb{R}^n\},$$
$$\mathrm{SO}(n) = \{g \in \mathrm{O}(n) | \det g = 1\}$$

で与えられる．$\mathrm{O}(n)$ は二つの連結成分に分かれ，$\mathrm{SO}(n)$ は $\mathrm{O}(n)$ の単位元連結成分である．また，$\mathrm{SO}(n)$ の基本群は次で与えられる（詳細は文献 [71] など）．

定理 1.4 $\pi_1(\mathrm{SO}(n)) = \mathbb{Z}_2$ となる（$n \geq 3$）．また，$\pi_1(\mathrm{SO}(2)) = \mathbb{Z}$，$\pi_1(\mathrm{SO}(1)) =$

$\{1\}$ となる.

証明の概略　$\mathrm{SO}(1)=\{1\}$ であるので，$\pi_1(\mathrm{SO}(1))=\{1\}$ となる．$\mathrm{SO}(2)\cong S^1$ であるので，$\pi_1(\mathrm{SO}(2))=\mathbb{Z}$ となる．また，微分同相 $\mathrm{SO}(3)\cong \mathbb{R}\mathrm{P}^3$（実射影空間）が成立するので，$\pi_1(\mathrm{SO}(3))=\mathbb{Z}_2$ を得る．$n\geq 4$ の場合には帰納法を用いる．$\mathrm{SO}(n)$ を $n-1$ 次元単位球面 $S^{n-1}\subset\mathbb{R}^n$ へ回転で作用させると，S^{n-1} は等質空間として $\mathrm{SO}(n)/\mathrm{SO}(n-1)$ となる．特に，主 $\mathrm{SO}(n-1)$ 束 $\mathrm{SO}(n)\to S^{n-1}$ に対して，次のホモトピー完全系列を得る．

$$\pi_2(S^{n-1})\to\pi_1(\mathrm{SO}(n-1))\to\pi_1(\mathrm{SO}(n))\to\pi_1(S^{n-1})\to\pi_0(\mathrm{SO}(n-1))$$

$n\geq 4$ なら $\pi_1(S^{n-1})$，$\pi_2(S^{n-1})$ は自明なので，$\pi_1(\mathrm{SO}(n-1))\cong\pi_1(\mathrm{SO}(n))$ となり，$\pi_1(\mathrm{SO}(n))=\mathbb{Z}_2$ を得る． □

次に，$\mathrm{SO}(n)$ のリー環 $\mathfrak{so}(n)$ を導入しよう．$\mathfrak{so}(\mathfrak{n})$ は n 次歪対称行列全体であり，

$$\mathfrak{so}(n):=\{a\in\mathbb{R}(n)\mid\langle av,w\rangle+\langle v,aw\rangle=0,\forall v,w\in\mathbb{R}^n\}$$

である．また，次のように $\mathfrak{so}(n)$ と 2 次交代テンソル積空間 $\Lambda^2(\mathbb{R}^n)$ は同一視できる．$v\wedge w\in\Lambda^2(\mathbb{R}^n)$ に対して，

$$v\wedge w:\mathbb{R}^n\ni u\mapsto(v\wedge w)(u):=\langle v,u\rangle w-\langle w,u\rangle v\in\mathbb{R}^n$$

とすれば，$\mathbb{R}^n$ の線形変換であり，$\Lambda^2(\mathbb{R}^n)\subset\mathfrak{so}(n)\subset\mathbb{R}(n)$ となる．次元を調べれば，同型

$$\Lambda^2(\mathbb{R}^n)\cong\mathfrak{so}(n)$$

を得る．特に，$\mathbb{R}^n$ の正規直交基底を $e_1,\ldots,e_n$ とすれば，$e_i\wedge e_j$（$1\leq i<j\leq n$）が $\mathfrak{so}(n)$ の基底を与える．

$$\mathfrak{so}(n)=\left\{\sum_{1\leq i<j\leq n}c_{ij}e_i\wedge e_j\;\middle|\;c_{ij}\in\mathbb{R}\right\}$$

また，行列の指数写像

$$\exp:\mathbb{R}(n)\ni A\mapsto\exp A=\sum_{k=0}^{\infty}\frac{A^k}{k!}\in\mathrm{GL}(n;\mathbb{R})$$

を用いれば，$\mathrm{SO}(n)=\exp\mathfrak{so}(n)$ となることが知られている．ここで，$\mathrm{GL}(n;\mathbb{R})=\{A\in\mathbb{R}(n)\mid\det A\neq 0\}$ である．

n 次特殊直交群 $\mathrm{SO}(n)$ の基本群は $\mathbb{Z}_2$ であったので，単連結なリー群 G およびリー群の準同型 $\pi:G\to\mathrm{SO}(n)$ で二重被覆（普遍被覆）となるものが存在する [71]．この G がスピン群なのであるが，クリフォード代数（適当な行列環に同型であった）の中

で実現しよう．

注意 1.4 M を多様体とする．多様体 N および全射な滑らかな写像 $\pi : N \to M$ で局所的に微分同相となるとき，N を被覆空間，π を被覆写像という．π が $2:1$ の写像のときは二重被覆とよび，N が単連結になるときは普遍被覆とよぶ．不慣れな場合には，上の $\pi : G \to \mathrm{SO}(n)$ は単に全射かつ $2:1$ の写像と思っていれば十分である．

定義 1.12 n **次ピン群** $\mathrm{Pin}(n)$ とは，Cl_n 内において，長さが 1 のベクトルで生成される群のことである．

$$\mathrm{Pin}(n) := \{g = v_1 v_2 \cdots v_p \mid \|v_i\| = 1,\ p = 1, 2, \dots\}$$

さらに，n **次スピン群**を $\mathrm{Pin}(n)$ の部分群で偶数個の積で表せるものと定義する．

$$\mathrm{Spin}(n) := \{g = v_1 v_2 \cdots v_{2p} \mid \|v_i\| = 1,\ p = 1, 2, \dots\} = \mathrm{Pin}(n) \cap Cl_n^0$$

ここで，$vv = -1$ を考えれば，$\pm 1 \in \mathrm{Pin}(n), \mathrm{Spin}(n)$ となることに注意しよう．

積構造は明らかであるが，$g \in \mathrm{Pin}(n)$ の逆元について述べておく．$v \in \mathbb{R}^n$ $(v \neq 0)$ は，Cl_n 内で逆元を考えることができ，$v^{-1} = -v/\|v\|^2$ で与えられる．特に，$\|v\| = 1$ なら，$v^{-1} = -v$ であるので，$g = v_1 \cdots v_p \in \mathrm{Pin}(n)$ の逆元は次で与えられる．

$$g^{-1} = v_p^{-1} \cdots v_1^{-1} = (-1)^p v_p \cdots v_1$$

さて，$v, x \in \mathbb{R}^n$ $(v \neq 0)$ に対して，$\mathrm{Ad}(v)x := vxv^{-1}$ とすれば，

$$\mathrm{Ad}(v)x := vxv^{-1} = (xv + 2\langle x, v\rangle)\frac{v}{\|v\|^2} = -x + 2\frac{\langle x, v\rangle}{\|v\|^2}v = -R_v(x)$$

となる．ここで R_v は，$\mathbb{R}^n$ において v に直交する超平面に対する鏡映であり，$R_v \in \mathrm{O}(n)$ である．マイナスが邪魔なので，

$$\widetilde{\mathrm{Ad}}_v(x) = \alpha(v)xv^{-1} = -vxv^{-1} = R_v(x)$$

としておき，$g \in \mathrm{Pin}(n)$ に対して $\widetilde{\mathrm{Ad}}_g(x) = \alpha(g)xg^{-1}$ と定義すれば，群の準同型

$$\widetilde{\mathrm{Ad}} : \mathrm{Pin}(n) \ni g \mapsto \widetilde{\mathrm{Ad}}(g) \in \mathrm{O}(n)$$

を得る．また，$\mathrm{Spin}(n)$ に制限すれば，$\alpha(g) = g$ であるので，$\widetilde{\mathrm{Ad}} = \mathrm{Ad}$ となり，

$$\mathrm{Ad} : \mathrm{Spin}(n) \ni g \mapsto \mathrm{Ad}(g) \in \mathrm{SO}(n)$$

という準同型を得る．

▶**問 1.12** 上の $\widetilde{\mathrm{Ad}}$，Ad が群の準同型であることを確かめよ． ◀

注意 1.5　Cl_n を行列環とみなすことにより，Cl_n の可逆元全体が成す群 Cl_n^* は線形リー群である．$\mathrm{Pin}(n)$，$\mathrm{Spin}(n)$ はこの閉部分群であるのでリー群となる．また，以下で述べるように，$\mathrm{Pin}(n)$ は $\mathrm{O}(n)$ の二重被覆なので，コンパクトなリー群である．同様に，$\mathrm{Spin}(n)$ もコンパクトなリー群である．

直交群に対して次の事実は有名である．

命題 1.14 (カルタン－デュドネ(Cartan-Dieudonné))　$g \in \mathrm{O}(n)$ とすれば，g は n 個以下の鏡映の積として表せる．つまり，$v_1, \ldots, v_p\ (p \leq n)$ が存在して $g = R_{v_1} \cdots R_{v_p}$ となる．

証明　n についての帰納法で証明しよう．$n = 1$ のときは明らか．$n = k - 1$ のとき命題が正しいとする．$g \in \mathrm{O}(k)$ が恒等写像でないとすると，$v \in \mathbb{R}^k$ で $g(v) \neq v$ となるものが存在する．$u = v - g(v)$ に直交する超平面に関する鏡映 R_u を考える．g が直交変換であることから，$R_u(g(v)) = v$ であるので，$R_u \cdot g \in \mathrm{O}(k)$ に対して，v は固定される．そこで，v に直交する超平面に $R_u \cdot g$ を制限すれば，帰納法から $k-1$ 個以下の鏡映の積で書ける．よって，g は k 個以下の鏡映の積で書ける．□

系 1.2　$\widetilde{\mathrm{Ad}} : \mathrm{Pin}(n) \to \mathrm{O}(n)$ および $\mathrm{Ad} : \mathrm{Spin}(n) \to \mathrm{SO}(n)$ は全射である．

そこで，$\widetilde{\mathrm{Ad}}$ の核を調べよう．

定理 1.5　$\ker \widetilde{\mathrm{Ad}} = \ker \mathrm{Ad} = \{\pm 1\}$ であり，次の群の完全系列が成立する．

$$1 \to \{\pm 1\} \to \mathrm{Pin}(n) \xrightarrow{\widetilde{\mathrm{Ad}}} \mathrm{O}(n) \to 1,$$

$$1 \to \{\pm 1\} \to \mathrm{Spin}(n) \xrightarrow{\mathrm{Ad}} \mathrm{SO}(n) \to 1$$

また，$n \geq 2$ なら $\mathrm{Spin}(n)$ は連結である．$n \geq 3$ なら $\mathrm{Spin}(n)$ は単連結であり $\mathrm{SO}(n)$ の普遍被覆群である．また，$n \geq 2$ なら $\mathrm{Pin}(n)$ は二つの連結成分（$n \geq 3$ なら，どちらも単連結）をもち，単位元連結成分が $\mathrm{Spin}(n)$ である．

証明　$g \in \ker \widetilde{\mathrm{Ad}}$ とする．$\alpha(g)xg^{-1} = x$（$\forall x \in \mathbb{R}^n$）であるので，$\alpha(g)x = xg$ である．$g \in \mathrm{Pin}(n) \cap \mathrm{C}l_n^0$ なら，$gx = xg$ であり，$\mathrm{C}l_n$ は $\mathbb{R}^n$ で生成されるので，g は $\mathrm{C}l_n$ の中心元かつ $\mathrm{C}l_n^0$ に入る．そこで，$g \in \mathbb{R} \subset \mathrm{C}l_n^0$ となり，$g = \pm 1$ となる．$g \in \mathrm{Pin}(n) \cap \mathrm{C}l_n^1$ とする．$g = v_1 \cdots v_{2p+1}$ とすれば，$\widetilde{\mathrm{Ad}} = R_{v_1} \cdots R_{v_{2p+1}}$ となるが，奇数回の鏡映は $\mathbb{R}^n$ の向きを変える線形変換なので，恒等写像にはなりえないので矛盾する．$\mathrm{Spin}(n)$ の場合も同様である．

このように，$\mathrm{Spin}(n)$ は $\mathrm{SO}(n)$ の二重被覆群となる．$\mathrm{SO}(2) = S^1$，$\pi_1(\mathrm{SO}(n)) = \mathbb{Z}_2$（$n \geq 3$）であるが，$\mathrm{Ad}$ が非自明な二重被覆であることを示せば，残りの主張が証明できる．

そこで，$\ker \mathrm{Ad}$ の元である 1 と -1 が $\mathrm{Spin}(n)$ 内の曲線で結べることを示す．$\mathrm{Spin}(n)$ 内の曲線として次のものを考える．

$$\begin{aligned}\gamma(t) &= -\left(\left(\cos\frac{t}{2}\right)e_1 + \left(\sin\frac{t}{2}\right)e_2\right)\left(\left(\cos\frac{t}{2}\right)e_1 - \left(\sin\frac{t}{2}\right)e_2\right)\\ &= \cos^2\frac{t}{2} - \sin^2\frac{t}{2} - \cos\frac{t}{2}\sin\frac{t}{2}(-e_1e_2 + e_2e_1) = \cos t + (\sin t)e_1e_2\end{aligned}$$

この曲線は $\gamma(0) = 1$ と $\gamma(\pi) = -1$ を結ぶ $\mathrm{Spin}(n)$ 内の曲線である．なお，次のように考えると二重被覆であることがより明確になる．t が 0 から 2π までの範囲を動くとき，$\gamma(t)$ は $\mathrm{Spin}(n)$ 内で閉曲線となるが，

$$\mathrm{Ad}(\gamma(t)) = \left(\begin{array}{cc|ccc}\cos 2t & -\sin 2t & 0 & \ldots & 0\\ \sin 2t & \cos 2t & 0 & \ldots & 0\\ \hline 0 & 0 & 1 & \ldots & 0\\ \vdots & \vdots & \vdots & \ddots & \vdots\\ 0 & 0 & 0 & \ldots & 1\end{array}\right) \in \mathrm{SO}(n) \qquad (1.8)$$

となるので，$\mathrm{Ad}(\gamma(t))$ は $\mathrm{SO}(n)$ 内で 2 周している． □

▶**問 1.13** 上の証明における式 (1.8) が成立することを示せ． ◀

▶**問 1.14** $n = 2$ のとき，$\mathrm{Spin}(2) = S^1$ であり，$\mathrm{Ad} : \mathrm{Spin}(2) \to \mathrm{SO}(2)$ は，S^1 から S^1 への（非自明な）二重被覆となることを示せ． ◀

スピン群のリー環 $\mathfrak{spin}(n)$ について考えよう．まず，Cl_n における括弧積を定義しておく．$\phi, \psi \in Cl_n$ に対して，

$$[\phi, \psi] := \phi\psi - \psi\phi \in Cl_n$$

とする．$\mathrm{Spin}(n) \subset Cl_n^0$ であったが，Cl_n^0 は適当な行列環 $K(m)$（またはその直和）と同型であることを考慮すれば，線形リー群と同様の操作をしても構わないことがわかる．たとえば，$\mathfrak{spin}(n)$ も $K(m)$ 内で実現でき，リー括弧積は $a_1, a_2 \in \mathfrak{spin}(n)$ に対して，

$$[a_1, a_2] = a_1a_2 - a_2a_1$$

となる．また，指数写像 $\exp : \mathfrak{spin}(n) \to \mathrm{Spin}(n)$ もクリフォード積を使って定義できる．つまり，$a \in Cl_n$ に対して，

$$\exp a := \sum_{k=0}^{\infty}\frac{a^k}{k!} \in Cl_n$$

は収束する．これらのことを考慮して $\mathfrak{spin}(n)$ を Cl_n 内で実現しよう．

$\mathrm{Ad} : \mathrm{Spin}(n) \to \mathrm{SO}(n)$ の単位元 1 における微分写像を ad と書くことにする．$a \in \mathfrak{spin}(n)$ に対して，$\gamma(t) = \exp ta$ は $\gamma(0) = 1$，$\gamma'(0) = a$ となる $\mathrm{Spin}(n)$ 内の滑らかな曲線である．$x \in \mathbb{R}^n$ に対して，

$$\mathrm{ad}(a)x = \frac{d}{dt}\mathrm{Ad}(\gamma(t))x\bigg|_{t=0} = \gamma'(0)x - x\gamma'(0) = ax - xa \quad \in \mathbb{R}^n$$

であるので，$\mathrm{ad}(a)x = [a, x]$ となる．そして，次の可換図式を得る．

$$\begin{array}{ccc} \mathrm{Spin}(n) & \xrightarrow{\mathrm{Ad}} & \mathrm{SO}(n) \\ {\scriptstyle \exp}\uparrow & & \uparrow{\scriptstyle \exp} \\ \mathfrak{spin}(n) & \underset{\cong}{\xrightarrow{\mathrm{ad}}} & \mathfrak{so}(n) \end{array}$$

Ad は被覆写像なので，その微分 ad はリー環の同型写像を与える．

$$\mathrm{ad} : \mathfrak{spin}(n) \ni a \mapsto \mathrm{ad}(a) \in \mathfrak{so}(n)$$

そこで，$\mathrm{Spin}(n)$ の単位元 1 における接空間として，リー環 $\mathfrak{spin}(n)$ を具体的に $\mathrm{C}l_n$ 内で表示しよう．$e_ie_j \in \mathrm{C}l_n$（$1 \leq i < j \leq n$）に対して，$(e_ie_j)^2 = -1$ より，

$$\gamma(t) = \exp(te_ie_j) = \cos t + (\sin t)e_ie_j$$

となる．定理 1.5 の証明からもわかるように，$\exp(te_ie_j) \in \mathrm{Spin}(n)$ および $\gamma(0) = 1$ であり，$\gamma(t)$ は単位元 1 を通る $\mathrm{Spin}(n)$ 内の曲線である．特に，$\gamma'(0) = e_ie_j$ は $\mathfrak{spin}(n)$ の元であり，$\dim_{\mathbb{R}} \mathfrak{spin}(n) = \dim_{\mathbb{R}} \mathfrak{so}(n)$ より，

$$\mathfrak{spin}(n) = \left\{ \sum_{1\leq i<j\leq n} c_{ij}e_ie_j \;\middle|\; c_{ij} \in \mathbb{R} \right\} \subset \mathrm{C}l_n^0$$

となる．あとで役立つ公式を述べておこう．

補題 1.3　$v, w, x \in \mathbb{R}^n$ に対して，$[v, w] = vw - wv \in \mathfrak{spin}(n)$ であり，

$$\mathrm{ad}([v, w])(x) = [[v, w], x] = 4(\langle v, x\rangle w - \langle w, x\rangle v) = 4(v \wedge w)(x) \tag{1.9}$$

となる．よって，リー環の同型 $\mathrm{ad} : \mathfrak{spin}(n) \cong \mathfrak{so}(n)$ は，次で与えられる．

$$\mathrm{ad}\left(\frac{1}{4}[v, w]\right) = v \wedge w \tag{1.10}$$

また，$\mathbb{R}^n$ の正規直交基底を $e_1, \ldots, e_n$ とすれば，次が成立する．

$$[e_i, e_j] = -[e_j, e_i] = \begin{cases} 2e_ie_j & (i \neq j) \\ 0 & (i = j), \end{cases} \tag{1.11}$$

$$[[e_i, e_j], e_k] = 4(\delta_{ik}e_j - \delta_{jk}e_i), \tag{1.12}$$

$$[[e_i, e_j], [e_k, e_l]] = 4(\delta_{ik}[e_j, e_l] + \delta_{il}[e_k, e_j] - \delta_{kj}[e_i, e_l] - \delta_{jl}[e_k, e_i]) \tag{1.13}$$

▶**問 1.15** 上の補題を証明せよ. ◀

1.7 低次スピン群の実現

次数が低い場合のスピン群を具体的に表示し，よく知られたリー群と同型であることを見てみよう．次の章で複素スピノール表現を考えるため，スピン群は $\mathbb{C}l_n$ 内で実現する．また，ピン群 $\mathrm{Pin}(n)$ の単位元連結成分以外の連結成分を $\mathrm{Pin}^1(n)$ と書く．

■**例 1.11** $(n = 1)$ $\mathbb{C}l_1 = \mathbb{C}l_1^+ \oplus \mathbb{C}l_1^- = \mathbb{C} \oplus \mathbb{C}$ であった．$1 := (1, 1)$，$e_1 := (-i, i)$ とすることにより，次のようになる．

$$\mathbb{C}l_1^0 = \{(a, a) \mid a \in \mathbb{C}\}, \quad \mathbb{C}l_1^1 = \{(a, -a) \mid a \in \mathbb{C}\},$$
$$\mathrm{Spin}(1) = \{(1, 1), (-1, -1)\}, \quad \mathrm{Pin}^1(1) = \{(i, -i), (-i, i)\}$$ ■

■**例 1.12** $(n = 2)$ $\mathbb{C}l_2 = \mathbb{C}(2)$ であった．パウリ行列 (1.6) を用いて，$1 := I$，$e_1 := \sigma_2$，$e_2 := -\sigma_3$ とすれば，次のようになる．

$$\mathbb{C}l_2^0 = \left\{ \begin{pmatrix} a & 0 \\ 0 & b \end{pmatrix} \middle| \, a, b \in \mathbb{C} \right\}, \quad \mathbb{C}l_2^1 = \left\{ \begin{pmatrix} 0 & c \\ d & 0 \end{pmatrix} \middle| \, c, d \in \mathbb{C} \right\},$$
$$\mathrm{Spin}(2) = \left\{ \begin{pmatrix} a & 0 \\ 0 & a^{-1} \end{pmatrix} \middle| \, a \in \mathrm{U}(1) \right\} \cong \mathrm{U}(1),$$
$$\mathrm{Pin}^1(2) = \left\{ \begin{pmatrix} 0 & a \\ -a^{-1} & 0 \end{pmatrix} \middle| \, a \in \mathrm{U}(1) \right\}$$ ■

■**例 1.13** $(n = 3)$ $\mathbb{C}(2) \oplus \mathbb{C}(2)$ 内で $1 := (I, I)$, $e_1 := (\sigma_1, -\sigma_1)$, $e_2 := (\sigma_2, -\sigma_2)$, $e_3 := (\sigma_3, -\sigma_3)$ とする．このとき $\mathbb{C}l_3 = \mathbb{C}(2) \oplus \mathbb{C}(2)$ であり，次が成立する．

$$\mathbb{C}l_3^0 = \{(\alpha, \alpha) \mid \alpha \in \mathbb{C}(2)\}, \quad \mathbb{C}l_3^1 = \{(\alpha, -\alpha) \mid \alpha \in \mathbb{C}(2)\},$$
$$\mathrm{Spin}(3) = \{(p, p) \mid p \in \mathrm{SU}(2)\} \cong \mathrm{SU}(2) \cong \mathrm{Sp}(1),$$
$$\mathrm{Pin}^1(3) = \{(p, -p) \mid p \in \mathrm{SU}(2)\}$$

準同型 $\mathrm{Ad}:\mathrm{Spin}(3)\to\mathrm{SO}(3)$ を具体的に構成してみよう．同型写像 $\mathbb{R}^3\ni\sum x_ie_i\mapsto\sum x_i\sigma_i\in\mathfrak{su}(2)$ により，$\mathbb{R}^3\cong\mathfrak{su}(2)$ とみなす．$p\in\mathrm{SU}(2)\cong\mathrm{Spin}(3)$ に対して，$\mathfrak{su}(2)$ の線形変換 $\mathrm{Ad}(p)$ を，

$$\mathrm{SU}(2)\times\mathfrak{su}(2)\ni(p,x)\mapsto\mathrm{Ad}(p)x:=pxp^{-1}\in\mathfrak{su}(2)$$

とする．このとき，$\mathrm{Ad}(p)\in\mathrm{SO}(3)$ である．そして，微分同相 $\mathrm{SU}(2)\cong S^3$，$\mathrm{SO}(3)\cong S^3/\{\pm1\}\cong\mathbb{R}\mathrm{P}^3$ が成立し，$\mathrm{Ad}:\mathrm{SU}(2)\to\mathrm{SO}(3)$ は $\mathrm{SO}(3)$ の二重被覆となる．これは次のように考えてもよい．$\mathrm{Spin}(3)$ を $\mathrm{Sp}(1)$ とみなし，$\mathbb{R}^3$ を $\mathbb{H}$ の虚数部分

$$\mathrm{Im}(\mathbb{H}):=\{q\in\mathbb{H}\mid\bar{q}=-q\}=\{xi+yj+zk|x,y,z\in\mathbb{R}\}\quad(\cong\mathfrak{sp}(1))$$

と同一視すれば，Ad は次のように実現できる．

$$\mathrm{Sp}(1)\times\mathrm{Im}\mathbb{H}\ni(p,q)\mapsto\mathrm{Ad}(p)q:=pqp^{-1}\in\mathrm{Im}\mathbb{H}$$

■

■**例 1.14** $(n=4)$　$\mathbb{C}l_4=\mathbb{C}(4)$ であった．

$$e_1:=\begin{pmatrix}0&\sigma_1\\\sigma_1&0\end{pmatrix},\quad e_2:=\begin{pmatrix}0&\sigma_2\\\sigma_2&0\end{pmatrix},\quad e_3:=\begin{pmatrix}0&\sigma_3\\\sigma_3&0\end{pmatrix},\quad e_4:=\begin{pmatrix}0&-I\\I&0\end{pmatrix}$$

とすることにより，

$$\mathbb{C}l_4^0=\left\{\begin{pmatrix}\alpha&0\\0&\beta\end{pmatrix}\,\middle|\,\alpha,\beta\in\mathbb{C}(2)\right\},\quad\mathbb{C}l_4^1=\left\{\begin{pmatrix}0&\delta\\\gamma&0\end{pmatrix}\,\middle|\,\delta,\gamma\in\mathbb{C}(2)\right\},$$

$$\mathrm{Spin}(4)=\mathrm{SU}(2)\times\mathrm{SU}(2)=\left\{\begin{pmatrix}p&0\\0&q\end{pmatrix}\,\middle|\,p,q\in\mathrm{SU}(2)\right\}\cong\mathrm{Sp}(1)\times\mathrm{Sp}(1),$$

$$\mathrm{Pin}^1(4)=\left\{\begin{pmatrix}0&r\\s&0\end{pmatrix}\,\middle|\,r,s\in\mathrm{SU}(2)\right\}$$

となる．$\mathrm{Ad}:\mathrm{Spin}(4)\to\mathrm{SO}(4)$ を構成しよう．$\mathbb{R}^4=\mathbb{H}$ とみなす．ここで，$p,q\in\mathbb{H}$ に対して，$\langle p,q\rangle=\mathrm{Re}(p\bar{q})$ とすれば，ユークリッド内積になる．特に，$\|p\|^2=p\bar{p}$ であり，$\|pq\|=\|p\|\|q\|$ が成立する．さて，$\mathbb{R}^4$ の線形変換を

$$\mathrm{Spin}(4)\times\mathbb{H}=(\mathrm{Sp}(1)\times\mathrm{Sp}(1))\times\mathbb{H}\ni((p,q),x)\mapsto\mathrm{Ad}(p,q)x:=pxq^{-1}\in\mathbb{H}$$

とすれば，$\|pxq^{-1}\|=\|x\|$ であるので，$\mathrm{Ad}(p,q)\in\mathrm{SO}(4)$ である．また，簡単な計算により $\ker\mathrm{Ad}=\{(1,1),(-1,-1)\}$ となる．このようにして，$\mathrm{Ad}:\mathrm{Spin}(4)\to\mathrm{SO}(4)$ を得る．特に，$\mathrm{SO}(4)\cong(\mathrm{Sp}(1)\times\mathrm{Sp}(1))/\mathbb{Z}_2$ である．　■

■**例 1.15** $(n=5)$ $\mathbb{C}(4)\oplus\mathbb{C}(4)$ 内で

$$e_1 := \left(\begin{pmatrix} 0 & -\sigma_1 \\ -\sigma_1 & 0 \end{pmatrix}, \begin{pmatrix} 0 & \sigma_1 \\ \sigma_1 & 0 \end{pmatrix}\right), \quad e_2 := \left(\begin{pmatrix} 0 & -\sigma_2 \\ -\sigma_2 & 0 \end{pmatrix}, \begin{pmatrix} 0 & \sigma_2 \\ \sigma_2 & 0 \end{pmatrix}\right),$$

$$e_3 := \left(\begin{pmatrix} 0 & -\sigma_3 \\ -\sigma_3 & 0 \end{pmatrix}, \begin{pmatrix} 0 & \sigma_3 \\ \sigma_3 & 0 \end{pmatrix}\right), \quad e_4 := \left(\begin{pmatrix} 0 & -I \\ I & 0 \end{pmatrix}, \begin{pmatrix} 0 & I \\ -I & 0 \end{pmatrix}\right),$$

$$e_5 := \left(\begin{pmatrix} iI & 0 \\ 0 & -iI \end{pmatrix}, \begin{pmatrix} -iI & 0 \\ 0 & iI \end{pmatrix}\right)$$

とする．このとき $\mathbb{C}l_5=\mathbb{C}(4)\oplus\mathbb{C}(4)$ であり，

$$\begin{aligned}
&\mathbb{C}l_5^0 = \{(A,A) \mid A\in\mathbb{C}(4)\}, \quad \mathbb{C}l_5^1 = \{(A,-A) \mid A\in\mathbb{C}(4)\}, \\
&\mathrm{Spin}(5) = \{(P,P) \mid P\in\mathrm{SU}(4),\ \bar{P}J_2 = J_2P\} \cong \mathrm{Sp}(2), \\
&\mathrm{Pin}^1(5) = \{(P,-P) \mid P\in\mathrm{SU}(4),\ \bar{P}J_2 = J_2P\}
\end{aligned}$$

となる．ここで，$J=\begin{pmatrix} 0 & -1 \\ 1 & 0 \end{pmatrix}$ とし，$J_2=\begin{pmatrix} J & 0 \\ 0 & -J \end{pmatrix}$ と定義している． ■

▶**問 1.16** 上の例 1.15 で e_ie_j（$1\le i<j\le 5$）の第 1 成分である 4×4 複素行列を A_{ij} とする．このとき，$\overline{A_{ij}}J_2=J_2A_{ij}$，$(A_{ij})^*+A_{ij}=0$ を確かめよ． ◀

▶**問 1.17** $\mathrm{Sp}(2)$ が $S^7\subset\mathbb{H}^2$ へ左から推移的に作用し，$(1,0)\in S^7\subset\mathbb{H}^2$ におけるイソトロピー部分群が $\mathrm{Sp}(1)$ であることを示せ．よって，等質空間 $S^7=\mathrm{Sp}(2)/\mathrm{Sp}(1)=\mathrm{Spin}(5)/\mathrm{Spin}(3)$ を得る． ◀

注意 1.6 $\mathrm{Spin}(6)\cong\mathrm{SU}(4)$ が成立する．$n\ge 7$ のときは，スピン群は他の古典型リー群とは同型にはならない [31], [50]．なお，Spin(7)，Spin(8) は 2.5 節で再び議論する．

第 2 章
スピノール表現

直交群 $\mathrm{O}(n)$ はユークリッド空間に作用する．一方，スピン群 $\mathrm{Spin}(n)$ はスピノール空間に作用する．このスピノールは直交群を考えただけでは現れないスピン群固有の概念であり，スピノールを多様体上で考えたものが第 3 章以降で学ぶスピノール場である．この章では，2.1 節でスピノール空間を定義し，基本的性質を述べる．また，2.2 節で具体的な構成を行うことでスピノールを直感的に把握する．2.3 節から 2.5 節は必要に応じて読むとよい．

2.1　スピノール表現の構成

群や環の表現を簡単に説明しておく（詳細は付録）．群 G の**表現**とは，複素ベクトル空間 V と群準同型 $\rho : G \to \mathrm{GL}(V)$ の組 (ρ, V) のことである．G が V へ**（線形に）作用**するとか，V は G **加群**であるなどともいう．ここで，$\mathrm{GL}(V)$ は V の線形同型全体が成す群である．

- G の二つの表現 (ρ, V)，(μ, W) が同値とは，G 同変な線形同型写像 $F : V \to W$ が存在することである．ここで，G **同変**とは $F \circ \rho(g) = \mu(g) \circ F$（$\forall g \in G$）を満たすことである．同値な表現は区別しないことにする．
- G の表現 (ρ, V) を考える．U が V の G 不変部分空間とは，$\rho(G)U \subset U$ を満たす部分空間のことである．
- G の表現 (ρ, V) が**既約**とは，G 不変部分空間が V と $\{0\}$ のみのことである．既約でないとき**可約**という．また，表現が**完全可約**とは，V を既約部分空間の直和に分解（既約分解）できることである．
- G の表現 (ρ, V) が**ユニタリ表現**とは，V 上に G 不変なエルミート内積が入っていることである．つまり，$\langle \rho(g)v, \rho(g)w \rangle = \langle v, w \rangle$（$v, w \in V, g \in G$）が成立することである．

$\mathbb{C}$ 上代数 A の**表現**とは，複素ベクトル空間 V と $\mathbb{C}$ 上代数準同型 $\rho : A \to \mathrm{End}(V)$

の組 (ρ, V) のことである．既約などの概念は群の場合と同様に定義できる．

■**例 2.1** クリフォード代数 $\mathbb{C}l_n$ の表現 (ρ, V) とは，線形写像 $\rho : \mathbb{C}l_n \ni \phi \mapsto \rho(\phi) \in \mathrm{End}(V)$ で，$\rho(\phi)\rho(\psi) = \rho(\phi\psi)$ を満たすものである． ■

以下では，$n = 2m$ または $2m+1$ とする．まず，複素クリフォード代数の表現を求めよう．1.5 節より，代数同型 $\mathbb{C}l_{2m+1} \cong \mathbb{C}(2^m) \oplus \mathbb{C}(2^m)$，$\mathbb{C}l_{2m} \cong \mathbb{C}(2^m)$ が成立した．そこで，$n = 2m$ の場合には，$\mathbb{C}l_{2m}$ の複素ベクトル空間 $\mathbb{C}^{2^m}$ への表現

$$\rho : \mathbb{C}l_{2m} \cong \mathbb{C}(2^m) \ni \phi \mapsto \phi \in \mathbb{C}(2^m) \cong \mathrm{End}(\mathbb{C}^{2^m})$$

を得る．また $n = 2m+1$ の場合には，表現が二つ構成でき，互いに同値でない．

$$\rho_+ : \mathbb{C}l_{2m+1} \cong \mathbb{C}(2^m) \oplus \mathbb{C}(2^m) \ni (\phi, \psi) \to \phi \in \mathrm{End}(\mathbb{C}^{2^m}),$$
$$\rho_- : \mathbb{C}l_{2m+1} \cong \mathbb{C}(2^m) \oplus \mathbb{C}(2^m) \ni (\phi, \psi) \to \psi \in \mathrm{End}(\mathbb{C}^{2^m})$$

命題 2.1 上で定義した表現は**クリフォード代数の既約表現**であり，同値なものを除けば既約表現は上で与えられたもののみである．

証明 行列環 $\mathbb{C}(n)$ のイデアルは $\mathbb{C}(n)$ または零行列しかないことに注意する．$\mathbb{C}(n)$ の $\mathbb{C}^n$ への表現を考える．非自明な不変部分空間が存在するなら代数準同型 $\nu : \mathbb{C}(n) \to \mathbb{C}(m)$ $(m < n)$ を得るが，核（kernel）はイデアルであるので $\{0\}$ または $\mathbb{C}(n)$ となる．$\ker\nu = \{0\}$ はありえないので，$\ker\nu = \mathbb{C}(n)$ となり，$\nu = 0$ となり矛盾する．よって，$\mathbb{C}(n)$ の $\mathbb{C}^n$ 上の表現は既約である．

さて，$\mathbb{C}(n) = \oplus_i L_i$ と分解する．ここで，L_i は i 列以外の列ベクトルが零の部分空間である．$\mathbb{C}(n)$ を $\oplus L_i$ に左から掛ければ，各 L_i は表現空間であり，上の $\mathbb{C}^n$ と表現空間として同型である．そこで，$\mathbb{C}(n)$ の任意の表現空間 V は，

$$V = \mathbb{C}(n)V = \sum_{v \in V} \mathbb{C}(n)v = \sum_{v,i} L_i v$$

となる．$L_i v = 0$ の場合は，右辺の和から除いておくことにする．$L_i v \neq 0$ なら $\Phi : L_i \ni X \mapsto Xv \in L_i v$ という写像を考えると，$\mathbb{C}(n)$ 同変である．$\ker\Phi \neq 0$ なら L_i の既約性に反するので，$\ker\Phi = 0$ であり，単射である．また，全射は明らか．よって，$\mathbb{C}(n)$ の表現空間としての同型 $L_i v \cong L_i \cong \mathbb{C}^n$ を与える．そして $L_i v$ の既約性から，V 上の表現は，$\mathbb{C}^n$ への表現のいくつかの直和表現と同値となる（既約分解できた）．特に，$\mathbb{C}(n)$ の任意の既約表現は $\mathbb{C}^n$ への表現と同値となる．$\mathbb{C}(n) \oplus \mathbb{C}(n)$ の場合も同様である． □

定義 2.1 **上で構成した** $\mathbb{C}l_n$ **の表現を** $\mathrm{Spin}(n) \subset \mathbb{C}l_n$ **へ制限したものを** $\mathrm{Spin}(n)$ **のスピノール表現といい，**(Δ_n, W_n) **と書く**．その表現空間 $W_n \cong \mathbb{C}^{2^m}$ を**スピノール空間**という．**スピノール**（spinor）とはスピノール空間の元のことである．

注意 2.1　定理 1.2 より，実クリフォード代数 Cl_n の実ベクトル空間への表現を得ることができる．それを $\mathrm{Spin}(n)$ へ制限したものは実スピノール表現とよばれる．

スピン群 $\mathrm{Spin}(n)$ はスピノール表現以外にも次のような表現をもつ．

(1) 1.6 節の $\mathrm{Ad} : \mathrm{Spin}(n) \to \mathrm{SO}(n)$ は $\mathrm{Spin}(n)$ の $\mathbb{R}^n$ への既約表現を与える．複素線形で拡張すれば $\mathbb{C}^n = \mathbb{R}^n \otimes \mathbb{C}$ への既約表現を得るが，同じ記号 Ad で書くことにする．また，$\Lambda^k(\mathbb{R}^n)$ への表現に自然に拡張できる．$g \in \mathrm{Spin}(n)$, $v_1 \wedge \cdots \wedge v_k \in \Lambda^k(\mathbb{R}^n)$ に対して，

$$\mathrm{Ad}(g)(v_1 \wedge \cdots \wedge v_k) = \mathrm{Ad}(g)v_1 \wedge \cdots \wedge \mathrm{Ad}(g)v_k$$

として，線形に拡張することで $\mathrm{Spin}(n)$ の表現 $(\mathrm{Ad}, \Lambda^k(\mathbb{R}^n))$ を得る．

(2) $\mathrm{Spin}(n)$ の Cl_n（よって $\mathbb{C}l_n$）への表現も得ることができる．実際，

$$\mathrm{Spin}(n) \times Cl_n \ni (g, v_1 \cdots v_k) \mapsto \mathrm{Ad}(g)(v_1 \cdots v_k) = gv_1 \cdots v_k g^{-1} \in Cl_n$$

を線形に拡張したものを考えればよい．しかし，

$$gv_1 \cdots v_k g^{-1} = (gv_1 g^{-1})(gv_2 g^{-1}) \cdots (gv_k g^{-1})$$

であるので，(1) の $\Lambda^*(\mathbb{R}^n) = \oplus_k \Lambda^k(\mathbb{R}^n)$ への表現と同値である．

ここで述べた $\Lambda^k(\mathbb{R}^n)$ や Cl_n への表現に関して重要なことは，これらの表現は $\mathrm{Ad} : \mathrm{Spin}(n) \to \mathrm{SO}(n)$ を通しているので，$\mathrm{SO}(n)$ の表現となることである．また，**積構造は $\mathrm{Spin}(n)$ 同変（よって $\mathrm{SO}(n)$ 同変）**である．たとえば，次が成立する．

$$\mathrm{Ad}(g)(\phi\psi) = (\mathrm{Ad}(g)\phi)(\mathrm{Ad}(g)\psi), \quad (\phi, \psi \in Cl_n,\ g \in \mathrm{Spin}(n))$$

一方，スピノール表現は $\mathrm{SO}(n)$ の表現とはならず，$\mathrm{Spin}(n)$ 独自の表現である．

命題 2.2　$\mathrm{Spin}(n)$ のスピノール表現は $\mathrm{Ad} : \mathrm{Spin}(n) \to \mathrm{SO}(n)$ を通して $\mathrm{SO}(n)$ の表現とはならない．つまり，$\Delta_n(g) = \rho \circ \mathrm{Ad}(g)$ $(g \in \mathrm{Spin}(n))$ となる準同型 $\rho : \mathrm{SO}(n) \to \mathrm{GL}(W_n)$ は存在しない．また，スピノール空間 W_n には複素クリフォード代数が作用する．これを**クリフォード積**[†1]とよぶ．この**クリフォード積は $\mathrm{Spin}(n)$ 同変**である．

$$g(\phi \cdot \psi) = (\mathrm{Ad}(g)(\phi)) \cdot (g\psi), \quad (\psi \in W_n,\ \phi \in \mathbb{C}l_n,\ g \in \mathrm{Spin}(n)) \tag{2.1}$$

証明　$\Delta_n = \rho \circ \mathrm{Ad}$ となるなら，$-1 \in \mathrm{Spin}(n)$ を代入すれば，$-\mathrm{id} = \Delta_n(-1) = \rho \circ$

[†1] クリフォード積を明確にするために，$\phi \cdot \psi$ と「$\cdot$」を用いて書いたり，文献によっては $c(\phi)\psi$ と書いたりする．本書でも，クリフォード積を明確にする場合には「$\cdot$」を使うことにする．

$\mathrm{Ad}(-1) = \mathrm{id}$ となるので矛盾する．また，$(\mathrm{Ad}(g)(\phi))(g\psi) = (g\phi g^{-1})(g\psi) = g\phi\psi$ なので $\mathrm{Spin}(n)$ 同変性を得る．□

例 2.2　$n = 3$ の場合に，$\mathbb{C}l_3 = \mathbb{C}(2) \oplus \mathbb{C}(2)$ であり，$\mathbb{C}l_3$ の $\mathbb{C}^2$ への二つの表現 ρ_+，ρ_- を得る．これを $\mathrm{Spin}(3) \subset \mathbb{C}l_3$ へ制限しよう．

$$\mathrm{Spin}(3) = \mathrm{SU}(2) = \{(p,p) \mid p \in \mathrm{SU}(2)\} \cong \mathrm{Sp}(1)$$

なので，ρ_+，ρ_- の $\mathrm{Spin}(3)$ への制限は，どちらも $\mathrm{Spin}(3) \ni (p,p) \mapsto p \in \mathrm{SU}(2) \subset \mathrm{GL}(2;\mathbb{C})$ を与える．これが，$\mathrm{Spin}(3)$ の $W_3 = \mathbb{C}^2$ へのスピノール表現であり，$\mathrm{SU}(2)$ の自然表現に一致する．ここで，$\mathrm{SU}(2)$ の自然表現 $(\nu, \mathbb{C}^2)$ とは，$\nu : \mathrm{SU}(2) \ni p \mapsto p \in \mathrm{GL}(2;\mathbb{C})$ で与えられる表現である．この $(\nu, \mathbb{C}^2)$ は，物理学では **spin1/2 表現**とよばれる．なお，$\mathrm{SU}(2)$ の任意の既約表現は，この自然表現の対称テンソル積表現として得られる．k 次対称テンソル積 $S^k(\mathbb{C}^2)$ 上の表現は $k+1$ 次元の既約表現であり spin $k/2$ 表現という．k が偶数のときは $\mathrm{Ad} : \mathrm{Spin}(3) \to \mathrm{SO}(3)$ を通して，$\mathrm{SO}(3)$ の既約表現となる．■

上の例からわかるように，n が奇数の場合にクリフォード代数の表現としては非同値なものを二つ得るが，それらはスピン群の表現としては同値である．

定理 2.1　$n = 2m+1$ **のとき，クリフォード代数の二つの非同値な表現をスピン群へ制限した場合に，それらはスピン群の表現として同値**である．

証明　クリフォード代数の非同値な表現は，$\phi = \phi_+ + \phi_- \in \mathbb{C}l_n^+ \oplus \mathbb{C}l_n^- = \mathbb{C}(2^m) \oplus \mathbb{C}(2^m)$ に対して $\rho_+(\phi) = \phi_+$ および $\rho_-(\phi) = \phi_-$ で与えられた．$\mathbb{C}l^0_{2m+1} = \{(A,A) | A \in \mathbb{C}(2^m)\} \cong \mathbb{C}(2^m)$ なので，$\rho_\pm$ は $\mathbb{C}l^0_n$ へ制限すれば同値な表現を与え，$\mathrm{Spin}(n) \subset \mathbb{C}l^0_n$ に制限しても同値である．□

n が偶数の場合を見ていこう．

定理 2.2　$n = 2m$ **のとき，スピノール表現** Δ_{2m} **はスピン群の表現として，非同値な二つの表現に分解される．**

$$\Delta_{2m} = \Delta^+_{2m} \oplus \Delta^-_{2m} \quad (W_{2m} = W^+_{2m} \oplus W^-_{2m})$$

これらを区別するには（複素）体積要素を使う．実際，ω **は** $W^\pm_{2m}$ **上に** ± 1 **で作用**する．また，$v \in \mathbb{R}^{2m}$ に対して，$v : W^\pm_{2m} \to W^\mp_{2m}$ となり $\Delta^\pm_{2m}$ が入れ替わる．

証明　Δ_{2m} を $\mathbb{C}l^0_{2m} \cong \mathbb{C}l_{2m-1} \cong \mathbb{C}(2^{m-1}) \oplus \mathbb{C}(2^{m-1})$ へ制限すれば，$\mathbb{C}l^0_{2m}$ の二つの非同値な表現へ分解する．$\mathrm{Spin}(2m) \subset \mathbb{C}l^0_{2m}$ であったのでスピン群の表現としても分解する．そ

れぞれの表現空間の次元は 2^{m-1} である．さて，複素体積要素 $\omega_{2m-1} = i^m e_1 \cdots e_{2m-1} \in \mathbb{C}l_{2m-1}$ は $\mathbb{C}l_{2m-1} \cong \mathbb{C}(2^{m-1}) \oplus \mathbb{C}(2^{m-1})$ において $(I, -I)$ に対応する．一方，命題 1.12 の同型 $j : \mathbb{C}l_{2m-1} \cong \mathbb{C}l^0_{2m}$ において，

$$j(\omega_{2m-1}) = i^m (e_1 e_{2m})(e_2 e_{2m}) \cdots (e_{2m-1} e_{2m}) = i^m e_1 \cdots e_{2m-1} e_{2m} = \omega_{2m} \in \mathbb{C}l^0_{2m}$$

となる．このように，体積要素 $\omega_{2m} \in \mathbb{C}l^0_{2m}$ は $W^{\pm}_{2m}$ 上に ± 1 で作用する．また，$v\omega_{2m} = -\omega_{2m} v$ であったので，$v \in \mathbb{R}^n$ の作用で $\Delta^{\pm}_{2m}$ の入れ替えができる．

Δ^+_{2m} と Δ^-_{2m} が同値でないことを証明しよう．$e_{i_1} e_{i_2} \cdots e_{i_{2k}} \in \mathrm{Spin}(2m)$ であるので，$\mathbb{C}l^0_{2m} \cong \mathbb{C}l_{2m-1}$ の基底は $\mathrm{Spin}(2m)$ の元でつくれる．そこで，$\Delta^{\pm}_{2m}$ が $\mathrm{Spin}(2m)$ の表現として同値と仮定すると，$\mathbb{C}l^0_{2m}$ の表現として同値になり矛盾する．□

■**例 2.3**　$\mathrm{Spin}(4) = \mathrm{SU}(2) \times \mathrm{SU}(2)$ と実現したときを考える．スピノール表現 Δ_4 は，$\mathrm{SU}(2) \times \mathrm{SU}(2) \ni (p, q) \mapsto \begin{pmatrix} p & 0 \\ 0 & q \end{pmatrix} \in \mathrm{GL}(\mathbb{C}^4)$ とすることで得られる．Δ_4 は二つの複素 2 次元表現 $\Delta^+_4((p,q)) = p$, $\Delta^-_4((p,q)) = q$ の直和に分解する．■

次に，スピノール表現がユニタリ表現になることを示そう．

命題 2.3　**スピノール空間** W_n **上のエルミート内積** $\langle \cdot, \cdot \rangle$ **で，**$\langle v\phi, \psi \rangle + \langle \phi, v\psi \rangle = 0$ $(\phi, \psi \in W_n,\ v \in \mathbb{R}^n)$ **を満たすものが存在する**．また，**スピノール表現はユニタリ表現**である．

証明　ベクトル空間 $\mathfrak{g} = \mathbb{R}^n \oplus \mathfrak{spin}(n) \subset Cl_n$ を考え，リー環の構造をクリフォード積を用いて

$$[z, w] = zw - wz, \quad (z, w \in \mathfrak{g})$$

として導入する．代数同型 $j : Cl_n \to Cl^0_{n+1}$（$j(e_k) = e_k e_{n+1}$）を使って，$j : \mathfrak{g} \to Cl^0_{n+1}$ を考えると，この像は $\mathfrak{spin}(n+1)$ に入り，リー環の同型 $\mathfrak{g} \cong \mathfrak{spin}(n+1)$ を得る．Cl_n 内の $\mathfrak{g}$ に対応するコンパクトリー群を $G \cong \mathrm{Spin}(n+1)$ とする．Cl_n の表現空間であるスピノール表現空間 W_n 上に適当に正定値内積をとり，それを G 上で積分することで平均化し，$\langle g\phi, g\psi \rangle = \langle \phi, \psi \rangle$ $(\forall g \in G)$ を満たす内積を得る（命題 A.7）．$g = \exp(tz)$ $(z \in \mathfrak{g}, t \in \mathbb{R})$ として t に関して微分すれば，$\langle z\phi, \psi \rangle + \langle \phi, z\psi \rangle = 0$ を得る．特に，$v \in \mathbb{R}^n \subset \mathfrak{g}$ でも成立する．また，長さ 1 のベクトル $v \in \mathbb{R}^n$ に対して，$\langle v\phi, v\psi \rangle = -\langle \phi, vv\psi \rangle = \langle \phi, \psi \rangle$ となる．スピン群の元は長さが 1 のベクトルの偶数個の積なので，$\langle g\phi, g\psi \rangle = \langle \phi, \psi \rangle$ $(\forall g \in \mathrm{Spin}(n))$ となる．□

系 2.1　命題 2.3 の内積に関して，$W_{2m} = W^+_{2m} \oplus W^-_{2m}$ は直交分解になる．

証明　$\langle \omega\phi, \psi \rangle = \langle \phi, \omega\psi \rangle$ であり，$W^{\pm}_{2m}$ 上に ω は ± 1 で作用することから従う．□

定理 2.3 Δ_{2m+1}, $\Delta_{2m}^{\pm}$ **はスピン群の既約ユニタリ表現**である．

証明 ユニタリ表現であることはすでに述べた．既約性を証明する．$\Delta_{2m+1}, \Delta_{2m}^{\pm}$ は $\mathbb{C}l_{2m+1}^0$, $\mathbb{C}l_{2m}^0$ の既約表現であった．また，スピン群は $\mathbb{C}l_n^0$ の基底を含む（$e_{i_1}\cdots e_{i_{2p}} \in \mathrm{Spin}(n)$）．そこで，$\Delta_{2m+1}, \Delta_{2m}^{\pm}$ にスピン群不変な非自明な部分空間が存在したとすると，$\mathbb{C}l_n^0$ の表現として既約であることに反する． □

2.2 フェルミオン表示

前節で述べたスピノール表現は，Cl_n と行列環の同型を利用しているので扱いにくいこともある．スピノールを具体的に構成し，クリフォード代数との関係をより直感的に理解するには，フェルミオン（fermion）[†1]表示を用いるのがよい．この表示は 3.9.1 項においてエルミート多様体上のスピノール束分解に利用される．また，本書では説明しないが，フェルミオン表示はスピノール表現の weight 分解を与える[36]．この節ではスピノールのフェルミオン表示を説明する．物理学の言葉を使っているが，物理学の知識は必要としない．

定義 2.2 $\mathbb{R}^n$ の正の正規直交基底を $(e_1, \ldots, e_n)$ とする．$1 \le k \le [n/2]$ に対して，

$$a_k := \frac{1}{2}(\sqrt{-1}e_{2k-1} - e_{2k}), \quad a_k^{\dagger} := \frac{1}{2}(\sqrt{-1}e_{2k-1} + e_{2k})$$

とし，a_k **を消滅演算子**（annihilation operator），$a_k^{\dagger}$ **を生成演算子**（creation operator）という．また，

$$\omega_k := a_k^{\dagger}a_k - \frac{1}{2} = -\frac{\sqrt{-1}}{2}e_{2k-1}e_{2k} \in \mathbb{C}l_n$$

とする．$n = 2m+1$ のときは次も加える．

$$b := \sqrt{-1}e_{2m+1}$$

$\mathbb{C}l_n$ は生成・消滅演算子である $a_k, a_k^{\dagger}$（および b）で生成される．$\mathbb{C}l_n$ 内での**反交換子積**を $[\phi_1, \phi_2]_+ := \phi_1\phi_2 + \phi_2\phi_1$ とすれば，クリフォード代数の関係式は，

$$[a_k, a_l^{\dagger}]_+ = \delta_{kl}, \quad [b,b]_+ = 2, \quad [a_k, a_l]_+ = [a_k^{\dagger}, a_l^{\dagger}]_+ = [a_k, b]_+ = [a_k^{\dagger}, b]_+ = 0$$

と書き換えることができる．特に，$a_i a_i = 0$, $a_i^{\dagger}a_i^{\dagger} = 0$ である．

▶**問 2.1** 上の関係式を示せ．また，$[\omega_i, \omega_j] = 0$ を確かめよ． ◀

†1 物理学におけるフェルミオン（フェルミ粒子）とは，スピン角運動量が半整数の粒子のことである．その代表が電子であり，スピノールを用いて記述される．

スピノール表現のフェルミオン表示を構成しよう．まず，$n = 2m$ の場合を考える．$|vac\rangle$ を**真空ベクトル**（vacuum vector）とよび，消滅演算子 a_i を作用させた場合に，$a_i|vac\rangle = 0$ と定義する．このとき，真空ベクトルに $\mathbb{C}l_n$ を作用させることで得られる表現空間 $\mathbb{C}l_n|vac\rangle$ を考える．

■**例 2.4**　感覚をつかむために $n = 4$ の場合で考えよう．$|vac\rangle$ に生成・消滅演算子を作用させると，

$$a_1|vac\rangle = a_2|vac\rangle = 0, \quad a_1^\dagger|vac\rangle, \quad a_2^\dagger|vac\rangle$$

を得る．$a_1^\dagger|vac\rangle$ に再び演算子を作用させれば，

$$\begin{aligned} &a_1a_1^\dagger|vac\rangle = (-a_1^\dagger a_1 + 1)|vac\rangle = |vac\rangle, \quad a_2a_1^\dagger|vac\rangle = -a_1^\dagger a_2|vac\rangle = 0, \\ &a_2^\dagger a_1^\dagger|vac\rangle = -a_1^\dagger a_2^\dagger|vac\rangle, \quad a_1^\dagger a_1^\dagger|vac\rangle = 0 \end{aligned}$$

となる．最後の式は $a_1^\dagger$ は同時に二つ以上存在できないことを意味している（このため $a_i^\dagger$ はフェルミオンとみなせる）．さらに，$a_1^\dagger a_2^\dagger|vac\rangle$ に演算子を作用させれば，

$$\begin{aligned} &a_1^\dagger(a_1^\dagger a_2^\dagger|vac\rangle) = 0, \quad a_2^\dagger(a_1^\dagger a_2^\dagger)|vac\rangle = -a_1^\dagger a_2^\dagger a_2^\dagger|vac\rangle = 0, \\ &a_1a_1^\dagger a_2^\dagger|vac\rangle = -a_1^\dagger a_1 a_2^\dagger|vac\rangle + a_2^\dagger|vac\rangle = a_2^\dagger|vac\rangle, \quad a_2a_1^\dagger a_2^\dagger|vac\rangle = -a_1^\dagger|vac\rangle \end{aligned}$$

となる．そこで，次は $\mathbb{C}l_4|vac\rangle$ の $\mathbb{C}$ 上の基底である．

$$|vac\rangle, \quad a_1^\dagger|vac\rangle, \quad a_2^\dagger|vac\rangle, \quad a_1^\dagger a_2^\dagger|vac\rangle$$
■

この例のようにして真空ベクトルに $\mathbb{C}l_n$ の代数的生成元である $a_i, a_i^\dagger$ を作用させていけば，$\mathbb{C}l_n|vac\rangle$ は

$$\{a_{k_1}^\dagger \cdots a_{k_j}^\dagger|vac\rangle \mid 1 \le k_1 < \cdots < k_j \le m,\ j = 0, \ldots, m\}$$

を基底とする $\mathbb{C}$ 上 2^m 次元ベクトル空間であり，$\mathbb{C}l_{2m}$ の表現空間になる．よって，$\mathbb{C}l_{2m}$ の表現 $(\rho, \mathbb{C}^{2^m})$ と同値であり，$W_{2m} = \mathbb{C}l_{2m}|vac\rangle$ と書ける．

スピン群 $\mathrm{Spin}(2m)$ のスピノール表現 Δ_{2m} は $W_{2m} = W_{2m}^+ \oplus W_{2m}^-$ と既約分解できた．スピン群は偶数個のベクトルの積で表せることを考慮すれば，$W_{2m} = \mathbb{C}l_{2m}|vac\rangle$ へ作用させたとき粒子の数の偶奇は変化しない．そこで，分解 $W_{2m}^+ \oplus W_{2m}^-$ は粒子の偶奇を利用して与えることができる．実際，

$$\begin{aligned} W_{2m}^+ &:= \mathrm{span}_{\mathbb{C}}\{a_{k_1}^\dagger \cdots a_{k_j}^\dagger|vac\rangle \mid 1 \le k_1 < \cdots < k_j \le m,\ j \equiv 0 \bmod 2\}, \\ W_{2m}^- &:= \mathrm{span}_{\mathbb{C}}\{a_{k_1}^\dagger \cdots a_{k_j}^\dagger|vac\rangle \mid 1 \le k_1 < \cdots < k_j \le m,\ j \equiv 1 \bmod 2\} \end{aligned}$$

となる．この分解を体積要素を使って確かめてみよう．まず，$\omega_i = a_i^\dagger a_i - 1/2$ を

$a^\dagger_{k_1}\cdots a^\dagger_{k_j}|vac\rangle$ に作用させたとき，粒子 $a^\dagger_i$ がある場合は $1/2$ で，ない場合は $-1/2$ として作用する．また（複素）体積要素 ω は，$\omega=(-1)^m 2^m \omega_1\cdots\omega_m$ となる．よって，

$$\omega(a^\dagger_{k_1}\cdots a^\dagger_{k_j}|vac\rangle)=(-1)^j a^\dagger_{k_1}\cdots a^\dagger_{k_j}|vac\rangle$$

であり，ω は上で与えた $W^{\pm}_{2m}$ に ± 1 で作用する．

▶**問 2.2** $N=\sum a^\dagger_i a_i$ は数演算子とよばれ，粒子の数を与える作用素となる．$a^\dagger_{k_1}\cdots a^\dagger_{k_j}|vac\rangle$ に N は j 倍で作用することを示せ． ◀

命題 2.3 における W_{2m} 上のエルミート内積も自然に定義できる．

$$\langle a^\dagger_{k_1}\cdots a^\dagger_{k_i}|vac\rangle, a^\dagger_{l_1}\cdots a^\dagger_{l_j}|vac\rangle\rangle=\delta_{ij}\delta_{k_1l_1}\cdots\delta_{k_il_j}$$

とすれば，W_{2m} 上にエルミート内積が入り，$\langle a_k\phi,\psi\rangle=\langle\phi,a^\dagger_k\psi\rangle$ を満たす．よって，$\langle e_k\phi,\psi\rangle+\langle\phi,e_k\psi\rangle=0$ となる．

$n=2m+1$ の場合にスピノール空間のフェルミオン表示を与えよう．$|vac\rangle$ を真空ベクトルとして，$a_k|vac\rangle=0$，$b|vac\rangle=|vac\rangle$ として，$\mathbb{C}l_{2m+1}|vac\rangle$ を考えると，$\mathbb{C}l_{2m+1}$ の表現空間を得る．また，体積要素は $\omega=(-1)^m 2^m\omega_1\cdots\omega_m b$ となり，

$$\omega(a^\dagger_{k_1}\cdots a^\dagger_{k_j}|vac\rangle)=a^\dagger_{k_1}\cdots a^\dagger_{k_j}|vac\rangle$$

となるので，ω は $\mathbb{C}l_{2m+1}|vac\rangle$ 上に 1 で作用することがわかる．また，$b|vac\rangle=-|vac\rangle$ とすれば，上と同様にして $\mathbb{C}l_{2m+1}$ の表現空間を得ることができるが，ω は -1 で作用する．このように，$\mathbb{C}l_{2m+1}\cong\mathbb{C}(2^m)\oplus\mathbb{C}(2^m)$ の互いに非同値な二つの既約表現を得る．この表現を $\mathrm{Spin}(2m+1)$ へ制限すればスピノール表現が得られるが，$\mathrm{Spin}(2m+1)$ の表現としては同値なのであった．そこで，$b|vac\rangle=|vac\rangle$ のほうを採用して $W_{2m+1}=\mathbb{C}l_{2m+1}|vac\rangle$ と書ける．ユニタリ内積も $n=2m$ の場合と同様に定義すればよく，$\mathrm{Spin}(2m+1)$ の既約ユニタリ表現を得る．

2.3 スピノール空間上の実・四元数・双対構造

スピノール空間 W_n には実クリフォード代数 $Cl_n\subset\mathbb{C}l_n$ も作用することから，Cl_n の実構造や四元数構造を W_n に誘導できる．以下で，それを見ていこう．

定義 2.3 複素ベクトル空間 V 上の**実構造**，**四元数構造**とは，歪複素線形変換 $\mathfrak{J}: V\to V$ で，それぞれ $\mathfrak{J}^2=1$, $\mathfrak{J}^2=-1$ となるものである．ここで，歪複素線形とは，$\mathfrak{J}(av)=\bar{a}\mathfrak{J}(v)$（$a\in\mathbb{C}$，$v\in V$）となる実線形写像のことである．

例 2.5　V を実ベクトル空間とする．複素化 $V_{\mathbb{C}} = V \otimes \mathbb{C}$ には，複素共役により実構造が入る．逆に，V を複素ベクトル空間とし実構造 $\mathfrak{J}$ をもつとする．このとき，$V_{\mathbb{R}} = \{v \in V \mid \mathfrak{J}(v) = v\}$ は実ベクトル空間となり，$V = V_{\mathbb{R}} \otimes \mathbb{C}$ を満たす．■

例 2.6　四元数ベクトル空間 $\mathbb{H}^n$ を考える．$\mathbb{H}^n \ni z + jw \mapsto (z, w) \in \mathbb{C}^n \oplus \mathbb{C}^n$ により，$\mathbb{H}^n$ は複素ベクトル空間とみなせる．$(z + jw)j = -\bar{w} + j\bar{z}$ であるので，$\mathfrak{J}(z, w) := (-\bar{w}, \bar{z})$ が $\mathbb{H}^n = \mathbb{C}^{2n}$ の四元数構造である．逆に，複素ベクトル空間 V に四元数構造 $\mathfrak{J}$ があるとき，$(a + bj)(v) := av + b\mathfrak{J}(v)$ （$a, b \in \mathbb{C}$，$v \in V$）とすれば，V は四元数ベクトル空間となる．■

さて，定理 1.2 における $n = 4$ の場合を考える．$Cl_4 = \mathbb{H}(2)$ を用いて，

$$Cl_4 \times \mathbb{H}^2 \ni (\phi, v) \mapsto \phi v \in \mathbb{H}^2$$

という Cl_4 の $\mathbb{H}^2$ 上への表現を得る．また，

$$\mathbb{H} \times \mathbb{H}^2 \ni (p, \phi) \mapsto p \cdot \phi := \phi \bar{p} \in \mathbb{H}^2$$

とすれば，$(pq) \cdot \phi = p \cdot (q \cdot \phi)$ により，$\mathbb{H}^2$ は $\mathbb{H}$ 上ベクトル空間になる．よって，$\mathbb{H}^2$ 上に Cl_4 の作用と可換な四元数構造を得る．また，

$$\mathbb{C}l_4 \times \mathbb{H}^2 \ni (\phi \otimes z, v) \mapsto \phi v z \in \mathbb{H}^2 \cong \mathbb{C}^4$$

とすれば，$\mathbb{C}l_4 = \mathbb{H}(2) \otimes_{\mathbb{R}} \mathbb{C} = \mathbb{C}(4)$ の表現となる．以上から，スピノール空間 $W_4 = \mathbb{C}^4$ 上に，Cl_4 の作用と可換な四元数構造が入った．同様に，$W_4^{\pm} = \mathbb{H} \cong \mathbb{C}^2$ には $Cl_4^0 = \mathbb{H} \oplus \mathbb{H}$ の作用と可換な四元数構造が入る．特に，$\mathrm{Spin}(4)$ の作用と可換（$\mathrm{Spin}(4)$ 同変）な四元数構造が入る．

同様にして，$Cl_{8k+4} = \mathbb{H}(2 \times 16^k)$，$Cl_{8k+3} = \mathbb{H}(16^k) \oplus \mathbb{H}(16^k)$ であるので，次の命題を得る．

命題 2.4　(1)　$n = 8k + 4$ のとき，$W_{8k+4}^{\pm}$ にスピン群同変な四元数構造が入る．
(2)　$n = 8k + 3$ のとき，W_{8k+3} にスピン群同変な四元数構造が入る．

次に，$n = 8$ の場合を考える．$Cl_8 = \mathbb{R}(16)$ を用いて，

$$Cl_8 \times \mathbb{R}^{16} \ni (\phi, v) \mapsto \phi v \in \mathbb{R}^{16}$$

という Cl_8 の $\mathbb{R}^{16}$ への表現を得る．複素化すれば，

$$\mathbb{C}l_8 \times \mathbb{C}^{16} \ni (\phi \otimes z, v) \mapsto z\phi v \in \mathbb{C}^{16}$$

となる．そこで，複素共役により実構造を定義すれば，スピノール空間 $W_8 = \mathbb{C}^{16}$ に

は Cl_8 の作用と可換な実構造が入る．$Cl_8^0 = \mathbb{R}(8) \oplus \mathbb{R}(8)$ であるので，$W_8^{\pm} = \mathbb{C}^8$ には Cl_8^0 の作用と可換な実構造が入り，$\mathrm{Spin}(8) \subset Cl_8^0$ であるので $W_8^{\pm}$ には $\mathrm{Spin}(8)$ の作用と可換な実構造が入る．先ほどと同様にして次を得る．

命題 2.5 (1) $n = 8k$ のとき，$W_{8k}^{\pm}$ にスピン群同変な実構造が入る．
(2) $n = 8k+7$ のとき，W_{8k+7} にスピン群同変な実構造が入る．

その他の場合にも，Cl_n, Cl_n^0 の行列環としての実現（定理 1.2）から次の命題を得る（$n = 8k+6$ の場合は問 1.10 を用いるとよい）．

命題 2.6 (1) $n = 8k+1$ のとき，W_{8k+1} にスピン群同変な実構造が入る．
(2) $n = 8k+2$ のとき，W_{8k+2} にスピン群同変な四元数構造が入る．しかし，この四元数構造は $W_{8k+2}^{\pm}$ を入れ替える（$\mathfrak{J}(W_{8k+2}^{\pm}) = W_{8k+2}^{\mp}$）．
(3) $n = 8k+5$ のとき，W_{8k+5} にスピン群同変な四元数構造が入る．
(4) $n = 8k+6$ のとき，W_{8k+6} にスピン群同変な実構造が入る．しかし，この実構造は $W_{8k+6}^{\pm}$ を入れ替える．

スピノール空間 W_n 上のスピン群同変な実構造または四元数構造 $\mathfrak{J}$ およびエルミート内積を使って，

$$W_n \ni \phi \mapsto \langle \cdot, \mathfrak{J}\phi \rangle \in W_n^*$$

とすれば，この写像はスピン群の表現空間としての同型写像となる．

命題 2.7 次のスピン群の表現空間としての同型を得る．
(1) $n = 2m+1$ のとき，$W_{2m+1}^* \cong W_{2m+1}$．
(2) $n = 2m$ のとき，$W_{2m}^* \cong W_{2m}$．さらに，$n = 4k$ なら，$(W_{4k}^{\pm})^* \cong W_{4k}^{\pm}$．$n = 4k+2$ なら，$(W_{4k+2}^{\pm})^* \cong W_{4k+2}^{\mp}$．

2.4 $\mathbb{C}l_{2m}$ への二つの $\mathbb{Z}_2$ 次数付け

第 6 章で，オイラー標数や符号数を与える指数定理を証明する．このとき，考えるベクトル束はどちらの場合も微分形式のベクトル束 $\Lambda^*(M)$ である．しかし，ベクトル束の $\mathbb{Z}_2$ 次数のつけ方によって，指数定理はオイラー標数を与えたり，符号数を与えたりする．これは，この節で見るクリフォード代数 $\mathbb{C}l_{2m}$ への二つの $\mathbb{Z}_2$ 次数付けに対応している．

クリフォード代数は，それ自身に左または右からの積で作用させることができる．

左からの積による作用は

$$\mathbb{C}l_{2m} \times \mathbb{C}l_{2m} \ni (\phi, \psi) \mapsto L(\phi)\psi := \phi\psi \in \mathbb{C}l_{2m}$$

で与えられる．一方，右からの積による作用は

$$\mathbb{C}l_{2m} \times \mathbb{C}l_{2m} \ni (\phi, \psi) \mapsto R(\phi)\psi := \psi\phi^t \in \mathbb{C}l_{2m}$$

で与えられる．ここで，転置写像 $\mathbb{C}l_{2m} \ni \phi \mapsto \phi^t \in \mathbb{C}l_{2m}$ は，$(e_{i_1}e_{i_2}\cdots e_{i_k})^t = e_{i_k}\cdots e_{i_2}e_{i_1}$ を線形に拡張することにより得られる．$\mathbb{C}l_{2m} \cong \mathbb{C}(2^m)$ としたとき，$W_{2m} \cong \mathbb{C}^{2^m}$ であった．よって，$\mathbb{C}l_{2m} = W_{2m} \otimes W_{2m}^* = \mathrm{Hom}(W_{2m}, W_{2m})$ とみなせる．そこで，L は第1成分 W_{2m} へ，R は第2成分 W_{2m}^* への作用であり，L と R は可換である．

さて，クリフォード代数 $\mathbb{C}l_{2m}$ には体積要素による分解が存在したが，これは体積要素の左からの積による分解であり，$W_{2m} \otimes W_{2m}^*$ の**第1成分 W_{2m} を ± 1 固有分解する**ことになる．つまり，

$$\mathbb{C}l_{2m} = \mathbb{C}l_{2m}^+ \oplus \mathbb{C}l_{2m}^- = (W_{2m}^+ \oplus W_{2m}^-) \otimes W_{2m}^* = (W_{2m}^+ \otimes W_{2m}^*) \oplus (W_{2m}^- \otimes W_{2m}^*)$$

となる．また，第2成分の分解を得るには $R(\omega)$ を用いればよい．

次に，$\mathbb{C}l_{2m}$ の偶奇分解 $\mathbb{C}l_{2m}^0 \oplus \mathbb{C}l_{2m}^1$ を考える．これは $\alpha : \mathbb{C}l_{2m} \to \mathbb{C}l_{2m}$ による ± 1 固有空間分解であった．実は，次の写像は α と一致する．

$$(-1)^m R(\omega)L(\omega) : \mathbb{C}l_{2m} \ni \phi \mapsto (-1)^m \omega\phi\omega^t = \omega\phi\omega \in \mathbb{C}l_{2m}$$

証明　まず，$\omega^t = (-1)^m\omega$ である．また，$\omega^2 = 1$ かつ $\omega v = -v\omega$ である．そこで，$\omega v\omega = -\omega\omega v = -v$ となることから，$(-1)^m R(\omega)L(\omega)$ は α と一致する．　□

よって，**偶奇分解をするには $W_{2m} \otimes W_{2m}^*$ に対して，ω による第1成分 W_{2m} の分解と第2成分 W_{2m}^* の分解の両方を使う必要がある**．$\alpha = (-1)^m R(\omega)L(\omega)$ および命題2.7を考慮すれば，$n = 2m$ のとき，次の $\mathbb{Z}_2$ 次数付けの分解を得る．

$$\begin{aligned}\mathbb{C}l_{2m} &= (W_{2m}^+ \oplus W_{2m}^-) \otimes (W_{2m}^+ \oplus W_{2m}^-)^* \\ &= \underline{(W_{2m}^+ \otimes (W_{2m}^+)^*) \oplus (W_{2m}^- \otimes (W_{2m}^-)^*)} \oplus \underline{(W_{2m}^+ \otimes (W_{2m}^-)^*) \oplus (W_{2m}^- \otimes (W_{2m}^+)^*)} \\ &= \mathbb{C}l_{2m}^0 \oplus \mathbb{C}l_{2m}^1\end{aligned}$$

この分解は，$\mathbb{C}l_{2m}^0(W_{2m}^\pm) = W_{2m}^\pm$，$\mathbb{C}l_{2m}^1(W_{2m}^\pm) = W_{2m}^\mp$ となることからもわかる．

さて，クリフォード代数を外積代数とみなした場合に左作用 L および右作用 R がどう記述できるか考えよう．$\{e_i\}_i$ を $\mathbb{R}^n$ の正規直交基底とする．$\mathbb{C}l_n$ のベクトル空間としての基底は，

$$e_{i_1}\cdots e_{i_p},\quad (1\le i_1<\cdots<i_p\le n,\ p=0,\ldots,n)$$

で与えられた．ここで，$p=0$ のときは上の式は 1 を意味する．この基底に関して，左作用 L は次のようになる．

$$e_i(e_{i_1}\cdots e_{i_p})=\begin{cases}(-1)^k e_{i_1}\cdots\widehat{e_{i_k}}\cdots e_{i_p} & (i=i_k)\\ e_ie_{i_1}\cdots e_{i_p} & (i\notin\{i_1,\ldots,i_p\})\end{cases}$$

一方，外積代数 $\Lambda^*(\mathbb{R}^n)$ の線形変換である「$v\in\mathbb{R}^n$ による外積」

$$v\wedge:\Lambda^*(\mathbb{R}^n)\ni\phi\mapsto v\wedge\phi\in\Lambda^{*+1}(\mathbb{R}^n)$$

を得る．また，$\Lambda^*(\mathbb{R}^n)$ の線形変換である「$f\in(\mathbb{R}^n)^*$ による**内部積**」

$$\iota(f):\Lambda^*(\mathbb{R}^n)\ni\phi\mapsto\iota(f)\phi\in\Lambda^{*-1}(\mathbb{R}^n)\tag{2.2}$$

を得る．ここで．内部積とは

$$\iota(f)(v_1\wedge\cdots\wedge v_p)=\sum_{i=1}^{p}(-1)^{i+1}f(v_i)v_1\wedge\cdots\wedge\widehat{v_i}\wedge\cdots\wedge v_p$$

を線形に拡張したものである．また，$\mathbb{R}^n$ のユークリッド内積を用いて $\mathbb{R}^n$ と $(\mathbb{R}^n)^*$ を同一視できるので，$v\in\mathbb{R}^n$ に対して，上の式の $f(v_i)$ を $\langle v,v_i\rangle$ に変えることで内部積 $\iota(v):\Lambda^*(\mathbb{R}^n)\to\Lambda^{*-1}(\mathbb{R}^n)$ が定まる．そこで，外積代数 $\Lambda^*(V)$ 上で

$$(e_i\wedge-\iota(e_i))(e_{i_1}\wedge\cdots\wedge e_{i_p})=\begin{cases}(-1)^k e_{i_1}\wedge\cdots\wedge\widehat{e_{i_k}}\wedge\cdots\wedge e_{i_p} & (i=i_k)\\ e_i\wedge e_{i_1}\wedge\cdots\wedge e_{i_p} & (i\notin\{i_1,\ldots,i_p\})\end{cases}$$

となる．以上から，同型 $\mathbb{C}l_n\cong\Lambda^*(\mathbb{R}^n)$ のもとで $L(v)=v\wedge-\iota(v)$ となる．

▶**問 2.3**　$L(v)=v\wedge-\iota(v)$ が次のクリフォード関係式を満たすことを示せ．

$$L(u)L(v)+L(v)L(u)=-2\langle u,v\rangle$$ ◀

同様の計算により，右作用 R も $\Lambda^p(\mathbb{R}^n)$ 上で次のように表せる．

$$R(v)=(-1)^p(v\wedge+\iota(v))$$

▶**問 2.4**　上の式を示し，$R(u)R(v)+R(v)R(u)=-2\langle u,v\rangle$ を確かめよ．◀

命題 2.8　クリフォード代数 $\mathbb{C}l_n$ の表現空間としての同型 $\mathbb{C}l_n\cong\Lambda^*(\mathbb{R}^n)$ を考える．このとき，次が成立する．$v\in\mathbb{R}^n$，$\phi\in\Lambda^p(\mathbb{R}^n)$ に対して，

$$L(v)\phi = (v\wedge - \iota(v))\phi, \quad R(v)\phi = (-1)^p(v\wedge + \iota(v))\phi \tag{2.3}$$

また，$u, v \in \mathbb{R}^n$ に対して $u\wedge\iota(v) + \iota(v)u\wedge = \langle u, v\rangle$ となる．

2.5 八元数，例外型リー群 G_2，Spin(8)-三対性

四元数は実クリフォード代数を実現する際に現れた．その一般化である八元数 $\mathbb{O}$ もクリフォード代数と深いかかわりがある．この節では八元数とクリフォード代数の関係を述べ，例外型リー群 G_2 やスピン群 Spin(7) を扱う [8], [18], [31], [32]．「例外幾何学」（第8章）の線形代数といえる話であり，この節で学ぶことは第8章で多様体へと拡張される．

2.5.1 八元数

まず，ケーリー－ディクソン（Cayley-Dickson）構成を説明する．それは，以下のように実数 $\mathbb{R}$ から始まって，複素数 $\mathbb{C}$，四元数 $\mathbb{H}$，八元数 $\mathbb{O}$ と順に $\mathbb{R}$ 上のノルム付き多元体（normed division algebra）を構成していくものである．

実数 $\mathbb{R}$ 上の共役写像 $\mathbb{R} \ni a \mapsto \bar{a} \in \mathbb{R}$ を，恒等写像 $\bar{a} = a$ として定めておくと，$\mathbb{R}$ は共役写像をもつ $\mathbb{R}$ 上の代数である．

次に，$(a, b), (c, d) \in \mathbb{R}\oplus\mathbb{R}$ に対して，積を

$$(a, b)(c, d) := (ac - \bar{d}b, da + b\bar{c}) = (ac - db, da + bc)$$

とし，共役写像を

$$\overline{(a, b)} := (\bar{a}, -b) = (a, -b)$$

とすることで，$\mathbb{R}\oplus\mathbb{R}$ は共役写像をもつ $\mathbb{R}$ 上代数となり，同型 $\mathbb{C} \cong \mathbb{R}\oplus\mathbb{R}$ を得る．ここで，$\mathbb{C}$ は可換かつ結合的な $\mathbb{R}$ 上代数であることに注意しよう．

さらに，$\mathbb{C}\oplus\mathbb{C}$ 上に積および共役写像を

$$(a, b)(c, d) := (ac - \bar{d}b, da + b\bar{c}), \quad \overline{(a, b)} := (\bar{a}, -b)$$

と定義する．$\mathbb{C}\oplus\mathbb{C}$ は共役写像をもつ $\mathbb{R}$ 上代数となり，$\mathbb{H}$ と同型である．実際，

$$1 \mapsto (1, 0), \quad i \mapsto (i, 0), \quad j \mapsto (0, 1), \quad k \mapsto (0, i)$$

とすればよく，$\mathbb{H}$ 上の四元数共役写像も $(a, b) \mapsto (\bar{a}, -b)$ に一致している．四元数 $\mathbb{H}$ は $\mathbb{R}$ 上の代数として結合的ではあるが可換性は崩れる．

最後に，$\mathbb{H}\oplus\mathbb{H}$ 上で，

$$(a,b)(c,d) := (ac - \bar{d}b, da + b\bar{c}), \quad \overline{(a,b)} := (\bar{a}, -b)$$

とすれば $\mathbb{R}$ 上の代数を得るが，今度は結合律も崩れてしまう．$x,y,z \in \mathbb{H} \oplus \mathbb{H}$ に対して $(xy)z \neq x(yz)$ となることもあるので計算する際には注意が必要である．この $\mathbb{R}$ 上の代数 $\mathbb{H} \oplus \mathbb{H}$ の元を**八元数**（octornion）とよび，その全体を $\mathbb{O}$ と書く．この八元数 $\mathbb{O} = \mathbb{H} \oplus \mathbb{H}$ の単位元は $e_0 = (1,0)$ である．また，$\mathbb{O}$ の実部と虚部を

$$\mathrm{Re}(\mathbb{O}) = \{x \in \mathbb{O} | \bar{x} = x\}, \quad \mathrm{Im}(\mathbb{O}) = \{x \in \mathbb{O} | \bar{x} = -x\}$$

として定義すれば，$\mathrm{Re}(\mathbb{O})$ は e_0 が張る実ベクトル空間 $\mathbb{R}\langle e_0 \rangle$ であり，$\mathbb{O}$ は 1 次元と 7 次元の実ベクトル空間の直和 $\mathrm{Re}(\mathbb{O}) \oplus \mathrm{Im}(\mathbb{O})$ に分解する．そして，

$$\begin{aligned} &e_0 = (1,0), \quad e_1 = (i,0), \quad e_2 = (j,0), \quad e_3 = (k,0), \\ &e_4 = (0,1), \quad e_5 = (0,i), \quad e_6 = (0,j), \quad e_7 = (0,k) \end{aligned} \tag{2.4}$$

とすれば，$e_i^2 = -1$（$i = 1, \ldots, 7$），$e_i e_j = -e_j e_i$（$i \neq j$ かつ $i,j = 1, \ldots, 7$）を満たす．さらに，図 2.1（**ファノ**（Fano）**平面**）の関係式が成立する．七つの直線（または円）には向きが入っており，各直線には $e_1, \ldots, e_7$ のうち三つの元が乗っている．各直線で向きに沿って演算を行えばよい．また，$e_i e_j = e_k$ なら $e_j e_k = e_i$，$e_k e_i = e_j$ も成立する．たとえば，$e_1 e_4 = e_5$，$e_4 e_5 = e_1$，$e_5 e_1 = e_4$，$e_1 e_2 = e_3$，$e_3 e_4 = e_7$ などが成立する．

以上のように，実数から出発して複素数，四元数，八元数を構成できた．これら $\mathbb{R}$ 上代数の性質を調べてみよう．$R = \mathbb{R}, \mathbb{C}, \mathbb{H}, \mathbb{O}$ とする．まず，R 上の共役写像は，

$$\overline{(\bar{x})} = x, \quad \overline{xy} = \bar{y}\bar{x}$$

を満たす．また，$x \in R$ の実部，虚部は，それぞれ

$$\mathrm{Re}(x) = \frac{x + \bar{x}}{2} \in \mathbb{R}, \quad \mathrm{Im}(x) = \frac{x - \bar{x}}{2}$$

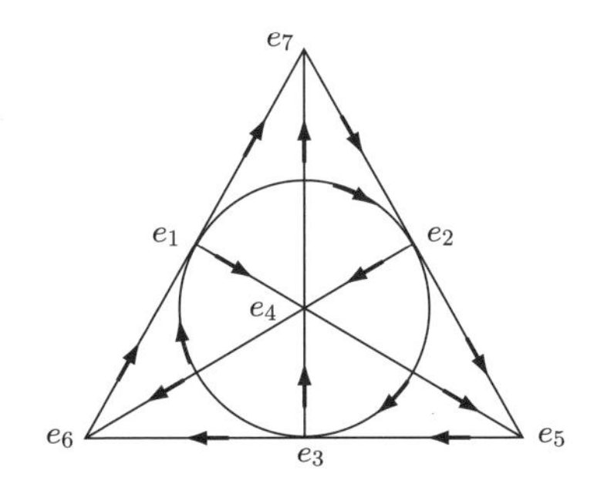

図 2.1　ファノ平面

となる．共役写像を用いて，R 上にノルムおよび内積を

$$\|x\| := \sqrt{x\bar{x}} = \sqrt{\bar{x}x}, \quad \langle x, y\rangle = \mathrm{Re}(x\bar{y})$$

と定義する．R を実ベクトル空間 $\mathbb{R}^k$ $(k = 1, 2, 4, 8)$ とみなせば，この内積は通常のユークリッド内積であり実部と虚部は直交している．また，$x \neq 0$ のとき，x の逆元は

$$x^{-1} = \frac{\bar{x}}{\|x\|^2}$$

で与えられる．さらに，次のノルム付き代数としての関係式が成立する．

$$\|xy\| = \|x\|\|y\|, \quad (x, y \in R) \tag{2.5}$$

この関係式から，$xy = 0$ ならば $x = 0$ または $y = 0$ となる．

▶**問 2.5**　$R = \mathbb{O}$ のとき式 (2.5) を確かめよ．◀

また，式 (2.5) から次の等式を得る（結合律を使ってないことに注意）．

$$\begin{aligned} &\langle xz, yz\rangle = \|z\|^2\langle x, y\rangle = \langle zx, zy\rangle, \quad \langle xz, yw\rangle + \langle yz, xw\rangle = 2\langle x, y\rangle\langle z, w\rangle, \\ &\langle xz, y\rangle = \langle x, y\bar{z}\rangle, \quad \langle zx, y\rangle = \langle x, \bar{z}y\rangle \end{aligned} \tag{2.6}$$

$$x(\bar{y}w) + y(\bar{x}w) = 2\langle x, y\rangle w, \quad (w\bar{y})x + (w\bar{x})y = 2\langle x, y\rangle w \tag{2.7}$$

証明　$\|xz+yz\|^2 = \|x+y\|^2\|z\|^2$ を展開すれば，第1式を得る．また，第1式の z を $z+w$ にして展開すれば，第2式を得る．第3式は，$z = \mathrm{Re}(z)$ なら明らか．$z = \mathrm{Im}(z)$ の場合には，第2式で $w = 1$ とすれば $\langle xz, y\rangle - \langle y\bar{z}, x\rangle = 0$ となり，第3式を得る．よって，任意の $z \in R$ に対して第3式は成立する．第4式も同様である．また，

$$\langle z, \bar{x}(yw)\rangle + \langle z, \bar{y}(xw)\rangle = \langle xz, yw\rangle + \langle yz, xw\rangle = 2\langle x, y\rangle\langle z, w\rangle = \langle z, 2\langle x, y\rangle w\rangle$$

となり，内積の非退化性から第5式を得る．第6式も同様である．□

$\mathbb{R}$, $\mathbb{C}$, $\mathbb{H}$ の代数構造は難しくはない．しかし，八元数 $\mathbb{O}$ は結合的でないので，いろいろと計算して慣れることが必要である．以下で，この八元数について詳しく調べ，クリフォード代数との関係を述べよう．

八元数 $\mathbb{O}$ は非結合的代数であるが，任意の零でない2元 x, y から生成される部分代数は結合的である．つまり，任意の $x, y \in \mathbb{O}$ に対して

$$(xx)y = x(xy), \quad (xy)x = x(yx), \quad (yx)x = y(xx) \tag{2.8}$$

が成立する（各自，確かめよ）．この事実は，**アソシエイター**（associator）とよばれる $\mathbb{O}$ 上の3重実線形写像

$$\mathbb{O} \times \mathbb{O} \times \mathbb{O} \ni (x, y, z) \mapsto [x, y, z] := (xy)z - x(yz) \in \mathbb{O}$$

が，次の交代性を満たすことと同値である．

$$[x, y, z] = -[y, x, z] = -[z, y, x] = -[x, z, y]$$

証明 3重線形写像 $[\cdot,\cdot,\cdot]$ に対して，$[x+y, x+y, z] = [x, x, z] + [x, y, z] + [y, x, z] + [y, y, z]$ となる．よって，$[\cdot,\cdot,\cdot]$ が交代性を満たすことは，

$$[x, x, y] = [x, y, x] = [y, x, x] = 0, \quad (\forall x, y \in \mathbb{O})$$

と同値である．そして，この式は式 (2.8) と同値である． □

■例 2.7 アソシエイターの交代性から，$x, y, a \in \mathbb{O}$ に対して $(ax)y + x(ya) = a(xy) + (xy)a$ となる．この式の x を ax に変えた式と y を ya に変えた式を足せば，

$$\begin{aligned}(a^2x)y + 2(ax)(ya) + x(ya^2) &= a((ax)y + x(ya)) + ((ax)y + x(ya))a \\ &= a(a(xy) + (xy)a) + (a(xy) + (xy)a)a \\ &= a^2(xy) + 2a(xy)a + (xy)a^2\end{aligned}$$

となる．よって，ムーファン（Moufang）の等式 $(ax)(ya) = a(xy)a$ を得る． ■

さて，四元数 $\mathbb{H}$ 上にはクロス積 $x \times y := \mathrm{Im}(\bar{y}x)$ が定義され，これは $\mathbb{R}^3 = \mathrm{Im}(\mathbb{H}) \subset \mathbb{H}$ へ制限すれば $\mathbb{R}^3$ 上のクロス積に一致する．八元数 $\mathbb{O}$ 上でも**クロス積**を次で定義できる．

$$\mathbb{O} \times \mathbb{O} \ni (x, y) \mapsto x \times y := \mathrm{Im}(\bar{y}x) = \frac{1}{2}(\bar{y}x - \bar{x}y) \in \mathbb{O} \tag{2.9}$$

このクロス積は $x \times y = -y \times x$ を満たす．また，$\|x \times y\| = \|x\|\|y\| \sin\theta$（$\theta$ は x と y が成す角）となり，$x \times y$ のノルムは x, y が成す平行四辺形の面積に等しい．

証明 交代的であることは $x \times x = 0$ と線形性から従う．また，x, y が直交する場合，$\langle x, y\rangle = \mathrm{Re}(\bar{y}x) = 0$ より，$\bar{y}x = \mathrm{Im}(\bar{y}x)$ となる．よって，$\|x \times y\| = \|\bar{y}x\| = \|x\|\|y\|$ となり主張は正しい．x, y が直交しない場合には $x = x' + x'' \in \mathbb{R}\langle y\rangle \oplus \mathbb{R}\langle y\rangle^{\perp}$ と分解すれば，$x \times y = x'' \times y$ となることからわかる（いわゆる等積変形である）． □

クロス積 $x \times y$ は $\mathrm{Im}(\mathbb{O})$ の元であるので，クロス積を $\mathbb{R}^7 = \mathrm{Im}(\mathbb{O})$ へ制限すれば $\mathbb{R}^7$ にクロス積が入る．実際，$x, y \in \mathrm{Im}(\mathbb{O})$ に対して，

$$x \times y = xy + \langle x, y\rangle = \frac{1}{2}[x, y] \in \mathrm{Im}(\mathbb{O}) \tag{2.10}$$

となる．ここで，$[x, y] = xy - yx$ としている．また，次が成立する．

補題 2.1 $x, y \in \mathrm{Im}(\mathbb{O}) = \mathbb{R}^7$ に対して，

(1) $x \times y = -y \times x$.
(2) $\|x \times y\|$ は x, y が成す平行四辺形の面積に一致する.
(3) $x \times y$ は x, y に直交している.
(4) $\langle x, y \rangle = -\dfrac{1}{6}\mathrm{tr}(x \times (y \times))$.

証明　1番目と2番目の主張は $\mathbb{O}$ の場合にすでに証明した．3番目の主張を示そう．$x, y \in \mathrm{Im}(\mathbb{O})$ に対して式 (2.6) を使えば，

$$2\langle x, x \times y \rangle = \langle x, xy \rangle - \langle x, yx \rangle = \|x\|^2 \langle 1, y \rangle - \|x\|^2 \langle 1, y \rangle = 0$$

となるので，$x \times y$ は x と直交する．同様に，y にも直交する．最後の主張を示す．$\mathrm{Im}(\mathbb{O})$ の正規直交基底を $e_1, \ldots, e_7$ とすれば，

$$\mathrm{tr}(x \times (y \times)) = \sum_{1 \leq i \leq 7} \langle x \times (y \times e_i), e_i \rangle$$

である．式 (2.6) を用いて直接計算すれば，右辺は $-6\langle x, y \rangle$ に一致する．□

補題の最後の主張が意味することは，クロス積から $\mathrm{Im}(\mathbb{O})$ 上の内積が得られることである．式 (2.10) と合わせると，クロス積から $\mathrm{Im}(\mathbb{O})$ 上の八元数としての積も再現できる．また，$\mathbb{O} = \mathbb{R} \oplus \mathrm{Im}(\mathbb{O})$ なので，$\mathrm{Im}(\mathbb{O})$ 上のクロス積から $\mathbb{O}$ の積も再現できる．

さて，八元数にはさらに積が定義できる．$\mathbb{O}$ 上の**3重クロス積**を

$$\mathbb{O} \times \mathbb{O} \times \mathbb{O} \ni (x, y, z) \mapsto x \times y \times z := \frac{1}{2}(x(\bar{y}z) - z(\bar{y}x)) \in \mathbb{O}$$

と定義する．ここで，$x \times y \times z$ は $x \times (y \times z)$ ではなく，新たに定義した積である．

補題 2.2　3重クロス積は3重実線形かつ交代的であり，$\|x \times y \times z\|$ は x, y, z が成す平行6面体の体積に一致する．

証明　交代性を証明しよう．$x \times z \times x = 0$ は明らかなので，$x \times x \times z = 0 = z \times x \times x$ を示せばよい．$x, z \in \mathbb{O}$ に対して，$x \times x \times z = \dfrac{1}{2}(x(\bar{x}z) - z\|x\|^2)$ であり，この式に $\bar{x} = 2\mathrm{Re}(x) - x$ を代入する．2元 x, z で生成される代数が結合的であることを用いれば，$x \times x \times z = 0$ を得る．同様に，$z \times x \times x = 0$ である．2番目の主張を示そう．等積変形を考えれば，x, y, z が直交しているときに，$\|x \times y \times z\| = \|x\|\|y\|\|z\|$ を証明すればよい．x, y が直交していることから，$x\bar{y} + y\bar{x} = 0 = \bar{x}y + \bar{y}x$ であり，$z(\bar{x}y) + z(\bar{y}x) = 0$ などが成立する．式 (2.7) から $(z\bar{x})y + (z\bar{y})x = 0$ なども成立する．組 x, z および y, z に対しても同様である．そこで，

$$-z(\bar{y}x) = z(\bar{x}y) = -x(\bar{z}y) = x(\bar{y}z)$$

となるので，$x \times y \times z = x(\bar{y}z)$．よって，$\|x \times y \times z\| = \|x(\bar{y}z)\| = \|x\|\|y\|\|z\|$ となる．□

3 重クロス積を $\mathbb{R}^7 = \mathrm{Im}(\mathbb{O})$ に制限すれば，次の命題を得る．

命題 2.9 $x, y, z \in \mathrm{Im}(\mathbb{O})$ とする．このとき，次が成立する．

$$\mathrm{Re}(x \times y \times z) = \langle x, yz \rangle, \quad \mathrm{Im}(x \times y \times z) = \frac{1}{2}[x, y, z]$$

特に，$\langle x, yz \rangle$ は $\mathbb{R}^7 = \mathrm{Im}(\mathbb{O})$ 上の 3 次交代形式である．そこで，

$$\phi(x, y, z) := \langle x, yz \rangle \underset{\because \text{式 (2.10)}}{=} \langle x, y \times z \rangle$$

とし，ϕ を **associative 3 形式**とよぶ．

証明 $x, y, z \in \mathrm{Im}(\mathbb{O})$ が直交している場合を考えれば十分である．このとき，$x \times y \times z = x(\bar{y}z) = -x(yz)$ である．そこで，

$$\mathrm{Re}(x \times y \times z) = -\langle 1, x(yz) \rangle = \langle x, yz \rangle$$

となる．また，$x \times y \times z = -z \times y \times x = z(yx)$ から，$\overline{x \times y \times z} = -(xy)z$ となるので

$$\mathrm{Im}(x \times y \times z) = \frac{1}{2}[-x(yz) + (xy)z] = \frac{1}{2}[x, y, z]$$

が成立する． □

さらに，$\mathbb{O}$ 上の 4 次交代形式を

$$\Phi(x, y, z, w) := \langle x, y \times z \times w \rangle, \quad (x, y, z, w \in \mathbb{O}) \tag{2.11}$$

とし，$\mathbb{O}$ 上の**ケーリー 4 形式**（Cayley 4-form）とよぶ．また，$\mathrm{Im}(\mathbb{O})$ へ制限すれば，$\mathrm{Im}(\mathbb{O})$ 上の 4 次形式である **co-associative 4 形式**を得る．

$$\psi(x, y, z, w) := \langle x, y \times z \times w \rangle = \frac{1}{2}\langle x, [y, z, w] \rangle, \quad (x, y, z, w \in \mathrm{Im}(\mathbb{O}))$$

証明 $\Phi(x, y, z, w)$ は y, z, w に対して交代的であることは明らか．そこで，$\Phi(x, x, z, w) = 0$ を示せば 4 次交代形式になることがわかる．

$$\begin{aligned} 2\Phi(x, x, z, w) &= \langle x, x(\bar{z}w) \rangle - \langle x, w(\bar{z}x) \rangle = \|x\|^2 \langle 1, \bar{z}w \rangle - \langle \bar{w}x, \bar{z}x \rangle \\ &= \|x\|^2 \langle w, z \rangle - \|x\|^2 \langle \bar{w}, \bar{z} \rangle = 0 \end{aligned}$$

□

$\mathbb{R}^7 = \mathrm{Im}(\mathbb{O})$ の標準基底 $e_1, \ldots, e_7$ の双対基底を $\omega_1, \ldots, \omega_7$ とする．また，$\omega_i \wedge \cdots \wedge \omega_k$ は省略して $\omega_{i \cdots k}$ と書くことにする．このとき，直接計算により

$$\begin{aligned} \phi &= \omega_{123} + \omega_{176} + \omega_{257} + \omega_{653} + \omega_{145} + \omega_{246} + \omega_{347}, \\ \psi &= \omega_{4567} - \omega_{2345} + \omega_{1346} - \omega_{1247} + \omega_{2367} + \omega_{1357} + \omega_{1256} \end{aligned} \tag{2.12}$$

となる．ここで，ϕ の各項の添え字はファノ平面（図 2.1）の各辺に対応しているので

覚えやすい．また，$\phi \wedge \psi = 7\omega_{12\cdots 7}$ であり，これを正の向きとすれば $\mathbb{R}^7$ の標準的な向きと一致し，$\phi = *\psi$ となる．ここで，$*$ は $\mathbb{R}^7 = \mathrm{Im}(\mathbb{O})$ 上のホッジのスター作用素である．また，$\mathrm{Re}(\mathbb{O})$ の標準基底 e_0 の双対を ω_0 とする．命題 2.9 を利用すれば，$\mathbb{O}$ 上のケーリー 4 形式 Φ は，

$$\Phi = \omega_0 \wedge \phi + \psi \tag{2.13}$$

となり，$\Phi \wedge \Phi = 14\omega_{01\cdots 7}$ となる．特に，Φ は $\Phi = *\Phi$（自己双対）を満たす．

2.5.2　例外型リー群 G_2

八元数の積構造を保存する群を**例外型リー群** G_2 という．

定義 2.4　八元数 $\mathbb{O}$ の自己（代数）同型全体がなすリー群を G_2 と書く．

$$\mathrm{G}_2 := \{g \in \mathrm{GL}(\mathbb{O}) = \mathrm{GL}(8;\mathbb{R}) \mid g(xy) = g(x)g(y),\ \forall x, y \in \mathbb{O}\}$$

$\mathbb{O}$ の単位元 e_0 に対して，$g(e_0) = e_0$ であるので，$\mathrm{G}_2 \subset \mathrm{GL}(\mathrm{Im}(\mathbb{O}))$ となる．$g \in \mathrm{G}_2$ が八元数の積を保つことから，$\mathbb{R}^7 = \mathrm{Im}(\mathbb{O})$ 上のクロス積 (2.10) は保たれる．また，補題 2.1 のあとに述べたことから，$\mathrm{Im}(\mathbb{O})$ 上のクロス積から $\mathbb{O}$ 上の積が導けるので，$g \in \mathrm{GL}(7;\mathbb{R})$ がクロス積を保てば $\mathbb{O}$ 上の積を保つ．よって，次を得る．

$$\mathrm{G}_2 = \{g \in \mathrm{GL}(\mathrm{Im}(\mathbb{O})) = \mathrm{GL}(7;\mathbb{R}) \mid gx \times gy = g(x \times y),\ \forall x, y \in \mathrm{Im}(\mathbb{O})\}$$

そして，$\mathrm{Im}(\mathbb{O})$ 上の内積と向きは八元数の積から得ることができたので，埋め込み

$$\mathrm{G}_2 \subset \mathrm{SO}(7) = \mathrm{SO}(\mathrm{Im}(\mathbb{O})) \subset \mathrm{SO}(8) = \mathrm{SO}(\mathbb{O})$$

を得る．特に G_2 はコンパクト群である．また，G_2 は associative 3 形式 ϕ を保つ．

$$\begin{aligned}(g^*\phi)(x,y,z) &= \phi(gx,gy,gz) = \langle gx, gy \times gz\rangle = \langle gx, g(y \times z)\rangle = \langle x, y \times z\rangle \\ &= \phi(x,y,z)\end{aligned}$$

実はその逆も成立する．

定理 2.4　例外型リー群 G_2 はコンパクトリー群であり，次の表示をもつ．

$$\begin{aligned}\mathrm{G}_2 &= \{g \in \mathrm{GL}(\mathbb{O}) = \mathrm{GL}(8;\mathbb{R}) \mid g(xy) = g(x)g(y),\ \forall x, y \in \mathbb{O}\} \\ &= \{g \in \mathrm{GL}(\mathrm{Im}(\mathbb{O})) = \mathrm{GL}(7;\mathbb{R}) \mid gx \times gy = g(x \times y),\ \forall x, y \in \mathrm{Im}(\mathbb{O})\} \\ &= \{g \in \mathrm{GL}(\mathrm{Im}(\mathbb{O})) = \mathrm{GL}(7;\mathbb{R}) \mid g^*\phi = \phi\}\end{aligned}$$

証明 最後の等号を示せばよい．$g \in G_2$ なら，積を保つので 3 形式 ϕ を保つ．逆に，$g \in GL(\mathrm{Im}(\mathbb{O}))$ が $g^*\phi = \phi$ を満たすとする．まず，3 形式 ϕ に対して，

$$(\iota(x)\phi) \wedge (\iota(y)\phi) \wedge \phi = 6\langle x, y\rangle\omega, \quad (x, y \in \mathrm{Im}(\mathbb{O}),\ \omega = \omega_{1234567})$$

となることがわかる．ここで，ι は内部積である．そこで，$g^*\phi = \phi$ より，

$$(\iota(g^{-1}(x))\phi) \wedge (\iota(g^{-1}(y))\phi) \wedge \phi = 6\langle x, y\rangle(\det g)\omega$$

となるので，$\langle g(x), g(y)\rangle = (\deg g)^{-1}\langle x, y\rangle$（$\forall x, y \in \mathrm{Im}(\mathbb{O})$）を得る．よって，${}^t gg = (\det g)^{-1} I_7$ であり，$(\det g)^2 = (\det g)^{-7}$ から $\det g = 1$ を得る．このように，$g^*\phi = \phi$ から $g \in SO(7)$ が従う．そこで，

$$\langle g(x), g(y) \times g(z)\rangle = \phi(gx, gy, gz) = \phi(x, y, z) = \langle x, y \times z\rangle = \langle g(x), g(y \times z)\rangle$$

となるので，$g(x \times y) = g(x) \times g(y)$（$\forall x, y \in \mathrm{Im}(\mathbb{O})$）となる． □

2.5.3 Spin(8)-三対性

八元数 $\mathbb{O}$ の元 x に対して，$\mathbb{O} \oplus \mathbb{O} = \mathbb{R}^8 \oplus \mathbb{R}^8$ への積を定義しよう．第 1 成分，第 2 成分の八元数をそれぞれ $\mathbb{O}^+$，$\mathbb{O}^-$ と書き，$x, y \in \mathbb{O}$ に対して $L_x(y) = xy$ とする．このとき，$x \in \mathbb{O}$ に対して，$A_x \in \mathbb{R}(16)$ を

$$\mathbb{R}^8 = \mathbb{O} \ni x \mapsto A_x := \begin{pmatrix} 0 & L_x \\ -L_{\bar{x}} & 0 \end{pmatrix} \in \mathrm{End}_{\mathbb{R}}(\mathbb{O}^+ \oplus \mathbb{O}^-) \tag{2.14}$$

とする．$x(-\bar{x}y) = -(x\bar{x})y = -\|x\|^2 y$ なので，$A_x A_x = -\|x\|^2$ となる．そこで，Cl_8 から $\mathbb{R}(16)$ への $\mathbb{R}$ 上代数準同型へと拡張でき，$Cl_8 \cong \mathbb{R}(16)$ を考慮すれば，同型

$$Cl_8 \cong \mathrm{End}_{\mathbb{R}}(\mathbb{O}^+ \oplus \mathbb{O}^-)$$

を得る．また，$A_{e_0} \cdots A_{e_7}$ は体積要素 ω（定義 1.10）に対応するので，$\mathbb{O}^\pm$ 上で ± 1 で作用する．

$$A_{e_0} \cdots A_{e_7} = \begin{pmatrix} I_8 & 0 \\ 0 & -I_8 \end{pmatrix}$$

さて，命題 2.5 により，$\mathrm{Spin}(8) \subset Cl_8$ の複素スピノール表現 $(\Delta_8^\pm, W_8^\pm)$ には Spin(8) 同変な実構造が入る．$W_8^\pm$ の実部が上で与えた $\mathbb{O}^\pm$ である．**この $\mathbb{O}^\pm$ 上への Spin(8) の実スピノール表現も，同じ記号 $\Delta_8^\pm$ で書く**ことにしよう．大事なことは「実スピノール空間上の $v \in \mathbb{O} = \mathbb{R}^8$ によるクリフォード積が八元数積で書ける」ことである．また，このスピノール表現以外の既約実 8 次元表現として $\mathrm{Ad} : \mathrm{Spin}(8) \to SO(8) = SO(\mathbb{O})$ がある．スピノール表現と区別するために，この表現空間は $\mathbb{O}^0$ と書くことにする．このように，Spin(8) の三つの既約実 8 次元表現

$$(\mathrm{Ad}, \mathbb{O}^0), \quad (\Delta_8^+, \mathbb{O}^+), \quad (\Delta_8^-, \mathbb{O}^-)$$

を得ることができる．次の補題から，これらは非同値な表現である．

補題 2.3　Spin(8) の中心は $\{1, -1, \omega, -\omega\}$ である．また，次が成立する．

$$\mathrm{Ad}(-1) = 1, \quad \mathrm{Ad}(\omega) = -1, \quad \mathrm{Ad}(-\omega) = -1,$$
$$\Delta_8^+(-1) = -1, \quad \Delta_8^+(\omega) = 1, \quad \Delta_8^+(-\omega) = -1,$$
$$\Delta_8^-(-1) = -1, \quad \Delta_8^-(\omega) = -1, \quad \Delta_8^-(-\omega) = 1$$

証明　Cl_8^0 の中心が $1, \omega$ で生成され，ω が Spin(8) の元であることから，Spin(8) の中心は $\{1, -1, \omega, -\omega\}$ である．また，$\omega v = -v\omega$（$v \in \mathbb{R}^8$）より，$\mathrm{Ad}(\pm\omega)v = \omega v \omega = -\omega^2 v = -v$ となる．よって，$\mathrm{Ad}(\pm\omega) = -1$ となる．ほかは明らかであろう．　□

この補題から，$\mathrm{Ad}, \Delta_8^+, \Delta_8^-$ という Spin(8) の実 8 次元表現は非同値であることがわかる．

さて，式 (2.6) から，$\mathbb{O}^\pm$ 上の自然な内積は Spin(8) 不変である．また，Spin(8) は連結なので $\det \Delta_8^\pm(\mathrm{Spin}(8)) = 1$ となる．よって，$\mathrm{Spin}(8) \subset Cl_8 \cong \mathbb{R}(16)$ は単射写像

$$\mathrm{Spin}(8) \xrightarrow{(\Delta_8^+, \Delta_8^-)} \mathrm{SO}(\mathbb{O}^+) \oplus \mathrm{SO}(\mathbb{O}^-)$$

を与える．そこで，$g \in \mathrm{Spin}(8)$ を $g = (g_+, g_-) = (\Delta_8^+(g), \Delta_8^-(g))$ と表すことにする．ここで，補題 2.3 から $g_\pm$ の一方を定めただけでは g は一つに定まらないことに注意する．また，$\mathrm{Ad}(g) = g_0$ として，g を次のように表すこともある．

$$g = (g_0, g_+, g_-) \in \mathrm{SO}(\mathbb{O}^0) \oplus \mathrm{SO}(\mathbb{O}^+) \oplus \mathrm{SO}(\mathbb{O}^-)$$

八元数の積

$$\mathbb{O}^0 \times \mathbb{O}^- \ni (x, y) \mapsto xy \in \mathbb{O}^+$$

はクリフォード積なので，クリフォード積のスピン群同変性（式 (2.1)）から，$(g_0, g_+, g_-) \in \mathrm{Spin}(8)$ は $g_+(xy) = g_0(x)g_-(y)$ を満たす．実は，この逆が成立する．

定理 2.5 (Spin(8)-**三対性**（triality））　$\mathrm{SO}(\mathbb{O})$ の元の三つ組み $g = (g_0, g_+, g_-) \in \mathrm{SO}(\mathbb{O}) \oplus \mathrm{SO}(\mathbb{O}) \oplus \mathrm{SO}(\mathbb{O})$ を考える[†1]．$g \in \mathrm{Spin}(8)$ となるための必要十分条件は

$$g_+(xy) = g_0(x)g_-(y), \quad (\forall x, y \in \mathbb{O}) \tag{2.15}$$

である．

[†1] $\mathrm{SO}(\mathbb{O})$ は $\mathrm{O}(\mathbb{O})$ と変えても成立する．

この定理の証明は難しくはないが，少し技術的であるの省略する[31], [52]．この定理を用いて Spin(8) の外部自己同型を構成しよう．

注意 2.2　群 G の内部自己同型とは，ある $h \in G$ が存在して，$G \ni g \mapsto hgh^{-1} \in G$ となる自己同型のことであり，G の中心上で恒等変換である．外部自己同型とは，内部自己同型とはならない自己同型のことである．

まず，$\mathbb{O}$ の共役写像を $c(x) = \bar{x}$ と書く．c は超平面 $\mathrm{Im}(\mathbb{O})$ に関する鏡映写像であり，$c \notin \mathrm{SO}(\mathbb{O}) = \mathrm{SO}(8)$ であるが $c \in \mathrm{O}(\mathbb{O})$ であることに注意しよう．$\mathrm{SO}(\mathbb{O})$ の元 h に対して $h' := c \circ h \circ c \in \mathrm{SO}(\mathbb{O})$ とすれば，$(h')' = h$ である．そこで，$g = (g_0, g_+, g_-) \in \mathrm{Spin}(8)$ に対して，

$$g'_+(xy) = \overline{g_+(\bar{y}\bar{x})} = \overline{g_-(\bar{x})}\,\overline{g_0(\bar{y})} = g'_-(x)g'_0(y)$$

となるので，定理 2.5 から (g'_-, g'_+, g'_0) という Spin(8) の元が定まる．このように，

$$\alpha : \mathrm{Spin}(8) \ni (g_0, g_+, g_-) \mapsto (g'_-, g'_+, g'_0) \in \mathrm{Spin}(8)$$

という自己同型が定まり，$\alpha^2 = \mathrm{id}$ となる．また，$\mathbb{O}^0 \times \mathbb{O}^+ \ni (x, y) \mapsto -\bar{x}y \in \mathbb{O}^-$ もクリフォード積なので，Spin(8) 同変性から $g = (g_0, g_+, g_-) \in \mathrm{Spin}(8)$ に対して $g_-(-\bar{x}y) = -\overline{g_0(x)}g_+(y)$ が成立する．よって，$(g'_0, g_-, g_+) \in \mathrm{Spin}(8)$ となるので，Spin(8) の自己同型

$$\beta : \mathrm{Spin}(8) \ni (g_0, g_+, g_-) \mapsto (g'_0, g_-, g_+) \in \mathrm{Spin}(8)$$

が定まり，$\beta^2 = \mathrm{id}$ となる．また，$\tau = \alpha\beta$ とすれば，

$$\tau : \mathrm{Spin}(8) \ni (g_0, g_+, g_-) \mapsto (g'_+, g'_-, g_0) \in \mathrm{Spin}(8)$$

であり，$\tau^3 = \mathrm{id}$ を満たす Spin(8) の自己同型となる．これらは Spin(8) の中心元を入れ替えるので外部自己同型である．実は，Spin(8) のディンキン図形（図 2.2）の頂点は正 3 角形を成すので，Spin(8) の外部自己同型全体が成す群は正 3 角形の対称性を表す 3 次対称群と同型であることが知られている[37]．それは，α, β から生成され

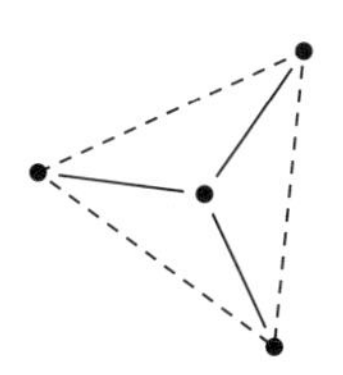

図 2.2　Spin(8) のディンキン図形

る3次対称群なのである．

2.5.4 Spin(7)

Spin(8) の非同値な三つの実8次元表現に対応して，Spin(8) の次の三つの部分群は Spin(8) の内部自己同型で移り合わない．

$$\begin{aligned}\mathrm{Spin}(7)^0 &:= \{(g_0, g_+, g_-) \in \mathrm{Spin}(8) \mid g_0(e_0) = e_0\}\\ &= \{g \in \mathrm{Spin}(8) \mid \mathrm{Ad}(g)(e_0) = e_0\},\\ \mathrm{Spin}(7)^\pm &:= \{(g_0, g_+, g_-) \in \mathrm{Spin}(8) \mid g_\pm(e_0) = e_0\}\\ &= \{g \in \mathrm{Spin}(8) \mid \Delta_8^\pm(g)(e_0) = e_0\}\end{aligned}$$

証明　$\mathbb{R}^7 \subset \mathbb{R}^8$ から導かれる Spin(8) の部分群 Spin(7) が $\mathrm{Spin}(7)^0$ である．また，$Z = \{\pm 1, \pm\omega\}$ を Spin(8) の中心とすれば，

$$\mathrm{Spin}(7)^0 \cap Z = \{1, -1\}, \quad \mathrm{Spin}(7)^+ \cap Z = \{1, \omega\}, \quad \mathrm{Spin}(7)^- \cap Z = \{1, -\omega\}$$

である．よって，$\mathrm{Spin}(7)^0$，$\mathrm{Spin}(7)^\pm$ は Spin(8) の内部自己同型では移り合わない．一方，外部自己同型では移り合うので，$\mathrm{Spin}(7)^\pm$ も Spin(7) と同型である．　□

通常の埋め込みである $\mathrm{Spin}(7)^0 \subset \mathrm{Spin}(8)$ を詳しく調べてみよう．式 (2.14) を $\mathrm{Im}(\mathbb{O})$ へ制限すれば，

$$\mathbb{R}^7 = \mathrm{Im}(\mathbb{O}) \ni x \mapsto A_x = \begin{pmatrix} 0 & L_x \\ L_x & 0 \end{pmatrix} \in \mathrm{End}_{\mathbb{R}}(\mathbb{O}^+ \oplus \mathbb{O}^-) = \mathbb{R}(16)$$

となるので，$\mathrm{Spin}(7)^0$ の $\mathrm{End}_{\mathbb{R}}(\mathbb{O}^+ \oplus \mathbb{O}^-)$ への埋め込み

$$Cl_7^0 \supset \mathrm{Spin}(7)^0 \ni g \mapsto \begin{pmatrix} g & 0 \\ 0 & g \end{pmatrix} \in \mathrm{End}(\mathbb{O}^+ \oplus \mathbb{O}^-)$$

を得る．このように，$\mathrm{Spin}(7)^0$ は Spin(8) の元として (g_0, g, g) で与えられ，$g(xy) = g_0(x)g(y)$ $(x, y \in \mathbb{O})$ を満たす．特に，$y = g^{-1}(e_0)$ とすれば，$g_0(x) = g(xg^{-1}(e_0))$ となるので，g_0 は g と八元数の積を用いて表せる．逆に，$(g_0, g_+, g_-) \in \mathrm{Spin}(8)$ が $g_+ = g_-(= g)$ を満たすなら，$g(xy) = g_0(x)g(y)$ となり $g_0(e_0) = e_0$ を得る．すなわち，$(g_0, g_+, g_-) \in \mathrm{Spin}(7)^0$ である．以上から，次が成立する．

$$\begin{aligned}\mathrm{Spin}(7)^0 &= \{(g_0, g_+, g_-) \in \mathrm{Spin}(8) \mid g_+ = g_-\}\\ &= \{g \in \mathrm{SO}(\mathbb{O}) \mid g(xy) = g(xg^{-1}(e_0))g(y),\ (\forall x, y \in \mathbb{O})\} \subset \mathrm{SO}(8)\end{aligned}$$

さて，実スピノール表現 $\Delta_8^\pm$ を $\mathrm{Spin}(7)^0$ へ制限した $\Delta_8^\pm|_{\mathrm{Spin}(7)^0}$ は $\mathrm{Spin}(7)^0$ の既

約実スピノール表現であり，互いに同値な表現となる．この表現の表現空間は $\mathbb{O} = \mathbb{C}^4$ であるが，$\mathrm{SU}(4) \cong \mathrm{Spin}(6) \subset \mathrm{Spin}(7)^0$ へ制限すれば，SU(4) の自然表現 $(\nu, \mathbb{C}^4)$ となる．特に，SU(4) は $S^7 = \{x \in \mathbb{O} = \mathbb{C}^4 \mid \|x\| = 1\}$ に推移的に作用することから，$\mathrm{Spin}(7)^0 \subset \mathrm{SO}(\mathbb{O}) = \mathrm{SO}(8)$ も推移的に作用する．$(g_0, g, g) \in \mathrm{Spin}(7)^0$ として，$e_0 \in S^7 \subset \mathbb{O}$ でのイソトロピー部分群 $\{(g_0, g, g) \in \mathrm{Spin}(7)^0 \mid g(e_0) = e_0\}$ を考えると，

$$g(x) = g(xe_0) = g_0(x)g(e_0) = g_0(x)e_0 = g_0(x)$$

となるので $g_0 = g \in \mathrm{SO}(\mathbb{O})$ である．特に，$g(xy) = g(x)g(y)$ なので，イソトロピー部分群は G_2 に含まれる．逆に，$g \in \mathrm{G}_2$ ならば，$g(e_0) = e_0$ であるので，G_2 はイソトロピー部分群に含まれる．以上から，次の命題を得る．

命題 2.10　Spin(7) の $\mathbb{R}^8$ への（既約）実スピノール表現を考える．Spin(7) は $S^7 \subset \mathbb{R}^8$ 上に推移的に作用する．S^7 は等質空間として $S^7 = \mathrm{Spin}(7)/\mathrm{G}_2$ となる．

系 2.2　$\dim \mathrm{G}_2 = 14$ であり，G_2 はコンパクトな連結かつ単連結なリー群である．

証明　$\dim \mathrm{G}_2 = \dim \mathrm{Spin}(7) - \dim S^7 = 14$ である．また，$S^7 = \mathrm{Spin}(7)/\mathrm{G}_2$ に対するホモトピー完全系列から $\pi_0(\mathrm{G}_2) = \pi_1(\mathrm{G}_2) = 1$ を得る．□

次の定理はスピン幾何学への応用を与える．実際，7 次元スピン多様体が平行スピノールをもつことと G_2 構造が入ることが同値となる（命題 8.9 参照）．

定理 2.6　$\mathbb{R}^7$ 上の associative 3 形式を ϕ として，$\mathrm{G}_2 = \{g \in \mathrm{GL}(7;\mathbb{R}) | g^*\phi = \phi\}$ とすれば，埋め込み $\mathrm{G}_2 \subset \mathrm{SO}(7)$ を得る．そして，次の図式を可換にする単射準同型 $j : \mathrm{G}_2 \to \mathrm{Spin}(7)^0$ が唯一つ存在する．

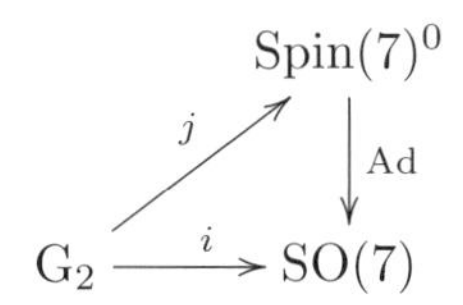

また，実スピノール表現 $\Delta_7|_{\mathrm{G}_2}$ を考えると，零でない G_2 不変なスピノールが存在する．逆に，Spin(7) の実スピノール表現 Δ_7 に対して，零でないスピノール ψ のイソトロピー部分群 $G_\psi = \{g \in \mathrm{Spin}(7)^0 \mid \Delta_7(g)\psi = \psi\}$ は G_2 と同型である．

証明　命題 2.10 の $\mathrm{G}_2 \subset \mathrm{Spin}(7)^0$ が求める単射準同型 j である．そのようなものが唯一つであることは G_2 の単連結性から従う（補題 3.1 を参照）．また，Spin(7) の $S^7 \subset \mathbb{R}^8$ への（実スピノール表現による）作用は推移的なので，$\psi = e_0$ としてよい．よって，$G_\psi \cong \mathrm{G}_2$ と

なる． □

G_2 は associative 3 形式を不変にする $GL(7;\mathbb{R})$ の部分群として特徴づけられた（定理 2.4）．$Spin(7)^0$ はケーリー 4 形式 Φ を不変にする $GL(8;\mathbb{R})$ の部分群となる．ここで，Φ は実スピノール空間 $\mathbb{O}$ 上の 4 形式であり，随伴表現 Ad の表現空間 $\mathbb{O}^0$ 上の 4 形式ではないことに注意しよう．

定理 2.7　Φ を $\mathbb{R}^8 = \mathbb{O}$ 上のケーリー 4 形式 (2.11) とする．このとき，次を得る．

$$\mathrm{Spin}(7)^0 = \{g \in \mathrm{GL}(\mathbb{O}) \mid g^*\Phi = \Phi\}$$

証明　まず，$u \in \mathrm{Im}(\mathbb{O})$ かつ $\|u\| = 1$ ならば，

$$\Phi(ux, uy, uz, uw) = \Phi(x, y, z, w), \quad (\forall x, y, z, w \in \mathbb{O})$$

となることがわかる．定義 1.12 より，$g \in \mathrm{Spin}(7)^0$ は $u \in \mathrm{Im}(\mathbb{O})$ かつ $\|u\| = 1$ を満たす u の偶数個の積で表せるので，Φ は $\mathrm{Spin}(7)^0$ 不変である．

逆を証明しよう．$H = \{g \in \mathrm{GL}(\mathbb{O}) = \mathrm{GL}(8;\mathbb{R}) \mid g^*\Phi = \Phi\}$ とする．$\mathbb{O}$ の標準座標を $x_0, \ldots, x_7$ とし，$\mathbb{O} = \mathbb{C}^4$ の複素座標を $z_j = x_j + \sqrt{-1}x_{j+4}$ $(j = 0, 1, 2, 3)$ とする．このとき，式 (2.12) と式 (2.13) から，

$$\Phi = \mathrm{Re}(\Omega) - \frac{1}{2}\omega^2, \quad \left(\Omega := dz_0 \wedge dz_1 \wedge dz_2 \wedge dz_3, \quad \omega := \frac{\sqrt{-1}}{2} \sum_{0 \le j \le 3} dz_j \wedge d\bar{z}_j\right)$$

となる．ω と Ω は，それぞれ $\mathbb{C}^4$ 上のいわゆるケーラー形式と正則体積要素（8.2 節参照）であるので，$SU(4)$ で保存される．よって，$SU(4) \subset H$ である．また，$\Phi = \omega_0 \wedge \phi + *\phi$（式 (2.13)）という表示から，$G_2 \subset H$ がわかる．さて，H の部分群で $\mathbb{R}^+\langle e_0 \rangle = \{re_0 | r > 0\}$ を保存する H の部分群を G とし，$e_0^\perp = \{f \in \mathbb{O}^* \mid f(e_0) = 0\}$ とする．$g \in G$ に対して $g^*(e_0^\perp) = e_0^\perp \subset \mathbb{O}^*$ となり，$\omega_0 = e_0^*$ に対して，$g^*(\omega_0) = \lambda\omega_0 + \gamma$（$\exists\lambda > 0$，$\exists\gamma \in e_0^\perp$）と書ける．そこで，$g^*\Phi = \Phi$ を使えば

$$g^*(\phi) = \lambda^{-1}\phi, \quad g^*(*\phi) = *\phi - \gamma \wedge g^*\phi = *\phi - \lambda^{-1}(\gamma \wedge \phi)$$

を得る．また，$g \in G$ から導かれる $\bar{g} : \mathbb{O}/\mathbb{R}\langle e_0 \rangle \to \mathbb{O}/\mathbb{R}\langle e_0 \rangle$ を考え，$\mathbb{O}/\mathbb{R}\langle e_0 \rangle \cong \mathrm{Im}(\mathbb{O})$ とみなせば，$\bar{g} \in \mathrm{GL}(\mathrm{Im}(\mathbb{O}))$ となり，$\bar{g}^*(\phi) = \lambda^{-1}\phi$，$\bar{g}^*(*\phi) = *\phi - \lambda^{-1}(\gamma \wedge \phi)$ を満たす．この第 1 式と定理 2.4 および ϕ が 3 形式であることから，$\bar{g} = \lambda^{-1/3}a$（$\exists a \in G_2$）と書ける．そして，第 2 式から $\lambda^{-4/3}(*\phi) = *\phi - \lambda^{-1}(\gamma \wedge \phi)$ となるが，式 (2.12) を代入すれば，$\lambda = 1$，$\gamma = 0$ がわかる．このように，$G = G_2$ となる．

以上のことから，$e_0 \in \mathbb{O}$ の H による軌道 He_0 は，半直線 $\mathbb{R}^+\langle e_0 \rangle$ と 1 点 e_0 のみで交わる．また，$SU(4) \subset H$ は $S^7 \subset \mathbb{O}$ に推移的に作用するので，$S^7 = SU(4)e_0 \subset He_0$ と書ける．よって，各 $e \in S^7$ に対して，軌道 He_0 と半直線 $\mathbb{R}^+\langle e \rangle$ も 1 点 e のみで交わる．そこ

で，H は S^7 に推移的に作用し $S^7 = H/\mathrm{G}_2$ となる．このように，H の作用は S^7 を保存するので，$\mathbb{O}$ 上のノルムも保存し $H \subset \mathrm{O}(8)$ となる．また，$\Phi = *\Phi$ より，H は $\mathbb{O}$ 上の体積要素も保存するので $H \subset \mathrm{SO}(8)$ を得る．

さて，$\mathrm{Spin}(7)^0$ は Φ を保存したので，$\mathrm{Spin}(7)^0 \subset H \subset \mathrm{SO}(8)$ となる．$S^7 = \mathrm{Spin}(7)^0/\mathrm{G}_2 = H/\mathrm{G}_2$（命題 2.10）なので，$\dim \mathrm{Spin}(7)^0 = \dim H$ であり，連結性を考えれば $\mathrm{Spin}(7)^0 = H$ となる． □

さて，われわれがあとで扱うのは $\mathrm{Spin}(7)^0$ ではなく，$\mathrm{Spin}(7)^+$ である．$\mathrm{Spin}(7)^0$ に関する上で述べた事実は，Spin(8)-三対性を用いて $\mathrm{Spin}(7)^+$ へ変換すればよい．まず，$\mathrm{Spin}(8)$ の実スピノール表現 $(\Delta_8^+, \mathbb{O}^+)$ を考え，$e_0 \in \mathbb{O}^+$ のイソトロピー部分群 $\mathrm{Spin}(7)^+$ を考える．$\mathrm{Ad} : \mathrm{Spin}(8) \to \mathrm{SO}(8)$ を $\mathrm{Spin}(7)^+$ へ制限すれば，$\mathrm{Spin}(7)^+$ の $\mathbb{O}^0$ 上の既約実 8 次元表現となり，$e_0 \in \mathbb{O}^0$ の軌道は $\mathrm{Spin}(7)^+ e_0 = S^7$ となる．ここでのイソトロピー部分群は G_2 と同型である．このように，埋め込み

$$\mathrm{Ad} : \mathrm{Spin}(7)^+ \subset \mathrm{SO}(\mathbb{O}^0) = \mathrm{SO}(8)$$

を得る．また，$\mathbb{R}^8 = \mathbb{O}^0$ 上のケーリー 4 形式 Φ を使えば，

$$\mathrm{Spin}(7)^+ = \{g \in \mathrm{GL}(8;\mathbb{R}) \mid g^*\Phi = \Phi\} \subset \mathrm{SO}(8)$$

と実現できる．以上をまとめると，次の定理を得る．

定理 2.8 $\mathbb{R}^8$ 上のケーリー 4 形式を Φ として，$\mathrm{Spin}(7)^+ = \{g \in \mathrm{GL}(8;\mathbb{R}) \mid g^*\Phi = \Phi\}$ とする．このとき，埋め込み $\mathrm{Spin}(7)^+ \subset \mathrm{SO}(8)$ が成立し，次の図式を可換にする単射準同型 $j : \mathrm{Spin}(7)^+ \to \mathrm{Spin}(8)$ が唯一つ存在する．

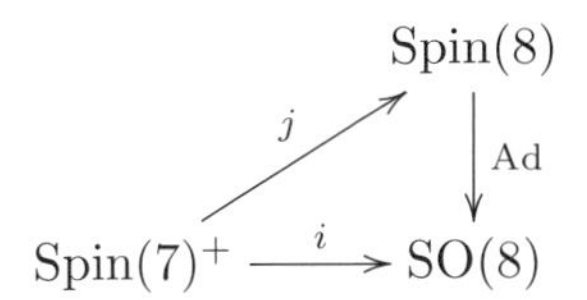

また，実スピノール表現 $\Delta_8^+|_{\mathrm{Spin}(7)^+}$ を考えると，零でない $\mathrm{Spin}(7)^+$ 不変スピノールが存在する．逆に，$\mathrm{Spin}(8)$ の実スピノール表現 Δ_8^+ に対して，零でないスピノール ϕ のイソトロピー部分群 $G_\phi = \{g \in \mathrm{Spin}(8) \mid \Delta_8^+(g)\phi = \phi\}$ は，$\mathrm{Spin}(7)^+$ と同型である．

証明 $\mathrm{Spin}(7)^+$ 不変スピノールは $e_0 \in \mathbb{O}^+$ のことである．あとは，G_ϕ と $\mathrm{Spin}(7)^+$ が同型であることを示せばよい．$\mathrm{Spin}(8)$ の表現 $(\Delta_8^+, \mathbb{O}^+)$ を考えると，$S^7 \subset \mathbb{O}^+$ に推移的に作用し，$\mathrm{Spin}(8)/\mathrm{Spin}(7)^+ \cong S^7$ となる．よって，$\phi = e_0 \in \mathbb{O}^+$ としてよく，$G_\phi \cong \mathrm{Spin}(7)^+$ となる． □

▶**問 2.6**　Spin(8) の既約実スピノール表現 $(\Delta_8^+, \mathbb{O}^+)$ を考える．Spin(8) が $S^7 \subset \mathbb{O}^+$ に作用し，その作用が推移的であることを証明せよ．◀

注意 2.3　複素スピノール表現を考えた場合には少し注意が必要である．$\phi \in W_8^+$ を複素スピノールとして，$G_\phi = \{g \in \mathrm{Spin}(8) \mid \Delta_8^+(g)\phi = \phi\}$ を考える．$\phi = \phi_1 + \sqrt{-1}\phi_2$ のように実部と虚部に分解することができる．W_8^+ は実スピノール空間を複素化したものであるので，ϕ が G 不変であることと，ϕ_1，ϕ_2 が G 不変であることは同値である．そこで，次のうちのいずれかが成立する [50]．

(1)　ϕ_1 と ϕ_2 が実スピノールとして一次従属のとき，$G_\phi = G_{\phi_i} \cong \mathrm{Spin}(7)^+$ となる．

(2)　ϕ_1 と ϕ_2 が実スピノールとして一次独立のとき，$G_\phi = G_{\phi_1} \cap G_{\phi_2} \cong \mathrm{Spin}(7)^+ \cap G_{\phi_2}$ となり，$G_\phi \cong \mathrm{Spin}(6) \cong \mathrm{SU}(4)$ となる．

第3章 ベクトル束とスピン構造

第 1，2 章で学んだことは，いわばスピン幾何学の線形代数である．これを多様体 M 上へと拡張したい．M の各点における接空間（+計量）は，前章でのユークリッド空間 $\mathbb{R}^n$ に対応する．これをすべての $x \in M$ で束ねることで M 上の「接ベクトル束」を得る．同様に，各点 x 上のスピノール空間を束ねることで M 上の「スピノール束」が得られるが，大域的に定義されるには M に位相的な条件が必要である．これらのことを理解するため，この章ではベクトル束，主束，チェックコホモロジーを解説し，スピン幾何学の舞台となるスピン多様体およびスピノール束を定義する．また，多様体やベクトル束の微分位相構造を調べる基本的手法である特性類について説明する．この特性類は，多様体がスピン多様体になるかを調べるために必要なものであり，第 5，6 章における指数定理でも基本的な役割を果たす．

3.1 ベクトル束

多様体[†1]M 上のベクトル場 X とは，M の各点 x に対して接ベクトル X_x を滑らかに対応させるものである．このベクトル場は M 上のベクトル束の切断とみなせる．そこで，ベクトル束を定義しよう．

定義 3.1 多様体 M 上の**ランク m の実ベクトル束**（vector bundle）とは，多様体 E および滑らかな全射（射影）$p : E \to M$ で次を満たすものである．

- $E_x := p^{-1}(x) \subset E$ を x 上の**ファイバー**（fiber）とよぶ．各ファイバー $p^{-1}(x)$ は実 m 次元ベクトル空間の構造をもつ．
- 各点 $x \in M$ に対して，その近傍 U および微分同相写像

$$\psi_U : p^{-1}(U) \xrightarrow{\cong} U \times \mathbb{R}^m$$

[†1] 本書での多様体とは，断らない限り滑らかな微分可能多様体のこととする．

が存在し，ψ_U はファイバーを保つ．つまり，$y \in U$ に対して，$\psi_U|_{p^{-1}(y)}: p^{-1}(y) \to \{y\} \times \mathbb{R}^m$ であり，線形同型となる．この ψ_U を**ベクトル束** $p: E \to M$ **の局所自明化**（local trivialization）とよぶ（図 3.1）．

なお，ランクが1のベクトル束を**直線束**（line bundle）という．また，滑らかな写像 $s: M \to E$ で $p \circ s = \mathrm{id}_M$ となるものを E **の切断**（section）とよび（図 3.1），切断全体を $\Gamma(M, E)$ または $\Gamma(E)$ と書く．

$$\Gamma(M, E) = \{s : M \to E \mid s \text{ は } E \text{ の切断}\}$$

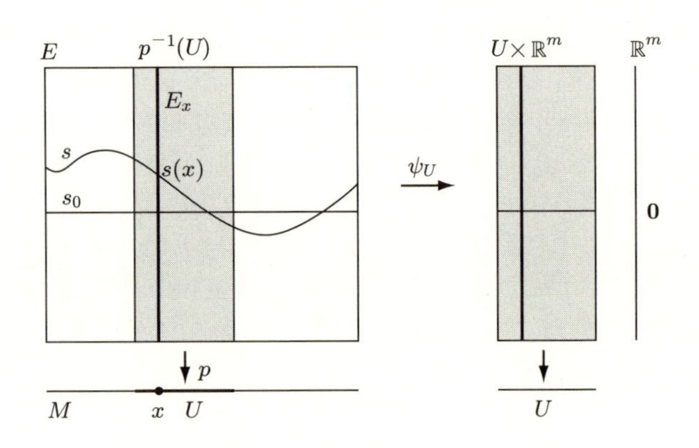

図 3.1　ベクトル束 $p: E \to M$

切断 $s_1, s_2 \in \Gamma(M, E)$ と実数 $c_1, c_2 \in \mathbb{R}$ に対し，

$$(c_1 s_1 + c_2 s_2)(x) := c_1 s_1(x) + c_2 s_2(x), \quad (\forall x \in M)$$

とすれば，$c_1 s_1 + c_2 s_2 \in \Gamma(M, E)$ となり，$\Gamma(M, E)$ は $\mathbb{R}$ 上ベクトル空間になる．零元は，$s_0(x) := 0 \in E_x$（$\forall x \in M$）で定義される切断であり，零切断という．また，$f \in C^\infty(M)$，$s \in \Gamma(M, E)$ に対して，$(fs)(x) := f(x)s(x)$ とすれば $fs \in \Gamma(M, E)$ である．よって，$\Gamma(M, E)$ は $C^\infty(M)$ 加群になる．ここで，$C^\infty(M)$ は M 上の滑らかな関数全体を表す．

二つのベクトル束の間の同型を定義しておこう．

定義 3.2　M 上の二つのベクトル束 $p_1: E \to M$，$p_2: F \to M$ が M **上ベクトル束として同型**とは，微分同相写像 $\Phi: E \to F$ で次を満たすものが存在することである．

- $p_2 \circ \Phi = p_1$.
- 任意の $x \in M$ に対して，$\Phi|_{p_1^{-1}(x)} : p_1^{-1}(x) \to p_2^{-1}(x)$ が線形同型.

$p : E \to M$ をベクトル束とする．二つの局所自明化 $\psi_\alpha : p^{-1}(U_\alpha) \to U_\alpha \times \mathbb{R}^m$, $\psi_\beta : p^{-1}(U_\beta) \to U_\beta \times \mathbb{R}^m$ がありり $U_\alpha \cap U_\beta \neq \emptyset$ とすると，写像

$$\psi_\alpha \circ \psi_\beta^{-1} : (U_\alpha \cap U_\beta) \times \mathbb{R}^m \to (U_\alpha \cap U_\beta) \times \mathbb{R}^m$$

が定まる．局所自明化がファイバー上で線形同型であることから，$U_\alpha \cap U_\beta$ 上の $\mathrm{GL}(m;\mathbb{R})$ 値の滑らかな関数 $g_{\alpha\beta}$ が存在し，$\psi_\alpha \circ \psi_\beta^{-1}(x,v) = (x, g_{\alpha\beta}(x)v)$ と書ける．この $g_{\alpha\beta} : U_\alpha \cap U_\beta \to \mathrm{GL}(m;\mathbb{R})$ を E の**推移関数**（transition function）とよぶ．この推移関数が次の**コサイクル**（cocycle）**条件**を満たすことは明らかであろう．

- U_α 上で $g_{\alpha\alpha} = I_m$．ここで，I_m は m 次単位行列.
- $U_\alpha \cap U_\beta \neq \emptyset$ 上で $g_{\alpha\beta} = g_{\beta\alpha}^{-1}$.
- $U_\alpha \cap U_\beta \cap U_\gamma \neq \emptyset$ 上で $g_{\alpha\beta} g_{\beta\gamma} g_{\gamma\alpha} = I_m$.

逆に，M の開被覆 $\mathcal{U} = \{U_\alpha\}_{\alpha \in A}$ および各 $U_\alpha \cap U_\beta \neq \emptyset$ 上に $\mathrm{GL}(m;\mathbb{R})$ 値関数 $g_{\alpha\beta}$ が与えられ，コサイクル条件を満たすとする．このとき，$\{U_\alpha \times \mathbb{R}^m\}_{\alpha \in A}$ を推移関数の族 $\{g_{\alpha\beta}\}_{\alpha\beta}$ で次のように貼り合わせ，多様体 E を得る．すなわち，$\tilde{E} = \coprod_{\alpha \in A} U_\alpha \times \mathbb{R}^m$ を考え，$(x,v) \in U_\alpha \times \mathbb{R}^m$ と $(y,w) \in U_\beta \times \mathbb{R}^m$ は $x = y$ かつ $v = g_{\alpha\beta}(x)w$ のとき同値と定義すれば，コサイクル条件から同値関係となる．そして，商空間 $E = \tilde{E}/\sim$ は多様体となり，ベクトル束 $p : E \to M$ の構造が自然に定まる．

▶**問 3.1**　ベクトル束 $p : E \to M$ を考える．局所自明性から得られる開被覆 $\mathcal{U} = \{U_\alpha\}_\alpha$ と推移関数の族 $\{g_{\alpha\beta}\}_{\alpha\beta}$ から，上のように貼り合わせで得られるベクトル束が，もとのベクトル束 $p : E \to M$ と同型であることを示せ． ◀

▶**問 3.2**　$p : E \to M$ をベクトル束，$s : M \to E$ を切断とする．局所自明化 $\psi_\alpha : p^{-1}(U_\alpha) \to U_\alpha \times \mathbb{R}^m$ を使えば，$\psi_\alpha(s(x)) = (x, s_\alpha(x))$ により，U_α 上の $\mathbb{R}^m$ 値関数 s_α を得る．このとき，$s_\alpha(x) = g_{\alpha\beta}(x) s_\beta(x)$（$\forall x \in U_\alpha \cap U_\beta$）を示せ．よって，$E$ の切断とは，局所的な $\mathbb{R}^m$ 値関数の族 $\{s_\alpha\}_\alpha$ で推移関数により貼り合うものといえる． ◀

■**例 3.1**　$E = M \times \mathbb{R}^m$ に積多様体の構造を入れておく．

$$p : E = M \times \mathbb{R}^m \ni (x,v) \mapsto x \in M$$

を第 1 成分への射影とすれば，ランク m の実ベクトル束であり**自明ベクトル束**という．また，切断は滑らかな関数 $s : M \to \mathbb{R}^m$ となり，$\Gamma(M,E) = C^\infty(M,\mathbb{R}^m)$ となる． ■

定義 3.3　多様体 M の各点 x における接ベクトル空間を T_xM として，

$$TM = \bigcup_{x \in M} T_xM$$

とする．TM は M 上ベクトル束となり，M の**接束**（tangent bundle）とよばれる（図 3.2）．

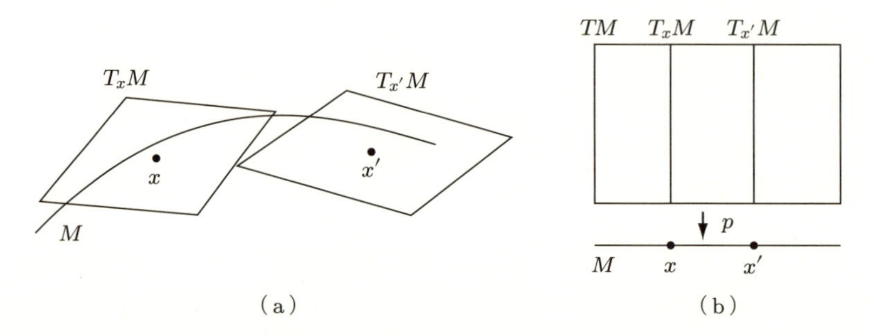

図 3.2　(a) M の接空間を束ねたものが (b) $p : TM \to M$ である

M の多様体構造から TM の多様体構造を導き，ベクトル束となることを示そう．

命題 3.1　M を n 次元の多様体とする．このとき TM は $2n$ 次元の多様体であり，M 上のランク n の実ベクトル束となる．また，$p : TM \to M$ の切断を**ベクトル場**とよび，ベクトル場全体を $\mathfrak{X}(M) := \Gamma(M, TM)$ と書く．

証明　M の座標近傍を (U_α, ϕ_α) とし，局所座標を $(x_1, \ldots, x_n)$ とする．全単射写像

$$\psi_\alpha : \bigcup_{x \in U_\alpha} T_xM \ni \sum_{1 \le i \le n} y_i \left(\frac{\partial}{\partial x_i} \right)_x \mapsto (x, y_1, \ldots, y_n) \in U_\alpha \times \mathbb{R}^n$$

を考え，さらに

$$\Phi_\alpha := (\phi_\alpha, \mathrm{id}) \circ \psi_\alpha : \bigcup_{x \in U_\alpha} T_xM \to \phi_\alpha(U_\alpha) \times \mathbb{R}^n \subset \mathbb{R}^n \times \mathbb{R}^n = \mathbb{R}^{2n}$$

とする．$(\bigcup_{x \in U_\alpha} T_xM, \Phi_\alpha)$ を座標近傍とすれば，TM は多様体になることがわかる．また，$p(T_xM) = \{x\}$ となるように射影 $p : TM \to M$ を定める．このとき，上の ψ_α が $p : TM \to M$ の局所自明化となる．このベクトル束の推移関数を求めてみよう．M の二つの局所座標 (U_α, ϕ_α)，(U_β, ϕ_β) で，$U_\alpha \cap U_\beta \neq \emptyset$ となるものを考える．$(x_1, \ldots, x_n)$ を U_α の局所座標として，$(\tilde{x}_1, \ldots, \tilde{x}_n)$ を U_β の局所座標とすれば，

$$\left(\frac{\partial}{\partial \tilde{x}_i} \right)_x = \sum_{1 \le j \le n} \frac{\partial x_j}{\partial \tilde{x}_i}(x) \left(\frac{\partial}{\partial x_j} \right)_x$$

となるので，TM の推移関数は $g_{\alpha\beta}(x) = \left(\dfrac{\partial x_i}{\partial \tilde{x}_j}(x)\right)_{ij} \in \mathrm{GL}(n;\mathbb{R})$ で与えられる．

TM の切断は各点 x に対して接ベクトル $X_x \in T_xM$ を与える写像であるので，ベクトル場となる．切断が滑らかな写像であるので，対応するベクトル場も滑らかである．実際，X を $p : TM \to M$ の切断とすれば，各座標近傍 U_α 上の滑らかな関数 $(X_\alpha^1, \ldots, X_\alpha^n)$ が定まり，

$$X_x = \sum_{1 \le i \le n} X_\alpha^i(x) \left(\frac{\partial}{\partial x_i}\right)_x$$

と書ける．そして，次の変換則が成立する（問 3.2 参照）．

$$X_\alpha^i(x) = \sum_{1 \le j \le n} \frac{\partial x_i}{\partial \tilde{x}_j}(x) X_\beta^j(x), \quad (i = 1, \ldots, n) \qquad \square$$

▶**問 3.3** G をリー群とする．G の接束 TG は自明ベクトル束に同型であることを示せ（ヒント：左不変ベクトル場により，大域的な自明化を与えよ）． ◀

さて，ベクトル空間 V, W に対し，V^*，$V \oplus W$，$V \otimes W$，W/V（$V \subset W$ のとき）などの操作で新しいベクトル空間を得ることができた．ベクトル束についても同様の操作を行うことが可能である．たとえば，$p_1 : E \to M$ をランク m_1 のベクトル束，$p_2 : F \to M$ をランク m_2 のベクトル束とすれば，$x \in M$ 上のファイバーが $E_x \otimes F_x$ となるランク $m_1 m_2$ のベクトル束 $E \otimes F$ を得る．それぞれの推移関数を $g_{\alpha\beta}$，$h_{\alpha\beta}$ とすれば，$E \otimes F$ の推移関数は $g_{\alpha\beta} \otimes h_{\alpha\beta} : U_\alpha \cap U_\beta \to \mathrm{GL}(m_1 m_2; \mathbb{R})$ である．

■**例 3.2** M を n 次元多様体とする．TM の双対束として**余接束** (cotangent bundle) $T^*M = \bigcup_{x \in M} T_x^*M$ を得る．その p 次交代テンソル積を考える．すなわち

$$\Lambda^p(M) := \Lambda^p(T^*M) := \bigcup_{x \in M} \Lambda^p(T_x^*M)$$

としてベクトル束 $p : \Lambda^p(M) \to M$ を得る．この $p : \Lambda^p(M) \to M$ の切断を **p 次微分形式**（または **p 形式**）とよび，その全体を $\Omega^p(M) = \Gamma(M, \Lambda^p(T^*M))$ と書く．なお，$\Omega^0(M) = C^\infty(M, \mathbb{R})$ である．p 次微分形式 ϕ を局所座標 $(x_1, \ldots, x_n)$ に関して書けば，

$$\phi = \sum_{1 \le i_1 < \cdots < i_p \le n} \phi_{i_1 \cdots i_p}(x) dx_{i_1} \wedge \cdots \wedge dx_{i_p}$$

となる．ここで，dx_i は局所座標関数 x_i の微分であり，$\{(dx_i)_x\}_{i=1}^n$ は $\left\{\left(\dfrac{\partial}{\partial x_i}\right)_x\right\}_{i=1}^n$ の双対基底になる．また，多様体の間の滑らかな写像 $F : N \to M$ があるとき，M 上の微分形式 ϕ の引き戻し $F^*\phi$（N 上の微分形式）が定義できる．

$$F^*\phi = \sum_{1 \leq i_1 < \cdots < i_p \leq n} (\phi_{i_1 \ldots i_p} \circ F) d(x_{i_1} \circ F) \wedge \cdots \wedge d(x_{i_p} \circ F) \qquad ■$$

▶**問 3.4**　ランク m の実ベクトル束 $p : E \to M$ の推移関数を $g_{\alpha\beta}$ とすれば，双対束 $p : E^* \to M$ の推移関数は ${}^t g_{\alpha\beta}^{-1}$ で与えられることを示せ．また，E の m 次交代テンソル積 $\Lambda^m(E)$ の推移関数が $\det g_{\alpha\beta}$ で与えられることを示せ．◀

■**例 3.3**　TM を r 回，T^*M を s 回テンソル積したベクトル束を

$$T^{(r,s)}(M) := \underbrace{TM \otimes \cdots \otimes TM}_{r} \otimes \underbrace{T^*M \otimes \cdots \otimes T^*M}_{s}$$

と書く．このベクトル束の切断は (r, s) **テンソル場**とよばれる．局所座標を使えば次のように書ける．

$$\phi = \sum_{i_1,\ldots,i_r,j_1,\ldots,j_s=1,\ldots,n} \phi^{i_1,\ldots,i_r}_{j_1,\ldots,j_s}(x) \frac{\partial}{\partial x_{i_1}} \otimes \cdots \otimes \frac{\partial}{\partial x_{i_r}} \otimes dx_{j_1} \otimes \cdots \otimes dx_{j_s} \qquad ■$$

写像の引き戻しにより新しいベクトル束をつくってみよう．M, N を多様体，$p : E \to M$ をベクトル束として，$f : N \to M$ を滑らかな写像とする．このとき，「$x \in N$ のファイバーが $E_{f(x)}$」となる N 上のベクトル束 $p : f^*E \to N$ を次のように定義できる．

$$f^*E := \{(x, v) | v \in E_{f(x)}\} \subset N \times E, \quad p : f^*E \ni (x, v) \mapsto x \in N$$

この操作を**引き戻し** (pullback) とよぶ．$p : E \to M$ を与える M の開被覆 $\mathcal{U} = \{U_\alpha\}_\alpha$ と推移関数の族 $\{g_{\alpha\beta}\}_{\alpha\beta}$ を考えると，$f^*E \to N$ は，$\{f^{-1}(U_\alpha)\}_\alpha$ と $\{f^*g_{\alpha\beta}\}_{\alpha\beta}$ で与えられる．

次に，ベクトル束の完全系列を述べよう．$p_1 : E \to M$，$p_2 : F \to M$ を実ベクトル束とする．滑らかな写像 $f : E \to F$ が，$p_2 \circ f = p_1$ を満たし，各点 $x \in M$ で $f|_{E_x} : E_x \to F_x$ が線形写像となるとき，f を**ベクトル束の準同型**という．また，E が F の部分多様体で，$p_2|_E = p_1$ を満たし，各点 $x \in M$ において E_x が F_x の部分ベクトル空間のとき，E を F の**部分ベクトル束**という．さて，M 上のベクトル束と準同型の列

$$0 \to E \xrightarrow{f} F \xrightarrow{g} G \to 0 \tag{3.1}$$

を考える．これが**ベクトル束の短完全系列**とは，任意の点 $x \in M$ に対して，

$$0 \to E_x \xrightarrow{f|_{E_x}} F_x \xrightarrow{g|_{F_x}} G_x \to 0$$

がベクトル空間と線形写像に関する短完全系列となることである．つまり，f が単射，

g が全射，$\ker g = \mathrm{Im} f$ となることである．

▶**問 3.5**　多様体 M およびその部分多様体 $\iota : S \to M$ を考える．このとき，$p : TS \to S$ は，$TM|_S := \iota^*(TM)$ の部分ベクトル束となる．また，

$$T_{M/S} = \bigcup_{x \in S} T_x M / d\iota_x(T_x S)$$

は S 上のベクトル束で法ベクトル束という．次が短完全系列であることを示せ．

$$0 \to TS \to TM|_S \to T_{M/S} \to 0$$ ◀

これまで，実ベクトル束について述べたが，複素ベクトル束も同様に定義できる．

定義 3.4　M 上の**ランク m の複素ベクトル束**とは，多様体 E および滑らかな全射（射影）$p : E \to M$ で次を満たすものである．

- $E_x := p^{-1}(x) \subset E$ は複素 m 次元ベクトル空間の構造をもつ．
- 各点 $x \in M$ に対して，その近傍 U および微分同相写像 $\psi_U : p^{-1}(U) \xrightarrow{\cong} U \times \mathbb{C}^m$ が存在し，$\psi_U|_{p^{-1}(y)} : p^{-1}(y) \to \{y\} \times \mathbb{C}^m$ は $\mathbb{C}$ 上線形同型である．

複素ベクトル束の推移関数 $g_{\alpha\beta}$ は $\mathrm{GL}(m;\mathbb{C})$ に値をもつことに注意しよう．

■**例 3.4**　$p : E \to M$ を実ベクトル束とすれば，各ファイバーを複素化することにより，複素ベクトル束 $p : E \otimes \mathbb{C} \to M$ を得る．■

▶**問 3.6**　$p : E \to M$ を偶数ランクの実ベクトル束とし，ベクトル束の準同型 $J : E \to E$ が，$J^2 = -\mathrm{id}_E$ を満たすとする．このとき，$p : E \to M$ に複素ベクトル束の構造が入ることを示せ．◀

3.2　幾何学的構造と切断

リーマン計量などの多様体上の（またはベクトル束上の）さまざまな幾何構造は，ベクトル束の切断とみなすことができる．

定義 3.5　M を n 次元多様体とし，ベクトル束 $p : T^*M \otimes T^*M \to M$ を考える．切断 $g \in \Gamma(M, T^*M \otimes T^*M)$ で，各点 x で $T_x M$ の正定値内積を与えるものを M 上の**リーマン計量**（Riemannian metric）といい，リーマン計量 g が入った多様体 (M, g) を**リーマン多様体**（Riemannian manifold）という．このように，各点 x で $T_x M$ 上の双線形写像

$$g_x : T_xM \times T_xM \ni (v, w) \mapsto g_x(v, w) \in \mathbb{R}$$

が定まり，次を満たすものがリーマン計量である．

- $g_x(v, w) = g_x(v, w)$.
- $g_x(v, v) \geq 0$. 等号成立は $v = 0$ のときのみ.
- 局所座標を用いた次の表示において，g_{ij} は座標近傍上の滑らかな関数.

$$g = \sum_{1 \leq i,j \leq n} g_{ij} dx_i \otimes dx_j, \quad g_{ij} = g\left(\frac{\partial}{\partial x_i}, \frac{\partial}{\partial x_j}\right) = g_{ji}$$

■**例 3.5**　n 次元のユークリッド空間 $\mathbb{R}^n$ の標準座標を $(x_1, \ldots, x_n)$ とする．このとき，$g = \sum dx_i^2 = \sum dx_i \otimes dx_i$ はリーマン計量であり，これを $\mathbb{R}^n$ のユークリッド計量とよぶ. ■

▶**問 3.7**　リーマン多様体 (M, g) の部分多様体 $\iota : S \to M$ を考える．このとき，g の引き戻し $\iota^* g$ が S 上のリーマン計量となることを示せ．また，$T_xS \subset T_xM$ の直交補空間を N_xS とすれば，$TM|_S$ の部分ベクトル束 $NS = \bigcup_{x \in M} N_xS$ を得る．このとき，S 上のベクトル束の同型 $NS \cong T_{M/S}$ を示せ. ◀

■**例 3.6**　半径 1 の球面 $S^n = \{x \in \mathbb{R}^{n+1} | \|x\| = 1\}$ を考える．$S^n \subset \mathbb{R}^{n+1}$ とすれば，S^n にはユークリッド計量を制限することでリーマン計量が入る．また，S^n 上に大域的な法ベクトルがつくれるので，NS^n は自明な直線束になる. ■

実ベクトル束 $E \to M$ に，各ファイバー上で正定値内積を与える**ファイバー計量**を定義できる．また，複素ベクトル束の場合には，各ファイバー上でエルミート内積を与えるファイバー計量を定義できる．

命題 3.2　ベクトル束 $p : E \to M$ には，ファイバー計量が少なくとも一つは入る．特に，任意の多様体にリーマン計量を入れることができる．

この命題の証明に必要な 1 の分割（単位の分割）を復習しておこう†1．多様体 M 上の関数 f の台（support）とは，$\{x \in M | f(x) \neq 0\}$ の閉包のことで，$\mathrm{supp}(f)$ と書く．また，M の開被覆 $\{U_\alpha\}_{\alpha \in A}$ が局所有限とは，各点 $x \in M$ に対し，x の十分小さい近傍 U をとれば $U_\alpha \cap U \neq \emptyset$ となる $\alpha \in A$ が有限個しかないことである．

†1　本書では，多様体のパラコンパクト性を仮定する．

定義 3.6　M を多様体とし，$\mathcal{U} = \{U_\alpha\}_{\alpha\in A}$ を M の局所有限な開被覆とする．このとき，M 上の滑らかな関数の族 $\{\phi_\alpha\}_{\alpha\in A}$ が $\mathcal{U}$ に従属した **1 の分割**であるとは，次を満たすこととする．(1) $0 \leq \phi_\alpha \leq 1$ $(\forall\alpha)$，(2) $\mathrm{supp}(\phi_\alpha) \subset U_\alpha$ $(\forall\alpha)$，(3) $\sum_{\alpha\in A}\phi_\alpha \equiv 1$.

定理 3.1　多様体 M の開被覆 $\mathcal{U} = \{U_\alpha\}_{\alpha\in A}$ に対して，$\mathcal{U}$ の細分となる局所有限な開被覆 $\mathcal{V} = \{V_\beta\}_{\beta\in B}$ および $\mathcal{V}$ に従属した 1 の分割 $\{\phi_\beta\}_{\beta\in B}$ が存在する．ここで，開被覆 $\mathcal{V}$ が開被覆 $\mathcal{U}$ の**細分**とは，各 $\beta \in B$ に対し $\alpha(\beta) \in A$ があり $V_\beta \subset U_{\alpha(\beta)}$ となることである．

この定理の証明は文献 [51] などを見てほしい．命題 3.2 を証明しよう．

証明　ベクトル束 $p : E \to M$ が M の開被覆 $\mathcal{U} = \{U_\alpha\}_\alpha$ に関して局所自明化されているとする．必要ならこの開被覆の細分をとり，$\mathcal{U}$ に従属した 1 の分割が存在するとしてよい．局所自明化 $E|_{U_\alpha} \cong U_\alpha \times \mathbb{R}^m$ において，右辺の $\mathbb{R}^m$ の標準内積を使って，$E|_{U_\alpha}$ 上にファイバー計量 g_α を入れる．さらに，1 の分割 $\{h_\alpha\}_\alpha$ を使って，$g = \sum_\alpha h_\alpha g_\alpha$ とすれば，大域的なファイバー計量になる．複素ベクトル束の場合も $\mathbb{C}^m$ のエルミート内積を使えば同様に証明できる．□

▶**問 3.8**　ベクトル束の短完全系列 (3.1) を考える．F にファイバー計量を入れれば，F の部分ベクトル束 $E^\perp$ を得る．

$$E^\perp = \bigcup_{x\in M} E_x^\perp, \quad E_x^\perp = \{v \in F_x | \langle v, w\rangle = 0\ (\forall w \in E_x)\}$$

このとき，$F = E \oplus E^\perp$ となる．そこで，$G \cong E^\perp$ を示し，実ベクトル束の短完全系列は必ず分裂する（$F \cong E \oplus G$）ことを確かめよ．◀

多様体の向きもベクトル束の切断を用いて定義できる．

定義 3.7　M を n 次元多様体として，直線束 $\Lambda^n(T^*M)$ を考える．各点で零とならない切断 $\omega \in \Omega^n(M)$ が存在するとき，M は**向き付け可能** (orientable) という．このような切断 ω, ω' に対し，正値関数 $f \in C^\infty(M)$ があり，$\omega = f\omega'$ のとき，$\omega \sim \omega'$ として同値関係を入れる．（M が連結なら）各点で零にならない切断全体は二つの同値類に分かれる．そのどちらかを定めることで M に向きが定まる．

定義 3.8　$p : E \to M$ をランク m の実ベクトル束とする．E がベクトル束として向き付け可能とは，E の m 次交代テンソル積である直線束 $\det(E) := \Lambda^m(E)$ に，各点で零にならない切断 ω が存在することである．また，多様体の向きと同様に，同値類を一つ固定することで E の向きが定まる．

上のような切断 ω が存在するとき，$\det(E) \ni \omega(x) \mapsto (x,1) \in M \times \mathbb{R}$ とすることで，$\det(E)$ は自明束になる．

▶**問3.9**　次が同値であることを証明せよ（ヒント：1 の分割を使え）．

- $p : E \to M$ がベクトル束として向き付け可能.
- M の開被覆 $\mathcal{U}$ および, その開被覆に対する E の推移関数の族 $\{g_{\alpha\beta}\}_{\alpha\beta}$ で, $\det g_{\alpha\beta} > 0$ となるものが存在.

特に,「多様体 M が向き付け可能」と「M の座標近傍による開被覆 $\{(U_\alpha, \phi_\alpha)\}_\alpha$ で座標変換のヤコビ行列式が正となるものが存在」は同値である. ◀

多様体の概複素構造を述べておこう．

定義 3.9　M を多様体とし，$\mathrm{End}(TM) = TM \otimes T^*M$ とする．この切断 $J \in \Gamma(M, \mathrm{End}(TM))$ で各点 x において $J_x^2 = -1$ となるとき，J を M 上の概複素構造，(M, J) を**概複素多様体**（almost complex manifold）とよぶ．さらに，M 上に J と可換なリーマン計量 g が入っているとする．つまり，各点 x において $g_x(J_xX_x, J_xY_x) = g_x(X_x, Y_x)$ $(\forall X_x, Y_x \in T_xM)$ となるとき，(M, g, J) を**概エルミート多様体**（almost Hermitian manifold）とよぶ．

(M, J) が概複素多様体とする．T_xM 上に複素ベクトル空間としての構造を

$$(a + \sqrt{-1}b)X_x := aX_x + bJX_x, \quad (a, b \in \mathbb{R}, X_x \in T_xM)$$

として入れる．一方，$T_xM \otimes \mathbb{C}$ 上に J_x を複素線形で拡張し，その $\pm\sqrt{-1}$ 固有空間を $T_xM^{1,0}$，$T_xM^{0,1}$ とすれば，複素ベクトル空間の同型 $(T_xM, J_x) \cong T_xM^{1,0}$，$(T_xM, -J_x) \cong T_xM^{0,1}$ を得る．よって，TM に複素ベクトル束の構造が入り $TM \cong TM^{1,0}$ となり，複素ベクトル束の分解 $TM \otimes \mathbb{C} \cong TM^{1,0} \oplus TM^{0,1}$ を得る．また，(M, g, J) が概エルミート多様体なら，$TM^{1,0}$，$TM^{0,1}$ 上にファイバー計量が入る．

▶**問3.10**　概複素多様体は偶数次元であり，向き付け可能であることを示せ．また，上で述べた概エルミート多様体上の複素ベクトル束 $TM^{1,0}$，$TM^{0,1}$ 上の（エルミート）ファイバー計量は，g からどのように定義すればよいか述べよ． ◀

複素多様体について少しだけ説明しておこう（詳細は文献 [44], [55]）．実 $2n$ 次元多様体 M が複素多様体とは，M の各点の近傍 U において座標変換が正則写像となる局所複素座標 $\phi : U \to \phi(U) \subset \mathbb{C}^n$ がとれることである．複素座標を $z_i = x_i + \sqrt{-1}y_i$ $(i = 1, \ldots, n)$ とすれば，

$$J\left(\frac{\partial}{\partial x_i}\right) = \frac{\partial}{\partial y_i}, \quad J\left(\frac{\partial}{\partial y_i}\right) = -\frac{\partial}{\partial x_i}$$

により M 上に概複素構造が定まる．実際，座標変換が正則写像であることから，J は局所座標のとり方によらない．そして，

$$\frac{\partial}{\partial z_i} := \frac{1}{2}\left(\frac{\partial}{\partial x_i} - \sqrt{-1}\frac{\partial}{\partial y_i}\right), \quad \frac{\partial}{\partial \bar{z}_i} := \frac{1}{2}\left(\frac{\partial}{\partial x_i} + \sqrt{-1}\frac{\partial}{\partial y_i}\right)$$

が $T^{1,0}(M)$，$T^{0,1}(M)$ の局所切断となる．また，概複素多様体 (M, J) が**複素多様体**となるための必要十分条件は，$X, Y \in \Gamma(M, T^{0,1}M)$ に対して，ベクトル場のリー括弧積 $[X, Y]$ が $[X, Y] \in \Gamma(M, T^{0,1}M)$ となることである．この条件は，次のナイエンハウス（Nijenhuis）テンソルとよばれる $(2, 1)$ テンソル場 N^J が零であることと同値である．

$$N^J(X, Y) := [X, Y] + J[JX, Y] + J[X, JY] - [JX, JY] \tag{3.2}$$

3.3 主 束

ベクトル束があれば，その親玉ともいうべき主束を構成できる．定義を述べる前に，重要な具体例を構成してみよう．n 次元多様体 M 上の接束 TM から得られる接フレーム束 $\mathbf{GL}(M)$ である（本書では，以下主束を太字で表す）．

M を n 次元多様体とする．接空間 T_xM の順序がついた基底である**フレーム（枠）**全体を

$$L_x = \{(X_1, \ldots, X_n) \mid X_1, \ldots, X_n \text{ は } T_xM \text{ の基底 }\}$$

とする．T_xM のフレーム $(X_1, \ldots, X_n)$ を一つ固定すれば，他のフレームは $\mathrm{GL}(n; \mathbb{R})$ で移り合えるので，$L_x = \{(X_1, \ldots, X_n)g \mid g \in \mathrm{GL}(n; \mathbb{R})\}$ となる．この L_x を各点で集めて

$$\mathbf{GL}(M) = \bigcup_{x \in M} L_x$$

とし，自然な射影を $\pi : \mathbf{GL}(M) \supset L_x \to x \in M$ とする．この $\pi : \mathbf{GL}(M) \to M$ を M の**接フレーム束**という．基本的な性質を見ていこう．

まず，$\mathbf{GL}(M)$ には多様体構造を入れることができる．

証明　M の座標近傍を (U, ϕ)，局所座標を $(x_1, \ldots, x_n)$ として，写像

$$\pi^{-1}(U) = \bigcup_{x \in U} L_x \ni u = (x, (X_1, \ldots, X_n)) \mapsto (x, g) \in U \times \mathrm{GL}(n; \mathbb{R})$$

を考える．ここで，

$$(X_1, \ldots, X_n) = \left(\left(\frac{\partial}{\partial x_1} \right)_x, \ldots, \left(\frac{\partial}{\partial x_n} \right)_x \right) g$$

としている．そこで，$\pi^{-1}(U) \ni u \mapsto (\phi(x), g) \in \phi(U) \times \mathbb{R}(n)$ を考えれば $\pi^{-1}(U)$ に局所座標が入り，$\mathbf{GL}(M)$ が多様体となることがわかる．□

この $\mathbf{GL}(M)$ には，リー群 $\mathrm{GL}(n; \mathbb{R})$ が次の意味で自然に（右から）作用する．

定義 3.10　リー群 G が多様体 P に**右から作用**するとは，滑らかな写像

$$P \times G \ni (u, g) \mapsto ug \in P$$

が定まり，$u(g_1 g_2) = (ug_1)g_2$，$ue = u$（$\forall u \in P$，$\forall g_1, g_2 \in G$，e は G の単位元）となることである．作用に対する軌道・自由・推移的などの概念は付録を参照してほしい．

$\pi : \mathbf{GL}(M) \to M$ の各ファイバー $\pi^{-1}(x) = L_x$ に群の構造は入らないが，$\mathrm{GL}(n; \mathbb{R})$ と微分同相である．実際，$\mathrm{GL}(n; \mathbb{R})$ は $\mathbf{GL}(M)$ に自由に作用し，各ファイバー L_x は保存される．そして，$\mathrm{GL}(n; \mathbb{R})$ は L_x 上では自由かつ推移的に作用する．

証明　$u \in \mathbf{GL}(M)$ は $u = (x, (X_1, \ldots, X_n))$ と書ける．$\mathrm{GL}(n; \mathbb{R})$ の作用を

$$\mathbf{GL}(M) \times \mathrm{GL}(n; \mathbb{R}) \ni (u, g) \mapsto ug = (x, (X_1, \ldots, X_n)g) \in \mathbf{GL}(M)$$

とすれば，作用が自由であることは明らかである．そして，$\pi(u) = x$ となる $u \in \mathbf{GL}(M)$ の軌道 $\{ug \mid g \in \mathrm{GL}(n; \mathbb{R})\}$ は $\pi^{-1}(x) = L_x$ であり，$\mathrm{GL}(n; \mathbb{R})$ と微分同相である．□

さらに，$\mathrm{GL}(n; \mathbb{R})$ の作用と可換な（$\mathrm{GL}(n; \mathbb{R})$ 同変な）局所自明化を得る．つまり，任意の点 $x \in M$ に対し，x の近傍 U と微分同相

$$\phi : \pi^{-1}(U) \ni u = (y, (X_1, \ldots, X_n)) \mapsto (y, g) \in U \times \mathrm{GL}(n; \mathbb{R})$$

が存在し，$\phi(ug') = \phi(u)g'$（$g' \in \mathrm{GL}(n; \mathbb{R})$）を満たす．ここで，$U \times \mathrm{GL}(n; \mathbb{R})$ には，$(u, g)g' \mapsto (u, gg')$ という自然な方法で $\mathrm{GL}(n; \mathbb{R})$ が右から作用している．

このように，接フレーム束 $\pi : \mathbf{GL}(M) \to M$ は，

- $\mathbf{GL}(M)$ は多様体であり，$\pi : \mathbf{GL}(M) \to M$ は滑らかな全射写像．
- $\mathrm{GL}(n; \mathbb{R})$ が $\mathbf{GL}(M)$ に右から作用し，各ファイバー $\mathbf{GL}(M)_x := L_x$ は作用で保存される．また，$\mathrm{GL}(n; \mathbb{R})$ の L_x への作用は自由かつ推移的．
- $\mathrm{GL}(n; \mathbb{R})$ 同変な局所自明性が成立．

を満たし，次に述べる主 G 束の基本的な例である．

定義 3.11 G をリー群，P，M を多様体とする．$\pi : P \to M$ が**構造群** (structure group) **を G とする主 G 束** (principal G-bundle) であるとは，以下を満たすことである（図 3.3）．

- π は滑らかな全射写像．
- P に G が右から作用し，各点 $x \in M$ のファイバー $P_x := \pi^{-1}(x)$ が保存され，P_x への G の作用は自由かつ推移的である．
- G 同変な局所自明性が成立する．各点 $x \in M$ に対し，x の近傍 U と微分同相

$$\Phi_U : \pi^{-1}(U) \ni u \mapsto (\pi(u), \phi_U(u)) \in U \times G$$

で，$\phi_U(ug) = \phi_U(u)g$ $(g \in G)$ を満たすものが存在する．

P を主束の全空間，M を底空間という．なお，定義から $\pi^{-1}(x)$ は G と微分同相であり，軌道全体の集合 P/G は M と同一視できる．

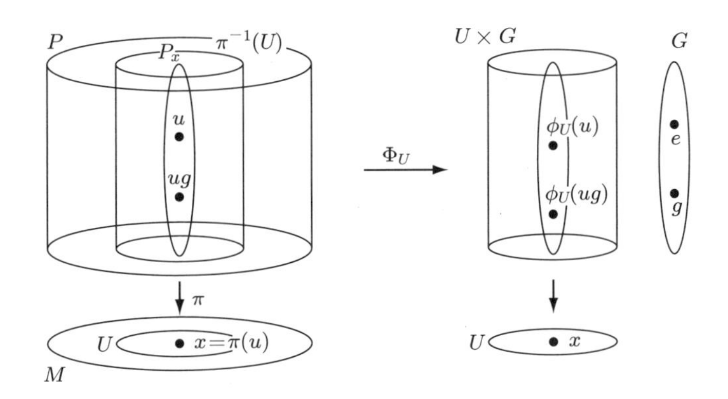

図 3.3 主 G 束の局所自明性

M 上の主 G 束の間の同型を定義しておく．

定義 3.12 M 上の主 G 束 $\pi : P \to M$，$\pi' : Q \to M$ が同型とは，微分同相 $F : P \to Q$ で，

$$\pi'(F(u)) = \pi(u) \quad (\forall u \in P), \qquad F(ug) = F(u)g \quad (\forall u \in P,\ \forall g \in G)$$

を満たすものが存在することである．M 上の**主 G 束の同型類全体を** $\mathrm{Prin}_G(M)$ と書く．

主束の例をあげよう．

■**例 3.7 (等質空間)**　G をリー群として，$H \subset G$ を閉リー部分群とする．このとき，H は G に右から自由に作用する．すなわち，

$$G \times H \ni (g, h) \mapsto gh \in G$$

とすればよい．この作用により，等質空間 $M = G/H$（定理 A.1）上の主 H 束 $\pi : G \to G/H$ を得る．■

■**例 3.8 (ホップのファイバー束)**　3 次元球面 S^3 を

$$S^3 = \{(z_1, z_2) \in \mathbb{C}^2 \mid |z_1|^2 + |z_2|^2 = 1\}$$

とし，$\mathbb{C}\mathrm{P}^1 \cong S^2$ の複素同次座標を用いて，全射写像

$$\pi : S^3 \ni (z_1, z_2) \mapsto [z_1 : z_2] \in \mathbb{C}\mathrm{P}^1$$

を得る．また，$\mathrm{U}(1) = \{z \in \mathbb{C} \mid |z| = 1\}$ として，S^3 への $\mathrm{U}(1)$ の右作用を

$$S^3 \times \mathrm{U}(1) \ni ((z_1, z_2), e^{i\theta}) \mapsto (e^{i\theta} z_1, e^{i\theta} z_2) \in S^3$$

とすれば自由な作用であり，$\pi^{-1}([z_1 : z_2])$ は $\mathrm{U}(1)$ の作用で保存される．このように $\pi : S^3 \to S^2$ は主 $\mathrm{U}(1) \cong S^1$ 束であり，ホップ (Hopf) のファイバー束という．■

■**例 3.9**　7 次元球面 S^7 と 4 次元球面 S^4 を

$$S^7 = \{(p, q) \in \mathbb{H}^2 \mid |p|^2 + |q|^2 = 1\}, \quad S^4 = \mathbb{H}\mathrm{P}^1 = \{[p : q] \mid (p, q) \in \mathbb{H}^2 \setminus \{0\}\}$$

と表す．ここで，$\mathbb{H}\mathrm{P}^1$ は四元数射影空間である．ホップのファイバー束と同様にすれば，$\pi : S^7 \ni (p, q) \mapsto [p : q] \in S^4$ は，主 $\mathrm{Sp}(1) = \mathrm{SU}(2)$ 束である [43]．■

■**例 3.10**　(M, g) をリーマン多様体として，接空間 T_xM の正規直交フレーム全体を

$$\mathrm{O}_x = \{(X_1, \ldots, X_n) \mid X_1, \ldots, X_n \in T_xM,\ g_x(X_i, X_j) = \delta_{ij}\}$$

とする．このとき，$\mathbf{GL}(M)$ のときと同様にすれば，$\mathbf{O}(M) = \bigcup_{x \in M} \mathrm{O}_x$ は，M 上の主 $\mathrm{O}(n)$ 束であり，M の**正規直交（接）フレーム束**という．■

▶**問 3.11**　主 G 束 $P \to M$ を考える．$U \subset M$ 上の P の**切断**とは，滑らかな写像 $s : U \to P$ で $\pi \circ s = \mathrm{id}$ となるものである．たとえば，U 上の各点 x で T_xM の基底となる U 上のベクトル場 $X_1, \ldots, X_n$ を並べたものは，$\mathbf{GL}(M)$ の U 上の切断である．この切断は，U 上の**接フレーム**とよばれる．さて，M 上の大域的切断 $s : M \to P$ が存在すれば，$P \cong M \times G$ と主 G 束として自明化されることを示せ．◀

主 G 束 $P \to M$ の局所自明化 $\pi^{-1}(U_\alpha) \to U_\alpha \times G$，$\pi^{-1}(U_\beta) \to U_\beta \times G$ があり，$U_\alpha \cap U_\beta \neq \emptyset$ とすれば，**推移関数**

$$g_{\alpha\beta}(x) = \phi_\alpha(u)\phi_\beta^{-1}(u) : U_\alpha \cap U_\beta \to G$$

が定まる．ここで，$u \in \pi^{-1}(x)$ である．他の $v \in \pi^{-1}(x)$ を選んでも $v = ug$ となる $g \in G$ が存在するので，$\phi_\alpha(u)\phi_\beta^{-1}(u) = \phi_\alpha(v)\phi_\beta^{-1}(v)$ となり，推移関数は x にのみ依存している．この推移関数はベクトル束の場合と同様のコサイクル条件（p.59）を満たす．また，各局所自明化 $\pi^{-1}(U_\alpha) \to U_\alpha \times G$ に対して，U_α 上の G 値関数 $f_\alpha : U_\alpha \to G$ を考えて，$\phi'_\alpha(u) = f_\alpha(x)\phi_\alpha(u)$ とすれば，別の局所自明化

$$\pi^{-1}(U_\alpha) \ni u \mapsto (\pi(u), \phi'_\alpha(u)) \in U_\alpha \times G$$

を得る．このとき，推移関数は $g'_{\alpha\beta} = f_\alpha g_{\alpha\beta} f_\beta^{-1}$ と変化する．

逆に，M の開被覆 $\mathcal{U} = \{U_\alpha\}_{\alpha \in A}$ およびコサイクル条件を満たす G 値の推移関数の族 $\{g_{\alpha\beta}\}_{\alpha\beta}$ があれば，ベクトル束の場合と同様に，$\{U_\alpha \times G\}_{\alpha \in A}$ を $\{g_{\alpha\beta}\}_{\alpha\beta}$ で貼り合わせて主 G 束を構成できる．もちろん，主 G 束 P の推移関数の族 $\{g_{\alpha\beta}\}_{\alpha\beta}$ からこの方法で得られる主 G 束は，P と同型である．

▶**問 3.12**　多様体 M 上の主 G 束 P, Q を考える．それらを与える開被覆 $\mathcal{U} = \{U_{\alpha'}\}_{\alpha' \in A'}, \mathcal{V} = \{V_{\alpha''}\}_{\alpha'' \in A''}$ と推移関数を考える．この二つの開被覆に共通な細分 $\mathcal{W} = \{W_\alpha\}_{\alpha \in A}$ をとる．P, Q に対する局所自明化を $\mathcal{W}$ へ制限し，P, Q は同じ開被覆 $\mathcal{W} = \{W_\alpha\}_\alpha$ に対する推移関数の族 $\{g_{\alpha\beta}\}_{\alpha\beta}$，$\{h_{\alpha\beta}\}_{\alpha\beta}$ で与えられるとしてよい．このとき，P, Q が同型であることと，G 値関数 $f_\alpha : W_\alpha \to G$ の族 $\{f_\alpha\}_\alpha$ で

$$h_{\alpha\beta}(x) = f_\alpha^{-1}(x) g_{\alpha\beta}(x) f_\beta(x), \quad (x \in W_\alpha \cap W_\beta)$$

を満たすものが存在することが同値であることを示せ．◀

このように，主 G 束の同型類を与えるには，M の開被覆 $\mathcal{U} = \{U_\alpha\}_\alpha$ とコサイクル条件を満たす G 値関数の族 $\{g_{\alpha\beta}\}_{\alpha\beta}$ があればよい（必要なら開被覆の細分をとる）．そこで，二つのコサイクル条件を満たす G 値関数の族 $\{g_{\alpha\beta}\}_{\alpha\beta}$，$\{g'_{\alpha\beta}\}_{\alpha\beta}$ が同値であることを，G 値関数 $f_\alpha : U_\alpha \to G$ の族 $\{f_\alpha\}_\alpha$ が存在して，$g'_{\alpha\beta} = f_\alpha g_{\alpha\beta} f_\beta^{-1}$ を満たすこととする．この同値類を $[g_{\alpha\beta}]$ と書き，その全体を $H^1(\mathcal{U}, \underline{G})$ と書くことにする．3.5 節で詳しく述べるが，M の開被覆の細分に関する帰納極限

$$H^1(M, \underline{G}) := \varinjlim H^1(\mathcal{U}, \underline{G})$$

を考えると，M 上の主 G 束の同型類 $\mathrm{Prin}_G(M)$ とこの $H^1(M, \underline{G})$ は同一視される．

さて，多様体の幾何学的構造（リーマン計量や概複素構造）が，接フレーム束の構

造群の簡約に対応することを見てみよう．

定義 3.13　G をリー群として，$H \subset G$ を部分リー群とする．主 G 束 $P \to M$ の構造群 G が H に**簡約**可能とは，$\pi : P \to M$ を与える $\mathcal{U} = \{U_\alpha\}_\alpha$ および $\{g_{\alpha\beta}\}_{\alpha\beta}$ で $g_{\alpha\beta}$ が H に値をもつようにできることである．このとき，主 H 束 $Q \to M$ を得る．

■**例 3.11**　n 次元リーマン多様体 M 上の接フレーム束 $\mathbf{GL}(M)$ を考える．局所的に定義された接フレームは，グラム－シュミットの直交化法を使えば正規直交フレームにできる．これを用いて局所自明化すれば，$\mathbf{GL}(M)$ の構造群 $\mathrm{GL}(n;\mathbb{R})$ を $\mathrm{O}(n)$ へ簡約できる．これが主 $\mathrm{O}(n)$ 束 $\mathbf{O}(M)$ である．逆に，多様体 M 上の $\mathbf{GL}(M)$ の構造群が $\mathrm{O}(n)$ へ簡約できるとする．局所自明化 $\Phi_\alpha : \pi^{-1}(U_\alpha) \to U_\alpha \times \mathrm{GL}(n;\mathbb{R})$ を考えて，$(x,e) \in U_\alpha \times \mathrm{GL}(n;\mathbb{R})$ を Φ_α で引き戻せば，U_α 上の接フレーム $f_\alpha = \Phi_\alpha^{-1}(x,e)$ を得る．この f_α が正規直交フレームであるとして，U_α 上のリーマン計量 g_α が定義できる．そこで局所的なリーマン計量の族 $\{g_\alpha\}_\alpha$ を得るが，推移関数が $\mathrm{O}(n)$ に値をもつので $U_\alpha \cap U_\beta \neq \emptyset$ 上で $g_\alpha = g_\beta$ となり，M 上の大域的なリーマン計量を定める．

また，リーマン多様体に向きが入る場合を考えると，向き付き正規直交フレーム束 $\mathbf{SO}(M)$ を得る．これは，主 $\mathrm{SO}(n)$ 束である．$\mathbf{GL}(M)$ の構造群が $\mathrm{SO}(n)$ に簡約することは，多様体に向きとリーマン計量を定めることと同値である．■

■**例 3.12**　実 $2n$ 次元多様体 M に概複素構造 J が入っているとする．(TM, J) は $TM^{1,0}$ と複素ベクトル束として同型であった．$TM^{1,0}$ に対する複素フレームで局所自明化すれば，推移関数は $\mathrm{GL}(n;\mathbb{C}) \subset \mathrm{GL}(2n;\mathbb{R})$ に値をもつ．よって，$\mathbf{GL}(M)$ の構造群は $\mathrm{GL}(n;\mathbb{C})$ へ簡約できる．逆に，$\mathbf{GL}(M)$ の構造群が $\mathrm{GL}(n;\mathbb{C})$ へ簡約できれば，TM 上に概複素構造が入る．実際，TM の局所自明化を

$$\pi^{-1}(U_\alpha) \cong U_\alpha \times \mathbb{R}^{2n} \cong U_\alpha \times \mathbb{C}^n$$

として，右辺の $\mathbb{C}^n$ の標準的複素構造 $J = \sqrt{-1}$ から $TM|_{U_\alpha}$ 上の概複素構造を導けばよい．推移関数が $\mathrm{GL}(n;\mathbb{C})$ に値をもつので，M 上で大域的に定義できるのである．また，(M, g, J) が概エルミート多様体のとき，$TM^{1,0}$ にエルミート計量を入れることができる．このとき局所的なユニタリフレームを使って，局所自明化すれば推移関数は $\mathrm{U}(n)$ 値にできる．ここで，ユニタリフレームとは，エルミート計量に関して正規直交なフレームである．このように，$\mathbf{GL}(M)$ の構造群を $\mathrm{U}(n)$ へ簡約することと M に概エルミート構造を定めることは同値である．■

3.4　主束の同伴束

多様体 M 上の主 G 束からファイバー束やベクトル束を構成しよう．

定義 3.14　$\pi : P \to M$ を主 G 束とする．リー群 G が多様体 F に左から

$$G \times F \ni (g, x) \mapsto \rho(g)x \in F$$

と作用しているとする．このとき，直積多様体 $P \times F$ への G の右作用を

$$(u, f)g = (ug, \rho(g^{-1})f), \quad ((u, f) \in P \times F,\ g \in G)$$

とし，多様体 $P \times_\rho F := (P \times F)/G$ を考える．つまり，$P \times F$ での同値関係を

$$(u, f) \sim (u', f') \iff \text{ある } g \in G \text{ が存在して } (u, f)g = (u', f')$$

としたときの商空間である．また，射影 $p : P \times_\rho F \to M$ を $p([u, f]) = \pi(u)$ とする．この $p : P \times_\rho F \to M$ を **F をファイバーとする P の同伴ファイバー束**という．

つくり方から $p^{-1}(x) \cong F$（微分同相）である．また，$\pi : P \to M$ の局所自明化

$$P|_{U_\alpha} = \pi^{-1}(U_\alpha) \ni u \mapsto (\pi(u), \phi_\alpha(u)) \in U_\alpha \times G$$

を使えば，$p : P \times_\rho F \to M$ の局所自明化を得る．

$$(P \times_\rho F)|_{U_\alpha} = p^{-1}(U_\alpha) \ni [u, f] \mapsto (\pi(u), \rho(\phi_\alpha(u))f) \in U_\alpha \times F$$

特に，$\pi : P \to M$ の推移関数を $\{g_{\alpha\beta}\}_{\alpha\beta}$ とすれば $P \times_\rho F$ の推移関数は $\{\rho(g_{\alpha\beta})\}_{\alpha\beta}$ であり，$P \times_\rho F$ は $\{U_\alpha \times F\}_\alpha$ を $\{\rho(g_{\alpha\beta})\}_{\alpha\beta}$ で貼り合わせたものである．

▶**問 3.13**　上で与えた $P \times_\rho F$ の局所自明化が $[u, f]$ の代表元 $(u, f) \in P \times F$ のとり方によらないことを示せ．また，$P \times_\rho F$ が多様体となることを示せ．◀

■**例 3.13**　リー群 G の G 自身への作用

$$G \times G \ni (g, h) \mapsto \mathrm{Ad}(g)h := ghg^{-1} \in G$$

を考える．このとき，主 G 束 $\pi : P \to M$ の同伴束 $G_P = P \times_{\mathrm{Ad}} G$ を得る．$[u, h_1]$, $[u, h_2] \in G_P$ に対して，積を $[u, h_1][u, h_2] := [u, h_1 h_2]$ と定めることで，各ファイバーにリー群の構造が入る（代表元のとり方によらないことを確かめよ）．この $P \times_{\mathrm{Ad}} G$ を P の自己同型束という．ファイバー上の群構造から切断全体にも群構造が入り，$\Gamma(M, G_P)$ はゲージ変換群とよばれる．■

本書で主に扱うのは，ファイバーがベクトル空間の構造をもつ同伴ベクトル束であ

る．リー群 G の表現 (ρ, V) は，次のように G の V への左作用とみなせる．

$$G \times V \ni (g, v) \mapsto \rho(g)v \in V$$

定義 3.15　$P \to M$ を主 G 束として，G の表現 (ρ, V) を考える．$P \times_\rho V$ を P の**同伴ベクトル束**とよぶ．既約表現のときは，**既約同伴ベクトル束**とよぶ．

▶**問 3.14**　定義 3.15 で定義した $P \times_\rho V$ が M 上のベクトル束（定義 3.1）となることを示せ．また，(ρ_1, V) と (ρ_2, W) が同値な表現なら，対応する同伴ベクトル束はベクトル束として同型となることを示せ．◀

■**例 3.14**　$\pi : E \to M$ をランク m のベクトル束とする．各点 $x \in M$ に対するファイバー E_x のフレーム全体 $L(E_x)$ を集めて，

$$\mathbf{GL}(E) := \bigcup_{x \in M} L(E_x)$$

とすれば，主 $\mathrm{GL}(m; \mathbb{R})$ 束 $\pi : \mathbf{GL}(E) \to M$ を得る．$\mathbf{GL}(E)$ の推移関数は $p : E \to M$ の推移関数に一致する．そこで，$\mathrm{GL}(m; \mathbb{R})$ の $\mathbb{R}^m$ への自然表現を ν とすれば，同伴ベクトル束 $\mathbf{GL}(E) \times_\nu \mathbb{R}^m$ は E と同型である．また，$E \oplus E$，$E \otimes E$，$\det(E)$ なども $\mathbf{GL}(E)$ の同伴ベクトル束となる．■

さて，G の表現空間 V に G の作用と可換な幾何学的構造が入るなら，同伴ベクトル束にも引き継がれることを見よう．

■**例 3.15**　$W \subset V$ を G 不変部分空間とすれば，$P \times_\rho W$ は $P \times_\rho V$ の部分ベクトル束である．特に，V の零でないベクトル v で $\rho(g)v = v$（$\forall g \in G$）を満たすものが存在した場合には，各点で零でない大域的切断が存在する．実際，

$$s : M \ni x \mapsto [u, v] \in P \times_\rho V, \quad (\pi(u) = x)$$

とすれば，$s \in \Gamma(M, P \times_\rho V)$ であり，各点 $x \in M$ で $s(x) \neq 0$ となる．■

▶**問 3.15**　主 G 束 $\pi : P \to M$ の同伴ベクトル束 $P \times_\rho V$ を考え，

$$C^\infty(P, V)^G := \{f \in C^\infty(P, V) \mid f(ug) = \rho(g^{-1})f(u) \ (\forall u \in P, \forall g \in G)\}$$

とする．$f \in C^\infty(P, V)^G$ に対して，$s_f \in \Gamma(M, P \times_\rho V)$ を $s_f(\pi(u)) := [u, f(u)]$ とすることで，$C^\infty(P, V)^G$ は $\Gamma(M, P \times_\rho V)$ と同一視できることを示せ．◀

■**例 3.16**　G の表現空間 V に G 同変な積が入っているとする．すなわち，$v, w \in V$ に対して，$\rho(g)(vw) = \rho(g)v\rho(g)w$ ($\forall g \in G$) とする．このとき，同伴ベクトル束 $P \times_\rho V$

の各ファイバー上の積構造を，$[u, v], [u, w] \in P\times_\rho V$ に対し，$[u, v][u, w] := [u, vw]$ とすればwell-defined（代表元のとり方によらない）となる．そして，$s_1, s_2 \in \Gamma(M, P\times_\rho V)$ に対して，$(s_1 s_2)(x) := s_1(x)s_2(x)$ とすれば，$\Gamma(M, P\times_\rho V)$ にも積構造が入る．

また，V に G 不変内積が入っているとする．このとき，$[u, v], [u, w] \in P\times_\rho V$ に対して，$([u, v], [u, w]) := (v, w)$ とすれば，$P\times_\rho V$ 上のファイバー内積を得る． ■

■**例 3.17** リーマン多様体 (M, g) を考える．$\mathrm{O}(n)$ の自然表現 $(\nu, \mathbb{R}^n)$ を考えると，$\mathbf{O}(M)$ の同伴ベクトル束 $TM = \mathbf{O}(M)\times_\nu \mathbb{R}^n$ を得る．また，自然表現の双対表現 $(\nu^*, (\mathbb{R}^n)^*)$ を考えたとき，$\nu^*(g) = {}^t g^{-1} = g$ $(g \in \mathrm{O}(n))$ なので，T^*M と TM はベクトル束として同型になる．具体的には，リーマン計量を用いて

$$T_x M \ni X_x \mapsto g_x(X_x, \cdot) \in T_x^* M \tag{3.3}$$

とすればよい．さて，$\mathbb{R}^n$ 上のユークリッド内積は $\mathrm{O}(n)$ 不変であるので，TM へファイバー内積が導かれるが，それはリーマン計量 g に一致する．また，$\mathrm{O}(n)$ の $\mathbb{R}^n\otimes\mathbb{R}^n$ への表現を考えたとき，$\sum_{i=1}^n e_i\otimes e_i$ は $\mathrm{O}(n)$ 不変元である（$\{e_i\}_{i=1}^n$ は正規直交基底）．この $\mathrm{O}(n)$ 不変元に対応する $TM\otimes TM \cong T^*M\otimes T^*M$ の大域的切断は，リーマン計量 g に一致する． ■

構造群の簡約に関する有名な定理を述べておこう（詳細は文献 [38]）．

定理 3.2 主 G 束 $\pi : P \to M$ の構造群が G の閉部分群 H へ簡約するための必要十分条件は，ファイバー束 $P\times_\rho G/H$ が大域的な切断をもつことである．ここで，等質空間 G/H への G の作用を ρ としている．

証明の概略 構造群を H へ簡約した主束を Q とする．明らかに $P\times_\rho G/H = Q\times_\rho G/H$ である．そして，ファイバー束の大域的な切断として $s(x) = [u, eH]$ がとれる．逆に，大域的な切断 $f \in C^\infty(P, G/H)^G$（問 3.15）が存在したとき，$Q = \{u \in P | f(u) = eH\}$ とすれば主 H 束になる． □

次の定理は特性類を議論する際に必要となる．ファイバー束のコホモロジー群に対するルレイ–ハーシュ（Leray-Hirsch）の定理である．結果だけ述べておこう [15]．

定理 3.3 (ルレイ–ハーシュの定理) R を可換環とする．$\pi : E \to M$ を F をファイバーとするファイバー束とし，$e_1, \ldots, e_r \in H^*(E; R)$ で，各ファイバーに制限すると $H^*(F; R)$ の基底となるものが存在するとする．このとき，$H^*(E; R)$ は，$H^*(M; R)$ 上 $e_1, \ldots, e_r$ を基底とする自由加群である．つまり，$H^*(M; R)$ 加群としての次の同型が成立する．

$$H^*(E;R) \cong H^*(M;R) \otimes_R H^*(F;R)$$

少し説明を加えておく．この定理から $\pi^* : H^*(M;R) \to H^*(E;R)$ が単射であることが従う．そこで，$\alpha \in H^*(M;R)$，$\phi \in H^*(E;R)$ に対して，$\alpha\phi = \pi^*(\alpha) \cup \phi$ と定義することで，$H^*(E;R)$ を $H^*(M;R)$ 加群としている．また，$E = M \times F$ と自明なファイバー束の場合には，上の同型はキュネット（Künneth）公式とよばれる．

3.5　層とチェックコホモロジー

3.3 節で，主 G 束に対する推移関数の族 $\{g_{\alpha\beta}\}_{\alpha\beta}$ はコサイクル条件を満たす G 値関数の族であり，$[g_{\alpha\beta}] \in H^1(\mathcal{U}, \underline{G})$ に値をもつことを述べた．この一般論である層とそのコホモロジー理論について説明しよう（詳細は文献 [44], [70]）．

層とは，位相空間や多様体上の開集合に対して加群や環などを対応させるものである．たとえば，位相空間 M 上の定数層とは，M の開集合 U に U 上の定数関数を対応させるものである．また，多様体 M 上の滑らかな関数の層とは，開集合 U に $C^\infty(U)$ を対応させるものである．次が層の定義である．

定義 3.16　位相空間 M 上の前層（presheaf）$\mathcal{F}$ とは，次を満たす $\mathcal{F}$ のことである．

(1)　空でない開集合 $U \subset M$ に対して，集合 $\mathcal{F}(U)$ を対応させる．

(2)　開集合 V, U で $V \subset U$ となるものに対して，制限写像という写像

$$r_V^U : \mathcal{F}(U) \to \mathcal{F}(V)$$

で次を満たすものが存在する．

- $r_U^U = \mathrm{id}$.
- $U \supset V \supset W$ なら，$r_W^U = r_W^V \circ r_V^U$.

さらに，前層 $\mathcal{F}$ が**層**（sheaf）とは，各開集合 U に対して $U = \bigcup_{\alpha \in A} U_\alpha$ となる M の開集合の族 $\{U_\alpha\}_{\alpha \in A}$ が任意に与えられたとき，次が成立することである．

- $s, t \in \mathcal{F}(U)$ が，$r_{U_\alpha}^U(s) = r_{U_\alpha}^U(t)$（$\forall \alpha \in A$）を満たすなら，$s = t$.
- $\{s_\alpha \in \mathcal{F}(U_\alpha)\}_{\alpha \in A}$ が，$U_\alpha \cap U_\beta \neq \emptyset$ に対して

$$r_{U_\alpha \cap U_\beta}^{U_\alpha}(s_\alpha) = r_{U_\alpha \cap U_\beta}^{U_\beta}(s_\beta)$$

を満たすならば，$s \in \mathcal{F}(U)$ で $r_{U_\alpha}^U(s) = s_\alpha$（$\forall \alpha \in A$）となるものが存在

する．

また，層 $\mathcal{F}$ に対して，$\mathcal{F}(U)$ の元を U 上の層 $\mathcal{F}$ の切断とよぶ．

以下では，M が多様体の場合を考えることにする．

■**例 3.18** M の各開集合 U に対して，U 上の整数値関数全体 $\mathbb{Z}(U)$ を対応させる．また，$V \subset U$ に対する制限写像 r_V^U を，通常の制限写像 $r_V^U(s) = s|_V$ $(s \in \mathbb{Z}(U))$ とする．この M 上の層を $\mathcal{F} = \mathbb{Z}$ と書く．同様に，開集合 U に U 上の実数値定数関数全体 $\mathbb{R}(U)$ を対応させることで，定数関数の層 $\mathcal{F} = \mathbb{R}$ を得る．一方，各開集合 U に U 上の実数値 C^∞ 関数全体 $C^\infty(U)$ を対応させ，r_V^U を（通常の）制限写像としたものを，M **上の滑らかな関数の層とよび，アンダーラインをつけて** $\mathcal{F} = \underline{\mathbb{R}}$ **と書く**．■

■**例 3.19** $p : E \to M$ をベクトル束とする．開集合 U に U 上の E の切断全体 $\Gamma(U, E)$ を対応させれば，層 $\mathcal{E}$ を得る．■

■**例 3.20** G をリー群とする．M の各開集合 U に，U **上の滑らかな** G **値関数全体を対応させる層を** $\underline{G}$ **と書き，**M **上の** G **値関数の層**という．■

M 上の層 $\mathcal{F}$ を考える．点 $x \in M$ の近傍全体を $\mathcal{U}_x$ と書き，x の各近傍 U に対する $\mathcal{F}(U)$ を集めた集合 $\bigcup_{U \in \mathcal{U}_x} \mathcal{F}(U)$ を考える．ここに同値関係を入れよう．$f \in \mathcal{F}(U)$, $g \in \mathcal{F}(V)$ に対して，x の十分小さい近傍 W で，$W \subset U \cap V$ があり，$r_W^U(f) = r_W^V(g)$ となるときに，$f \sim g$ とする．これは同値関係となる．

■**例 3.21** 滑らかな関数の層 $\underline{\mathbb{R}}$ を考える．$x \in M$ を固定して，x の近傍上の関数 $f, g \in C^\infty(U)$ に対して，十分小さい x の近傍 $W \subset U$ 上で $f \equiv g$ なら，$f \sim g$ である．■

定義 3.17 $\mathcal{F}$ を M 上の層とする．点 $x \in M$ に対して，上の同値関係による同値類全体を

$$\mathcal{F}_x := \varinjlim_{x \in U} \mathcal{F}(U)$$

と書き，x での茎（stalk）という．また，自然な射影を $r_x^U : \mathcal{F}(U) \ni f \mapsto f_x := r_x^U(f) \in \mathcal{F}_x$ と書く．この f_x を x での芽（germ）という．

次に，層の間の準同型を定義する．

定義 3.18 $\mathcal{F}$, $\mathcal{G}$ を M 上の層とする．このとき $h : \mathcal{F} \to \mathcal{G}$ が**層準同型**とは，各開集合 $U \subset M$ に対して準同型 $h_U : \mathcal{F}(U) \to \mathcal{G}(U)$ が定まり，次が可換となることで

ある．

$$\begin{array}{ccc} \mathcal{F}(U) & \xrightarrow{h_U} & \mathcal{G}(U) \\ {\scriptstyle r_V^U}\downarrow & & \downarrow{\scriptstyle r_V^U} \\ \mathcal{F}(V) & \xrightarrow{h_V} & \mathcal{G}(V) \end{array} \tag{3.4}$$

これまで見た例のように，層 $\mathcal{F}$ に群・環などの代数的構造が入っているものを扱う．つまり，各 $\mathcal{F}(U)$ に代数的構造が入っている層を考え，制限写像 r_V^U もその代数的構造に関する準同型とする．もちろん，代数的構造は茎 $\mathcal{F}_x$ に導かれる．また，層の準同型 $h : \mathcal{F} \to \mathcal{G}$ を考える場合にも，各写像 $h_U : \mathcal{F}(U) \to \mathcal{G}(U)$ は層 $\mathcal{F}, \mathcal{G}$ の代数的構造に関する準同型とする．

層の準同型 $h : \mathcal{F} \to \mathcal{G}$ があれば，各点 $x \in M$ に対して，図式 (3.4) が可換であることから，茎の間の準同型

$$\mathcal{F}_x \xrightarrow{h_x} \mathcal{G}_x$$

を得る．実際，$f_x \in \mathcal{F}_x$ の代表元として $f \in \mathcal{F}(U)$ をとったとき，$h_x(f_x) := r_x^U(h_U(f))$ とすれば well-defined である．

定義 3.19　層の準同型 $h : \mathcal{F} \to \mathcal{G}$ に対して，各開集合 U に $\ker h_U$ を対応させ，制限写像は $\mathcal{F}$ の制限写像を使うことで，$\mathcal{F}$ の部分層を得る．この層を $\ker h$ と書く．

定義 3.20　層の準同型の列

$$1 \to \mathcal{E} \xrightarrow{i} \mathcal{F} \xrightarrow{\pi} \mathcal{G} \to 1$$

が**層の短完全系列**（short exact sequence）とは，各点 $x \in M$ での茎の準同型の列

$$1 \to \mathcal{E}_x \xrightarrow{i_x} \mathcal{F}_x \xrightarrow{\pi_x} \mathcal{G}_x \to 1$$

が完全系列となることである．つまり，i_x が単射，π_x が全射，$\ker \pi_x = \mathrm{Im}(i_x)$ となることである．なお，「1」と書いているところは，加群の層の場合には「0」と書くこともある．

この定義からわかるように，層の短完全系列は局所的な性質であり，各点 x の十分小さい近傍 W に対して，次が完全系列となるかを確かめればよい．

$$1 \to \mathcal{E}(W) \xrightarrow{i_W} \mathcal{F}(W) \xrightarrow{\pi_W} \mathcal{G}(W) \to 1$$

■**例 3.22**　M 上で次は層の短完全系列である．

$$0 \to \mathbb{Z} \xrightarrow{i} \underline{\mathbb{R}} \xrightarrow{\exp 2\pi i} \underline{\mathrm{U}(1)} \to 1$$ ■

証明　$g_x \in \underline{\mathrm{U}(1)}_x$ の代表元として，x の十分小さい（単連結）近傍 W 上の U(1) 値関数 $g \in \underline{\mathrm{U}(1)}(W) = \Gamma(W, \mathrm{U}(1))$ をとる．log の分枝を適当にとり，$f = (1/2\pi i)\log g$ とすれば，W 上で $g = \exp 2\pi i f$ となる．また，W 上で $\ker(\exp 2\pi i) = \mathbb{Z}$ も明らかである．□

■**例 3.23**　M 上で次は層の短完全系列である．

$$1 \to \underline{\mathrm{SO}(n)} \to \underline{\mathrm{O}(n)} \xrightarrow{\det} \mathbb{Z}_2 \to 1$$ ■

■**例 3.24**　M 上で次は層の短完全系列である．

$$1 \to \mathbb{Z}_2 \to \underline{\mathrm{Spin}(n)} \xrightarrow{\mathrm{Ad}} \underline{\mathrm{SO}(n)} \to 1$$

実際，各点 x で，x の十分小さな（単連結な）近傍 W をとれば，次は完全系列になる．

$$1 \to \mathbb{Z}_2(W) \to \underline{\mathrm{Spin}(n)}(W) \xrightarrow{\mathrm{Ad}} \underline{\mathrm{SO}(n)}(W) \to 1$$ ■

さて，多様体 M 上で層の短完全系列

$$1 \to \mathcal{E} \xrightarrow{i} \mathcal{F} \xrightarrow{\pi} \mathcal{G} \to 1$$

があるとき，M 上の大域的切断に関する系列

$$1 \to \mathcal{E}(M) \xrightarrow{i_M} \mathcal{F}(M) \xrightarrow{\pi_M} \mathcal{G}(M)$$

を得る．ここで，π_M は全射とは限らない．実際，例 3.22 において，M が単連結でないなら，$\exp 2\pi i : \underline{\mathbb{R}}(M) \to \underline{\mathrm{U}(1)}(M)$ は全射でない．そこで，層のコホモロジー理論を導入することで，層の短完全系列という局所的な話を大域的切断の話へとつなげよう．以下で，層の（チェック）コホモロジー理論の基礎について述べる．断らない限り，層は**加群の層**とする．

M を位相空間とし，$\mathcal{U} = \{U_\alpha\}_{\alpha \in A}$ を M の開被覆とする．$U_{\alpha_i} \in \mathcal{U}$（$i = 0, \ldots, p$）で $U_{\alpha_0} \cap \cdots \cap U_{\alpha_p} \neq \emptyset$ となるものに対して，$\sigma = (U_{\alpha_0}, \ldots, U_{\alpha_p})$ を p 次単体とよび，$|\sigma| := \cap_{i=0}^{p} U_{\alpha_i}$ を σ の台（support）とよぶ．各 p 次単体 σ に対して，$f(\sigma) \in \mathcal{F}(|\sigma|)$ を対応させる写像 f を考える．つまり，f は

$$f_{\alpha_0\alpha_1\ldots\alpha_p} := f(\sigma) \in \mathcal{F}(|\sigma|)$$

の族 $\{f_{\alpha_0\ldots\alpha_p} | \alpha_1, \ldots, \alpha_p \in A\}$ のことである．また，f は添え字 $\alpha_0 \ldots \alpha_p$ に関して交代的であるとする．たとえば，$p = 2$ の場合は $f_{\alpha\beta} = -f_{\beta\alpha}$ を満たす $\{f_{\alpha\beta}\}_{\alpha\beta}$ のことである．このような f を開被覆 $\mathcal{U}$ に関する $\mathcal{F}$ 値の p-コチェイン（cochain）とよび，p-コチェイン全体を $C^p(\mathcal{U}, \mathcal{F})$ と書くことにする．

また，**コバウンダリ**（coboundary）**作用素**

$$\delta : C^p(\mathcal{U},\mathcal{F}) \to C^{p+1}(\mathcal{U},\mathcal{F})$$

を次のように定義する．$f \in C^p(\mathcal{U},\mathcal{F})$，$\sigma = (U_{\alpha_0},\ldots,U_{\alpha_{p+1}})$ に対して，

$$(\delta f)(\sigma) := \sum_{i=0}^{p+1}(-1)^i r_{|\sigma|}^{|\sigma_i|}(f(\sigma_i)), \quad \sigma_i = (U_{\alpha_0},\ldots,U_{\alpha_{i-1}},U_{\alpha_{i+1}},\ldots,U_{\alpha_{p+1}})$$

とする．p-コチェインを $f = \{f_{\alpha_0\ldots\alpha_p}\}$ と書いた場合には

$$(\delta f)_{\alpha_0\ldots\alpha_{p+1}} = f_{\alpha_1\ldots\alpha_{p+1}} - f_{\alpha_0\alpha_2\ldots\alpha_{p+1}} + \cdots + (-1)^{p+1} f_{\alpha_0\ldots\alpha_p}$$

となる．このとき，$\delta^2 = 0$ を簡単に確かめることができる．

▶**問 3.16**　$\delta^2 = 0$ を確かめよ．◀

この δ の核（kernel）と像（image）をそれぞれ

$$Z^p(\mathcal{U},\mathcal{F}) = \ker\delta : C^p(\mathcal{U},\mathcal{F}) \to C^{p+1}(\mathcal{U},\mathcal{F}),$$
$$B^p(\mathcal{U},\mathcal{F}) = \mathrm{Im}\,\delta : C^{p-1}(\mathcal{U},\mathcal{F}) \to C^p(\mathcal{U},\mathcal{F})$$

とすれば，$\delta^2 = 0$ より $B^p \subset Z^p$ となる．そこで，開被覆 $\mathcal{U}$ の $\mathcal{F}$ 係数の**チェックコホモロジー**（Čech cohomology）**群**を次で定義する．

$$H^p(\mathcal{U},\mathcal{F}) := H^p(C^*(\mathcal{U},\mathcal{F})) = Z^p(\mathcal{U},\mathcal{F})/B^p(\mathcal{U},\mathcal{F})$$

このコホモロジー群を開被覆のとり方に依存しないようにするため，開被覆の細分に関する帰納極限をとろう．M の開被覆 $\mathcal{W} = \{W_\beta\}_{\beta\in B}$ を開被覆 $\mathcal{U} = \{U_\alpha\}_{\alpha\in A}$ の細分とする．$\beta \in B$ に対して $\alpha \in A$ が定まるので，添え字集合の間の写像 $r : B \to A$ を得る．もちろん，このような写像は細分に対して唯一つに定まらないが，一つ固定しておく．$f = \{f_{\alpha_0\ldots\alpha_p}\} \in C^p(\mathcal{U},\mathcal{F})$ に対して，

$$W_{\beta_0} \cap \cdots \cap W_{\beta_p} \subset U_{r(\beta_0)} \cap \cdots \cap U_{r(\beta_p)}$$

となるので，$r_{\mathcal{W}}^{\mathcal{U}} : C^p(\mathcal{U},\mathcal{F}) \to C^p(\mathcal{W},\mathcal{F})$ を

$$(r_{\mathcal{W}}^{\mathcal{U}} f)_{\beta_0\ldots\beta_p} = f_{r(\beta_0)\ldots r(\beta_p)}$$

と定義する．ここで右辺は，$f_{r(\beta_0)\ldots r(\beta_p)}$ を $W_{\beta_0} \cap \cdots \cap W_{\beta_p}$ へ制限したものである．そして，$r_{\mathcal{W}}^{\mathcal{U}} \circ \delta = \delta \circ r_{\mathcal{W}}^{\mathcal{U}}$ となるのでコホモロジーの間の準同型を得る[†1]．

[†1] このコホモロジーの準同型 $r_{\mathcal{W}}^{\mathcal{U}}$ は，添え字の間の写像 $r : B \to A$ のとり方によらない．

$$r^{\mathcal{U}}_{\mathcal{W}} : H^p(\mathcal{U}, \mathcal{F}) \to H^p(\mathcal{W}, \mathcal{F})$$

開被覆の細分に関する帰納極限をとろう．多様体 M のすべての開被覆 $\mathcal{U}$ に対する $H^p(\mathcal{U}, \mathcal{F})$ を集めた集合 $\bigcup_{\mathcal{U}} H^p(\mathcal{U}, \mathcal{F})$ を考える．$[f] \in H^p(\mathcal{U}, \mathcal{F})$，$[g] \in H^p(\mathcal{V}, \mathcal{F})$ に対して，$\mathcal{U}, \mathcal{V}$ に共通な細分 $\mathcal{W}$ が存在し，$r^{\mathcal{U}}_{\mathcal{W}}([f]) = r^{\mathcal{V}}_{\mathcal{W}}([g])$ となるとき，$[f] \sim [g]$ として同値関係を入れる．この同値類全体を

$$H^p(M, \mathcal{F}) := \varinjlim H^p(\mathcal{U}, \mathcal{F})$$

とし，M の $\mathcal{F}$ 係数の p **次（チェック）コホモロジー群**（p-th Čech cohomology group）とよぶ．

■例 3.25　多様体 M 上の定数関数の層 $\mathbb{R}$ を考える．このとき，p 次チェックコホモロジー群は位相幾何で学ぶ通常の $\mathbb{R}$ 係数のコホモロジー群 $H^p(M, \mathbb{R})$ と同型である．同様に，$H^p(M, \mathbb{Z})$，$H^p(M, \mathbb{Z}_2)$ も，M の $\mathbb{Z}$ 係数，$\mathbb{Z}_2$ 係数の通常のコホモロジー群と同型である [70]．■

■例 3.26　$[f] \in H^0(\mathcal{U}, \mathcal{F})$ をとる．$f_\alpha \in \mathcal{F}(U_\alpha)$ であり，$\delta f = 0$ より，

$$(\delta f)_{\alpha\beta} = f_\beta - f_\alpha = 0 \quad (U_\alpha \cap U_\beta \text{ 上で})$$

となるので，層の定義から f は M 上の大域的切断を定める．このように，$H^0(\mathcal{U}, \mathcal{F}) = \mathcal{F}(M)$ である．よって，$H^0(M, \mathcal{F}) = \mathcal{F}(M)$ となる．■

$\mathcal{F}$ が非可換群の層（たとえば，G 値関数の層など）の場合にも，$H^0(M, \mathcal{F})$ と $H^1(M, \mathcal{F})$ を次のように定義することができる．$f = \{f_\alpha\}_\alpha \in C^0(\mathcal{U}, \mathcal{F})$ に対して，$(\delta f)_{\alpha\beta} := f_\alpha^{-1} f_\beta = (\delta f)^{-1}_{\beta\alpha}$ によりコバウンダリ作用素 $\delta : C^0(\mathcal{U}, \mathcal{F}) \to C^1(\mathcal{U}, \mathcal{F})$ を定める．また，$g = \{g_{\alpha\beta} = g^{-1}_{\beta\alpha}\}_{\alpha\beta} \in C^1(\mathcal{U}, \mathcal{F})$ に対して，

$$(\delta g)_{\alpha\beta\gamma} = g_{\beta\gamma} g^{-1}_{\alpha\gamma} g_{\alpha\beta} = g_{\beta\gamma} g_{\gamma\alpha} g_{\alpha\beta}$$

とすれば，$(\delta^2 f)_{\alpha\beta\gamma} = f_\beta^{-1} f_\gamma f_\gamma^{-1} f_\alpha f_\alpha^{-1} f_\beta = e$ となる．そして，$g = \{g_{\alpha\beta}\}_{\alpha\beta}, h = \{h_{\alpha\beta}\}_{\alpha\beta} \in Z^1(\mathcal{U}, \mathcal{F})$ に対して，$g \sim h$ を $f = \{f_\alpha\}_\alpha \in C^0(\mathcal{U}, \mathcal{F})$ が存在して $h_{\alpha\beta} = f_\alpha^{-1} g_{\alpha\beta} f_\beta$ となることとして定義する．この同値類全体が $H^1(\mathcal{U}, \mathcal{F})$ である．よって，$H^0(M, \mathcal{F})$ と $H^1(M, \mathcal{F})$ を定義できる．

注意 3.1　非可換群の場合には，H^1 は単なる集合で群の構造は入らない．また，$(\delta g)_{\beta\alpha\gamma} = g_{\alpha\gamma} g_{\gamma\beta} g_{\beta\alpha} \neq (\delta g)^{-1}_{\alpha\beta\gamma}$ と添え字の交代性が成立せず，2 次以上のコホモロジーはこのままでは定義できない．

■例 3.27　M 上の主 G 束の同値類全体 $\mathrm{Prin}_G(M)$ は $H^1(M, \underline{G})$ に一致する．■

さて，層の準同型 $h : \mathcal{F} \to \mathcal{G}$ に対して，自然に次のコホモロジーの準同型を得る．

$$h : H^p(M, \mathcal{F}) \to H^p(M, \mathcal{G})$$

証明　準同型 $h_U : \mathcal{F}(U) \to \mathcal{G}(U)$ から，準同型

$$h : C^p(\mathcal{U}, \mathcal{F}) \to C^p(\mathcal{U}, \mathcal{G})$$

を得るが，$\delta \circ h = h \circ \delta$ であるのでコホモロジーの準同型 $h : H^p(\mathcal{U}, \mathcal{F}) \to H^p(\mathcal{U}, \mathcal{G})$ を得る．さらに，この h は細分に関する制限写像 $r^{\mathcal{U}}_{\mathcal{W}}$ と可換であることがわかるので，帰納極限を考えればコホモロジーに対する準同型を得る．□

さらに，層の短完全系列から**コホモロジーの長完全系列**（long exact sequence）を得ることができる．

定理 3.4　位相空間 M 上の層の短完全系列

$$1 \to \mathcal{E} \xrightarrow{i} \mathcal{F} \xrightarrow{\pi} \mathcal{G} \to 1$$

に対して，次のコホモロジー長完全系列を得る．

$$1 \to H^0(M, \mathcal{E}) \xrightarrow{i} H^0(M, \mathcal{F}) \xrightarrow{\pi} H^0(M, \mathcal{G}) \xrightarrow{\delta^*} H^1(M, \mathcal{E})$$
$$\xrightarrow{i} H^1(M, \mathcal{F}) \xrightarrow{\pi} H^1(M, \mathcal{G}) \xrightarrow{\delta^*} H^2(M, \mathcal{E}) \to \cdots$$

ここで，i, π は自然に定義されるコホモロジーの間の準同型である．

定理 3.4 の δ^* は連結準同型とよばれ，次で定義される．$[f] \in H^p(M, \mathcal{G})$ の代表元を $f \in Z^p(\mathcal{U}, \mathcal{G})$ とする．層の短完全系列性から，必要なら細分をとることにより，$g \in C^p(\mathcal{U}, \mathcal{F})$ で $\pi(g) = f$ となるものが存在する．また，$\pi(\delta g) = \delta\pi(g) = \delta f = 0$ であるので，再び層の短完全系列を用いれば，$\delta g = i(h)$ となる $h \in Z^{p+1}(\mathcal{U}, \mathcal{E})$ が存在する．そこで，$\delta^*([f]) = [h]$ として連結準同型を定めればよい．

定理 3.4 におけるコホモロジー群の系列の完全性や，連結準同型が代表元のとり方によらないことなど，確かめるべきことはたくさんあるが，通常のコホモロジーの場合と同様に証明できるので，定理の証明は読者に任せよう（詳しくは文献 [44], [70]）．

次の命題は，層のコホモロジーを計算する際に非常に役立つものである．1 の分割が使える層は細層（fine sheaf）とよばれ，高次コホモロジーは消えるのである．

命題 3.3　M を多様体とする．滑らかな実数値関数の層である $\underline{\mathbb{R}}$ に対して，

$$H^0(M, \underline{\mathbb{R}}) = C^\infty(M), \quad H^p(M, \underline{\mathbb{R}}) = 0 \quad (p > 0)$$

となる．同様に，滑らかな複素数値関数の層 $\underline{\mathbb{C}}$ の場合にも，次のようになる．

$$H^0(M,\underline{\mathbb{C}}) = C^\infty(M,\mathbb{C}), \quad H^p(M,\underline{\mathbb{C}}) = 0 \quad (p>0)$$

証明 M の開被覆に対して，局所有限な細分 $\mathcal{U} = \{U_\alpha\}_\alpha$ および $\mathcal{U}$ に従属した 1 の分割が存在する．そのような細分をとって議論する．まず，$H^0(M,\underline{\mathbb{R}})$ は M 上の大域的切断全体であり，$C^\infty(M)$ である．$p>0$ とする．$[f] \in H^p(M,\underline{\mathbb{R}})$ として，その代表元を $f = \{f_{\alpha_0\cdots\alpha_p}\} \in Z^p(\mathcal{U},\underline{\mathbb{R}})$ とする．$\delta f = 0$ は，

$$0 = (\delta f)_{\alpha_0\cdots\alpha_{p+1}} = \sum_{i=0}^{p} (-1)^i f_{\alpha_0\cdots\widehat{\alpha_i}\cdots\alpha_p\alpha_{p+1}} + (-1)^{p+1} f_{\alpha_0\cdots\alpha_p}$$

と書ける．1 の分割を $\{h_\alpha\}_\alpha$ として，$g_{\alpha_1\cdots\alpha_p} = \sum_\alpha h_\alpha f_{\alpha_1\cdots\alpha_p\alpha}$ とすれば，$g = \{g_{\alpha_1\cdots\alpha_p}\} \in C^{p-1}(\mathcal{U},\underline{\mathbb{R}})$ となる．そして，

$$\begin{aligned}(\delta g)_{\alpha_0\cdots\alpha_p} &= \sum_{i=0}^{p} (-1)^i g_{\alpha_0\cdots\widehat{\alpha_i}\cdots\alpha_p} = \sum_{i=0}^{p} (-1)^i \sum_\alpha h_\alpha f_{\alpha_0\cdots\widehat{\alpha_i}\cdots\alpha_p\alpha} \\ &= \sum_\alpha h_\alpha \sum_{i=0}^{p} (-1)^i f_{\alpha_0\cdots\widehat{\alpha_i}\cdots\alpha_p\alpha} = (-1)^p f_{\alpha_0\cdots\alpha_p}\end{aligned}$$

となり，$f = \delta((-1)^p g)$ を得る．よって，$[f] = 0 \in H^p(M,\underline{\mathbb{R}})$ となる． □

注意 3.2 滑らかなベクトル束の切断の層についても，高次コホモロジーは消える．しかし，正則関数の層，非可換群の層ではこの手法は使えないことに注意しよう．

これまで述べたことを用いて，いくつかの非自明なコホモロジー群を計算しよう．

■例 3.28 例 3.23 における層の短完全系列から，コホモロジーの長完全系列

$$\begin{aligned}1 \to H^0(M,\underline{\mathrm{SO}(n)}) &\xrightarrow{i} H^0(M,\underline{\mathrm{O}(n)}) \xrightarrow{\det} H^0(M,\mathbb{Z}_2) \\ \xrightarrow{\delta^*} H^1(M,\underline{\mathrm{SO}(n)}) &\xrightarrow{i} H^1(M,\underline{\mathrm{O}(n)}) \xrightarrow{\det} H^1(M,\mathbb{Z}_2)\end{aligned}$$

を得る．M 上のランク n の実ベクトル束 $p: E \to M$ を考える，ファイバー計量を入れれば，主 $\mathrm{O}(n)$ 束 $\pi: \mathbf{O}(E) \to M$ を得る．この主 $\mathrm{O}(n)$ 束の同型類を $g = [g_{\alpha\beta}] \in H^1(M,\underline{\mathrm{O}(n)})$ で表す．コホモロジー長完全系列から，$\mathbf{O}(E)$ の構造群が $\mathrm{SO}(n)$ に簡約できるための必要十分条件は $w_1(E) := [\det(g_{\alpha\beta})] \in H^1(M,\mathbb{Z}_2)$ が自明となることである．この $w_1(E)$ をベクトル束 E の **1 次スティーフェル-ホイットニー**（Stiefel-Whitney）**類**とよぶ．特に，$E = TM$ の場合には，$w_1(M) = w_1(TM)$ と書き，M の 1 次スティーフェル-ホイットニー類とよぶ．M が向き付け可能であるための必要十分条件は，$w_1(M)$ が自明となることである．3.6.1 項で詳しく述べる． ■

■**例 3.29**　例 3.24 の層の短完全系列から，次のコホモロジー長完全系列を得る．

$$\xrightarrow{\delta^*} H^1(M,\mathbb{Z}_2) \xrightarrow{i} H^1(M,\underline{\mathrm{Spin}(n)}) \xrightarrow{\mathrm{Ad}} H^1(M,\underline{\mathrm{SO}(n)}) \xrightarrow{\delta^*} H^2(M,\mathbb{Z}_2)$$

向き付きランク n の実ベクトル束 $p : E \to M$ にファイバー計量を入れることで，$g = [g_{\alpha\beta}] \in H^1(M,\underline{\mathrm{SO}(n)})$ が定まる．このとき，$w_2(E) = \delta^*(g)$ は E の 2 **次スティーフェル–ホイットニー類**とよばれる（3.7 節を参照）．$w_2(E)$ が自明なら，$\mathrm{Ad}(h) = g$ となる $h \in H^1(M,\underline{\mathrm{Spin}(n)})$ が定まるので，主 $\mathrm{Spin}(n)$ 束が定まる．これが次の節で述べるスピン構造である．■

■**例 3.30**　ランク 1 の複素ベクトル束 $p : L \to M$ を**複素直線束**（complex line bundle）という．推移関数は

$$g_{\alpha\beta} : U_\alpha \cap U_\beta \ni x \mapsto g_{\alpha\beta}(x) \in \mathbb{C}^* = \mathbb{C} \setminus \{0\}$$

となるので，滑らかな複素直線束の同型類全体は $H^1(M,\underline{\mathbb{C}^*})$ に一致する．また，二つの直線束のテンソル積 $L \otimes L'$ の推移関数は $g_{\alpha\beta}g'_{\alpha\beta}$ となる．一方，$p : L \to M$ の双対束 $p : L^* \to M$ の推移関数は ${}^t g_{\alpha\beta}^{-1} = g_{\alpha\beta}^{-1}$ である．特に，$L \otimes L^*$ は自明直線束であり，$L^* = L^{-1}$ と書くこともある．このように，複素直線束の同型類全体には，テンソル積により可換群の構造が入り，次の可換群としての同型を得る．

$$\{M \text{ 上複素直線束の同型類全体}\} \ni [L] \mapsto [g_{\alpha\beta}] \in H^1(M,\underline{\mathbb{C}^*})$$

さて，層の短完全系列

$$0 \to \mathbb{Z} \to \underline{\mathbb{C}} \xrightarrow{\exp 2\pi i} \underline{\mathbb{C}^*} \to 1$$

のコホモロジー長完全系列を考える．命題 3.3 から，

$$H^1(M,\underline{\mathbb{C}}) = 0 \to H^1(M,\underline{\mathbb{C}^*}) \xrightarrow{\delta^*} H^2(M,\mathbb{Z}) \to H^2(M,\underline{\mathbb{C}}) = 0$$

となり，同型 $H^1(M,\underline{\mathbb{C}^*}) \cong H^2(M,\mathbb{Z})$ を得る．このように複素直線束は $H^2(M,\mathbb{Z})$ で完全に分類できる．

同様に，層の短完全系列

$$0 \to \mathbb{Z} \xrightarrow{i} \underline{\mathbb{R}} \xrightarrow{\exp 2\pi i} \underline{\mathrm{U}(1)} \to 1$$

を考えると，$H^1(M,\underline{\mathrm{U}(1)}) \cong H^2(M,\mathbb{Z})$ を得る．これは，直線束に適当にファイバー計量を入れることで，推移関数が $\mathrm{U}(1)$ 値にできることからも理解できる．以上から，

$$\{M \text{ 上複素直線束の同型類全体}\} \cong H^1(M,\underline{\mathbb{C}^*}) \cong H^1(M,\underline{\mathrm{U}(1)}) \cong H^2(M,\mathbb{Z})$$

となる．■

▶問 3.17　多様体 M 上の実直線束 L の同型類は $w_1(L) \in H^1(M, \mathbb{Z}_2)$ で分類されることを示せ. ◀

最後に，有名なドラーム（de Rham）の定理を与えよう．ドラームコホモロジー群については A.3 節を参照してほしい．M を n 次元多様体とする．$\Lambda^p(M) = \Lambda^p(T^*M)$ の局所切断からなる層を $\mathcal{A}^p$ と書く．このとき，層の系列

$$0 \to \mathbb{R} \xrightarrow{i} \underline{\mathbb{R}} \xrightarrow{d_0=d} \mathcal{A}^1 \xrightarrow{d_1=d} \cdots \xrightarrow{d_{n-1}=d} \mathcal{A}^n \to 0$$

を考える．ここで，d は微分形式上の外微分であり，局所的に定義されるので層の準同型である．ポアンカレの補題（命題 A.10）から，各点 x の十分小さな近傍 U（$\mathbb{R}^n$ と微分同相と仮定してよい）上で，p 次閉形式 $\omega \in \mathcal{A}^p(U) = \Gamma(U, \Lambda^p(M))$ は $\omega = d\eta$（$\eta \in \mathcal{A}^{p-1}(U)$）と完全形式となる．よって，上の層の系列は完全系列である．特に，p 番目の核の層を $\ker d_p \subset \mathcal{A}^p$ とすれば，

$$0 \to \ker d_p \to \mathcal{A}^p \to \ker d_{p+1} \to 0$$

は層の短完全系列となる．コホモロジー長完全系列および $\mathcal{A}^p$ が細層であることから，

$$H^{p+1}(M, \ker d_{q-1}) \cong H^p(M, \ker d_q), \quad (q-1 \geq 0,\ p \geq 1)$$

となり，$H^p(M, \mathbb{R}) = H^p(M, \ker d_0) \cong H^1(M, \ker d_{p-1})$ となる．また，コホモロジーの完全系列

$$H^0(M, \mathcal{A}^{p-1}) \xrightarrow{d_{p-1}} H^0(M, \ker d_p) \to H^1(M, \ker d_{p-1}) \to 0$$

を得るので，

$$H^1(M, \ker d_{p-1}) \cong \frac{H^0(M, \ker d_p)}{\mathrm{Im}\, d_{p-1} : H^0(M, \mathcal{A}^{p-1}) \to H^0(M, \ker d_p)}$$

となる．この右辺は p 次ドラームコホモロジー群なので，次を得る．

定理 3.5（ドラームの定理）　M を n 次元多様体とすれば，$H^p(M, \mathbb{R}) \cong H^p_{DR}(M)$ が成立する．

3.6　スピン構造とスピノール束

3.6.1　スピン構造

スピン構造を定義する前に，多様体に向きが入るための条件をコホモロジーで表してみる（例 3.28 参照）．(M, g) を n 次元リーマン多様体とする．M の開被覆 $\mathcal{U} = \{U_\alpha\}_\alpha$

を各 U_α が座標近傍となるようにとる．各 U_α 上で正規直交フレーム f_α をとれば，正規直交フレーム束 $\mathbf{O}(M)$ を局所自明化することができ，$U_\alpha \cap U_\beta \neq \emptyset$ 上の推移関数 $g_{\alpha\beta}$ は $f_\beta = f_\alpha g_{\alpha\beta}$ により与えられる．よって，$[g_{\alpha\beta}] \in H^1(M, \underline{\mathrm{O}(n)})$ を得る．$\tau_{\alpha\beta} = \det g_{\alpha\beta}$ とする．これは $\mathbb{Z}_2$ 値（± 1 値）であり，$\tau_{\alpha\beta}\tau_{\beta\gamma}\tau_{\gamma\alpha} = 1$ を満たすので，$\tau = [\tau_{\alpha\beta}] \in H^1(M, \mathbb{Z}_2)$ が定まる．さて，τ が自明元と仮定すると，（必要なら開被覆の細分をとり）$\tau_{\alpha\beta} = \omega_\alpha\omega_\beta = \omega_\alpha^{-1}\omega_\beta$ となる $\omega_\alpha : U_\alpha \to \mathbb{Z}_2$ が定まる．$\omega_\alpha = 1$ のときはフレーム f_α はそのままにして，$\omega_\alpha = -1$ のときは f_α の向きが変わるようにフレームを取り替える．つまり，$h_\alpha := \mathrm{diag}(\omega_\alpha, 1, \ldots, 1) \in \mathrm{O}(n)$ として，U_α 上のフレームを $\tilde{f}_\alpha := f_\alpha h_\alpha$ と取り替えればよい．このとき，新しい推移関数 $\tilde{g}_{\alpha\beta} = h_\alpha^{-1} g_{\alpha\beta} h_\beta$ は $\det \tilde{g}_{\alpha\beta} = 1$ を満たす．$\tilde{g}_{\alpha\beta} \in \mathrm{SO}(n)$ であり，問 3.9 より，多様体に向きが入る．逆に，多様体に向きが入るなら τ は自明であることは明らかであろう．さらに，$z \in H^0(M, \mathbb{Z}_2)$ を考える．これは，M の各連結成分上で定数で ± 1 に値をもつ．各連結成分においてフレームをその値に沿って取り替えれば，多様体に別の向きを与える．つまり，向きのとり方は $H^0(M, \mathbb{Z}_2)$ によって分類できる．

上で定義した τ を M **の1次スティーフェル–ホイットニー類**とよび，$w_1(M) \in H^1(M, \mathbb{Z}_2)$ と書く．上で述べたことから，**「多様体が向き付け可能」** $\Longleftrightarrow$ **「$w_1(M)$ が自明」**である．$E \to M$ が実ベクトル束の場合も同様で，「$E \to M$ がベクトル束として向き付け可能」 $\Longleftrightarrow$ 「$w_1(E)$ が自明」となる．

注意 3.3　向き付けにリーマン計量は必要としない．向き付け可能性は，$\mathbf{GL}(M)$ の構造群が $\mathrm{GL}_+(n;\mathbb{R}) = \{A \in \mathrm{GL}(n;\mathbb{R}) \mid \det A > 0\}$ へ簡約できるかの問題である．また，加群 $\mathbb{Z}_2 = \mathbb{Z}/2\mathbb{Z}$ は $\mathbb{Z}_2 = \{\pm 1\}$ としたり，$\mathbb{Z}_2 = \{0, 1\}$ としたりする．本書では，コホモロジーを記述する場合は $\mathbb{Z}_2 = \{0, 1\}$ を使用する．

次に，スピン構造を定義しよう．(M, g) を向き付きリーマン多様体，$\mathbf{SO}(M)$ を M の向き付き正規直交フレーム束とする．主 $\mathrm{Spin}(n)$ 束 $\mathbf{Spin}(M)$ で各ファイバー $\mathbf{Spin}(M)_x$ が $\mathbf{SO}(M)_x$ の二重被覆となるものをつくりたい．アイデアは多様体に向きを入れたときと同様であるが，例 3.24 で述べた次の層の短完全系列を利用する．

$$1 \to \mathbb{Z}_2 \to \underline{\mathrm{Spin}(n)} \xrightarrow{\mathrm{Ad}} \underline{\mathrm{SO}(n)} \to 1$$

定義 3.21　M 上の主 $\mathrm{Spin}(n)$ 束 $\mathbf{Spin}(M)$ および次の可換図式を満たす束準同型 Φ を M の**スピン構造**という．

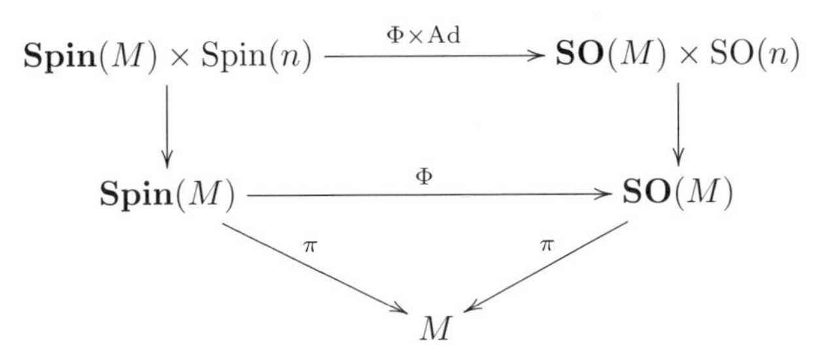

つまり，滑らかな写像 $\Phi : \mathbf{Spin}(M) \to \mathbf{SO}(M)$ で，任意の $u \in \mathbf{Spin}(M)$，$g \in \mathrm{Spin}(n)$ に対し，$\pi(\Phi(u)) = \pi(u)$ かつ $\Phi(ug) = \Phi(u)\mathrm{Ad}(g)$ を満たすものである．また，**スピン構造** $(\mathbf{Spin}(M), \Phi)$，$(\mathbf{Spin}(M)', \Phi')$ **が同値**であるとは，主束の同型 $f : \mathbf{Spin}(M) \to \mathbf{Spin}(M)'$ で $\Phi' \circ f = \Phi$ となるものが存在することとする．

注意 3.4　主束としての同型 f が存在しても，$\Phi' \circ f = \Phi$ を満たさなければスピン構造としては同値ではない．

次の命題からスピン構造の存在・非存在がわかる．

命題 3.4　(M, g) を向き付きリーマン多様体とする．**「(M, g) がスピン構造をもつ」$\Longleftrightarrow$「M の 2 次スティーフェル－ホイットニー類 $w_2(M)$ が自明」**である．また，スピン構造が存在するとき，**スピン構造の同値類は $H^1(M, \mathbb{Z}_2)$ で分類**される．

証明　$\mathbf{SO}(M)$ に対する推移関数の族を $\{g_{\alpha\beta}\}_{\alpha\beta}$ とする．必要なら開被覆の細分をとることにより，各添え字 $\alpha\beta$ に対して $g_{\alpha\beta}$ の $\mathrm{Spin}(n)$ へのリフトをとることができる．つまり，$h_{\alpha\beta} \in C^\infty(U_\alpha \cap U_\beta, \mathrm{Spin}(n))$ で $\mathrm{Ad}(h_{\alpha\beta}) = g_{\alpha\beta}$ となるものをとれる．ただし，$\mathrm{Ad} : \mathrm{Spin}(n) \to \mathrm{SO}(n)$ は二重被覆なので二つのリフトがあり，もう一つは $-h_{\alpha\beta}$ である．コサイクル条件 $g_{\alpha\beta}g_{\beta\gamma}g_{\gamma\alpha} = 1$ より，

$$z_{\alpha\beta\gamma} := h_{\alpha\beta}h_{\beta\gamma}h_{\gamma\alpha}$$

とすれば，$z_{\alpha\beta\gamma} = \pm 1$ であり，$H^2(M, \mathbb{Z}_2)$ の元 $w_2(M) := [z_{\alpha\beta\gamma}]$ が定まる（例 3.29）．$w_2(M)$ が自明元とすると，1-コチェイン $\{\omega_{\alpha\beta}\}_{\alpha\beta}$ が存在して，$z_{\alpha\beta\gamma} = \omega_{\beta\gamma}\omega_{\alpha\gamma}^{-1}\omega_{\alpha\beta}$ となる．そこで，リフト $h_{\alpha\beta}$ を別のリフト $h'_{\alpha\beta} = \omega_{\alpha\beta}h_{\alpha\beta}$ に変えれば，$h'_{\alpha\beta}h'_{\beta\gamma}h'_{\gamma\alpha} = 1$ となる．よって，$\{h'_{\alpha\beta}\}_{\alpha\beta}$ は主 $\mathrm{Spin}(n)$ 束に対する推移関数であり，図式を可換にする Φ が存在する．逆に，スピン構造が存在すれば $w_2(M)$ は自明である．以上から，$w_2(M)$ が自明であることと (M, g) にスピン構造が存在することは同値である．なお，任意の多様体にリーマン計量が入るので，スピン構造の存在は $w_1(M) = w_2(M) = 0$ という位相的な条件であることに注意しよう．

二つのスピン構造 $\{h_{\alpha\beta}\}_{\alpha\beta}$，$\{h'_{\alpha\beta}\}_{\alpha\beta}$ が存在したとする（必要なら共通の細分をとる）．$\mathrm{Ad}(h_{\alpha\beta}) = \mathrm{Ad}(h'_{\alpha\beta})$ より，

$$h_{\alpha\beta} = \tau_{\alpha\beta} h'_{\alpha\beta}$$

となる $\mathbb{Z}_2$ 値のコチェイン $\{\tau_{\alpha\beta}\}_{\alpha\beta}$ が定まり，$\tau = [\tau_{\alpha\beta}] \in H^1(M, \mathbb{Z}_2)$ となる．τ が自明なら $\tau_{\alpha\beta} = \omega_\alpha^{-1}\omega_\beta$ となり，$h_{\alpha\beta} = \omega_\alpha^{-1} h'_{\alpha\beta}\omega_\beta$ となる．そこで，$\{h_{\alpha\beta}\}_{\alpha\beta}$ と $\{h'_{\alpha\beta}\}_{\alpha\beta}$ は同値なスピン構造を与える．τ が非自明のとき，スピン構造を与える $\{h_{\alpha\beta}\}_{\alpha\beta}$ に対し，$\{\tau_{\alpha\beta}h_{\alpha\beta}\}_{\alpha\beta}$ が異なるスピン構造を与えることも明らかであろう．このように，$H^1(M, \mathbb{Z}_2)$ はスピン構造の同値類全体に作用しているので，スピン構造を一つ固定すれば，スピン構造の同値類は $H^1(M, \mathbb{Z}_2)$ と同一視できる． □

定義 3.22　スピン構造が入った向き付きリーマン多様体 (M, g) を**スピン多様体**という．

注意 3.5　スピン構造を定めても $H^1(M, \mathbb{Z}_2)$ の元は決まらない．スピン構造を一つ固定すれば，スピン構造全体が $H^1(M, \mathbb{Z}_2)$ と同一視されるのである．また，二つの異なるスピン構造 $\{h_{\alpha\beta}\}_{\alpha\beta}$，$\{h'_{\alpha\beta}\}_{\alpha\beta}$ があれば，非自明な $\tau \in H^1(M, \mathbb{Z}_2)$ により $h_{\alpha\beta} = \tau_{\alpha\beta}h'_{\alpha\beta}$ となる．この $\tau = [\tau_{\alpha\beta}]$ が $\delta^*(H^0(M, \underline{\mathrm{SO}(n)}))$ に入る場合には，二つのスピン構造が与える主 $\mathrm{Spin}(n)$ 束は同型となる．しかし，スピン構造とは二重被覆 Φ も込めた概念であり，その二つはスピン構造としては異なる．

■**例 3.31**　ホモトピー群 $\pi_1(M)$，$\pi_2(M)$ が自明となる多様体 M（2-connected という）を考える．$H^1(M, \mathbb{Z}_2) = 0$，$H^2(M, \mathbb{Z}_2) = 0$ であるので，$w_1(M)$，$w_2(M)$ は自明となり，唯一つのスピン構造が存在する．たとえば，n 次元球面 S^n（$n \geq 3$）には，唯一つのスピン構造が存在する． ■

■**例 3.32**　$M = S^1$ を考える．$\mathrm{SO}(1) = \{1\}$，$\mathrm{Spin}(1) = \{\pm 1\}$ であり，$\mathbf{SO}(S^1)$ は S^1 と微分同相である．また，$H^1(S^1, \mathbb{Z}_2) = \mathbb{Z}_2$ である．スピン構造の一つは非連結な二重被覆 $S^1 \times \mathbb{Z}_2$ であり，もう一つは S^1 の連結二重被覆（メビウスの帯の境界）となる． ■

■**例 3.33**　リーマン多様体の接束が自明束なら $\mathbf{SO}(M) \cong M \times \mathrm{SO}(n)$ であり，自明なスピン構造 $M \times \mathrm{Spin}(n)$ が存在する．たとえば，リー群にリーマン計量を入れたとき，自明なスピン構造を得る． ■

向き付き実ベクトル束に対するスピン構造を定義しておく．$p : E \to M$ が向き付きランク r の実ベクトル束として，ファイバー計量が入っているとする．このとき，正規直交フレーム束 $\pi : \mathbf{SO}(E) \to M$ を得る．E 上のスピン構造とは，主 $\mathrm{Spin}(r)$ 束 $\mathbf{Spin}(E)$ および次の図式を可換にする束準同型 Φ のことである．

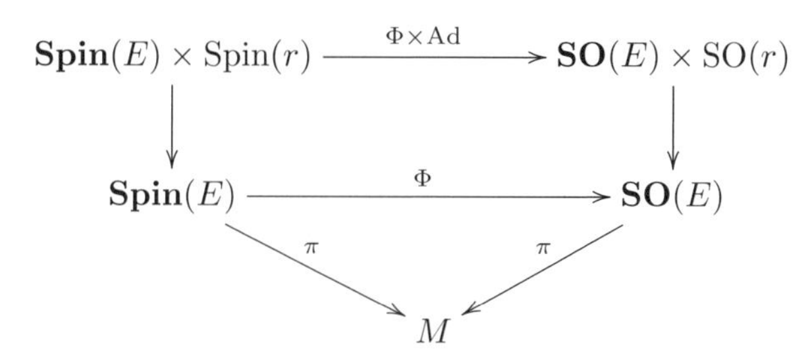

そして，E 上にスピン構造が存在するための必要十分条件は $w_2(E)$ が自明であることである．$w_2(E)$ の構成の仕方は $w_2(M)$ と同様であるので読者に任せよう．

さて，多様体 M 上の（向き付きとは限らない）実ベクトル束 $E \to M$ に対し，i 次スティーフェル–ホイットニー類 $w_i(E) \in H^i(M, \mathbb{Z}_2)$ という E の特性類が定義できる．これは，自明束からどれだけ異なっているかを測るもので，3.7 節で詳しく述べる．ここではスピン構造を調べるために必要な事項をまとめておく．

(1) $w_1(E)$ が自明であることと，$p : E \to M$ が向き付け可能であることは同値．

(2) $p : E \to M$ が自明束なら，$w_1(E), w_2(E)$ は自明．また，実直線束 $L \to M$ に対して，$w_2(L)$ は自明．

(3) $p : E \to M$ が向き付き実ベクトル束なら，$w_2(E)$ は上で定義したものである [42], [50]．

(4) 二つの実ベクトル束 $p : E \to M$，$p' : E' \to M$ に対して，次が成立する．

$$\begin{aligned} w_1(E \oplus E') &= w_1(E) + w_1(E'), \\ w_2(E \oplus E') &= w_2(E) + w_2(E') + w_1(E) \cup w_1(E') \end{aligned} \tag{3.5}$$

ここで，$E \oplus E'$ は E, E' の直和ベクトル束であり，$\cup$ は $H^*(M, \mathbb{Z}_2)$ におけるカップ積（3.7 節）である．

これらを利用すれば，いくつかの多様体に対してスピン構造の存在・非存在がわかる．

■**例 3.34**　M を向き付け可能な n 次元多様体として，接束に自明束を直和したとき自明となる場合を考える．つまり，$TM \oplus (M \times \mathbb{R}^k) \cong M \times \mathbb{R}^{n+k}$ とする．このとき，

$$0 = w_2(M \times \mathbb{R}^{n+k}) = w_2(TM \oplus (M \times \mathbb{R}^k)) = w_2(M)$$

となり，M にはスピン構造が存在する．たとえば，球面 $S^n \subset \mathbb{R}^{n+1}$ の法ベクトル束は自明直線束である．問 3.5，3.8 より，$T\mathbb{R}^{n+1}|_{S^n} = TS^n \oplus (S^n \times \mathbb{R})$ となる．よって，$w_2(S^n)$ は自明であり，S^n にはスピン構造が存在する．■

■**例 3.35**　$\mathbb{R}^{n+1}$ 内の原点を通る実直線全体である n 次元実射影空間 $\mathbb{R}\mathrm{P}^n$ を考える．点 $x \in \mathbb{R}\mathrm{P}^n$ に対応する $\mathbb{R}^{n+1}$ 内の原点を通る直線を l_x とする．このとき，

$$\eta = \{(x, v) \in \mathbb{R}\mathrm{P}^n \times \mathbb{R}^{n+1} | v \in l_x\} \tag{3.6}$$

となる $\mathbb{R}\mathrm{P}^n$ 上の実直線束を**自然（実）直線束**という．η の双対直線束を η^* とする．さて，$\mathbb{R}\mathrm{P}^n$ の接束に自明直線束を直和すれば，次のベクトル束の同型が成立する．

$$T(\mathbb{R}\mathrm{P}^n) \oplus (\mathbb{R}\mathrm{P}^n \times \mathbb{R}) \cong \underbrace{\eta^* \oplus \cdots \oplus \eta^*}_{n+1}$$

証明の概略　$\mathbb{R}^{n+1}$ に内積を入れておき，直線 l_x の直交補空間を $l_x^\perp$ と書く．このとき，各点 $x \in \mathbb{R}\mathrm{P}^n$ に対して $T_x(\mathbb{R}\mathrm{P}^n) \cong \mathrm{Hom}(l_x, l_x^\perp)$ となる（各自確かめよ）．よって，$T(\mathbb{R}\mathrm{P}^n) \cong \mathrm{Hom}(\eta, \eta^\perp)$ となる．ここで，$\eta^\perp$ は各点 x でのファイバーが $l_x^\perp$ であるベクトル束である．また，η の定義から $\mathbb{R}\mathrm{P}^n \times \mathbb{R}^{n+1} \cong \eta^\perp \oplus \eta$ となる．そこで，

$$\mathrm{Hom}(\eta, \mathbb{R}\mathrm{P}^n \times \mathbb{R}^{n+1}) \cong \mathrm{Hom}(\eta, \eta^\perp) \oplus \mathrm{Hom}(\eta, \eta)$$

となり，$\eta^* \oplus \cdots \oplus \eta^* \cong T(\mathbb{R}\mathrm{P}^n) \oplus (\mathbb{R}\mathrm{P}^n \times \mathbb{R})$ を得る．□

そこで，$c = w_1(\eta^*)$ とすれば，式 (3.5) より

$$w_1(\mathbb{R}\mathrm{P}^n) = (n+1)c, \quad w_2(\mathbb{R}\mathrm{P}^n) = \binom{n+1}{2} c^2$$

となる．そして，$\mathbb{R}\mathrm{P}^n$ の $\mathbb{Z}_2$ 係数コホモロジー環は $H^*(\mathbb{R}\mathrm{P}^n, \mathbb{Z}_2) \cong \mathbb{Z}_2[c]/(c^{n+1})$ であることが知られている（命題 3.6）．よって，$\mathbb{R}\mathrm{P}^n$ が向き付け可能となるための必要十分条件は，$n \equiv 1 \mod 2$ である．また，$\mathbb{R}\mathrm{P}^n$ 上にスピン構造が存在するための必要十分条件は，$n+1$ および $n(n+1)/2$ が偶数となることである．以上から，$n \equiv 3 \mod 4$ のとき $\mathbb{R}\mathrm{P}^n$ はスピン構造をもつ．▩

▩**例 3.36**　向き付きコンパクト 3 次元多様体にはスピン構造が存在する[†1]．▩

証明　スティーフェル－ホイットニー類に対するウー（Wu）の公式（文献 [53] 参照）を用いれば，3 次元コンパクト多様体 M に対して，$w_2(M) = w_1(M)^2$ を得る．M が向き付きなので，$w_1(M) = 0$ であり，$w_2(M) = 0$ となり M にはスピン構造が存在する．□

3.6.2　スピン構造と幾何構造

リーマン多様体 (M, g) に特別な幾何学的構造が入る場合，$\mathbf{SO}(M)$ の構造群は部分群 $G \subset \mathrm{SO}(n)$ に簡約する．リー群の埋め込み $i : G \to \mathrm{SO}(n)$ が $\mathrm{Spin}(n)$ にリフトする場合には，M 上にスピン構造が存在することを見てみよう．

次の事実は，普遍被覆群に対する基本的な結果である（証明は，たとえば文献 [71] を見よ）．

---

†1　実は，向き付きコンパクト 3 次元多様体の接束は自明束である [53]．

補題 3.1 G, H をリー群とし, $\widetilde{G}$ を G の被覆リー群で $\pi : \widetilde{G} \to G$ を被覆写像（準同型）とする．また, H は連結と仮定する．このとき，リー群の準同型写像 $f : H \to G$ が，次の可換図式を満たす準同型 $F : H \to \widetilde{G}$ へリフトするための必要十分条件は, $f_*(\pi_1(H)) \subset \pi_*(\pi_1(\widetilde{G}))$ である．さらに，リフトは存在するなら唯一つである．

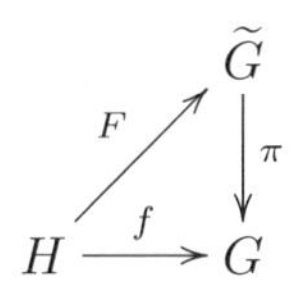

系 3.1 H を連結リー群として，リー群の準同型 $f : H \to \mathrm{SO}(n)$ $(n \geq 3)$ が与えられているとする．$f_*(\pi_1(H))$ が自明なら，準同型 $F : H \to \mathrm{Spin}(n)$ で $\mathrm{Ad} \circ F = f$ を満たすものが唯一つ存在する．

命題 3.5 $p : E \to M$ をファイバー計量が入った向き付き実ベクトル束とし，対応する主 $\mathrm{SO}(r)$ 束 $\mathbf{SO}(E)$ を考える．この主束の構造群が連結リー群 $H \subset \mathrm{SO}(r)$ へと簡約でき，かつ $\pi_1(H)$ が自明なら，E 上に（自然な）スピン構造が存在する．

証明 $\mathbf{SO}(E)$ に対する H 値の推移関数の族を $\{g_{\alpha\beta}\}_{\alpha\beta}$ とする．リフト $F : H \to \mathrm{Spin}(r)$ に対して，$h_{\alpha\beta} := F(g_{\alpha\beta})$ とすれば，$h_{\alpha\beta}h_{\beta\gamma}h_{\gamma\alpha} = F(g_{\alpha\beta}g_{\beta\gamma}g_{\gamma\alpha}) = F(1) = 1$ かつ $\mathrm{Ad}(h_{\alpha\beta}) = g_{\alpha\beta} \in \mathrm{H} \subset \mathrm{SO}(r)$ を満たす．よって，E 上にスピン構造が存在する． □

■**例 3.37** M の接束に対する構造群が G へと簡約できる場合を考える．たとえば，リーマンホロノミー群（8.1 節参照）が G となるときである．

まず，$G = \mathrm{SU}(n) \subset \mathrm{SO}(2n)$ へと簡約できるとする．$\mathrm{SU}(n)$ は単連結なので，スピン構造が存在する．たとえば，カラビ–ヤウ多様体には，自然なスピン構造が存在する（8.2.2 項）．

また，7 次元リーマン多様体 (M, g) でリーマンホロノミー群が例外型リー群 $\mathrm{G}_2 \subset \mathrm{SO}(7)$ に含まれるとき，(M, g) を G_2 多様体という．8 次元リーマン多様体でリーマンホロノミー群が $\mathrm{Spin}(7)$ に含まれるとき，$\mathrm{Spin}(7)$ 多様体という．構造群 G_2, $\mathrm{Spin}(7)$ は単連結であるので，どちらの多様体にも自然なスピン構造が存在する．

実 $4n$ 次元のリーマン多様体でリーマンホロノミー群が $\mathrm{Sp}(n)\mathrm{Sp}(1) = (\mathrm{Sp}(n) \times \mathrm{Sp}(1))/\mathbb{Z}_2$ に含まれるとき，四元数ケーラー多様体という．$i : H = \mathrm{Sp}(n)\mathrm{Sp}(1) \to \mathrm{SO}(4n)$ を考えることになるが，n が偶数なら $i_*(\pi_1(H))$ が自明となり，自然なスピン構造が存在する（命題 8.8 参照）． ■

■**例 3.38** 複素ベクトル束 $p : E \to M$ にエルミートファイバー計量が入っていると

する．埋め込み $\iota : \mathrm{U}(r) \to \mathrm{SO}(2r)$ により E を実ベクトル束とみなした $E|_{\mathbb{R}}$ には，向きおよび（実）ファイバー計量が入る．実ベクトル束の直和 $E|_{\mathbb{R}} \oplus (\det E)|_{\mathbb{R}}$ にスピン構造が入るかを考えてみよう，次のリー群準同型を考える．

$$\mathrm{U}(r) \xrightarrow{\iota\times\det} \mathrm{SO}(2r) \times \mathrm{U}(1) = \mathrm{SO}(2r) \times \mathrm{SO}(2) \subset \mathrm{SO}(r+2)$$

基本群 $\pi_1(\mathrm{U}(r)) = \mathbb{Z}$ の生成元 $[\gamma]$ は，

$$\gamma(t) = \begin{pmatrix} e^{it} & 0 \\ 0 & I_{r-1} \end{pmatrix}, \quad (0 \leq t \leq 2\pi)$$

と表され，$\iota : \mathrm{U}(r) \to \mathrm{SO}(2r)$，$\det : \mathrm{U}(r) \to \mathrm{SO}(2)$ で写像すれば，

$$\iota(\gamma(t)) = \begin{pmatrix} \cos t & -\sin t & 0 \\ \sin t & \cos t & 0 \\ 0 & 0 & I_{2r-2} \end{pmatrix}, \quad \det(\gamma(t)) = \begin{pmatrix} \cos t & -\sin t \\ \sin t & \cos t \end{pmatrix}$$

となる．そこで，$\pi_1(\mathrm{SO}(r+2)) = \mathbb{Z}_2$ であることから，$(\iota \times \det)(\gamma(t))$ は自明ループに連続変形できる．よって，$(\iota \times \det)_*(\pi_1(\mathrm{U}(r)))$ は自明である．系 3.1 から，準同型 $F : \mathrm{U}(r) \to \mathrm{Spin}(r+2)$ で $\mathrm{Ad} \circ F = \iota \times \det$ となるものが存在し，$E|_{\mathbb{R}} \oplus (\det E)|_{\mathbb{R}}$ はスピン構造をもつ．特に，$w_2(E|_{\mathbb{R}} \oplus (\det E)|_{\mathbb{R}}) = w_2(E|_{\mathbb{R}}) + w_2((\det E)|_{\mathbb{R}}) = 0$ となり，$w_2(E|_{\mathbb{R}}) = w_2((\det E)|_{\mathbb{R}})$ が成立する．■

3.6.3 スピン構造の同伴束

主 $\mathrm{SO}(n)$ 束 $\mathbf{SO}(M)$ や主 $\mathrm{Spin}(n)$ 束 $\mathbf{Spin}(M)$ の同伴束について述べる．

まず，向き付きリーマン多様体 (M, g) に対する主束 $\mathbf{SO}(M)$ の同伴束を考えよう．すでに述べたように，$\mathrm{SO}(n)$ の $\mathbb{R}^n$ への自然表現 ν を考えると，M の接束 $TM = \mathbf{SO}(M) \times_\nu \mathbb{R}^n$ を得る．また，双対表現 $(\nu^*, (\mathbb{R}^n)^*)$ から余接束 $T^*M \cong TM$ を得る．交代テンソル積表現

$$\mathrm{SO}(n) \times \Lambda^p(\mathbb{R}^n) \ni (g, v_1 \wedge \cdots \wedge v_p) \mapsto (\nu(g)v_1) \wedge \cdots \wedge (\nu(g)v_p) \in \Lambda^p(\mathbb{R}^n)$$

を考えれば，同伴ベクトル束として $\Lambda^p(M)$ を得る．さらに，$\mathrm{SO}(n)$ の自然表現は，次のように $\mathrm{C}l_n$ および $\mathbb{C}l_n$ 上への表現へと拡張することができる．

$$\begin{aligned}\mathrm{SO}(n) \times \mathrm{C}l_n \ni (g, v_1 \cdots v_p) &\mapsto \nu(g)(v_1 \cdots v_p) \\ &:= (\nu(g)v_1)(\nu(g)v_2) \cdots (\nu(g)v_p) \in \mathrm{C}l_n\end{aligned}$$

この表現に関する同伴ベクトル束として，**クリフォード束** $\mathrm{C}l(M) := \mathbf{SO}(M) \times_\nu \mathrm{C}l_n$ **および複素クリフォード束** $\mathbb{C}l(M)$ **を得る**．$\mathrm{SO}(n)$ の $\mathrm{C}l_n$ 上の表現は交代テンソル積

表現と同値であるので，$Cl(M) \cong \oplus\Lambda^p(M)$ が成立する．また，$\mathrm{SO}(n)$ の $\mathrm{C}l_n$ 上への作用はクリフォード積と可換である．

$$\nu(g)(\phi\psi) = (\nu(g)\phi)(\nu(g)\psi), \quad (\phi, \psi \in \mathrm{C}l_n,\ g \in \mathrm{SO}(n))$$

そこで，同伴束 $Cl(M)$，$\mathbb{C}l(M)$ の各ファイバーにはクリフォード積の構造が入る．

さて，(M, g) をスピン多様体として，スピン構造 $\mathbf{Spin}(M)$ の同伴束を述べる．

例 3.39 準同型 $\mathrm{Ad} : \mathrm{Spin}(n) \to \mathrm{SO}(n)$ を使えば，$\mathbf{SO}(M) \cong \mathbf{Spin}(M) \times_{\mathrm{Ad}} \mathrm{SO}(n)$ となる．ここで，$\mathbf{Spin}(M) \times \mathrm{SO}(n)$ に同値関係を $(u, h) \sim (ug, \mathrm{Ad}(g^{-1})h)$ で入れている．また，$\mathrm{SO}(n)$ の表現 (ρ, V) に対して $\mathrm{Spin}(n)$ の表現 $(\rho \circ \mathrm{Ad}, V)$ を得るので，

$$\mathbf{Spin}(M) \times_{\rho \circ \mathrm{Ad}} V = \mathbf{SO}(M) \times_\rho V$$

となり，$\mathbf{SO}(M)$ の同伴ベクトル束は $\mathbf{Spin}(M)$ の同伴ベクトル束でもある． ■

例 3.40 クリフォード束 $Cl(M)$ は，$\mathbf{Spin}(M)$ の同伴ベクトル束として書けば，$Cl(M) = \mathbf{Spin}(M) \times_{\mathrm{Ad}} \mathrm{C}l_n$ となる．ここで，$\mathrm{Spin}(n)$ の $\mathrm{C}l_n$ への表現は，次で与えている．

$$\mathrm{Spin}(n) \times \mathrm{C}l_n \ni (g, \phi) \mapsto \mathrm{Ad}(g)\phi = g\phi g^{-1} \in \mathrm{C}l_n$$ ■

次に，これから扱うことになるスピノール束を定義しよう．

定義 3.23 (M, g) をスピン多様体，$\mathbf{Spin}(M)$ をスピン構造とする．このとき，スピノール表現 (Δ_n, W_n) に関する同伴ベクトル束

$$\mathbf{S} := \mathbf{Spin}(M) \times_{\Delta_n} W_n$$

を**スピノール束**とよぶ．また，スピノール束の切断を**スピノール場**とよぶ．n が偶数のとき，$\mathbf{S}^\pm := \mathbf{Spin}(M) \times_{\Delta_n^\pm} W_n^\pm$ とすれば，スピノール束は $\mathbf{S} = \mathbf{S}^+ \oplus \mathbf{S}^-$ となる．

スピノール束上の幾何的な構造について考えよう．

(1) 命題 2.3 より，W_n に $\mathrm{Spin}(n)$ 不変エルミート内積が入った．そこで，**スピノール束 S にファイバー計量が入る**．そして，$\mathbf{S}^+$ と $\mathbf{S}^-$ は直交する．

(2) スピノール空間へのクリフォード積は，次のように $\mathrm{Spin}(n)$ 同変であった．

$$g(\phi \cdot \psi) = (g\phi g^{-1}) \cdot (g\psi), \quad (\psi \in W_n,\ \phi \in \mathbb{C}l_n,\ g \in \mathrm{Spin}(n))$$

そこで，$\phi \in \Gamma(M, \mathbb{C}l(M))$，$\psi \in \Gamma(M, \mathbf{S})$ に対して，**クリフォード積** $\phi \cdot \psi \in \Gamma(M, \mathbf{S})$ **が定義できる**．特に，ベクトル場 X のスピノール場 ψ へのクリフォー

ド積 $X \cdot \psi \in \Gamma(M, \mathbf{S})$ を得る．

(3) $v \in T_xM$ を長さ1の接ベクトルとすれば，$\langle v\phi, v\psi \rangle = \langle \phi, \psi \rangle$（$\phi, \psi \in \mathbf{S}_x$）となる．

(4) 式 (1.7) で与えられる $\mathbb{C}l_n$ の体積要素 ω は $\mathrm{Spin}(n)$ 不変元であった．よって，$\mathbb{C}l(M)$ の大域的な切断（それも体積要素とよぶ）

$$\omega = (\sqrt{-1})^{[\frac{n+2}{2}]} e_1 \cdots e_n$$

を得る．ここで，$(e_1, \ldots, e_n)$ は局所的な向き付き正規直交フレームとする．**この ω は $\mathbf{S}^{\pm}$ に ± 1 で作用**する．

(5) 命題 2.4〜2.6 で述べたスピノール空間上の実構造，四元数構造に対応して，スピノール束 $\mathbf{S}$ や $\mathbf{S}^{\pm}$ の各ファイバーにも実構造，四元数構造が入る．

3.7　スティーフェル－ホイットニー類

多様体上にスピン構造が存在するかどうかを調べるためには，その接束の特性類を調べなくてはならない．特性類とはベクトル束の違いをコホモロジーを使って測るものであり，現代幾何学を学ぶ上で必要不可欠なものである．この節および次節において，特性類の基本的性質について述べる（詳細は文献 [15], [38], [53], [58] など）．

位相幾何学の復習をしておこう．$R = \mathbb{Z}, \mathbb{Z}_2, \mathbb{R}, \mathbb{C}$ のいずれかとする．M を多様体とすれば，M の k 次コホモロジー群 $H^k(M, R)$ という R 加群が定まる．M がコンパクトで境界がない n 次元多様体，すなわち**閉多様体**（closed manifold）の場合には，$H^k(M, R)$ は有限次元 R 加群になる．また，$H^*(M, R)$ 上にはカップ積

$$H^k(M, R) \times H^l(M, R) \ni (a, b) \mapsto a \cup b \in H^{k+l}(M, R)$$

が定義され，$H^*(M, R)$ は環となる．チェックコホモロジーの言葉を使って書けば，$a = [a_{\alpha_0 \cdots \alpha_k}]$，$b = [b_{\alpha_k \cdots \alpha_{k+l}}]$ に対して

$$a \cup b = [(a \cup b)_{\alpha_0 \cdots \alpha_{k+l}}], \quad (a \cup b)_{\alpha_0 \cdots \alpha_{k+l}} = a_{\alpha_0 \cdots \alpha_k} b_{\alpha_k \cdots \alpha_{k+l}}$$

で与えられる．そして，$a \cup b = (-1)^{kl} b \cup a$ を満たす．また，多様体の間の写像 $f : N \to M$ に対して環準同型 $f^* : H^k(M, R) \to H^k(N, R)$ が定まる．なお，$\cup$ の記号を省略して書くこともある．たとえば，$a^2 = aa = a \cup a$ である．

$R = \mathbb{R}$ の場合には，ドラームの定理（定理 3.5）$H^*(M, \mathbb{R}) \cong H^*_{DR}(M)$ を利用すれば，$a, b \in H^*(M, \mathbb{R})$ は閉微分形式 α, β を用いて $a = [\alpha]$，$b = [\beta]$ と表せる．このとき，カップ積は $a \cup b = [\alpha \wedge \beta]$ となり，f^*a も微分形式の引き戻しを用いて $f^*a = [f^*\alpha]$ とな

る．また，M が連結な n 次元向き付き閉多様体ならば，$H_n(M, \mathbb{Z}) \cong \mathbb{Z}$ であり，向きに依存した生成元を $[M]$ と書き，M の基本類という．この基本類と $a \in H^n(M, \mathbb{Z}) \cong \mathbb{Z}$ とのペアリングは，n 次微分形式 α の積分を用いて次のように表すことができる．

$$\langle a, [M] \rangle = \int_M \alpha \quad \in \mathbb{Z}$$

さて，実ベクトル束に対する特性類の一つであるスティーフェル－ホイットニー類を定義し，その基本的な性質を述べよう．

実直線束 $L \to M$ の局所自明化を考え，推移関数を $g_{\alpha\beta}$ とする．その符号を

$$sgn(g_{\alpha\beta}) = \begin{cases} 1 & (g_{\alpha\beta} > 0) \\ -1 & (g_{\alpha\beta} < 0) \end{cases}$$

とすれば，$\{sgn(g_{\alpha\beta})\}_{\alpha\beta}$ は $C^1(\mathcal{U}, \mathbb{Z}_2)$ の元であり，$[sgn(g_{\alpha\beta})] \in H^1(M, \mathbb{Z}_2)$ となる．$w_1(L) = [sgn(g_{\alpha\beta})]$ と書き，L の **1 次スティーフェル-ホイットニー類**とよぶ．定義からわかるように，M 上の二つの実直線束 L_1, L_2 のテンソル積 $L_1 \otimes L_2$ に対して $w_1(L_1 \otimes L_2) = w_1(L_1) + w_1(L_2)$ となる．$w_1(L)$ を拡張することで一般ランクの実ベクトル束に対するスティーフェル－ホイットニー類を定義するのであるが，その前に実射影空間のコホモロジーについて述べておく．

n 次元実射影空間 $\mathbb{RP}^n$ および式 (3.6) で与えられる自然直線束 η の双対束 η^* を考える．$c = w_1(\eta^*)$（$= w_1(\eta)$）とすれば，次が成立する [53], [58]．

命題 3.6 実射影空間 $\mathbb{RP}^n$ の $\mathbb{Z}_2$ 係数コホモロジー環は，

$$H^*(\mathbb{RP}^n, \mathbb{Z}_2) \cong \mathbb{Z}_2[c]/(c^{n+1})$$

となる．ここで，$\mathbb{Z}_2[c]$ は c の $\mathbb{Z}_2$ 係数の多項式環であり，(c^{n+1}) は c^{n+1} で生成されるイデアルである．特に，$H^k(\mathbb{RP}^n, \mathbb{Z}_2) \cong \mathbb{Z}_2$ の基底は $c^k = c \cup \cdots \cup c$ である $(k = 0, \ldots, n)$．

■**例 3.41** $\mathbb{RP}^1 \cong S^1$ 上の自然直線束 η は，メビウスの帯の境界を伸ばした直線束である（図 3.4 のように考えるとよい）．η は S^1 上の向き付け不可能な直線束であり，$c = w_1(\eta^*)$ は $H^1(S^1, \mathbb{Z}_2) \cong \mathbb{Z}_2$ の生成元になる．■

一般のスティーフェル－ホイットニー類を定義しよう．$p : E \to M$ をランク r の実ベクトル束とする．各点 $x \in M$ のファイバー $E_x \cong \mathbb{R}^r$ を射影化することで，

$$P(E) := \bigcup_{x \in M} P(E_x)$$

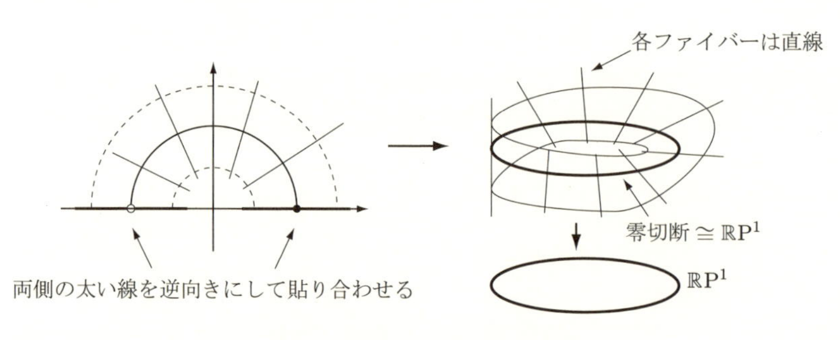

図 3.4　$\mathbb{R}\mathrm{P}^1$ 上の自然直線束

というファイバーが $\mathbb{R}\mathrm{P}^{r-1}$ となるファイバー束 $\pi : P(E) \to M$ を得る．点 $x \in M$ 上のファイバー $\pi^{-1}(x) \subset P(E)$ の点は，E_x の 1 次元実部分空間 $l \subset E_x$ に対応している．この射影空間束 $\pi : P(E) \to M$ を E **の射影化**とよぶ．全射 $\pi : P(E) \to M$ によりベクトル束 $p : E \to M$ を $P(E)$ 上へ引き戻せば，ベクトル束 $p_1 : \pi^*(E) \to P(E)$ を得る．さらに，

$$S_E := \{(l, v) \in \pi^*(E) \subset P(E) \times E \mid v \in l \subset E_x,\ x \in M\}$$

は $\pi^*(E)$ の部分直線束となる．この S_E を $P(E_x) \subset P(E)$ へ制限した $S_E|_{P(E_x)}$ は，射影空間 $P(E_x) \cong \mathbb{R}\mathrm{P}^{r-1}$ 上の自然直線束 η となる．

$$\begin{array}{ccc} \eta = S_E|_{P(E_x)} \subset S_E \subset \pi^*(E) & & E \\ \downarrow{\scriptstyle p_1} & & \downarrow{\scriptstyle p} \\ \mathbb{R}\mathrm{P}^{r-1} \cong P(E_x) \subset P(E) & \xrightarrow{\pi} & M \end{array}$$

よって，$y := w_1(S_E^*) \in H^1(P(E), \mathbb{Z}_2)$ とすれば，y を $P(E_x)$ に制限したときに，命題 3.6 より $H^*(\mathbb{R}\mathrm{P}^{r-1}, \mathbb{Z}_2)$ の生成元となる．そこで，ルレイ－ハーシュの定理（定理 3.3）から，

$$1, y, \ldots, y^{r-1} \in H^*(P(E), \mathbb{Z}_2)$$

は，$H^*(M, \mathbb{Z}_2)$ 加群としての $H^*(P(E), \mathbb{Z}_2)$ の基底となる．特に，$\pi^* : H^*(M, \mathbb{Z}_2) \to H^*(P(E), \mathbb{Z}_2)$ は単射である．よって，$y^r \in H^*(P(E), \mathbb{Z}_2)$ に対して，次を満たす $w_i(E) \in H^i(M, \mathbb{Z}_2)$ が各 $i = 1, \ldots, r$ に対して唯一つ存在する．

$$y^r = -\sum_{1 \le i \le r} w_i(E) y^{r-i} \tag{3.7}$$

上の等式で $w_i(E)$ は $\pi^* w_i(E)$ と書くべきであるが，π^* が単射なので π^* は略している．**この $w_i(E)$ を実ベクトル束 $E \to M$ に対する i 次スティーフェル－ホイットニー**

類とよぶ.

このスティーフェル－ホイットニー類は次の四つの性質（四公理）を満たす．逆に，四つの性質を満たす $\{w_i\}_i$ は一意的に存在することが知られており，スティーフェル－ホイットニー類の四公理といわれる [53].

定理 3.6 スティーフェル－ホイットニー類は次を満たす.

(1) ランク r の実ベクトル束 $p : E \to M$ に対して,

$$w_i(E) \in H^i(M, \mathbb{Z}_2), \quad (i = 0, 1, 2, \dots)$$

が定まる．ここで，$w_0(E) = 1$，$w_i(E) = 0$（$i > r$）である．また,

$$w(E) = 1 + w_1(E) + w_2(E) + \cdots$$

を**全スティーフェル－ホイットニー類**とよぶ.

(2) $f : N \to M$ を滑らかな写像とすれば，$w(f^*E) = f^*w(E)$.

(3) $p_1 : E \to M$，$p_2 : F \to M$ を実ベクトル束とすれば，$w(E \oplus F) = w(E)w(F)$.

(4) $\mathbb{R}\mathrm{P}^1$ 上の自然直線束 η に対して，$w_1(\eta^*)$ は $H^1(\mathbb{R}\mathrm{P}^1, \mathbb{Z}_2) \cong \mathbb{Z}_2$ の生成元.

なお，M 上の接束 TM に対しては，$w_i(TM)$ を $w_i(M)$ と書く.

証明 (1), (4) はすでに証明した．(3) はあとで証明する．(2) を示そう．$p : L \to M$ を推移関数が $\{g_{\alpha\beta}\}_{\alpha\beta}$ となる実直線束とし，その 1 次スティーフェル－ホイットニー類を $w_1(L) = [sgn(g_{\alpha\beta})] \in H^1(M, \mathbb{Z}_2)$ とする．さて，L を $f : N \to M$ で引き戻した直線束 $p : f^*(L) \to N$ の推移関数は $\{f^*g_{\alpha\beta}\}_{\alpha\beta}$ であり，$sgn(f^*g_{\alpha\beta}) = f^*sgn(g_{\alpha\beta})$ から，$w_1(f^*L) = f^*w_1(L)$ となる．よって，w_1 に対しては主張は正しい.

次に，$E \to M$ をランク r の実ベクトル束とする．$f^*(P(E)) = P(f^*(E))$ であり，次のような写像の可換図式を得る.

$$\begin{array}{ccc} f^*P(E) & \xrightarrow{\bar{f}} & P(E) \\ {\scriptstyle \pi_N}\downarrow & & \downarrow{\scriptstyle \pi_M} \\ N & \xrightarrow{f} & M \end{array}$$

特に，コホモロジーの引き戻しに対して $\bar{f}^*\pi_M^* = \pi_N^* f^*$ が成立し，$\bar{f}^*w_1(E) = f^*w_1(E)$ となる（π^* は省略するのであった）．また，$\bar{f}^*(S_E) = S_{f^*(E)}$ であり，$z = w_1(S_{f^*(E)}^*)$ とすれば,

$$z^r = -\sum w_i(f^*(E))z^{r-i} \quad \in H^*(P(f^*(E)), \mathbb{Z}_2)$$

を得る．一方，$y = w_1(S_E^*)$ に対して

$$y^r = -\sum w_i(E) y^{r-i} \quad \in H^*(P(E), \mathbb{Z}_2)$$

となる．この等式を $\bar{f}$ で引き戻せば，

$$(\bar{f}^* y)^r = -\sum \bar{f}^* w_i(E) (\bar{f}^* y)^{r-i} \quad \in H^*(P(f^*(E)), \mathbb{Z}_2)$$

となる．そして，$\bar{f}^* y = \bar{f}^* w_1(S_E^*) = w_1(\bar{f}^* S_E^*) = z$ より，

$$z^r = -\sum f^* w_i(E) z^{r-i} \quad \in H^*(P(f^*(E)), \mathbb{Z}_2)$$

となる．以上から，$f^* w_i(E) = w_i(f^*(E))$ が成立する． □

公理 (3) を証明するための準備として，分裂定理を説明しよう．例 3.41 のあとで，実ベクトル束 $p : E \to M$ から，射影空間束 $P(E)$ 上のベクトル束 $\pi^*(E)$，S_E を構成した．E には適当にファイバー計量を入れておくことにする．各点 $u \in P(E)$ 上のファイバー $(S_E)_u \subset \pi^*(E)_u$ の直交補空間 $(Q_E)_u$ を考えれば，$\pi^*(E) = S_E \oplus Q_E$ となるランク $r-1$ のベクトル束 $p_1 : Q_E \to P(E)$ を得る．

$$\begin{array}{ccc} \pi^*(E) = S_E \oplus Q_E & & E \\ \downarrow{\scriptstyle p_1} & & \downarrow{\scriptstyle p} \\ P(E) & \xrightarrow{\pi} & M \end{array}$$

次に，ベクトル束 $p_1 : Q_E \to P(E)$ に対して上と同様のことを行ってみる．射影空間束 $\pi_1 : P(Q_E) \to P(E)$ を考えれば，$P(Q_E)$ 上のベクトル束の直和分解 $\pi_1^*(Q_E) = S_{Q_E} \oplus Q_{Q_E}$ を得ることができ，次の図式を得る．

$$\begin{array}{ccccc} (\pi \circ \pi_1)^*(E) = \pi_1^*(S_E) \oplus S_{Q_E} \oplus Q_{Q_E} & & \pi^*(E) = S_E \oplus Q_E & & E \\ \downarrow{\scriptstyle p_2} & & \downarrow{\scriptstyle p_1} & & \downarrow{\scriptstyle p} \\ P(Q_E) & \xrightarrow{\pi_1} & P(E) & \xrightarrow{\pi} & M \end{array}$$

そして，$(\pi \circ \pi_1)^* = \pi_1^* \circ \pi^* : H^*(M, \mathbb{Z}_2) \to H^*(P(Q_E), \mathbb{Z}_2)$ は単射である．このような操作を繰り返すことにより，次の**分裂定理**を得る．

定理 3.7 (分裂定理)　$E \to M$ をランク r の実ベクトル束とする．このとき，多様体 X および滑らかな写像 $f : X \to M$ で次を満たすものが存在する．

(1)　E の f による引き戻し束が実直線束の直和である．すなわち，$f^*E \cong L_1 \oplus \cdots \oplus L_r$ となる．

(2)　$f^* : H^*(M, \mathbb{Z}_2) \to H^*(X, \mathbb{Z}_2)$ が単射となる．

このような $f : X \to M$ を E に対する**分裂写像**とよぶ．

この分裂定理を用いて公理の (3) を確かめてみよう．まず，次の補題が成立する（位相幾何学の知識を必要とするので，不慣れな読者は補題を認めてしまって構わない）．

補題 3.2 実直線束の直和となるベクトル束 $E = L_1 \oplus \cdots \oplus L_r$ に対して，次が成立する．

$$w(E) = (1 + w_1(L_1)) \cdots (1 + w_1(L_r)) = w(L_1) \cdots w(L_r) \tag{3.8}$$

証明 射影空間束 $\pi : P(E) \to M$ を考える．$P(E)$ 上のベクトル束として，

$$P(E) \times \mathbb{R} \cong S_E^* \otimes S_E \subset S_E^* \otimes \pi^*(E) = (S_E^* \otimes \pi^*(L_1)) \oplus \cdots \oplus (S_E^* \otimes \pi^*(L_r))$$

となる．$S_E^* \otimes \pi^*(E)$ は自明な 1 次元直線束を含むので，各点で零でない切断 s が存在する．切断 s を $S_E^* \otimes \pi^*(L_i)$ へ射影したものを s_i として，$s_i \neq 0$ となる $P(E)$ の開集合を U_i とすれば $P(E) = \bigcup_i U_i$ となる．また，直線束 $S_E^* \otimes \pi^*(L_i)$ は U_i 上で自明であるので，$x_i := w_1(S_E^* \otimes \pi^*(L_i)) \in H^1(P(E), \mathbb{Z}_2)$ を U_i へ制限すれば自明である．そこで，空間対 $(P(E), U_i)$ に対するコホモロジー完全系列

$$H^1((P(E), U_i), \mathbb{Z}_2) \to H^1(P(E), \mathbb{Z}_2) \to H^1(U_i, \mathbb{Z}_2)$$

を考えると，x_i は $H^1((P(E), U_i), \mathbb{Z}_2)$ の元へリフトできる．

さて，$\prod_{1 \leq i \leq r} x_i \in H^*(P(E), \mathbb{Z}_2)$ を考える．相対コホモロジーのカップ積に関する可換図式

$$\begin{array}{ccc}
H^k((P(E), U_i), \mathbb{Z}_2) \otimes H^l((P(E), U_j), \mathbb{Z}_2) & \xrightarrow{\cup} & H^{k+l}((P(E), U_i \cup U_j), \mathbb{Z}_2) \\
\downarrow & & \downarrow \\
H^k(P(E), \mathbb{Z}_2) \otimes H^l(P(E), \mathbb{Z}_2) & \xrightarrow{\cup} & H^{k+l}(P(E), \mathbb{Z}_2)
\end{array}$$

および $H^*((P(E), \bigcup_i U_i), \mathbb{Z}_2) = H^*((P(E), P(E)), \mathbb{Z}_2) = 0$ であることを用いれば，$H^*(P(E), \mathbb{Z}_2)$ において $\prod_{1 \leq i \leq r} x_i = 0$ となる．また，w_1 の定義から，

$$x_i = w_1(S_E^* \otimes \pi^*(L_i)) = w_1(S_E^*) + w_1(\pi^*(L_i)) = y + \pi^* w_1(L_i) = y + w_1(L_i)$$

となる．よって，

$$0 = \prod_{1 \leq i \leq r} (y + w_1(L_i)) = y^r + \sum_{1 \leq k \leq r} \sigma_k(w_1(L_1), \ldots, w_1(L_r)) y^{r-k}$$

となる．ここで，σ_k は k 次基本対称式である．式 (3.7) と比較すれば，$w_k(E) = \sigma_k(w_1(L_1), \ldots, w_1(L_r))$ となり，式 (3.8) を得る． □

補題 3.2 より，次の系を得る．これは公理の (3) である．

系 3.2　$E \to M$，$F \to M$ を実ベクトル束として，直和ベクトル束 $E \oplus F \to M$ を考える．このとき，$w(E \oplus F) = w(E)w(F)$ となる．

証明　$E \oplus F \to M$ に対する分裂写像を $f : X \to M$ とすれば，

$$f^*(E) = L_1 \oplus \cdots \oplus L_p, \quad f^*(F) = L_{p+1} \oplus \cdots \oplus L_r$$

と分解される，そこで，

$$\begin{aligned} f^*w(E \oplus F) = w(f^*(E) \oplus f^*(F)) &\underset{\text{式 (3.8)}}{=} w(L_1) \cdots w(L_p) w(L_{p+1}) \cdots w(L_r) \\ &\underset{\text{式 (3.8)}}{=} w(f^*(E))w(f^*(F)) = f^*(w(E))f^*(w(F)) = f^*(w(E)w(F)) \end{aligned}$$

となる．f^* が単射より，$w(E \oplus F) = w(E)w(F)$ を得る．□

分裂定理を用いて，ベクトル束の直和に対するスティーフェル－ホイットニー類の公式を得ることができた．証明のポイントは，$\{w_i\}_i$ に対する恒等式を得たいなら**直線束に分解して証明すれば十分**であることである．この手法は**分裂原理** (splitting principle) とよばれ，公理を満たす $\{w_i\}_i$ の一意性の証明にも利用される [38], [53], [58]．

■**例 3.42**　$E \to M$ を実ベクトル束とする．例 3.28 における $w_1(E)$ の定義が今回の定義と一致することを見てみよう．E のランクが r として $w_1(\Lambda^r E) = w_1(E)$ を確かめればよい．$f : X \to M$ を E に対する分裂写像として，$f^*E = L_1 \oplus \cdots \oplus L_r$ とする．このとき，直和に関する公式から

$$f^*w_1(E) = w_1(L_1) + \cdots + w_1(L_r)$$

となる．一方，$f^*(\Lambda^r E) = \Lambda^r(f^*E) = L_1 \otimes \cdots \otimes L_r$ であるので，

$$f^*w_1(\Lambda^r E) = w_1(f^*(\Lambda^r E)) = w_1(L_1 \otimes \cdots \otimes L_r) = w_1(L_1) + \cdots + w_1(L_r)$$

となる．f^* が単射なので，$w_1(\Lambda^r E) = w_1(E)$ となる．■

3.8　その他の特性類

複素ベクトル束の特性類であるチャーン類，実ベクトル束の特性類であるポントリャーギン類，オイラー類を定義しよう．チャーン類の定義の仕方はスティーフェル－ホイットニー類の場合と同様であり，まず複素直線束に対する 1 次チャーン類を定義し，射影空間束を用いて高次のチャーン類を定義する．

3.8.1 1次チャーン類

多様体 M 上の複素直線束の同型類全体が成す可換群に対して

$$H^1(M, \underline{\mathrm{U}(1)}) \cong H^1(M, \underline{\mathbb{C}^*}) \cong H^2(M, \mathbb{Z})$$

という同型が成立した(例3.30). 複素直線束 $p : L \to M$ に対して, $c_1(L) = -\delta^*([L]) \in H^2(M, \mathbb{Z})$ を L の **1次チャーン**(Chern)**類**とよぶ. 具体的に構成してみよう. M の開被覆 $\mathcal{U} = \{U_\alpha\}_\alpha$ をとって, L の推移関数の族を $\{g_{\alpha\beta}\}_{\alpha\beta}$ とし, 必要なら細分をとり $g_{\alpha\beta} = \exp 2\pi i k_{\alpha\beta}$ となる $k_{\alpha\beta} \in C^\infty(U_\alpha \cap U_\beta, \mathbb{R})$ をとる. $g_{\alpha\beta} g_{\beta\gamma} g_{\gamma\alpha} = 1$ であるので,

$$c_{\alpha\beta\gamma} := k_{\alpha\beta} + k_{\beta\gamma} + k_{\gamma\alpha} \tag{3.9}$$

は $\mathbb{Z}$ 値であり, $c_1(L) = -[c_{\alpha\beta\gamma}] \in H^2(M, \mathbb{Z})$ が定まる. 定義の仕方から次がわかる.

- 直線束 $p : L \to M$, $p : L' \to M$ のテンソル積 $L \otimes L'$ の1次チャーン類は $c_1(L \otimes L') = c_1(L) + c_1(L')$ となる.
- 自明束 L に対しては, $c_1(L) = 0$ である.
- L の双対束 L^* を考えると, 推移関数は ${}^t g_{\alpha\beta}^{-1} = g_{\alpha\beta}^{-1}$ であるので, $c_1(L^*) = -c_1(L)$ となる. また, L にエルミートファイバー計量を入れて, $g_{\alpha\beta}$ を $\mathrm{U}(1)$ 値にしておく. 複素共役束 $\bar{L}$ を考えると, $\overline{g_{\alpha\beta}} = g_{\alpha\beta}^{-1}$ であるので $\bar{L} = L^*$ となる. よって, $c_1(\bar{L}) = -c_1(L)$ となる.
- 滑らかな写像 $f : N \to M$ に対して, 直線束 $L \to M$ の引き戻し束 $f^*L \to N$ を考える. この f^*L の推移関数の族は $\{f^* g_{\alpha\beta}\}_{\alpha\beta}$ となるので, $f^* c_1(L) = c_1(f^*L) \in H^2(N, \mathbb{Z})$ となる.

ドラームの定理(定理3.5) $H^2(M, \mathbb{R}) \cong H^2_{DR}(M)$ を用いて, 1次チャーン類を2次閉微分形式で表してみる. $c_{\alpha\beta\gamma}$ は定数なので, 式(3.9)を微分すれば,

$$dk_{\alpha\beta} + dk_{\beta\gamma} + dk_{\gamma\alpha} = 0$$

となる. そこで, $dk = \{dk_{\alpha\beta}\}_{\alpha\beta} \in C^1(\mathcal{U}, \mathcal{A}^1)$ はコサイクルである. $\mathcal{A}^1$ が細層であることから, 1の分割 $\{h_\alpha\}_\alpha$ を用いて

$$\theta_\beta = -\sum_\alpha h_\alpha dk_{\beta\alpha}$$

とすれば, $\theta = \{\theta_\alpha\}_\alpha \in C^0(\mathcal{U}, \mathcal{A}^1)$ で $\delta\theta = dk$ となるものが定まる. よって, $d\theta \in C^0(\mathcal{U}, \mathcal{A}^2)$ であり $\delta d\theta = d\delta\theta = d^2 k = 0$ となるので, $\Omega = -d\theta$ とすれば大域的な閉2形式を与える($d\theta$ と書いているが, $\{d\theta_\alpha\}_\alpha$ を貼り合わせたものであり完全形式とは限らない). また, $H^2(M, \mathbb{Z})$ を経由しなくても, 推移関数 $g_{\alpha\beta}$ から直接 $[\Omega] \in H^2_{DR}(M)$

を与えることも可能である．実際，

$$dk_{\alpha\beta} = \frac{1}{2\pi i} d\log g_{\alpha\beta} = \frac{1}{2\pi i} g_{\alpha\beta}^{-1} dg_{\alpha\beta}$$

であるので，次を満たす $\theta = \{\theta_\alpha\}_\alpha$ を見つければ $\Omega = -d\theta$ となる．

$$\theta_\beta - \theta_\alpha = \frac{1}{2\pi i} g_{\alpha\beta}^{-1} dg_{\alpha\beta}$$

このような θ の選び方はいろいろあるが，$[\Omega] \in H^2_{DR}(M)$ は $\{g_{\alpha\beta}\}_{\alpha\beta}$ から（よって直線束 L から）唯一つに定まる．実は，$2\pi i\theta$ が次の章で述べる接続形式であり，$-2\pi i\Omega$ は接続の曲率形式である．

上の表示を用いて，1 次元複素射影空間 $\mathbb{C}\mathrm{P}^1$ 上の直線束 L で $c_1(L)$ が自明元にならないもの（よって L は自明束でない）を構成してみよう．1 次元複素射影空間

$$\mathbb{C}\mathrm{P}^1 = \{[\zeta_0 : \zeta_1] \mid (\zeta_0, \zeta_1) \neq (0,0)\}$$

を考える．複素局所座標として，

$$U_0 = \{[\zeta_0 : \zeta_1] \mid \zeta_0 \neq 0\} \ni [\zeta_0 : \zeta_1] = \left[1 : \frac{\zeta_1}{\zeta_0}\right] \mapsto z = \frac{\zeta_1}{\zeta_0} \in \mathbb{C},$$
$$U_1 = \{[\zeta_0 : \zeta_1] \mid \zeta_1 \neq 0\} \ni [\zeta_0 : \zeta_1] = \left[\frac{\zeta_0}{\zeta_1} : 1\right] \mapsto w = \frac{\zeta_0}{\zeta_1} \in \mathbb{C}$$

をとる．（複素）自然直線束 $p : \eta \to \mathbb{C}\mathrm{P}^1$ を

$$\eta := \{(x, v) \in \mathbb{C}\mathrm{P}^1 \times \mathbb{C}^2 \mid v \in l_x\}$$

と定義する．ここで，l_x は x が表す $\mathbb{C}^2$ 内の複素 1 次元部分空間である．

▶問 3.18　自明束 $\mathbb{C}\mathrm{P}^1 \times \mathbb{C}^2$ の自然なファイバー計量は，η のファイバー計量を導く．そこで，U_0 上の η のユニタリフレームとして

$$U_0 \ni [1 : z] \mapsto \left([1 : z], \frac{1}{\sqrt{1 + |z|^2}}(1, z)\right) \in \eta|_{U_0}$$

をとれる．U_1 上でも同様である．このフレームを用いて局所自明化をすることで，η の推移関数が $g_{10}(z) = z/|z| \in \mathrm{U}(1)$ となることを示せ．　◀

命題 3.7　$\mathbb{C}\mathrm{P}^1$ 上の自然直線束を η とすれば，次を得る．

$$\int_{\mathbb{C}\mathrm{P}^1} c_1(\eta) = \langle c_1(\eta), [\mathbb{C}\mathrm{P}^1] \rangle = -1$$

よって，$x = -c_1(\eta)$ とすれば，$H^2(\mathbb{C}\mathrm{P}^1, \mathbb{Z}) \cong \mathbb{Z}$ の生成元となる．特に，$\mathbb{C}\mathrm{P}^1$ 上の任意の複素直線束は $\eta^m = \otimes^m \eta$（$m \in \mathbb{Z}$）として与えられる．

証明　天下り的ではあるが，U_i 上の $\mathbb{R}$ 値 1 次微分形式を

$$\theta_0(z) = \frac{1}{4\pi i}\frac{\bar{z}dz - zd\bar{z}}{1+|z|^2},\quad \theta_1(w) = \frac{1}{4\pi i}\frac{\bar{w}dw - wd\bar{w}}{1+|w|^2}$$

として与えれば，$\theta_0 - \theta_1 = (1/2\pi i)g_{10}^{-1}dg_{10}$ となる．そこで，

$$\Omega = -d\theta_0 = \frac{1}{2\pi i}\frac{dz\wedge d\bar{z}}{(1+|z|^2)^2} = -\frac{dx\wedge dy}{\pi(1+x^2+y^2)^2}$$

が $c_1(\eta)\in H^2(M,\mathbb{Z})$ に対応する $H^2_{DR}(M)$ の代表元である．これを積分すれば，

$$\int_{\mathbb{C}\mathrm{P}^1}\Omega = -\frac{1}{\pi}\int_0^\infty\int_0^{2\pi}\frac{rdrd\theta}{(1+r^2)^2} = -1,\quad (z = re^{i\theta})$$

となる．　□

次に，1 次チャーン類と 2 次スティーフェル－ホイットニー類の関係を見ていこう．複素直線束 $p: L\to M$ をランク 2 の実ベクトル束とみなしたものを $p: L_{\mathbb{R}}\to M$ と書く．L にファイバー計量が入っているとすれば，推移関数は $\mathrm{U}(1)$ に値をもつ．$\mathrm{U}(1)\cong\mathrm{SO}(2)$ とみなせば，$L_{\mathbb{R}}$ の $\mathrm{SO}(2)$ 値の推移関数が定まる．特に，$L_{\mathbb{R}}$ には向きが入る．逆に，L を向き付きのランク 2 の実ベクトル束とする．ファイバー計量を入れれば，推移関数は $\mathrm{SO}(2)$ に値をもつ．そこで，$\mathrm{SO}(2)\cong\mathrm{U}(1)$ により，L は複素直線束となる．

証明　L の各ファイバー L_x は $\mathbb{R}^2$ であり，計量から角度が定まる．そこで，L の向きに関して反時計回りとなる 90 度回転 $J_x: L_x\to L_x$ が定まる．この J_x が L_x 上の複素構造を与える．　□

▶問 3.19　複素ベクトル束としての分解 $L_{\mathbb{R}}\otimes\mathbb{C}\cong L\oplus\bar{L}$ を示せ．◀

複素直線束 $L\to M$ に対して $c_1(L)\in H^2(M,\mathbb{Z})$ が定まり，$L_{\mathbb{R}}$ に対して $w_2(L_{\mathbb{R}})\in H^2(M,\mathbb{Z}_2)$ が定まる．$c_1(L)$，$w_2(L_{\mathbb{R}})$ の構成の仕方（式 (3.9) および 3.6.1 項）から $U_\alpha\cap U_\beta\cap U_\gamma$ 上で $\exp\pi i c_{\alpha\beta\gamma} = z_{\alpha\beta\gamma}$ となるので，

$$c_1(L)\equiv w_2(L_{\mathbb{R}})\mod 2$$

を得る．この等式の幾何学的な意味を考えてみよう．層の短完全系列

$$1\to\mathbb{Z}_2\to\underline{\mathrm{Spin}(2)} = \underline{\mathrm{U}(1)}\xrightarrow{z\to z^2}\underline{\mathrm{SO}(2)} = \underline{\mathrm{U}(1)}\to 1$$

から，

$$H^1(M,\underline{\mathrm{U}(1)})\xrightarrow{z\to z^2}H^1(M,\underline{\mathrm{U}(1)})\xrightarrow{\delta^*}H^2(M,\mathbb{Z}_2)$$

という完全系列を得る．そこで，$w_2(L_{\mathbb{R}}) = 0$ なら，$h^2_{\alpha\beta} = g_{\alpha\beta}$ となる $\{h_{\alpha\beta}\}_{\alpha\beta}\in$

$H^1(M, \underline{\mathrm{U}(1)})$ が定まる．このように，$c_1(L) \equiv 0 \mod 2$ なら，$L_1 \otimes L_1 = L$ となる複素直線束 L_1 が存在する．この L_1 を $\sqrt{L}$ と書くこともある．

3.8.2　高次の特性類

高次チャーン類を定義しよう．スティーフェル－ホイットニー類の場合と同様なので，概略と結果だけ述べる．複素射影空間 $\mathbb{C}\mathrm{P}^n$ を考え，$x \in \mathbb{C}\mathrm{P}^n$ が表す $\mathbb{C}^{n+1}$ 内の複素1次元部分空間を l_x と表す．このとき，$\mathbb{C}\mathrm{P}^n$ 上の複素直線束

$$\eta = \{(x, v) \in \mathbb{C}\mathrm{P}^n \times \mathbb{C}^{n+1} | v \in l_x\} \tag{3.10}$$

を**自然直線束**という．η の双対束を η^* として，次が成立する（証明は文献 [53], [58]）．

命題 3.8　$c := c_1(\eta^*) = -c_1(\eta)$ とすれば，$\mathbb{C}\mathrm{P}^n$ の $\mathbb{Z}$ 係数コホモロジー環は

$$H^*(\mathbb{C}\mathrm{P}^n, \mathbb{Z}) \cong \mathbb{Z}[c]/(c^{n+1})$$

となる．特に，$H^{2k}(\mathbb{C}\mathrm{P}^n, \mathbb{Z}) \cong \mathbb{Z}$ の基底は c^k である（$k = 0, \ldots, n$）．

$p : E \to M$ を M 上のランク r の複素ベクトル束とする．各ファイバーを射影化することにより，ファイバーが $\mathbb{C}\mathrm{P}^{r-1}$ となる射影空間束 $\pi : P(E) \to M$ を得る．また，$P(E)$ 上のベクトル束 $\pi^*(E)$ の複素直線部分束 S_E を得る．$y = c_1(S_E^*) \in H^2(P(E), \mathbb{Z})$ とすれば，次を満たす $c_i(E) \in H^{2i}(M, \mathbb{Z})$ が唯一つ存在する．

$$y^r = -\sum_{1 \leq i \leq r} c_i(E) y^{r-i}$$

この $c_i(E)$ **を** E **に対する** i **次チャーン**（Chern）**類**とよぶ．このとき，次の四公理を満たす．また，四公理を満たす $\{c_i\}_i$ は一意的に存在する．なお，4.1節で，チャーン類の接続を用いた具体的な構成法を与える．

定理 3.8　チャーン類は次を満たす．

(1) ランク r の複素ベクトル束 $E \to M$ に対して，M のコホモロジーの列 $c_i(E) \in H^{2i}(M, \mathbb{Z})$ $(i = 0, 1, 2, \ldots)$ が定まる．ここで，$c_0(E) = 1$ であり，$c_i(E) = 0$ $(i > r)$ である．また，

$$c(E) := c_0(E) + c_1(E) + c_2(E) + \cdots$$

を**全チャーン類**とよぶ．

(2) $f : N \to M$ を滑らかな写像とすれば，$c(f^*(E)) = f^*c(E)$．

(3) $p_1 : E \to M$，$p_2 : F \to M$ を複素ベクトル束とすれば，$c(E \oplus F) =$

$c(E)c(F)$.

(4) $\mathbb{C}\mathrm{P}^1$ 上の自然直線束 η に対して, $\displaystyle\int_{\mathbb{C}\mathrm{P}^1} c_1(\eta) = -1$.

さらに, 次の分裂定理を得る.

定理 3.9 (分裂定理) $E \to M$ を M 上のランク r の複素ベクトル束とする. このとき, ある多様体 X および滑らかな写像 $f : X \to M$ で次を満たすものが存在する.

(1) f^*E が複素直線束の直和である. すなわち, $f^*E = L_1 \oplus \cdots \oplus L_r$ となる.

(2) $f^* : H^*(M, \mathbb{Z}) \to H^*(X, \mathbb{Z})$ が単射となる.

この定理により, チャーン類に対する恒等式を証明するには, 複素直線束の直和に分解して証明すれば十分である (この手法を分裂原理という).

▶**問 3.20** 上で述べた四公理を証明せよ. また, 分裂定理を証明せよ. ◀

分裂定理を用いてチャーン類の性質や計算方法を述べよう. $p : E \to M$ をランク r の複素ベクトル束として, $E = L_1 \oplus \cdots \oplus L_r$ と複素直線束の和に分解しているとする. このとき,

$$c(E) = \prod_{1 \le k \le r} (1 + x_k) \in H^*(M, \mathbb{Z}), \quad x_k = c_1(L_k)$$

となる. ここで, $x_k x_l = x_l x_k$ なので多項式のように計算して構わない. 上式から, i 次チャーン類 $c_i(E)$ は $x_1, \ldots, x_r$ の k 次基本対称式となる.

■**例 3.43** $c_1(E) = x_1 + \cdots + x_r$, $c_2(E) = x_1x_2 + x_1x_3 + \cdots + x_{r-1}x_r$. ■

■**例 3.44** $p : E \to M$ を自明な複素ベクトル束とすれば, $E = L_1 \oplus \cdots \oplus L_r$ と分解できる. ここで, 各 $L_i = M \times \mathbb{C}$ である. $c_1(L_i) = 0$ であるので $c(E) = 1$ となる. しかし, 非自明な複素ベクトル束に対しては $c(E)$ は 1 になるとは限らない. このように, 特性類はベクトル束がどれだけ非自明であるかを測るものである. ■

■**例 3.45** $E \to M$ を複素ベクトル束として, $E^* \to M$ をその双対束とする. E に対する分裂写像 $f : X \to M$ により $f^*E = L_1 \oplus \cdots \oplus L_r$ となるなら, $f^*E^* = (f^*E)^* = L_1^* \oplus \cdots \oplus L_r^*$ となる. また, $x_k = c_1(L_k)$ とすれば, $c_1(L_k^*) = -c_1(L_k) = -x_k$ である. よって,

$$c(f^*E^*) = \prod_{1 \le k \le r} (1 - x_k)$$

が成立する. そこで, $f^*c_i(E^*) = c_i(f^*E^*) = (-1)^i c_i(f^*E) = (-1)^i f^*c_i(E)$ となる. f^* が単射なので, $c_i(E^*) = (-1)^i c_i(E)$ を得る. ■

■**例 3.46**　$E \to M$ をランク r の複素ベクトル束とする．E の r 次交代テンソル積は，直線束 $\det(E) := \Lambda^r(E)$ である．このとき，$c_1(\det E) = c_1(E)$ となる．■

証明　$E = L_1 \oplus \cdots \oplus L_r$ としてよい．$\det(E) = L_1 \otimes \cdots \otimes L_r$ なので，次が成立する．

$$c_1(\det E) = c_1(L_1 \otimes \cdots \otimes L_r) = c_1(L_1) + \cdots + c_1(L_r) = c_1(E) \qquad \square$$

一般の複素ベクトル束に対するチャーン類とスティーフェル–ホイットニー類との関係を見ておこう．$E \to M$ を複素ベクトル束とする．例 3.38 と例 3.46 より，

$$\begin{aligned} 0 &= w_2(E|_{\mathbb{R}}) + w_2((\det E)|_{\mathbb{R}}) \\ &\equiv w_2(E|_{\mathbb{R}}) + c_1(\det E) \equiv w_2(E|_{\mathbb{R}}) + c_1(E) \mod 2 \end{aligned}$$

となる．よって，次が成立する．

$$c_1(E) \equiv w_2(E|_{\mathbb{R}}) \mod 2$$

これを利用して，複素射影空間 $\mathbb{C}\mathrm{P}^n$ がスピン構造をもつための条件を調べてみよう．

■**例 3.47**　$\mathbb{C}\mathrm{P}^n$ がスピン構造をもつための必要十分条件は，n が奇数となることである．■

証明　まず，$\mathbb{C}\mathrm{P}^n$ は複素多様体なので，接束には自然な概複素構造 $J : T\mathbb{C}\mathrm{P}^n \to T\mathbb{C}\mathrm{P}^n$ が定義され複素ベクトル束となる．また，η を複素自然直線束とすれば，実射影空間の場合（例 3.35）と同様にして，複素ベクトル束としての同型

$$T\mathbb{C}\mathrm{P}^n \oplus (\mathbb{C}\mathrm{P}^n \times \mathbb{C}) \cong \eta^* \oplus \cdots \oplus \eta^*$$

が成立する．そこで，$c = c_1(\eta^*)$ とすれば，$T(\mathbb{C}\mathrm{P}^n)$ の全チャーン類は

$$c(T\mathbb{C}\mathrm{P}^n) = (1+c)^{n+1} = 1 + (n+1)c + \frac{n(n+1)}{2}c^2 + \cdots$$

となり，$c_1(T\mathbb{C}\mathrm{P}^n) = (n+1)c$ となる．よって，$w_2(\mathbb{C}\mathrm{P}^n) \equiv (n+1)c \mod 2$ となる．また，命題 3.8 より，$H^2(\mathbb{C}\mathrm{P}^n, \mathbb{Z}_2) \cong \mathbb{Z}_2$ となり基底は $c \mod 2$ である．よって，「$\mathbb{C}\mathrm{P}^n$ がスピン構造をもつ」$\iff$「n が奇数」となる．□

次に，チャーン指標を定義しよう．分裂原理により，複素ベクトル束 $E \to M$ は $E = L_1 \oplus \cdots \oplus L_r$ と直和分解しているとしてよい．$x_j = c_1(L_j)$ として，

$$ch(E) := e^{x_1} + \cdots + e^{x_r} = r + \sum_{1 \le j \le r} x_j + \frac{1}{2!}\sum_{1 \le j \le r} x_j^2 + \cdots + \quad \in H^*(M, \mathbb{Q})$$

で定義される特性類を E の**チャーン指標**とよぶ．各 $2k$ 次の項 $ch_k(E) = (1/k!)\sum_j x_j^k$ は $x_1, \ldots, x_r$ に対する対称式である．$c_i(E)$ は $x_1, \ldots, x_r$ に対する i 次基本対称式で

表せたので，$ch_k(E)$ は $\{c_i(E)\}_i$ の多項式として書ける．たとえば，

$$\begin{aligned}ch_2(E) &= \frac{1}{2}(x_1^2 + \cdots + x_r^2) = \frac{1}{2}(x_1 + \cdots + x_r)^2 - (x_1x_2 + \cdots + x_{r-1}x_r) \\ &= \frac{1}{2}c_1(E)^2 - c_2(E)\end{aligned}$$

となる．一般には，次のニュートン（Newton）の恒等式を使えばよい [22]．$\sigma_i(x) = \sigma_i(x_1, \ldots, x_r)$ を i 次基本対称式，$p_i(x) = x_1^i + \cdots + x_r^i$ を i 次べき和対称式とすれば，次が成立する．

$$\begin{aligned}&\sum_{i=0}^{k}(-1)^i p_{k-i}\sigma_i = (-1)^k(r-k)\sigma_k, \quad (1 \le k \le r), \\ &\sum_{i=0}^{k}(-1)^i p_{k-i}\sigma_i = 0, \quad (r \le k)\end{aligned} \tag{3.11}$$

▶**問 3.21** 分裂原理を用いて次を示せ．複素ベクトル束 $E \to M$，$F \to M$ に対して，$ch(E \oplus F) = ch(E) + ch(F)$，$ch(E \otimes F) = ch(E)ch(F)$ となる． ◀

▶**問 3.22** $E \to M$ を複素ベクトル束とする．$c_i(E) \equiv w_{2i}(E|_{\mathbb{R}}) \mod 2$ および $w_{2i+1}(E|_{\mathbb{R}}) = 0$ を分裂原理を用いて証明せよ． ◀

3.8.3 ポントリャーギン類とオイラー類

実ベクトル束に対する特性類を定義しよう．E を実ベクトル束としたとき，

$$p_i(E) := (-1)^i c_{2i}(E \otimes \mathbb{C}) \in H^{4i}(M, \mathbb{Z})$$

を **i 次ポントリャーギン**（Pontrjagin）**類**とよぶ．また，

$$p(E) := 1 + p_1(E) + p_2(E) + \cdots$$

を**全ポントリャーギン類**とよぶ．なお，$c_{2i+1}(E \otimes \mathbb{C})$ については，$\overline{E \otimes \mathbb{C}} \cong E \otimes \mathbb{C}$ から，$2c_{2i+1}(E \otimes \mathbb{C}) = 0$ となるので考慮しないことにする．また，和の公式も

$$2(p(E \oplus F) - p(E)p(F)) = 0$$

となることに注意する．

■**例 3.48** $E \to M$ が複素ベクトル束とする．分裂原理により $E = L_1 \oplus \cdots \oplus L_r$ と複素直線束の直和に分解すると仮定してよい．このとき，$E \otimes \mathbb{C} = L_1 \oplus \overline{L}_1 \oplus \cdots \oplus L_r \oplus \overline{L}_r$ であるので，$c(E \otimes \mathbb{C}) = \prod_j (1 - x_j)(1 + x_j) = \prod_j (1 - x_j^2)$ となる．よって，

$$p_i(E) = \sigma_i(x_1^2, \ldots, x_r^2)$$

である．ここで，$\sigma_i(y_1, \ldots, y_r)$ は $y_1, \ldots, y_r$ に対する i 次基本対称式である．また，次が成立する．

$$p(E) = \prod_j (1 + x_j^2), \quad p_i(E) = \sigma_i(x_1^2, \ldots, x_r^2)$$ ■

向き付きランク $2r$ の実ベクトル束に対する分裂定理を述べよう．証明するには，ファイバー E_x を射影化する代わりに，E_x 内の向き付き 2 次元部分空間の全体を考えたグラスマン束 $\pi : Gr_2^+(E) \to M$ を利用すればよいが，証明は少し技術的なので省略する．また，係数も $\mathbb{Q}$ としておく [38], [64]．

定理 3.10 (分裂定理)　$E \to M$ を向き付き実ランク $2r$ ベクトル束とする．このとき，多様体 X および滑らかな写像 $f : X \to M$ で次を満たすものが存在する．

- f^*E が向き付きランク 2 ベクトル束の直和 $L_1 \oplus \cdots \oplus L_r$ に分解する．
- $f^* : H^*(M, \mathbb{Q}) \to H^*(X, \mathbb{Q})$ が単射となる．

次に，オイラー類を定義しよう．$p : E \to M$ を向き付きランク $2r$ の実ベクトル束とする．定理 3.10 から $E = L_1 \oplus \cdots \oplus L_r$ としてよい．L_i の構造群は $\mathrm{SO}(2) = \mathrm{U}(1)$ にできるので，各 L_i は複素直線束とみなせる．そこで，$x_i = c_1(L_i)$ として E に対する**オイラー**（Euler）**類**を次の式で定義する†1．そして，$e(E) \in H^{2r}(M, \mathbb{Z})$ となる．

$$e(E) := x_1 \cdots x_r$$

▶**問 3.23**　$p_r(E) = e(E)^2$ を示せ．また，E, E' を向き付きで偶数ランクの実ベクトル束としたとき，$e(E \oplus E') = e(E)e(E')$ を示せ．◀

オイラー類については次が有名である．6.3 節で指数定理を用いて説明する．

定理 3.11　M を向き付き $2n$ 次元多様体とする．このとき，

$$\langle e(TM), [M] \rangle = \int_M e(TM) = \chi(M)$$

となる．ここで，$\chi(M)$ は M のオイラー標数である．すなわち，ベッチ数 $b_p(M) := \dim_{\mathbb{R}} H^p(M, \mathbb{R})$ の交代和 $\chi(M) = \sum_{p=0}^{2n} (-1)^p b_p(M)$ である．

■**例 3.49**　2 次元球面 $S^2 = \mathbb{C}\mathrm{P}^1$ に対して，オイラー類の定義から $c_1(T\mathbb{C}\mathrm{P}^1) =$

---

†1　より詳しい定義は，文献 [15], [58] などを見よ．また，E の向きを変えれば符号が変わる．

$e(TS^2)$ となる．さて，例 3.47 から $c_1(T\mathbb{C}\mathrm{P}^1) = 2c_1(\eta^*)$ となるので，次を得る．

$$\chi(S^2) = \int_{S^2} e(S^2) = 2\int_{\mathbb{C}\mathrm{P}^1} c_1(\eta^*) = 2$$

■

▶**問 3.24** (1) $E \to M$ を実ベクトル束とする．$p_i(E) \equiv w_{2i}(E)^2 \mod 2$ を証明せよ（ヒント：$p_i(E) = (-1)^i c_{2i}(E \otimes \mathbb{C}) \equiv w_{4i}((E \otimes \mathbb{C})|_{\mathbb{R}})$ を利用）．

(2) $E \to M$ をランク r の複素ベクトル束とする．$e(E|_{\mathbb{R}}) = c_r(E)$ を示せ．特に，種数 (genus) が g の向き付き閉曲面 M に対して $e(TM) = 2 - 2g \equiv 0 \mod 2$ となり，M にスピン構造が存在する． ◀

特性類などの微分位相幾何の技術を用いることで，4 次元多様体や n 次元代数多様体のスピン構造に対するさまざまな結果が得られることが知られている [20], [50]．

3.9 概エルミート多様体上のスピン構造

3.9.1 概エルミート多様体上のスピン構造

概エルミート多様体（定義 3.9 および例 3.12）上にスピン構造が存在するための条件を見ていこう．実 $2m$ 次元概エルミート多様体 (M, g, J) の接束 TM の構造群は $\mathrm{U}(m)$ であり，$TM \otimes \mathbb{C} = T^{1,0}(M) \oplus T^{0,1}(M)$ と分解する．さらに，$\Lambda^{1,0}(M) = (T^{1,0}(M))^*$, $\Lambda^{0,1}(M) = (T^{0,1}(M))^*$ とすれば，$T^*M \otimes \mathbb{C} = \Lambda^{1,0}(M) \oplus \Lambda^{0,1}(M)$ となる．また，$K := \Lambda^{m,0}(M) = \Lambda^m(\Lambda^{1,0}(M))$ を概エルミート多様体の**標準直線束**という．このとき，$w_2(M) \equiv c_1(K) \mod 2$ となる．特に，概エルミート多様体上にスピン構造が存在するための必要十分条件は，$c_1(K) \equiv 0 \mod 2$ である．

証明 3.8.2 項より複素ベクトル束 $E \to M$ に対して，$w_2(E|_{\mathbb{R}}) \equiv c_1(E) \mod 2$, $c_1(E) = c_1(\det E)$ が成立した．そこで，$E = T^{1,0}(M)$ とすれば，$c_1(T^{1,0}(M)) = c_1(K^*) = -c_1(K)$ となる．$T^{1,0}(M) \cong (TM, J)$ であるので $T^{1,0}(M)|_{\mathbb{R}} \cong TM$，よって $w_2(TM) \equiv -c_1(K) \equiv c_1(K) \mod 2$ が成立する． □

注意 3.6 （概）複素多様体 (M, J) に対して，$T^{1,0}M \cong (TM, J)$ の k 次チャーン類を $c_k(M)$ と書く．上の証明から，$c_1(M) = -c_1(K)$ である．

さて，M 上の次の定数層の完全系列を考える．

$$0 \to \mathbb{Z} \xrightarrow{\times 2} \mathbb{Z} \xrightarrow{\mathrm{mod}\ 2} \mathbb{Z}_2 \to 0$$

コホモロジー長完全系列は，

$$H^1(M, \mathbb{Z}) \to H^1(M, \mathbb{Z}_2) \xrightarrow{\delta} H^2(M, \mathbb{Z}) \xrightarrow{\times 2} H^2(M, \mathbb{Z}) \xrightarrow{\psi = \mathrm{mod}\ 2} H^2(M, \mathbb{Z}_2) \to$$

となる．K の 1 次チャーン類 $c_1(K) \in H^2(M,\mathbb{Z})$ が $c_1(K) \equiv 0 \mod 2$ とは，$\psi(c_1(K)) = 0$ となることである．つまり，$c_1(K)/2 \in H^2(M,\mathbb{Z})$ のことであり，概エルミート多様体上のスピン構造の存在は複素直線束 $L \to M$ で $L^2 = K$ となるものが存在することと同値である．この L を $\sqrt{K}$ と書く．

注意 3.7　K に対する 2 乗根 $\sqrt{K}$ のとり方は一つではない．実際，$\delta(z) \neq 0$ となる $z \in H^1(M,\mathbb{Z}_2)$ に対し，$\delta(z)+c_1(K)/2$ を考えれば，$2(\delta(z)+c_1(K)/2) = c_1(K)$ となり，別の 2 乗根に対応する．このように，K の 2 乗根 $\sqrt{K}$ を一つを固定すれば，$\sqrt{K}+\delta(H^1(M,\mathbb{Z}_2))$ により，K の 2 乗根直線束は分類される．また，$z \in H^1(M,\mathbb{Z}_2)$ が非自明かつ $\delta(z) = 0$ となる場合に，$\sqrt{K}+\delta(z) = \sqrt{K}$ であり，ベクトル束としては同型となる．下で見るように，対応するスピノール束も同型となる．しかし，スピン構造は $H^1(M,\mathbb{Z}_2)$ で分類されたので，スピン構造としては異なる．

次に，スピノール束について考えよう．$\Lambda^{p,q}(M) := \Lambda^p(\Lambda^{1,0}(M)) \otimes \Lambda^q(\Lambda^{0,1}(M))$ としたとき，スピノール束が $\mathbf{S} = \oplus_{p=0}^m(\Lambda^{0,p}(M) \otimes \sqrt{K})$ と分解されることを示したい．

まず，概エルミート多様体の接空間 (T_xM, g_x, J_x) のモデルを考えよう．$2m$ 次元ユークリッド空間 $\mathbb{R}^{2m}$ の（正の）正規直交基底を $e_1, e_2, \ldots, e_{2m}$ とし，次を満たす複素構造 J が与えられているとする．

$$Je_{2k-1} = e_{2k}, \quad Je_{2k} = -e_{2k-1}, \quad (k = 1, 2, \ldots, m)$$

この $\mathbb{R}^{2m}$ を複素化すれば，$\mathbb{R}^{2m} \otimes \mathbb{C} = \mathbb{C}^m \oplus \overline{\mathbb{C}^m}$ と分解される．ここで，$\mathbb{C}^m$，$\overline{\mathbb{C}^m}$ は，J の $\sqrt{-1}$，$-\sqrt{-1}$ 固有空間である．2.2 節での記号を用いれば，$a_1^\dagger, \ldots, a_m^\dagger$，$a_1, \ldots, a_m$ が基底となる．実際，$J(a_k^\dagger) = \sqrt{-1}a_k^\dagger$，$J(a_k) = -\sqrt{-1}a_k$（$k = 1, \ldots, m$）を満たす．また，$\mathbb{C}^m$ はユニタリ群 $\mathrm{U}(m)$ の自然表現の表現空間である．そして，$g \in \mathrm{U}(m)$ が $g^{-1} = {}^t\bar{g}$ を満たすことから，$\mathrm{U}(m)$ の表現空間として $\mathbb{C}^m \cong (\overline{\mathbb{C}^m})^*$ となる．そこで，$\Lambda^{0,1} := \mathbb{C}^m$ とする．同様に $\Lambda^{1,0} := \overline{\mathbb{C}^m}$ とする．また，p 次交代テンソル積 $\Lambda^{0,p} = \Lambda^p(\Lambda^{0,1})$ は，

$$\Lambda^{0,p} = \mathrm{span}_{\mathbb{C}}\{a_{k_1}^\dagger \cdots a_{k_p}^\dagger \mid 1 \leq k_1 < \cdots < k_p \leq m\}$$

と実現できる．積は外積 $\wedge$ で書くべきであるが，$[a_i^\dagger, a_j^\dagger]_+ = 0$ なのでクリフォード積で書いている．特に，1 次元ベクトル空間 $\Lambda^{0,m}$ は $\mathrm{U}(m)$ の det 表現の表現空間であり，$\Lambda^{m,0}$ は $\det^{-1}$ 表現の表現空間である．

さて，概エルミート多様体上の接フレーム束 $\mathbf{GL}(M)$ の構造群は $\mathrm{U}(m)$ へ簡約するので，ユニタリフレーム束 $\mathbf{U}(M)$ を考える．このとき，

$$\Lambda^{0,p}(M) = \Lambda^p(\Lambda^{0,1}(M)) = \mathbf{U}(M) \times_\rho \Lambda^{0,p}, \quad K = \mathbf{U}(M) \times_{\det^{-1}} \Lambda^{m,0}$$

となる．しかし，$\sqrt{K}$ は $\mathbf{U}(M)$ の同伴ベクトル束とは限らないことに注意しよう．

次に，スピノール束 $\mathbf{S}$ のモデルとなるスピノール空間 $W_{2m} \cong \mathbf{S}_x$ について考えてみよう．$i : \mathrm{U}(m) \to \mathrm{SO}(2m)$ を自然な埋め込みとして，次の図式を考える．

$$\begin{array}{ccc} & & \mathrm{Spin}(2m) \\ & & \downarrow \mathrm{Ad} \\ \mathrm{U}(m) & \xrightarrow{\ i\ } & \mathrm{SO}(2m) \end{array}$$

$\mathrm{Spin}(2m)$ のスピノール表現を $\mathrm{U}(m)$ へ制限できればよいが，$i : \mathrm{U}(m) \to \mathrm{SO}(2m)$ は，$\mathrm{U}(m)$ から $\mathrm{Spin}(2m)$ への埋め込みへはリフトしない．そこで，上の図式から導かれるリー環の可換図式

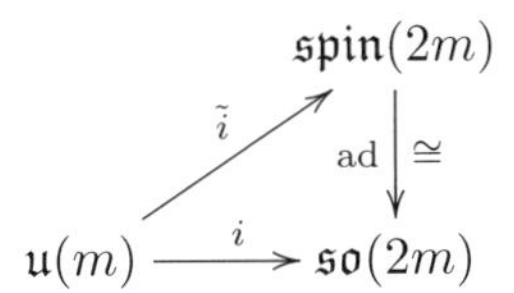

を考える．ここで，$\mathfrak{u}(m)$ は $\mathrm{U}(m)$ のリー環である．このとき，リー環の埋め込み $\tilde{i} = \mathrm{ad}^{-1} \circ i : \mathfrak{u}(m) \to \mathfrak{spin}(2m)$ を得る．そこで，$\mathfrak{spin}(2m)$ の表現空間であるスピノール空間 W_{2m} を $\mathfrak{u}(m)$ に関して分解しよう．2.2 節でのフェルミオン表示を使えば，

$$W_{2m} = \mathrm{span}_{\mathbb{C}}\{a_{k_1}^\dagger \cdots a_{k_p}^\dagger |vac\rangle \mid 1 \leq k_1 < \cdots < k_p \leq m,\ p = 1, \ldots, m\}$$

となる．この W_{2m} の部分空間（粒子が p 個ある部分空間）を

$$W^p := \mathrm{span}_{\mathbb{C}}\{a_{k_1}^\dagger \cdots a_{k_p}^\dagger |vac\rangle | 1 \leq k_1 < \cdots < k_p \leq m\}$$

とする．この W^p は $\mathfrak{u}(m)$ の作用で不変であり，$W_{2m} = \oplus_{p=0}^m W^p$ と分解できる．特に，$W^0 = \mathbb{C}|vac\rangle$ は 1 次元表現を与える．この表現を詳しく調べてみる．$\tilde{i} : \mathfrak{u}(m) \to \mathfrak{spin}(2m)$ により，$\mathfrak{u}(m)$ の対角成分は

$$\tilde{i} : \mathfrak{u}(m) \ni \begin{pmatrix} \sqrt{-1}c_1 & \cdots & 0 \\ \vdots & \ddots & \vdots \\ 0 & \cdots & \sqrt{-1}c_m \end{pmatrix} \mapsto \frac{1}{2}(c_1 e_1 e_2 + \cdots + c_m e_{2m-1} e_{2m}) \in \mathfrak{spin}(2m)$$

となる．また，

$$\frac{1}{2} e_{2k-1} e_{2k} = \sqrt{-1} \left(a_k^\dagger a_k - \frac{1}{2} \right) = \sqrt{-1}\omega_k$$

であり，$\sqrt{-1}\omega_k|vac\rangle = -(\sqrt{-1}/2)|vac\rangle$ となる．よって，$\mathfrak{u}(m)$ の W^0 への作用は

$$\mathfrak{u}(m) \times W^0 \ni (X, v) \mapsto -\frac{1}{2}\mathrm{tr}(X)v \in W^0$$

で与えられる．そして，$\otimes^2 W^0 = W^0 \otimes W^0$ への $\mathfrak{u}(m)$ への作用は $-\mathrm{tr}(X)$ で与えられるので，$\otimes^2 W^0 \cong \Lambda^{m,0}$ となる．実際，$\det(\exp(tA)) = e^{t\mathrm{tr}A}$ （$A \in \mathrm{GL}(m;\mathbb{C})$）なので，$\det^{-1}$ 表現の微分表現は $-\mathrm{tr}$ である．そこで，$W^0 := \sqrt{\Lambda^{m,0}}$ と書く．また，線形同型写像

$$W^p \ni a_{k_1}^\dagger \cdots a_{k_p}^\dagger |vac\rangle \mapsto a_{k_1}^\dagger \cdots a_{k_p}^\dagger \otimes |vac\rangle \in \Lambda^{0,p} \otimes W^0$$

は $\mathfrak{u}(m)$ の表現空間としての同型を与えることがわかる．以上の考察から次を得る．

補題 3.3　$\mathfrak{u}(m)$ の表現空間として次の同型が成立する．

$$W_{2m} = \oplus_{p=0}^m W^p, \quad W^p \cong \Lambda^{0,p} \otimes \sqrt{\Lambda^{m,0}}$$

以上でスピノール束のファイバー $\mathbf{S}_x \cong W_{2m}$ の構造が理解できた．これはスピノール束 $\mathbf{S}$ 上にも遺伝し，次の命題を得る．

命題 3.9　実 $2m$ 次元概エルミート多様体上にスピン構造が存在するための必要十分条件は，$\sqrt{K}$ が存在することである．ここで，$K = \Lambda^{m,0}(M)$ であり，$\sqrt{K}$ とは $\sqrt{K} \otimes \sqrt{K} = K$ となる複素直線束を表す．また，スピン構造が存在するとき，スピノール束 $\mathbf{S}$ は次のように分解する†1．

$$\mathbf{S} = \oplus_{p=0}^m \mathbf{S}^p, \quad \mathbf{S}^p := \Lambda^{0,p}(M) \otimes \sqrt{K}$$

■**例 3.50**　概エルミート多様体の構造群が $\mathrm{SU}(m)$ に簡約する場合を考える．$g \in \mathrm{SU}(m)$ に対して，$\det g = 1$ であるので，同伴束 $K = \Lambda^{m,0}(M)$ は自明束である．よって，$\sqrt{K}$ として自明束をとればよい．これは例 3.37 での自然なスピン構造である．また，スピノール束は $\mathbf{S} \cong \oplus \Lambda^{0,p}(M)$ となる．■

3.9.2　コンパクトケーラー多様体上のスピン構造

ケーラー多様体は 8.2.1 項で定義する．ケーラー多様体や正則関数の層の理論に詳しくない読者は，この節は飛ばしてほしい．

閉ケーラー多様体のスピン構造について議論する．ケーラー多様体は複素多様体なので，次のような層の完全系列を考える．

---

†1　ケーラー形式を使って分解をつくることも可能である [16], [20]．

$$1 \to \mathbb{Z}_2 \to \mathcal{O}^* \xrightarrow{z \mapsto z^2} \mathcal{O}^* \to 1$$

ここで，$\mathcal{O}^*$ は $\mathbb{C} \setminus \{0\}$ 値の正則関数の層である．コンパクトな複素多様体の正則関数は定数関数しかないので，

$$H^0(M, \mathcal{O}^*) \xrightarrow{z \to z^2} H^0(M, \mathcal{O}^*)$$

は全射である．そこで，次のコホモロジー長完全系列を得る．

$$0 \to H^1(M, \mathbb{Z}_2) \to H^1(M, \mathcal{O}^*) \to H^1(M, \mathcal{O}^*) \to H^2(M, \mathbb{Z}_2) \to \cdots$$

コホモロジー群 $H^1(M, \underline{\mathbb{C}^*}) \cong H^2(M, \mathbb{Z})$ は M 上の複素直線束の同型類全体であるが，$H^1(M, \mathcal{O}^*)$ は M 上の正則直線束の同型類全体である．標準直線束 $K = \Lambda^{m,0}(M)$ は正則直線束であり，上の完全系列から K の正則 2 乗根 $\sqrt{K}$ がスピン構造に対応する．$\sqrt{K}$ が滑らかなベクトル束として同値であったとしても，$\sqrt{K}$ への正則構造の入れ方が異なるならスピン構造は異なることに注意しよう．また，$\sqrt{K}$ の正則構造は 2 乗したときに K の正則構造を与えるものでなければならない．このようにして次の命題を得る．

命題 3.10 $c_1(M) \equiv 0 \mod 2$ となる閉ケーラー多様体のスピン構造は，正則直線束 K の正則 2 乗根のとり方と 1 対 1 対応する．

第 4 章
接続と共変微分

微分積分学における方向微分という概念を多様体上へと拡張したい．多様体 M 上のベクトル束の切断 s を $v \in T_xM$ 方向に方向微分するにはどうすればよいか．それには，微分幾何学の基礎概念である接続および共変微分を導入する必要がある．また，リーマン多様体上ではリーマン計量からレビ＝チビタ接続が定まり，多様体の曲がり具合を表す曲率を得る．この章では，主 G 束上の接続やベクトル束上の共変微分について解説し，本書に必要なリーマン幾何学の基本事項を述べる．そして，スピン多様体上のスピン接続を与える．

4.1 主束上の接続と曲率

4.1.1 主束上の接続

多様体 M 上の主 G 束 $\pi : P \to M$ を考える．G の P への右作用を

$$G \times P \ni (g, u) \mapsto R_g(u) = ug \in P$$

と書く．この作用の無限小版を考えてみよう．G のリー環を $\mathfrak{g}$ とし，$X \in \mathfrak{g}$ に対して $\exp tX$（$t \in \mathbb{R}$）とすれば，$t = 0$ で単位元 e を通る G 内の曲線が定まる．各点 $u \in P$ での接ベクトルを

$$X_u^* := \frac{d}{dt}(R_{\exp tX}(u))\bigg|_{t=0} = \frac{d}{dt}(u \exp tX)\bigg|_{t=0}$$

とすることで，P 上のベクトル場 $X^* \in \mathfrak{X}(P) = \Gamma(P, TP)$ を得る（図 4.1）．写像 $G \ni g \mapsto ug \in P$ の微分により $X \mapsto X_u^*$ が得られるので，$\mathfrak{g} \ni X \mapsto X^* \in \mathfrak{X}(P)$ は線形写像である．

このベクトル場 X^* を X に対する**基本ベクトル場**という．また，$R_{\exp tX} R_{\exp sX} = R_{\exp(t+s)X}$ を考慮すれば，X^* に対応する P の 1 パラメータ変換群は $R_{\exp tX}$ である．

補題 4.1 $R_g : P \to P$ は微分同相なので，$dR_g : \mathfrak{X}(P) \to \mathfrak{X}(P)$ を $(dR_g Z)_u := (dR_g)_{ug^{-1}} Z_{ug^{-1}}$（$u \in P$）により定義する．このとき，$dR_g X^* = (\mathrm{Ad}(g^{-1})X)^*$ と

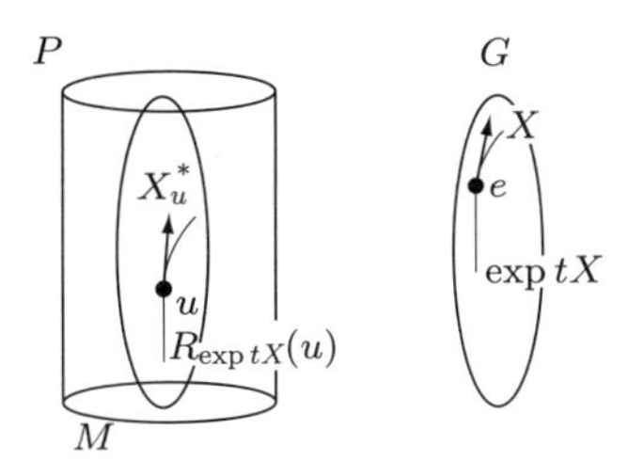

図 4.1　P 上の基本ベクトル場 X^*

なる．

証明　G の随伴表現 Ad の定義（A.1 節）から，$g(\exp tX)g^{-1} = \exp(t\mathrm{Ad}(g)X)$（$g \in G$, $X \in \mathfrak{g}$）となる．そこで，次が成立する．

$$\begin{aligned}&(dR_g)_{ug^{-1}} X^*_{ug^{-1}} \\ &= \frac{d}{dt} R_g R_{\exp tX}(ug^{-1})\Big|_{t=0} = \frac{d}{dt} u(g^{-1}\exp tXg)\Big|_{t=0} = (\mathrm{Ad}(g^{-1})X)^*_u\end{aligned}$$ □

命題 4.1　基本ベクトル場を与える写像 $\mathfrak{g} \ni X \mapsto X^* \in \mathfrak{X}(P)$ は，リー環の準同型である．つまり，$[X, Y]^* = [X^*, Y^*]$ となる．

証明　リー環 $\mathfrak{g}$ の括弧積は

$$[X, Y] = \lim_{t\to 0} \frac{Y - \mathrm{Ad}(\exp -tX)Y}{t}, \quad (X, Y \in \mathfrak{g})$$

で与えられる（命題 A.4）．そこで，補題 4.1 および式 (A.2) から，次の式を得る．

$$\begin{aligned}[X^*, Y^*]_u &= \lim_{t\to 0} \frac{Y^*_u - dR_{\exp tX}(Y^*_{u(\exp -tX)})}{t} = \lim_{t\to 0} \frac{Y^*_u - (\mathrm{Ad}(\exp -tX)Y)^*_u}{t} \\ &= [X, Y]^*_u\end{aligned}$$ □

さて，主束 P の各点 u において，ファイバー方向の接空間を

$$V_u := \{w \in T_uP \mid (d\pi)_u(w) = 0\}$$

とする．$V := \bigcup_{u \in P} V_u$ は TP の部分ベクトル束であり，**垂直束**という．P の各ファイバー $P_x = \pi^{-1}(x)$ への G の作用は自由なので，

$$V_u = \{X^*_u \in T_uP \mid X \in \mathfrak{g}\} \cong \mathfrak{g}$$

となる．また，補題 4.1 から $dR_g(V_u) = V_{ug}$（$u \in P$, $g \in G$），つまり G 不変性が成立することに注意しよう．一方，M の接束 TM を $\pi : P \to M$ で引き戻せば，P 上ベクトル束 $\pi^*TM \to P$ を得る．このとき，P 上のベクトル束の完全系列

$$0 \to V \xrightarrow{i} TP \xrightarrow{d\pi} \pi^*TM \to 0$$

を得る．ベクトル束の同型 $TP \cong V \oplus \pi^*TM$ が成立するが，この同型対応のさせ方はさまざまである．接続とは，G 不変な同型対応のさせ方，つまり完全系列の G 不変な分裂（split）を定めるものである．

定義 4.1　主 G 束 $\pi : P \to M$ 上の**接続**（connection）とは，TP の部分ベクトル束 H で，

$$TP = V \oplus H, \quad (H \cong \pi^*TM)$$

かつ $dR_g(H_u) = H_{ug}$（$u \in P$，$g \in G$）を満たすものである（図 4.2）．この H を**水平束**ともいう．接続 H のとり方は P に対して唯一つとは限らないことに注意しよう．

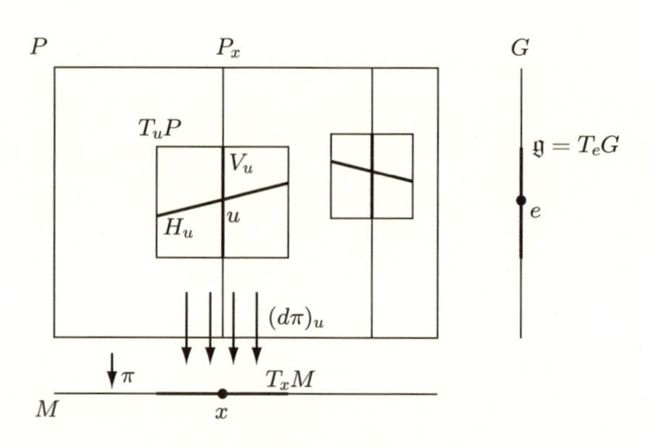

図 4.2　接続

接続を微分形式を使って書き換えよう．$\mathfrak{g}$ の基底を $X_1, \ldots, X_k$ とする．P 上の $\mathfrak{g}$ 値 1 形式の空間 $\Omega^1(P) \otimes \mathfrak{g}$ への G の作用を

$$G \times (\Omega^1(P) \otimes \mathfrak{g}) \ni \left(g, \sum_{i=1}^{k} A_i \otimes X_i\right) \mapsto \sum_{i=1}^{k} R_g^*(A_i) \otimes \mathrm{Ad}(g)(X_i) \in \Omega^1(P) \otimes \mathfrak{g}$$

とする．ここで，$R_g^*(A_i)$ は $A_i \in \Omega^1(P)$ の R_g による引き戻しである．接続が与えられたとき，$A \in \Omega^1(P) \otimes \mathfrak{g}$ を次のように定める．各点 $u \in P$ において，水平方向の接ベクトル $w \in H_u$ に対しては $A_u(w) = 0$ とする．一方，垂直方向の接ベクトルは $X_u^* \in V_u$（$X \in \mathfrak{g}$）と書けるので，$A_u(X_u^*) = X$ と定める．このとき，$dR_g(H_u) = H_{ug}$，$dR_g X^* = (\mathrm{Ad}(g^{-1})X)^*$ から，A は G の作用で不変である．

定義 4.2 P 上の接続形式とは，P 上の $\mathfrak{g}$ 値 1 形式 $A=\sum_{i=1}^{k}A_i\otimes X_i\in\Omega^1(P)\otimes\mathfrak{g}$ で次を満たすものである．

(1) A は G 不変である．すなわち，$\sum R_g^*(A_i)\otimes\mathrm{Ad}(g)(X_i)=\sum A_i\otimes X_i$（$\forall g\in G$）を満たす．

(2) A は垂直的である．すなわち，$X\in\mathfrak{g}$ に対して，$A(X^*)=X$ を満たす．

逆に，接続形式 A に対して

$$H=\bigcup_{u\in P}\ker A_u=\bigcup_{u\in P}\{w\in T_uP|A_u(w)=0\}$$

とすれば，接続の条件を満たす水平束 H が定まる．このように，接続形式 A を与えることと水平束 H を与えることは同値である．

■例 4.1 リー群 G 上にモーレー－カルタン（Maurer-Cartan）形式とよばれる $\mathfrak{g}$ 値 1 次微分形式 A_{MC} が存在する．$X\in\mathfrak{g}$ に対する左不変ベクトル場 X^* に対して，$A_{MC}(X^*):=X$ として定義すればよい．そこで，自明な主 G 束 $M\times G$ に対して，$\pi_G:M\times G\to G$ を射影とすれば，$A=\pi_G^*A_{MC}$ により，接続形式を得ることができる．これは**自明接続**とよばれる．一般の主 G 束 P の G 同変な局所自明化 $\pi^{-1}(U_\alpha)\cong U_\alpha\times G$ 上に自明接続を入れ，$M=\bigcup_{\alpha\in A}U_\alpha$ に従属した 1 の分割を使って足し合わせれば大域的な接続を得る．よって，**主 G 束上には必ず接続が存在する**．■

4.1.2 主束上の曲率

主束 P 上の接続形式 A の微分 dA のふるまいを見てみよう．

補題 4.2 $X_u^*,Y_u^*\in V_u$，$w\in H_u$ に対して，$(dA)_u(X_u^*,Y_u^*)=-[X,Y]$ および $(dA)_u(X_u^*,w)=0$ となる．

証明 Z,W を P 上のベクトル場とすれば，$(dA)(Z,W)=Z(A(W))-W(A(Z))-A([Z,W])$ となる．そこで，$X,Y\in\mathfrak{g}$ に対して，$A(X^*)=X$（定数）および $[X^*,Y^*]=[X,Y]^*$ から，$(dA)_u(X_u^*,Y_u^*)=-[X,Y]$ となる．また，$w\in H_u$ は水平束 H の切断 $W\in\Gamma(P,H)$ で $W_u=w$ となるものへ拡張できる．$dR_g(H)=H$ であり，X^* の 1 パラメータ変換群が $R_{\exp tX}$ であることから，$[X^*,W]\in\Gamma(P,H)$ となる．よって，

$$(dA)(X^*,W)=X^*(A(W))-W(A(X^*))-A([X^*,W])=0$$

となる．□

次に，接続形式 A に対して，P 上の $\mathfrak{g}$ 値 2 形式を

$$[A \wedge A] = \sum_{1 \le i,j \le k} A_i \wedge A_j \otimes [X_i, X_j]$$

と定めると，P 上のベクトル場 Z, W に対し，

$$\begin{aligned}[A \wedge A](Z, W) &= \sum A_i(Z)A_j(W)[X_i, X_j] - \sum A_i(W)A_j(Z)[X_i, X_j] \\ &= [A(Z), A(W)] - [A(W), A(Z)] = 2[A(Z), A(W)]\end{aligned}$$

となる．特に，$[A \wedge A](X^*, Y^*) = 2[X, Y]$ （$X, Y \in \mathfrak{g}$）である．そこで，

$$F_A := dA + \frac{1}{2}[A \wedge A]$$

とすれば，補題 4.2 より $F_A|_{V \times V} = 0$，$F_A|_{V \times H} = 0$ となり，F_A は水平ベクトル束 H 上の交代形式とみなせる．$Z, W \in \Gamma(P, H)$ とすれば，$F_A(Z, W) = -A([Z, W])$ であるので，**$F_A(Z, W)$ は $[Z, W]$ の垂直方向の成分を測るもの**である．

定義 4.3　接続形式 A の曲率（curvature）とは，$F_A = dA + (1/2)[A \wedge A] \in \Omega^2(P) \otimes \mathfrak{g}$ のことである．

▶問 4.1　$F_A \in \Omega^2(P) \otimes \mathfrak{g}$ は G 不変であることを示せ．◀

平坦接続とは，$F_A = 0$ となる接続 A のことである．このとき，水平ベクトルが成す P 上の接分布（水平分布）は**可積分**である．つまり，H を水平束とすれば，ベクトル場 $Z, W \in \Gamma(P, H)$ の括弧積 $[Z, W]$ が，再び $[Z, W] \in \Gamma(P, H)$ となる．特に，M が単連結なら，$P \cong M \times G$ となり，この自明化のもとで平坦接続 A は自明接続となる．

証明　$Z, W \in \Gamma(P, H)$ に対し，$0 = F_A(Z, W) = -A([Z, W])$ より $[Z, W] \in \Gamma(P, H)$ となる．フロベニウスの定理 [51], [70] から，$u \in P$ を通る H に対する極大積分多様体 Q を得る．つまり，u を通る P の部分多様体 Q で，各点 $q \in Q$ の接空間が $T_qQ = H_q$ となるものである．この Q は M の被覆となり，M が単連結なら，Q は主束 $P \to M$ の切断である．よって，$P \cong M \times G$ となり，水平束 H が与える接分布は自明である．□

さて，接続 A の局所表示を与えよう．M の開被覆を $\mathcal{U} = \{U_\alpha\}_\alpha$ として，主 G 束 $\pi : P \to M$ が各 U_α 上で自明化をもつとする．$\pi^{-1}(U_\alpha) \cong U_\alpha \times G$ において，$e(x) = (x, e) \in U_\alpha \times G$ に対応する局所切断を $s^\alpha : U_\alpha \to P|_{U_\alpha}$ とすれば，推移関数 $g_{\alpha\beta}$ は $s^\beta = s^\alpha g_{\alpha\beta}$ により与えられる．P 上の接続 A を切断 s^α で引き戻せば，U_α 上の $\mathfrak{g}$ 値 1 形式 $A_\alpha := (s^\alpha)^*(A)$ が定まる．このとき，$U_\alpha \cap U_\beta \neq \emptyset$ 上で，A_α と A_β は次を満たす．

$$A_\beta = \mathrm{Ad}(g_{\alpha\beta}^{-1})A_\alpha + g_{\alpha\beta}^{-1}dg_{\alpha\beta} \tag{4.1}$$

証明 $v \in T_xM$ に対して，$\gamma(0) = x$, $\gamma'(0) = v$ となる M 内の曲線を $\gamma(t)$ とする．$\left.\dfrac{d}{dt}s^\beta(\gamma(t))\right|_{t=0}$ を計算してみる．

$$\begin{aligned}\left.\frac{d}{dt}s^\beta(\gamma(t))\right|_{t=0} &= \left.\frac{d}{dt}s^\alpha(\gamma(t))\right|_{t=0} g_{\alpha\beta}(x) + s^\alpha(x)\left.\frac{d}{dt}g_{\alpha\beta}(\gamma(t))\right|_{t=0} \\ &= dR_{g_{\alpha\beta}(x)}\left.\frac{d}{dt}s^\alpha(\gamma(t))\right|_{t=0} + s^\beta(x)g_{\alpha\beta}(x)^{-1}\left.\frac{d}{dt}g_{\alpha\beta}(\gamma(t))\right|_{t=0}\end{aligned}$$

第 2 項は $g_{\alpha\beta}(x)^{-1}dg_{\alpha\beta}(v) \in \mathfrak{g}$ に対する基本ベクトル場の点 $s^\beta(x)$ での値であることに注意する．上の等式を接続 A に代入すれば，次を得る．

$$A_\beta(v) = A(dR_{g_{\alpha\beta}}ds^\alpha(v)) + g_{\alpha\beta}^{-1}dg_{\alpha\beta}(v) = \mathrm{Ad}(g_{\alpha\beta}^{-1})A_\alpha(v) + g_{\alpha\beta}^{-1}dg_{\alpha\beta}(v) \qquad \square$$

曲率 F_A の局所表示を見ていく．$F_\alpha := (s^\alpha)^*F_A$ とすれば，次のような U_α 上の $\mathfrak{g}$ 値 2 次微分形式を得る．

$$F_\alpha = dA_\alpha + \frac{1}{2}[A_\alpha \wedge A_\alpha]$$

▶**問 4.2** 曲率 F_A の局所表示 $\{F_\alpha\}_\alpha$ を考える．$U_\alpha \cap U_\beta$ 上の変換則は $F_\beta = \mathrm{Ad}(g_{\alpha\beta}^{-1})F_\alpha$ となることを示せ．そこで，P の同伴ベクトル束 $\mathfrak{g}_P := P \times_{\mathrm{Ad}} \mathfrak{g}$ を考えると，$F_A \in \Gamma(M, \Lambda^2(T^*M) \otimes \mathfrak{g}_P)$ となる． ◀

▶**問 4.3** $\pi : P \to M$ を主 G 束とし，$f : N \to M$ を滑らかな写像とする．このとき，$\pi : P \to M$ の引き戻し束 $f^*P := \{(x, u) \in N \times P \mid u \in P_{f(x)}\}$ を得る．これが主 G 束となることを示せ．また，写像 $\tilde{f} : f^*P \ni (x, u) \mapsto u \in P$ は，次を可換とする G 同変写像であることを示せ．

$$\begin{array}{ccc} f^*P & \xrightarrow{\tilde{f}} & P \\ {\scriptstyle\pi}\downarrow & & \downarrow{\scriptstyle\pi} \\ N & \xrightarrow{f} & M \end{array}$$

次に，P 上の接続 A に対して，$f^*A := \tilde{f}^*A$ は f^*P 上の接続となることを示せ．この接続を**引き戻し接続**という．なお，A の局所表示を $\{A_\alpha\}_\alpha$ とすれば，f^*A の局所表示は $\{f^*(A_\alpha)\}_\alpha$ である．また，$F_{f^*A} = \tilde{f}^*F_A$ の局所表示は $\{f^*(F_\alpha)\}_\alpha$ である． ◀

4.1.3 チャーン類の曲率表示

複素ベクトル束の特性類であるチャーン類が曲率 F_A で具体的に表示できることを説明しよう．$p : E \to M$ を複素ベクトル束とする．ファイバー計量を入れて，E のユニタリフレーム束である主 $\mathrm{U}(r)$ 束 $\mathbf{U}(E)$ を考える．$\mathbf{U}(E)$ 上に接続形式 A があるとし，曲率を F_A とする．U_α 上での曲率の局所表示 F_α は U_α 上の $\mathfrak{u}(r)$ 値 2 次微分形式であるので，$\det(I+(i/2\pi)F_\alpha)$ は U_α 上の微分形式となる．ここで，F_α の行列成分は2次微分形式なので互いに可換であり，通常の行列式のように考えてよい．また，$U_\alpha \cap U_\beta$ 上変換則 $F_\beta = \mathrm{Ad}(g_{\alpha\beta}^{-1})F_\alpha$ から，$\det(I+(i/2\pi)F_\alpha) = \det(I+(i/2\pi)F_\beta)$ となるので，$\{\det(I+(i/2\pi)F_\alpha)\}_\alpha$ は M 上の大域的な微分形式を定める．そこで，

$$c(E,A) := \det\left(I + \frac{i}{2\pi}F_A\right) = 1 + c_1(E,A) + c_2(E,A) + \cdots + c_r(E,A)$$

と定義し，E の**全チャーン形式**とよぶ．ここで，$c_i(E,A)$ は $2i$ 次微分形式である．ビアンキ恒等式（問4.7）から $d(c(E,A)) = 0$ となり，各 $c_i(E,A)$ はドラームコホモロジー $[c_i(E,A)] \in H^{2i}(M,\mathbb{R})$ を定める．このとき，次がわかる．

(1) $[c_i(E,A)]$ **は接続** A **に依存しない**．そこで，$c_i(E) = [c_i(E,A)] \in H^{2i}(M;\mathbb{R})$ と書く．

(2) $f : N \to M$ を滑らかな写像とすれば，$c_k(f^*E) = f^*c_k(E)$.

(3) $c(E \oplus E') = c(E)c(E')$.

(4) $\displaystyle\int_{\mathbb{C}\mathrm{P}^1} c_1(\eta) = -1.$

証明　1番目の主張の証明は文献 [43] などを見てほしい．2番目の主張は，接続 A の引き戻し接続 f^*A を利用すれば，$c_i(f^*E, f^*A) = f^*c_i(E,A)$ となることから従う．3番目の主張を示そう．$p : E \to M$，$p' : E' \to M$ に対する主束上の接続形式を A, A' とする．このとき，$\mathbf{U}(E \oplus E')$ の接続 $A \oplus A' = \begin{pmatrix} A & 0 \\ 0 & A' \end{pmatrix}$ を得る．そこで，

$$\begin{aligned} c(E \oplus E', A \oplus A') &= \det\left(I + \frac{i}{2\pi}\begin{pmatrix} F_A & 0 \\ 0 & F_{A'} \end{pmatrix}\right) \\ &= \det\left(I + \frac{i}{2\pi}F_A\right)\det\left(I + \frac{i}{2\pi}F_{A'}\right) = c(E,A)c(E',A') \end{aligned}$$

となるので，3番目の主張が証明される．4番目は，すでに命題3.7で証明した．　□

以上のことから，上のような曲率による $c_i(E)$ の定義はチャーン類の公理（定理3.8）を満たす．公理を満たすものは唯一つなので，曲率によるチャーン類は3.8.2項で述べたものと一致する．特に，$c_i(E) = [c_i(E,A)] \in H^{2i}(M,\mathbb{Z})$ と $\mathbb{Z}$ 係数のコホモロジーに値をもつ．

同様にして，ポントリャーギン類やオイラー類も曲率を用いて書くことができる [43]．

4.2 平行移動とホロノミー

主束 $P \to M$ 上の接続のより幾何学的な意味を考えたい．P 上に接続があれば，$x, y \in M$ を結ぶ曲線に沿って $P_x = \pi^{-1}(x)$ と $P_y = \pi^{-1}(y)$ をつなぐ「平行移動」を定められる．平行移動は同伴ベクトル束でも行うことができ，共変微分が定義できる（式 (4.8)）．この節では，平行移動とホロノミーについて説明しよう．

主 G 束 $\pi : P \to M$ を考え，接続（水平束 H）が入っているとする．点 $x \in M$ を始点とする M 内の区分的に滑らかな曲線（有限個の滑らかな曲線をつないだ曲線）

$$\gamma : I = [0,1] \ni t \mapsto \gamma(t) \in M, \quad \gamma(0) = x$$

を考え，$\pi(u) = x$ となる点 $u \in P$ を固定する．γ の u を始点とする**水平リフト**とは，P 内の曲線 $\tilde{\gamma} : I \to P$ であり，

$$\tilde{\gamma}'(t) = \frac{d}{dt}\tilde{\gamma}(t) \in H_{\gamma(t)}, \quad \pi(\tilde{\gamma}(t)) = \gamma(t), \quad (t \in I), \quad \tilde{\gamma}(0) = u$$

を満たすものである．これは次のように構成すればよい．局所自明化 $\pi^{-1}(U_\alpha) \cong U_\alpha \times G$ に対する接続形式を A_α として，$U_\alpha \times G$ 内の曲線 $(\gamma(t), g(t))$ を考える．このとき，式 (4.1) と同様に考えれば，この曲線が水平であることは，$g(t)$ が

$$\mathrm{Ad}(g(t)^{-1})A_\alpha(\gamma'(t)) + g(t)^{-1}g'(t) = 0 \tag{4.2}$$

を満たすことと同値である．よって，常微分方程式の解の存在と一意性から，与えられた初期値に対して唯一つの解 $g(t)$ を得る．あとは解をつなぎ合わせればよい．

このように，γ に対する水平リフト $\tilde{\gamma}$ は始点 u が定まれば唯一つ存在する．また，$u \in P$ と同じファイバー上の点 ug を始点とする水平リフトは $\tilde{\gamma}g$ となる．そこで，$P_x = \pi^{-1}(x)$ の各点を始点とする水平リフトを考えれば，P_x から $P_y = \pi^{-1}(y)$ $(y = \gamma(1))$ への G 同変な微分同相写像を得る．この微分同相を

$$\Phi(\gamma) : \pi^{-1}(\gamma(0)) \to \pi^{-1}(\gamma(1)), \quad (R_g\Phi(\gamma) = \Phi(\gamma)R_g)$$

と書き，γ に沿った**平行移動**（parallel transport）という（図 4.3(a)）．

さて，$x \in M$ および $u \in P$ $(\pi(u) = x)$ を固定しておく．x を始点かつ終点とする M 内の（区分的に滑らかな）ループ全体を

$$\Omega_x(M) = \{\gamma : I \to M \mid \gamma(0) = \gamma(1) = x, \text{区分的に滑らか}\}$$

とする．$\gamma \in \Omega_x(M)$ に対して，$\Phi(\gamma)(u) = ug_\gamma$ となる $g_\gamma \in G$ が唯一つ定まるので（図 4.3(b)），写像

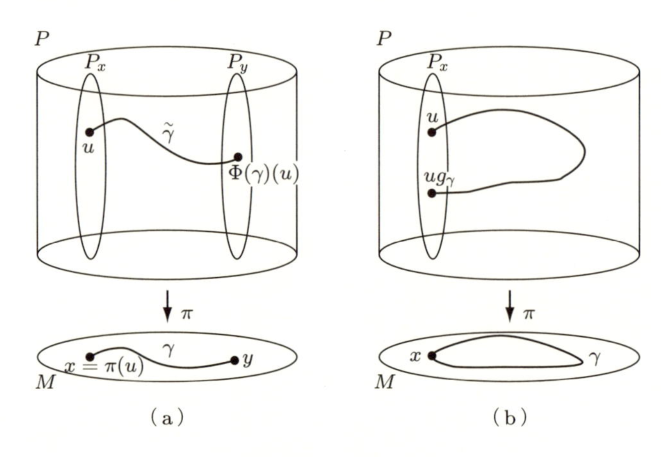

図 4.3　平行移動

$$\Psi_u : \Omega_x(M) \ni \gamma \mapsto g_\gamma \in G$$

を得る．このとき，$\Psi_u(\Omega_x(M)) \subset G$ は G の部分群になる．

証明　$\Phi(\gamma_1)(u) = ug_{\gamma_1}$，$\Phi(\gamma_2)(u) = ug_{\gamma_2}$ とする．

$$\gamma_1\gamma_2(t) := \begin{cases} \gamma_2(2t) & (0 \le t \le 1/2) \\ \gamma_1(2t-1) & (1/2 \le t \le 1) \end{cases}$$

とすれば，$\gamma_1\gamma_2 \in \Omega_x(M)$ であり，$\Phi(\gamma_1\gamma_2)(u) = \Phi(\gamma_1)(\Phi(\gamma_2)(u)) = (ug_{\gamma_1})g_{\gamma_2} = u(g_{\gamma_1}g_{\gamma_2})$ となるので，$g_{\gamma_1}g_{\gamma_2} \in \Phi_u(\Omega_x(M))$ となる．また，γ の逆方向に進む曲線を $\gamma_{-1}(t) = \gamma(1-t)$ とすれば，水平リフトは $\widetilde{\gamma_{-1}}(t) = \tilde{\gamma}(1-t)$ となることから，$g_\gamma \in \Psi_u(\Omega_x(M))$ なら $g_\gamma^{-1} \in \Psi_u(\Omega_x(M))$ がわかる．　□

そこで，

$$\mathrm{Hol}(M, A) := \Psi_u(\Omega_x(M)) \subset G$$

を**接続 A に対するホロノミー群** (holonomy group) とよぶ．また，定数ループにホモトピック（連続的に変形できることである．定義 A.12 参照）なループの全体を $\Omega_x^0(M)$ としたとき，

$$\mathrm{Hol}^0(M, A) := \Psi_u(\Omega_x^0(M)) \subset G$$

を**制限ホロノミー群**とよぶ．

▶問 4.4　$\mathrm{Hol}(M, A) = \Psi_u(\Omega_x(M))$ は，$x \in M$，$u \in P_x$ に依存しているが，それらを変えても同型となる．$u \in P_x$ を $ug \in P_x$ と変えて得られるホロノミー群 $\Psi_{ug}(\Omega_x(M))$ は $g^{-1}\Psi_u(\Omega_x(M))g \subset G$ となることを示せ．また，多様体 M が連結の場合に，基点 $x \in M$ を

$y \in M$ に取り替えてみる．x, y を結ぶ曲線に対する平行移動を考えることにより，$\Psi_u(\Omega_x(M))$ と $\Psi_v(\Omega_y(M))$ は同型（G の部分群として共役）となることを示せ． ◀

この節の以下で述べることの詳細は文献 [46] を参照にしてほしい．まず，制限ホロノミー群とホロノミー群の関係については次が知られている．

命題 4.2 $\mathrm{Hol}(M, A)$ は G の部分リー群であり，$\mathrm{Hol}^0(M, A)$ は $\mathrm{Hol}(M, A)$ の単位元連結成分になる．

また，リー群 $\mathrm{Hol}(M, A)$ のリー環を $\mathfrak{h}(M, A)$ と書き，**ホロノミー環**とよぶ．

命題 4.3 点 u における曲率 F_A は $\mathfrak{h}(M, A)$ に値をもつ．

証明 M 上のベクトル場 X, Y の（局所）1 パラメータ変換群を ϕ_t, ψ_t として，x を始点とした曲線 $\gamma(t) = \psi_{-s}\phi_{-s}\psi_s\phi_s(x)$（$s = \sqrt{t}$）を考える．$t = 0$ における接ベクトルは $\gamma'(0) = [X, Y]_x$ となる [70]．同様に，X, Y に対する（局所的な）水平ベクトル場を $\tilde{X}, \tilde{Y}$ として，$\tilde{\gamma}(t)$ を考えれば $\tilde{\gamma}'(0) = [\tilde{X}, \tilde{Y}]_u$ となる．ホロノミーリー環の定義から，この接ベクトルの垂直方向は $\mathfrak{h}(M, A)$ の元である．一方，曲率 F_A は水平ベクトル場 $\tilde{X}, \tilde{Y}$ のリー括弧 $[\tilde{X}, \tilde{Y}]$ の垂直方向成分を測るものなので，$F_A(\tilde{X}, \tilde{Y}) \in \mathfrak{h}(M, A)$ がわかる．このように，曲率 F_A は P 上の $\mathfrak{h}(M, A)$ 値 2 次微分形式である． □

ホロノミー群で重要なことは，次のホロノミー簡約である．

命題 4.4 連結な多様体 M 上の主 G 束 P および接続 A を考える．このとき，P の構造群は $\mathrm{Hol}(M, A)$ へと簡約可能である．その主 $\mathrm{Hol}(M, A)$ 束を Q とすると，$A|_Q$ は Q 上の接続を与える．逆に，この Q, $A|_Q$ から P と A をつくることができる．

証明の概略 点 $u \in P$ を固定し，u から水平曲線で結べる点全体の集合を $Q \subset P$ とする．この Q は主 $\mathrm{Hol}(M, A)$ 束となる．そして，$TP = H \oplus V$ なら $TQ = H \oplus (V \cap TQ)$ により，Q 上の接続が定まる．また，$i : \mathrm{Hol}(M, A) \to G$ を埋め込みとする．主束 Q と Q 上の接続 A があれば，$P = Q \times_i G$ として主束 P を再現でき，水平方向がすでに定まっているので P 上の接続へ拡張できる． □

先ほど述べたように，曲率 F_A はホロノミー環に値をもつので，次の命題を得る．

命題 4.5 $F_A \in \Gamma(M, \Lambda^2(T^*M) \otimes \mathfrak{h}(M, A)_Q)$ となる．ここで，$\mathfrak{h}(M, A)_Q := Q \times_{\mathrm{Ad}} \mathfrak{h}(M, A)$ である．

逆に，曲率を調べればホロノミー群のリー環がわかることが知られている．

定理 4.1 (**アンブローズ-シンガー** (Ambrose-Singer) **の定理** [1])　ホロノミー環 $\mathfrak{h}(M,A)$ は，次のような元で生成されるリー環である．

$$\{F_A(\tilde{X},\tilde{Y})_u \mid u \in Q,\ X,Y \in T_{\pi(u)}M\} \subset \mathfrak{g} \tag{4.3}$$

ここで，$u \in Q$ も動かすことに注意しよう．

4.3　ベクトル束上の共変微分と平行切断

4.3.1　ベクトル束上の共変微分

ベクトル束 $p : E \to M$ 上の共変微分とは，$\Gamma(M,E)$ 上の 1 階微分作用素である．

定義 4.4　実（または複素）ベクトル束 $E \to M$ を考える．$\Gamma(M,E)$ 上の**共変微分** (covariant derivative) とは，次を満たす微分作用素 ∇ のことである．

(1) $\nabla : \Gamma(M,E) \to \Gamma(M, T^*M \otimes E)$ は線形写像である．つまり，

$$\nabla(c_1 s + c_2 s_2) = c_1 \nabla s_1 + c_2 \nabla s_2, \quad (s_1, s_2 \in \Gamma(M,E),\ c_1, c_2 \in \mathbb{R}\ (\text{or}\ \mathbb{C}))$$

(2) ライプニッツ (Leibniz) 則が成立する．つまり，

$$\nabla(fs) = df \otimes s + f\nabla s, \quad (s \in \Gamma(M,E),\ f \in C^\infty(M))$$

また，切断 $s \in \Gamma(M,E)$ とベクトル場 $X \in \mathfrak{X}(M)$ に対して，∇s の T^*M 成分に X を代入すれば，s の X に沿った共変微分 $\nabla_X s := (\nabla s)(X) \in \Gamma(M,E)$ が定まり，$\nabla_{fX+gY} s = f\nabla_X s + g\nabla_Y s$ ($f, g \in C^\infty(M)$，$X, Y \in \mathfrak{X}(M)$) となる．

そこで，方向微分が定義できる．$x \in M$，$v \in T_xM$ とする．v を点 x の近傍へ拡張したベクトル場を X としたとき，$\nabla_v s := (\nabla_X s)(x)$ とする．これは，$f\nabla_X = \nabla_{fX}$ ($f \in C^\infty(M)$) であることから拡張の仕方によらない．このように，**点 x における $v \in T_xM$ 方向の共変微分**を得ることができた．

主 G 束 P 上の接続 A が，同伴ベクトル束上の共変微分を与えることを見ていこう．P 上に接続 A および構造群 G の表現 (ρ, V) が与えられているとし，P の同伴ベクトル束 $\mathbf{V} := P \times_\rho V$ を考える．接続 A から $\mathbf{V}$ 上の共変微分は次のように定義できる．$s : U \to P$ を U 上の局所切断とする．また，表現空間 V の基底 $\{\mathbf{e}_i\}_{1 \le i \le r}$ を選んでおく．このとき $e_i(x) := [s(x), \mathbf{e}_i]$ により，同伴ベクトル束 $\mathbf{V}$ の U 上の局所フレーム $\{e_i\}_i$ が定まる．まず，

$$(\nabla e_i)(x) := d\rho(s^*(A))e_i(x) = [s(x), d\rho(s^*(A))\mathbf{e}_i], \quad (x \in U) \tag{4.4}$$

と定める．ここで，$d\rho$ は表現 ρ の微分表現（A.2 節）である．また，$s^*(A)$ は U 上の $\mathfrak{g}$ 値 1 形式であることに注意しよう．上の定義は $e_i = [s, \mathbf{e}_i]$ の代表元の選び方によらないことがわかる．

証明 まず，微分表現 $d\rho$ に対して，次の式が成立することに注意しよう．

$$d\rho(\mathrm{Ad}(g)X) = \rho(g)d\rho(X)\rho(g^{-1}), \quad (X \in \mathfrak{g},\ g \in G)$$

局所切断 $e_i(x)$ の別の代表元 $[sg, \rho(g^{-1})\mathbf{e}_i]$ に対して，式 (4.4) は

$$\begin{aligned}\nabla e_i &= [sg, d\rho((s\cdot g)^*(A))\rho(g^{-1})\mathbf{e}_i] = [sg, d\rho(R_g(s)^*(A))\rho(g^{-1})\mathbf{e}_i] \\ &= [sg, d\rho(\mathrm{Ad}(g^{-1})(s)^*(A))\rho(g^{-1})\mathbf{e}_i] = [s, d\rho(s^*(A))\mathbf{e}_i]\end{aligned}$$

となる． □

次に，U 上の任意の切断 $e \in \Gamma(U, \mathbf{V})$ は $e = \sum \xi^i e_i$ （$\xi^i \in C^\infty(U)$）と書けるので，∇e はライプニッツ則を使って

$$(\nabla e) := \sum d\xi^i \otimes e_i + \xi^i d\rho(s^*(A))e_i = (d + d\rho(s^*(A)))e \tag{4.5}$$

と定義する．この定義が局所切断 s のとり方によらないことを示しておこう．

証明 他の局所切断を s' とすれば，U 上の G 値関数 g が存在して $s' = sg$ と書ける．$\rho(g(x))$ の基底 $\{\mathbf{e}_i\}_i$ に関する表現行列を $(g_i^j(x))_{i,j}$ とすれば，s' に対する局所フレーム $e'_i = [s', \mathbf{e}_i]$ は $e'_i(x) = \sum g_i^j(x)e_j(x)$ となる．そこで，ライプニッツ則から $\nabla e'_i = \sum dg_i^j e_j + \sum g_i^j \nabla e_j$ となる．一方で，式 (4.1) を使って，

$$\begin{aligned}\nabla e'_i &= d\rho(s'^*(A))e'_i = [s', d\rho(s'^*(A))\mathbf{e}_i] = [sg, d\rho(\mathrm{Ad}(g^{-1})s^*A + g^{-1}dg)\mathbf{e}_i] \\ &= [s, d\rho(s^*A)\rho(g)\mathbf{e}_i + d\rho(dg(x))\mathbf{e}_i] = \sum g_i^j \nabla e_j + \sum dg_i^j e_j\end{aligned}$$

となる．よって，異なる局所切断をとっても同じ共変微分を与える． □

以上から，主束上の接続 A から同伴ベクトル束上の共変微分を得ることができた．

▶問 4.5 $p : E \to M$ をベクトル束として，E 上の共変微分 ∇ が与えられているとする．この ∇ を用いて，E のフレーム束 $\mathbf{GL}(E)$ 上に接続を定義せよ．さらに，その接続が導く E 上の共変微分が ∇ と一致することを示せ． ◀

さて，共変微分の曲率を定義しよう．

定義 4.5 ベクトル束 $p : E \to M$ 上の**共変微分** ∇ **に対する曲率**を次で定義する

$$R(X, Y) := \nabla_X \nabla_Y - \nabla_Y \nabla_X - \nabla_{[X,Y]}, \quad (X, Y \in \mathfrak{X}(M)) \tag{4.6}$$

▶問 4.6　$f \in C^\infty(M)$, $s \in \Gamma(M, E)$ として，$R(fX, Y)s = R(X, fY)s = R(X, Y)(fs) = fR(X, Y)s$ を示せ．また，$R(X, Y) = -R(Y, X)$ を示せ．特に，R はベクトル束 $\Lambda^2(M) \otimes \mathrm{End}(E)$ の切断である．◀

主束 P 上の接続 A から導かれる同伴束 $\mathbf{V} = P \times_\rho V$ 上の共変微分の曲率を R_ρ とする．このとき，R_ρ は局所切断 $s : U \to P$ を使って次のように表せる．

$$R_\rho(X, Y) = d\rho((s^* F_A)(X, Y)) \tag{4.7}$$

証明　式 (4.4) を

$$\nabla e_i = d\rho(s^*(A))e_i = \sum_j \omega^i_j \otimes e_j$$

と表示しておく．ここで，ω^i_j は U 上の 1 次微分形式である．このとき，

$$\nabla_X \nabla_Y e_i = \nabla_X \left(\sum \omega^i_j(Y)e_j\right) = \sum X\omega^i_j(Y)e_j + \sum \omega^i_j(Y)\omega^j_k(X)e_k$$

となるので，

$$\begin{aligned}
R_\rho(X, Y)e_i &= (\nabla_X\nabla_Y - \nabla_Y\nabla_X - \nabla_{[X,Y]})e_i \\
&= \sum (X\omega^i_j(Y) - Y\omega^i_j(X))e_j \\
&\quad + \sum (\omega^i_j(Y)\omega^j_k(X) - \omega^i_j(X)\omega^j_k(Y))e_k - \sum \omega^i_j([X, Y])e_j \\
&= \sum d\omega^i_j(X, Y)e_j + \sum (\omega^j_k(X)\omega^i_j(Y) - \omega^j_k(Y)\omega^i_j(X))e_k \\
&= d\rho\left(\left(s^*\left(dA + \frac{1}{2}[A \wedge A]\right)\right)(X, Y)\right)e_i = d\rho((s^*F_A)(X, Y))e_i
\end{aligned}$$

となる．□

共変外微分についても説明しておこう．同伴束と微分形式のベクトル束のテンソル積束である M 上のベクトル束 $\Lambda^k(\mathbf{V}) := \Lambda^k(T^*M) \otimes \mathbf{V}$ を考える．このとき，$\Omega^k(\mathbf{V}) := \Gamma(M, \Lambda^k(\mathbf{V}))$ 上に次のように微分作用素 d^∇ が定まる．これを共変外微分という．

$$d^\nabla : \Omega^k(\mathbf{V}) \ni \alpha \otimes e \mapsto d^\nabla(\alpha \otimes e) = d\alpha \otimes e + (-1)^k \alpha \wedge \nabla e \in \Omega^{k+1}(\mathbf{V})$$

共変外微分を使えば，曲率は $R_\rho = d^\nabla \circ \nabla$ と書ける．

証明　$\nabla e_i = \sum \omega^i_j \otimes e_j$ とすれば，次が成立する．

$$\begin{aligned}
(d^\nabla \nabla e_i)(X, Y) &= \sum_j d^\nabla(\omega^i_j \otimes e_j)(X, Y) = \sum_j d\omega^i_j(X, Y)e_j - \sum_j (\omega^i_j \wedge \nabla e_j)(X, Y) \\
&= \sum_j d\omega^i_j(X, Y)e_j - \sum_{j,k} (\omega^i_j(X)\omega^j_k(Y)e_k - \omega^i_j(Y)\omega^j_k(X)e_k)
\end{aligned}$$

$$= R_\rho(X,Y)e_i \qquad \square$$

通常の外微分 d は $d^2 = 0$ を満たすが，共変外微分の場合は $(d^\nabla)^2$ が零になるとは限らない．それを測るのが曲率なのである．

▶**問 4.7**　問 4.2 より，主束上の曲率 F_A は $\Lambda^2(\mathfrak{g}_P) = \Lambda^2(M) \otimes \mathfrak{g}_P$ の切断とみなすことができた．このとき，$d^\nabla F_A = 0$ を証明せよ．これを**ビアンキ**（Bianchi）**恒等式**とよぶ．あとで述べるリーマン曲率の場合には，この $d^\nabla F = 0$ を第 2 ビアンキ恒等式という．◀

$p : E \to M$ 上に共変微分 ∇ があれば，E^* や $E \otimes E$ などにも共変微分を導ける．E^* 上に共変微分を定義するには，$s \in \Gamma(M,E)$，$\phi \in \Gamma(M,E^*)$，$X \in \mathfrak{X}(M)$ に対して，ライプニッツ則

$$X(\phi(s)) = \phi(\nabla_X s) + (\nabla_X \phi)(s)$$

を満たすようにする．つまり，$\nabla_X \phi \in \Gamma(M,E^*)$ を，

$$(\nabla_X \phi)(s) := X(\phi(s)) - \phi(\nabla_X s), \quad (\forall s \in \Gamma(M,E))$$

とする．また，$\Gamma(M, E \otimes E)$ 上の共変微分は，$s_1, s_2 \in \Gamma(M,E)$ に対して，

$$\nabla_X(s_1 \otimes s_2) = \nabla_X s_1 \otimes s_2 + s_1 \otimes \nabla_X s_2$$

を線形に拡張することで得られる．

▶**問 4.8**　主束上の接続 A から導かれる $\mathbf{V}$ 上の共変微分を考える．局所表示は $\nabla = d + d\rho(s^*A)$ であった．双対束 $\mathbf{V}^*$ 上の共変微分の局所表示は $\nabla = d + d\rho^*(s^*A)$ となることを示せ．ここで，(ρ^*, V^*) は (ρ, V) の双対表現である．◀

4.3.2　平行切断

同伴ベクトル束 $\mathbf{V} = P \times_\rho V$ 上の共変微分と平行移動の関係を述べよう．M 内の曲線 γ を考える．接続 A に関する P における γ の水平リフトを $\tilde{\gamma}$（始点 $u \in P$）とする．このとき，$\mathbf{V}$ での γ に沿った平行移動を

$$\Phi(\gamma) : \mathbf{V}_{\gamma(0)} \ni [u,v] \mapsto [\tilde{\gamma}(1), v] \in \mathbf{V}_{\gamma(1)}$$

と定める．これが線形同型となることは明らかであろう．ホロノミー群も主束の場合と同様に定義することができ，ホロノミー群は $\rho(\mathrm{Hol}(M,A)) \subset \mathrm{GL}(V)$ となる．

また，平行移動を用いて共変微分を定義することができる．$s \in \Gamma(M,\mathbf{V})$，$v \in T_xM$ に対して，$x = \gamma(0)$ かつ $v = \gamma'(0)$ となる曲線を $\gamma(t)$ としたとき，

$$\nabla_{\gamma'(0)}s := \lim_{t\to 0}\frac{\Phi(\gamma(t))^{-1}(s(\gamma(t))) - s(\gamma(0))}{t} \tag{4.8}$$

とすれば，4.3.1 項での共変微分の定義と一致する．

証明　主 G 束を局所自明化し，水平リフトを $(\gamma(t), g(t)) \in U_\alpha \times G$（$g(0) = e$）とする．この $g(t)$ は微分方程式 (4.2) を満たす．この自明化に対応する同伴束の局所自明化 $p^{-1}(U_\alpha) \cong U_\alpha \times V$ を考え，局所切断 $e_i(x) = (x, \mathbf{e}_i)$ をとる．このとき，$(x, \mathbf{e}_i)$ の γ に沿った平行移動は，$(\gamma(t), \rho(g(t))\mathbf{e}_i)$ となる．そこで，式 (4.8) の局所表示は

$$\nabla_{\gamma'(0)}e_i = \left(x,\ \frac{d}{dt}(\rho(g(t))^{-1}\mathbf{e}_i)\bigg|_{t=0}\right) = (x, -d\rho(g'(0))\mathbf{e}_i) = d\rho(A_\alpha(\gamma'(0)))e_i$$

となるので，式 (4.4) を与える．□

逆に，共変微分 ∇ からベクトル束上の平行移動を定義できる．M 内の曲線 γ 上の E の切断 $s(\gamma(t))$ が平行であることを $\nabla_{\gamma'(t)}s = 0$ とすればよい．このように，「共変微分」と「平行移動」は同値な概念である．

平行移動に沿って不変な切断である平行切断を定義しよう．

定義 4.6　ベクトル束 $p: E \to M$ 上の共変微分 ∇ が与えられているとする．切断 $s \in \Gamma(M, E)$ が**平行切断**とは，$\nabla s = 0$ となることである．これは，M 内の任意の曲線に沿った平行移動に対して s が不変であることと同値である．

命題 4.6　M を連結として，ベクトル束 $p: E \to M$ の平行切断 s があるとする．s が点 $x \in M$ で $s(x) = 0$ ならば，s は M 上で恒等的に零である．よって，平行切断 s が恒等的に零でないなら，s は零点をもたない．

証明　$\nabla s = 0$ かつ点 x で $s(x) = 0$ とする．$y \in M$ として x, y を曲線 γ で結んで E_x と E_y の間の平行移動（線形写像）を考えると，$0 = \Phi(\gamma)(s(x)) = s(y)$ となる．□

平行切断に関して次の命題は重要である．いくつかの平行切断が存在したとき，それらを固定する構造群 G の部分群 H を考えると，ホロノミー群 $\mathrm{Hol}(M, A)$ は H の部分群となるのである．

命題 4.7　主 G 束 $P \to M$ 上の接続 A および構造群 G の表現 (ρ, V) に対する同伴ベクトル束 $\mathbf{V}$ を考える．A から導かれる共変微分を ∇ とする．$x_0 \in M$ を固定しておく．このとき，$s \in \Gamma(M, \mathbf{V})$ が平行切断とすれば，$s(x_0)$ は x_0 におけるホロノミー群 $\mathrm{Hol}(M, A)$ の作用で不変である．逆に，ホロノミー群の作用で不変なベクトル $v \in V$ が存在すれば，$\mathbf{V}$ の平行切断 s で $s(x_0) = [u_0, v]$ となるものが存在する．

証明 $\nabla s = 0$ とすれば，s は平行移動によって不変であるので，x_0 を基点とする任意のループに対する平行移動によって不変となる．よって，$s(x_0)$ はホロノミー群の作用 $\rho(\mathrm{Hol}(M,A))$ で不変である．逆に，$\rho(\mathrm{Hol}(M,A))$ で不変なベクトル v を考える．ここで，$\mathrm{Hol}(M,A)$ は点 u_0 を基点とするホロノミー群とする．$s(x_0) = [u_0, v]$ として，任意の点 $x \in M$ での値 $s(x)$ を，x と x_0 を結ぶ曲線 γ に対する平行移動によって定める．つまり，$s(x) = \Phi(\gamma)(s(x_0))$ とする．x_0 と x を結ぶ他の曲線 γ_1 をとった場合でも，

$$\gamma_2(t) = \begin{cases} \gamma(2t) & (0 \leq t \leq 1/2) \\ \gamma_1(2-2t) & (1/2 \leq t \leq 1) \end{cases}$$

とすれば，$\Phi(\gamma_1)^{-1}\Phi(\gamma) = \Phi(\gamma_2) \in \rho(\mathrm{Hol}(M,A))$ であり，v がホロノミー群で不変であるため，$\Phi(\gamma)(s(x_0)) = \Phi(\gamma_1)(s(x_0))$ となるので，$s(x)$ は曲線のとり方によらない．よって，s は $\mathbf{V}$ の大域的な平行切断である． □

■例 4.2 主 G 束 P のランク r の同伴複素ベクトル束 $\mathbf{V} = P \times_\rho V$ を考える．

- 同伴ベクトル束のファイバー計量 h は $\mathbf{V}^* \otimes \overline{\mathbf{V}^*}$ の切断とみなせる．$\nabla h = 0$ であるなら，$\rho(\mathrm{Hol}(M,A)) \subset \mathrm{U}(r)$ となる．特に，$d\rho(\mathfrak{h}(M,A)) \subset \mathfrak{u}(r)$ であるので，曲率 R_ρ は $\mathfrak{u}(r)$ 値 2 形式となる．
- V の $\rho(\mathrm{Hol}(M,A))$ 不変な部分ベクトル空間 $W \subset V$ があるとき，$\mathbf{V}$ の部分束 $\mathbf{W}$ を得ることができる，そして，$\mathbf{V}$ 上の共変微分 ∇ は $\mathbf{W}$ を保存する．つまり，$s \in \Gamma(M, \mathbf{W})$ とすれば $\nabla_X s \in \Gamma(M, \mathbf{W})$（$\forall X \in \mathfrak{X}(M)$）となる． ■

最後に，計算上たびたび使用する命題を述べておく．

命題 4.8 ベクトル束 $E \to M$ 上に共変微分 ∇ があるとする．点 $x_0 \in M$ に対して，ベクトル束の局所フレーム $\{e_i\}_i$ で $(\nabla e_i)_{x_0} = 0$ となるものが存在する．さらに，平行なファイバー計量が入っているなら，$\{e_i\}_i$ を局所正規直交フレームとできる．

証明 固定した点 x_0 のファイバーの基底 $\{e_i(x_0)\}_i$ を固定する．点 x_0 から放射線状に $\{e_i(x_0)\}_i$ を平行移動させることで，局所切断の族 $\{e_i\}_i$ を得る．このとき，x_0 の近傍を十分小さくとれば，$\{e_i\}_i$ の一次独立性が保たれるので局所フレームとなる．そして，任意の $v \in T_{x_0}M$ に対して $\nabla_v e_i = 0$ である．2 番目の主張は，計量が平行であることから，平行移動により $\{e_i\}_i$ の正規直交性が保たれることによる．なお，注意すべきは，構成した局所フレームは点 x_0 では $(\nabla e_i)_{x_0} = 0$ であるが，その近傍で平行切断になるとは限らないことである（曲率が零なら平行切断になる）．たとえば，$(\nabla e_i)_{x_0} = 0$ だからといって $(\nabla\nabla e_i)_{x_0}$ は零とは限らない． □

4.4　レビ＝チビタ接続と曲率

リーマン多様体上には，リーマン計量から唯一つ定まるレビ＝チビタ接続という特別な接続が存在する．リーマン幾何学はこのレビ＝チビタ接続を用いて議論される．ここでは，レビ＝チビタ接続とその曲率であるリーマン曲率テンソルについて考える．

4.4.1　レビ＝チビタ接続

多様体 M の接束 TM 上の共変微分 ∇ を考える．このとき，∇ の**捩率テンソル** (torsion tensor) を以下のように定義する．

$$T(X,Y) := \nabla_X Y - \nabla_Y X - [X,Y], \quad (X,Y \in \mathfrak{X}(M))$$

▶**問4.9**　T が $(1,2)$ テンソル場（$T \in \Gamma(M, T^{(1,2)}M)$）であることを示せ．◀

また，TM 上の共変微分 ∇ はテンソル積束 $T^{(r,s)}M$ 上の共変微分を導く．多様体 M にリーマン計量 g が与えられているとき，g は $(0,2)$ テンソル場であるので，

$$(\nabla_X g)(Y,Z) = X(g(Y,Z)) - g(\nabla_X Y, Z) - g(Y, \nabla_X Z), \quad (X,Y,Z \in \mathfrak{X}(M))$$

となる．実は，リーマン多様体 (M,g) 上では，$T=0$，$\nabla g = 0$ を満たす接続（共変微分）が唯一つ存在する．

定義4.7　**リーマン多様体** (M,g) **上のレビ＝チビタ** (Levi-Civita) **接続とは，**$\nabla g = 0$ **と** $T=0$ **を満たす接続のこと**である．

定理4.2　**リーマン計量に対して，レビ＝チビタ接続は唯一つ存在**する．

証明　$X,Y,Z \in \mathfrak{X}(M)$ とする．$\nabla g = 0$，$T=0$ という条件が成立するなら，

$$\begin{aligned}
&X(g(Y,Z)) = g(\nabla_X Y, Z) + g(Y, \nabla_X Z),\\
&Y(g(Z,X)) = g(\nabla_Y Z, X) + g(Z, \nabla_Y X) = g(\nabla_Y Z, X) + g(Z, \nabla_X Y) - g(Z, [X,Y]),\\
&-Z(g(X,Y)) = -g(\nabla_Z X, Y) - g(X, \nabla_Z Y)
\end{aligned}$$

となる．これらの和をとり，再び $T=0$ を使えば，

$$\begin{aligned}
&X(g(Y,Z)) + Y(g(Z,X)) - Z(g(X,Y))\\
&\quad = 2g(\nabla_X Y, Z) + g(Y,[X,Z]) + g([Y,Z],X) - g(Z,[X,Y])
\end{aligned}$$

となる．そこで，∇ を

$$2g(\nabla_X Y, Z) = Xg(Y,Z) + Yg(X,Z) - Zg(X,Y) \\ + g([X,Y],Z) + g([Z,X],Y) - g(X,[Y,Z]) \tag{4.9}$$

と定義すれば共変微分となり，$\nabla g = 0$，$T = 0$ を満たす（**コシュール**（Koszul）**公式**という）．一意性は，$\nabla g = 0$，$T = 0$ から ∇ を定めているので明らかであろう．　□

▶**問 4.10**　(M, g) をリーマン多様体とする．局所座標におけるレビ＝チビタ接続を計算する．$x_1, \ldots, x_n$ を U 上の局所座標，$\partial_i = \dfrac{\partial}{\partial x_i}$ $(i = 1, \ldots, n)$，$g_{ij} = g(\partial_i, \partial_j)$ とする．また，$(g_{ij})_{ij}$ の逆行列を $(g^{ij})_{ij}$ と書くことにする．このとき，

$$\nabla_{\partial_i}\partial_j = \sum_{1 \le l \le n} \Gamma_{ij}^l \partial_l$$

とする．この係数 $\Gamma_{ij}^l \in C^\infty(U)$ がわかればよい．式 (4.9) を利用して，

$$\Gamma_{ij}^l = \sum_{1 \le k \le n} g^{kl} \frac{1}{2}(\partial_i g_{jk} + \partial_j g_{ik} - \partial_k g_{ij})$$

となることを証明せよ．また，$\Gamma_{ij}^k = \Gamma_{ji}^k$ となることを示せ．　◀

以下では，n 次元リーマン多様体上のレビ＝チビタ接続を考察する．

レビ＝チビタ接続 ∇ の局所自明化に関する局所表示を求めてみよう．TM が M の開集合 U 上で局所自明化されたとして，TM の局所正規直交フレーム $(e_1, \ldots, e_n)$ をとる．このとき，

$$\nabla e_k = \sum_{1 \le j \le n} g(\nabla e_k, e_j) e_j$$

となるので，∇ を式 (4.5) のように書けば

$$\nabla = d + \frac{1}{2} \sum_{1 \le i,j \le n} g(\nabla e_i, e_j) e_i \wedge e_j = d + \sum_{1 \le i < j \le n} g(\nabla e_i, e_j) e_i \wedge e_j \tag{4.10}$$

となる．ここで，1.6 節で述べた同型 $\Lambda^2(\mathbb{R}) \cong \mathfrak{so}(n)$ を用いている．

証明　式 (4.10) に e_k を代入すれば，次のようになる．

$$\frac{1}{2}\sum_{i,j} g(\nabla e_i, e_j)(e_i \wedge e_j)(e_k) = \frac{1}{2}\sum_{i,j} g(\nabla e_i, e_j)(\delta_{ik} e_j - \delta_{jk} e_i) = \sum_j g(\nabla e_k, e_j) e_j \quad \square$$

レビ＝チビタ接続に対する曲率は，式 (4.6) より，

$$R(X,Y)Z = \nabla_X \nabla_Y Z - \nabla_Y \nabla_X Z - \nabla_{[X,Y]} Z, \quad (X, Y, Z \in \mathfrak{X}(M)) \tag{4.11}$$

で定義される $(1,3)$ テンソル場となり，**リーマン曲率テンソル**とよばれる．先ほどの局所フレームに関して表示すれば，R は $\mathfrak{so}(n)$ 値 2 形式

$$R(X,Y)=\frac{1}{2}\sum_{1\leq i,j\leq n} g(R(X,Y)e_i,e_j)e_i\wedge e_j$$

となる．また，$(0,4)$ テンソル場

$$R(X,Y,Z,W):=g(R(X,Y)Z,W) \tag{4.12}$$

もリーマン曲率テンソルとよばれる．局所正規直交フレーム $\{e_i\}_i$ に関する成分を

$$R_{ijkl}:=g(R(e_i,e_j)e_k,e_l)$$

とする．ベクトル場 X,Y に対して，$X^i=g(X,e_i)$，$Y^i=g(Y,e_i)$ とすれば，

$$R(X,Y)=\frac{1}{2}\sum_{1\leq i,j,k,l\leq n} R_{ijkl}X^iY^je_k\wedge e_l \tag{4.13}$$

と書ける．

注意 4.1　R_{ijkl} の定義は論文やテキストによって異なり，マイナス倍を R_{ijkl} としていることが多い．また，通常は，局所座標系に対するフレーム $\left(\frac{\partial}{\partial x_1},\ldots,\frac{\partial}{\partial x_n}\right)$ に関して考えることが多い．本書では，正規直交フレーム $\{e_i\}$ に関する表示を使っている．便利な面もあるが，曲率の微分などを考えるときには注意が必要である．

4.4.2　曲率テンソル

リーマン曲率テンソルを調べよう．まず，R_{ijkl} が満たす代数的な関係式を述べる．(M,g) の正規直交フレーム束である主 $\mathrm{O}(n)$ 束 $\mathbf{O}(M)$ を考える．構造群 $\mathrm{O}(n)$ のリー環 $\mathfrak{o}(n)=\mathfrak{so}(n)$ への随伴表現は $\Lambda^2(\mathbb{R}^2)$ への表現と同値であり，ベクトル束の同型 $\mathfrak{o}(n)_P=P\times_{\mathrm{Ad}}\mathfrak{o}(n)\cong\Lambda^2(M)$ を得る．そこで，曲率 R は $\Gamma(M,\Lambda^2(M)\otimes\Lambda^2(M))$ の切断である．式で書けば，

$$R(X,Y)=-R(Y,X),\quad R(X,Y,Z,W)=-R(X,Y,W,Z),\quad (X,Y,Z,W\in\mathfrak{X}(M))$$

となる．さらに，直接計算により，**第1ビアンキ恒等式**

$$R(X,Y)Z+R(Y,Z)X+R(Z,X)Y=0,\quad (X,Y,Z\in\mathfrak{X}(M))$$

を得る．これらを成分で書けば

$$R_{ijkl}=-R_{jikl}=-R_{ijlk}, \tag{4.14}$$

$$R_{ijkl}+R_{jkil}+R_{kijl}=0 \tag{4.15}$$

となり，

$$R_{ijkl} = R_{klij} \tag{4.16}$$

を得るので，$R(X,Y,Z,W) = R(Z,W,X,Y)$ が成立する．

注意 4.2 式 (4.14) と式 (4.16) から式 (4.15) は導けない．

以上から，リーマン曲率テンソル R の代数的構造は次のようになる．

- R は $\Lambda^2(M)$ の 2 次**対称テンソル束** $S^2(\Lambda^2(M))$ **の切断**である．
- R は第 1 ビアンキ恒等式を満たす．

▶**問 4.11** 第 1 ビアンキ恒等式を示せ，また，問 4.7 で述べた次の第 2 ビアンキ恒等式を示せ．

$$(\nabla_X R)(Y,Z) + (\nabla_Y R)(Z,X) + (\nabla_Z R)(X,Y) = 0$$ ◀

主束 $\mathbf{O}(M)$ の同伴ベクトル束である $S^2(\Lambda^2(M))$ は，同伴ベクトル束として既約ではない．実際，同伴ベクトル束としての次の既約分解が知られている．

$$S^2(\Lambda^2(M)) \cong \Lambda^0(M), \quad (\dim M = 2),$$
$$S^2(\Lambda^2(M)) \cong S_0^2(\Lambda^1(M)) \oplus \Lambda^0(M), \quad (\dim M = 3),$$
$$S^2(\Lambda^2(M)) \cong \mathbf{V}_{W^+} \oplus \mathbf{V}_{W^-} \oplus S_0^2(\Lambda^1(M)) \oplus \Lambda^0(M) \oplus \Lambda^4(M), \quad (\dim M = 4),$$
$$S^2(\Lambda^2(M)) \cong \mathbf{V}_W \oplus S_0^2(\Lambda^1(M)) \oplus \Lambda^0(M) \oplus \Lambda^4(M), \quad (\dim M \geq 5)$$

ここで，S_0^2 は 2 次対称テンソル積でトレースが零となるものを意味する．また，$\mathbf{V}_W, \mathbf{V}_{W^\pm}$ は，$\mathbf{O}(M)$ のある既約表現に対する同伴ベクトル束である．この既約分解に沿って，リーマン曲率テンソル R を分解しよう．まず，R は第 1 ビアンキ恒等式を満たすことから，R の $\Lambda^4(M)$ 成分は零となることがわかる [65]．残りは，共形ワイルテンソル，トレース零リッチテンソル，スカラー曲率の和に分解される．以下で，これらの曲率テンソル場を具体的に与える．

まず，リーマン曲率テンソル R の $S_0^2(\Lambda^1(M)) \oplus \Lambda^0(M)$ 成分に対応するリッチ曲率を定義する．

定義 4.8 n 次元リーマン多様体 (M,g) の**リッチ**（Ricci）**曲率**（$(0,2)$ テンソル場）を

$$Ric(X,Y) := \sum_{1 \leq i,j \leq n} R_{ij} X^i Y^j, \quad R_{ij} := \sum_{1 \leq k \leq n} R_{kijk}$$

とする．ここで，$X, Y \in \mathfrak{X}(M)$ に対して $X^i = g(X, e_i)$，$Y^i = g(Y, e_i)$ としている．

式 (4.14)〜(4.16) から $R_{ij} = R_{ji}$ となるので,

$$Ric(X, Y) = Ric(Y, X)$$

を満たす．つまり，$Ric \in \Gamma(M, S^2(\Lambda^1(M)))$ となる．また，式 (3.3) で見た $TM \cong T^*M$ を用いて，**リッチ変換** $Ric \in \Gamma(M, TM \otimes T^*M)$ を

$$Ric(X) := Ric\left(\sum_{1\le i\le n} X^i e_i\right) = \sum_{1\le i,j\le n} R_{ij} e_j X^i \tag{4.17}$$

とする．リッチ変換はリーマン計量に関して対称変換である．つまり，次を満たす．

$$g(Ric(X), Y) = g(X, Ric(Y))$$

定義 4.9　リッチ曲率のトレース部分を

$$\kappa := \sum_{1\le i\le n} Ric(e_i, e_i) = \sum_{1\le i\le n} R_{ii}$$

とすれば，$\kappa \in \Gamma(M, \Lambda^0(M)) = C^\infty(M)$ であり，これを**スカラー曲率**という．

また，対称 $(0,2)$ テンソル場 E（トレース零リッチテンソル）を

$$E(X, Y) := Ric(X, Y) - \frac{\kappa}{n} g(X, Y), \quad \left(E_{ij} = R_{ij} - \frac{\kappa}{n}\delta_{ij}\right)$$

とする．$\sum E(e_i, e_i) = 0$ より，E はトレースが零となるので，E は $S_0^2(\Lambda^1(M))$ の切断である．さらに，スカウテンテンソル（Schouten tensor）とよばれる対称 $(0,2)$ テンソル場を次で定義する．

$$C(X, Y) := \frac{1}{n-2}\left(Ric(X, Y) - \frac{\kappa}{2(n-1)} g(X, Y)\right)$$

テンソル場 E, κ などを再び $S^2(\Lambda^2(M))$ の切断とみなす場合には，次のクルカルニ－野水（Kulkarni-Nomizu）積を利用すればよい．$(0,2)$ テンソル場 A, B に対して，

$$\begin{aligned}(A \bullet B)(X, Y, Z, W) := &A(X, Z)B(Y, W) + A(Y, W)B(X, Z) \\ &- A(X, W)B(Y, Z) - A(Y, Z)B(X, W)\end{aligned}$$

とする．このとき，

$$K := -\frac{1}{n-2} E \bullet g, \quad S := -\frac{\kappa}{2n(n-1)} g \bullet g$$

とすれば，$K, S \in \Gamma(M, S^2(\Lambda^2(M))$ であり，$K + S = -C \bullet g$ を満たす．そこで，$W = R - K - S$ とする（W は先ほどの既約同伴ベクトル束 $\mathbf{V}_W$ の切断である）．

定義 4.10 $X, Y, Z, W \in \mathfrak{X}(M)$ に対して,

$$W(X,Y,Z,W) := R(X,Y,Z,W) - K(X,Y,Z,W) - S(X,Y,Z,W)$$

で定まる $(0,4)$ テンソル場（テキストによってはこのマイナス倍）を**共形ワイル**（conformal Weyl）**テンソル**とよぶ．このテンソル場は次を満たす．

$$W_{ijkl} = -W_{jikl} = -W_{ijlk}, \quad W_{ijkl} + W_{jikl} + W_{kijl} = 0, \quad \sum_l W_{ljkl} = 0$$

以上でリーマン曲率テンソルの分解

$$R = W + K + S = W - \frac{1}{n-2} E \bullet g - \frac{\kappa}{2n(n-1)} g \bullet g \tag{4.18}$$

を得た．各成分のいくつかの重要な性質を述べよう．まず，次がわかる．

(1) $n = \dim M = 2$ の場合は，リーマン曲率テンソル R はスカラー曲率のみに依存する．また，スカラー曲率は曲面 M のガウス曲率の 2 倍である．

(2) $n = 3$ の場合には，R はリッチ曲率のみに依存する．

(3) $n = 4$ のときは，$\Lambda^2(M)$ は既約ベクトル束ではなく，$\Lambda^2_+(M) \oplus \Lambda^2_-(M)$ と分解される．具体的には，次節で定義するホッジのスター作用素を利用すればよい．$* : \Lambda^2(M) \to \Lambda^2(M)$ の ± 1 固有空間が $\Lambda^2_\pm(M)$ である．そこで，共形ワイルテンソルがいるベクトル束 $\mathbf{V}_W$ も既約でなく，$\mathbf{V}_{W^+} \oplus \mathbf{V}_{W^-}$ と分解される．これに対応して $W = W^+ + W^-$ と分解し，W^+ を**自己双対共形ワイルテンソル**，W^- を**反自己双対共形ワイルテンソル**とよぶ [43]．

▶**問 4.12** $\dim M = 2, 3$ の場合について，上の性質 (1), (2) を示せ． ◀

曲率に条件を課したリーマン多様体に，名前をつけておこう．

定義 4.11 (1) $Ric = \lambda g$（λ は定数）となるリーマン多様体 (M, g) を**アインシュタイン**（Einstein）**多様体**とよび，g を**アインシュタイン計量**という．特に，アインシュタイン多様体ならスカラー曲率 κ は定数である．

(2) $Ric = 0$ のとき，(M, g) を**リッチ平坦多様体**という．

(3) リーマン曲率テンソルが零のとき，(M, g) を**平坦**（flat）な多様体という．

(4) M 上のリーマン計量 g, g' が**共形同値**とは，$\sigma \in C^\infty(M)$ が存在して，$g' = e^{2\sigma} g$ となることとする．また，(M, g) の各点 $x \in M$ に対して，x の開近傍 U があり，U 上で g がユークリッド計量と共形同値のとき，**共形平坦多様体**という．

▩**例 4.3** 例 4.4 で見るように，ユークリッド空間 $\mathbb{R}^n$ は平坦である．また，$x, y \in \mathbb{R}^n$

が同値であることを $x-y \in \mathbb{Z}^n$ とすれば，商多様体 $M=\mathbb{R}^n/\mathbb{Z}^n$ を得る．ユークリッド計量が平行移動 $x \to x+a$ で不変であるので，$\mathbb{R}^n$ のユークリッド計量を自然に M へ落とすことができる．(M,g) は**平坦トーラス**とよばれる平坦な多様体である．■

4.4.3 リッチ曲率の基礎事項

リッチ曲率に対する有名な事実をまとめておこう．

命題 4.9　連結な n 次元リーマン多様体 (M,g)（$n \geq 3$）を考える．$Ric = fg$（$f \in C^\infty(M)$）となるならば，f は定数である．また，(M,g) がアインシュタイン多様体であることと $E = Ric - \frac{\kappa}{n}g = 0$ は同値である．

証明　曲率 R に対して $\nabla_X R \in \Gamma(M, S^2(\Lambda^2(M)))$ であり，R に対する代数的関係式 (4.14)〜(4.16) は $\nabla_X R$ に対しても成立することに注意しよう．また，添え字の縮約 $R_{ij} = \sum_k R_{kijk}$ はリーマン計量によるものなので，$\nabla g = 0$ より添え字の縮約と ∇_X は可換である．つまり，$(\nabla_X Ric)_{ij} = \sum_k (\nabla_X R)_{kijk}$，$\nabla_X \kappa = \sum_k (\nabla_X Ric)_{kk}$ が成立する．さて，第 2 ビアンキ恒等式は，

$$(\nabla_p R)_{ijkl} + (\nabla_i R)_{jpkl} + (\nabla_j R)_{pikl} = 0, \quad (\nabla_p R := \nabla_{e_p} R)$$

と書けるので，$k=p$ として和をとれば，$\sum_p (\nabla_p R)_{pijk} = -(\nabla_j Ric)_{ik} + (\nabla_k Ric)_{ij}$ となる．さらに，$i=k$ として和をとれば，次の式を得る．

$$2\sum_p (\nabla_p Ric)(e_p, X) = \nabla_X \kappa = X(\kappa), \quad (X \in \mathfrak{X}(M))$$

仮定である $Ric = fg$ から $\kappa = nf$ を得るが，これらを上式に代入すれば，$2X(f) = nX(f)$ となる．よって，$n \geq 3$ なら $X(f) = 0$（$\forall X \in \mathfrak{X}(M)$）であり，$M$ が連結なので f は定数となる．残りの主張は明らかであろう．□

リッチ曲率に対するマイヤース（Myers）の定理を述べる前に，リーマン多様体の完備性を定義をしておこう [61]．連結なリーマン多様体 (M,g) を考え，$\gamma : [a,b] \to M$ を M 内の滑らかな曲線[†1]とする．このとき，曲線 γ の長さを

$$L(\gamma) := \int_a^b \sqrt{g_{\gamma(t)}(\gamma'(t), \gamma'(t))}dt$$

とする．区分的に滑らかな曲線 γ に対しても，各区間で長さを測り和をとれば，$L(\gamma)$ が定義できる．そして，M 上の 2 点 p, q の距離を，

$$d(p,q) := \inf\{L(\gamma) \mid \gamma \text{ は } p,q \text{ を結ぶ区分的に滑らかな曲線}\}$$

[†1] 少し広げた $(a-\epsilon, b+\epsilon)$（$\epsilon > 0$）で定義された滑らかな曲線．

として定義する．このとき，(M,d) は距離空間となり，距離 d が定める位相は多様体 M の位相と一致する．この距離に関して完備のとき，(M,g) を**完備リーマン多様体**とよぶ．たとえば，閉リーマン多様体は完備である．通常の解析学と同様で，リーマン多様体上で解析学を行うには，この完備という仮定は重要である．

さて，定数 r が存在して各点 x において $Ric_x(v,v) \geq rg_x(v,v)$（$\forall v \in T_xM$）が成立するとき，$Ric \geq r$ と書くことにする．このとき，次が成立する（証明は文献 [61] 参照）．

定理 4.3（マイヤース）　完備連結リーマン多様体 (M,g) で，$Ric \geq r > 0$ であるとする．このとき M はコンパクトであり，基本群 $\pi_1(M)$ は有限群となる．

注意 4.3　$Ric \geq r > 0$ という条件は，$Ric > 0$ とは異なることに注意しよう．$Ric > 0$ の場合には，多様体の無限遠で $Ric \to 0$ となることがありうる．

4.4.4 共形変形と曲率

リーマン計量 g を関数 $\sigma \in C^\infty(M)$ に対して $g' = e^{2\sigma}g$ と共形変形した場合に，レビ＝チビタ接続とリーマン曲率がどのように変化するかを調べてみよう．

定義 4.12　リーマン多様体 (M,g) 上の滑らかな関数 f の**勾配ベクトル場**（gradient vector field）$\mathrm{grad} f$ を $g(\mathrm{grad} f, Y) = df(Y)$（$\forall Y \in \mathfrak{X}(M)$）で定義する．

▶**問 4.13**　f の勾配ベクトル場は，局所正規直交フレーム $\{e_i\}_{i=1}^n$ を用いて $\mathrm{grad} f = \sum_i (e_i f)e_i$ と書けることを示せ． ◀

命題 4.10　多様体 M 上のリーマン計量 g のレビ＝チビタ接続を ∇ とする．$\sigma \in C^\infty(M)$ を使って共形変形したリーマン計量 $g' = e^{2\sigma}g$ のレビ＝チビタ接続を ∇' とする．このとき，$X, Y \in \mathfrak{X}(M)$ に対して，次が成立する．

$$\nabla'_X Y = \nabla_X Y + (X\sigma)Y + (Y\sigma)X - g(X,Y)\mathrm{grad}(\sigma) \tag{4.19}$$

証明　ベクトル場 $X, Y, Z \in \mathfrak{X}(M)$ に対して，コシュール公式 (4.9) を使えば，

$$\begin{aligned} g'(\nabla'_X Y, Z) &= e^{2\sigma}g(\nabla_X Y, Z) + (X\sigma)e^{2\sigma}g(Y,Z) \\ &\quad + (Y\sigma)e^{2\sigma}g(X,Z) - (Z\sigma)e^{2\sigma}g(X,Y) \end{aligned}$$

となるので，

$$g(\nabla'_X Y - \nabla_X Y, Z) = g((X\sigma)Y, Z) + g((Y\sigma)X, Z) - g(X,Y)g(\mathrm{grad}(\sigma), Z)$$

となる．これより式 (4.19) を得る．　□

さらに，曲率は次のように変化する．

補題 4.3　∇ の曲率を R，∇' の曲率を R' とする．$X, Y, Z, W \in \mathfrak{X}(M)$ に対して，

$$\begin{aligned} g(R'(X,Y)Z,W) &= g(R(X,Y)Z,W) + g(Y,W)S(X,Z) - g(X,W)S(Y,Z) \\ &\quad - g(Y,Z)S(X,W) + g(X,Z)S(Y,W) \\ &\quad - \{g(Y,Z)g(X,W) - g(X,Z)g(Y,W)\}g(\mathrm{grad}(\sigma), \mathrm{grad}(\sigma)) \end{aligned}$$

となる．ここで，S は σ から決まる対称テンソル場であり，次で定義される．

$$\begin{aligned} S(X,Y) &= YX\sigma - (\nabla_Y X)\sigma - (X\sigma)(Y\sigma) \\ &= g(X, \nabla_Y \mathrm{grad}(\sigma)) - g(X, \mathrm{grad}(\sigma))g(Y, \mathrm{grad}(\sigma)) \end{aligned}$$

証明　リーマン曲率テンソルの定義に式 (4.19) を代入して直接計算すればよい．　□

g に関する正規直交フレームを $\{e_i\}_i$ とすると，g' に関する正規直交フレームは $\{e'_i = e^{-\sigma}e_i\}_i$ となる．テンソル場 S の成分を $S_{ij} = S(e_i, e_j)$ と書けば，

$$\begin{aligned} e^{2\sigma}R'_{ijkl} &= e^{2\sigma}g'(R'(e^{-\sigma}e_i, e^{-\sigma}e_j)e^{-\sigma}e_k, e^{-\sigma}e_l) = g(R'(e_i,e_j)e_k, e_l) \\ &= R_{ijkl} + \delta_{jl}S_{ik} - \delta_{il}S_{jk} - \delta_{jk}S_{il} + \delta_{ik}S_{jl} - \{\delta_{jk}\delta_{il} - \delta_{ik}\delta_{jl}\}\|\mathrm{grad}(\sigma)\|^2 \end{aligned} \tag{4.20}$$

となる．さらに，添え字を縮約すれば，リッチ曲率およびスカラー曲率の変化は，

$$\begin{aligned} e^{2\sigma}R'_{ij} &= R_{ij} - (n-2)S_{ij} + (\Delta\sigma - (n-2)\|\mathrm{grad}(\sigma)\|^2)\delta_{ij}, \\ e^{2\sigma}\kappa' &= \kappa + 2(n-1)\Delta\sigma - (n-1)(n-2)\|\mathrm{grad}(\sigma)\|^2 \end{aligned} \tag{4.21}$$

となる．ここで，$\Delta = -\sum_i(\nabla_{e_i}\nabla_{e_i} - \nabla_{\nabla_{e_i}e_i})$ である．以上のことを用いれば，共形変形 $g' = e^{2\sigma}g$ のもとでの共形ワイルテンソル W の変化は次のようになる．

$$W'_{ijkl} = e^{-2\sigma}W_{ijkl}$$

命題 4.11　M 上のリーマン計量 g と $g' = e^{2\sigma}g$ から定まる共形ワイルテンソルは，$W' = e^{-2\sigma}W$ と関係する．この $(0,4)$ テンソル場 W を $TM \cong T^*M$ により $(1,3)$ テンソル場とすれば，共形ワイルテンソルは共形変形で不変となる．

次の定理は共形変形に対する有名な結果である（証明は文献 [47] を見よ）．

定理 4.4 n 次元リーマン多様体 (M, g) が共形平坦多様体であることは，$n \geq 4$ のとき，$W = 0$ と同値である．$n = 3$ のときは，$(\nabla_X C)(Y, Z) = (\nabla_Y C)(X, Z)$ $(\forall X, Y, Z \in \mathfrak{X}(M))$ と同値である．また，$n = 2$ のときは，任意のリーマン計量が共形平坦となる．

注意 4.4 4.1.3 項より，接束の特性類はリーマン曲率テンソルを用いた微分形式で表せる．実は，接束のポントリャーギン類は共形ワイルテンソルのみで表すことが可能である [43]．特に，M が共形平坦な多様体ならば，$p_k(M) = 0$ となる．

4.4.5 定曲率空間

リーマン計量の共形変形を利用して，球面や双曲空間の曲率を計算してみよう．

例 4.4 まず，ユークリッド空間 $\mathbb{R}^n$ を考える．標準座標を $x = (x_1, \ldots, x_n)$ とすれば，ユークリッド計量は $\sum dx_i^2$ であり，大域的な正規直交フレーム $\left\{e_i = \dfrac{\partial}{\partial x_i}\right\}_i$ をとれる．そこで，$T(\mathbb{R}^n) \cong \mathbb{R}^n \times \mathbb{R}^n$ と自明化できる．式 (4.9) により，

$$\nabla_{e_i} = \frac{\partial}{\partial x_i}$$

となる．また，式 (4.11) より，$\mathbb{R}^n$ のリーマン曲率テンソルは零である． ■

例 4.5 半径 1 の標準球面 (S^n, g') を考える．ここで，g' は例 3.6 で述べた標準的な計量である．N を北極 $(0, \ldots, 0, 1) \in S^n$ とすれば，立体射影による局所座標は

$$\phi : S^n \setminus \{N\} \ni (y_1, \ldots, y_n, y_{n+1}) \mapsto \left(\frac{y_1}{1 - y_{n+1}}, \ldots, \frac{y_n}{1 - y_{n+1}}\right) \in \mathbb{R}^n$$

により与えられる（図 4.4）．また．逆写像は

$$(y_1, \ldots, y_{n+1}) = \phi^{-1}(x_1, \ldots, x_n) = \left(\frac{2x_1}{1 + |x|^2}, \ldots, \frac{2x_n}{1 + |x|^2}, \frac{|x|^2 - 1}{1 + |x|^2}\right)$$

である．この式を $\mathbb{R}^{n+1}$ のユークリッド計量 $g_0 = \sum_i dy_i^2$ へ代入すれば，

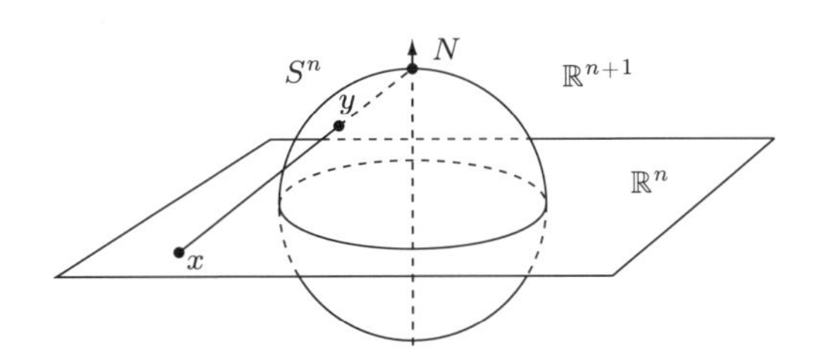

図 4.4 S^n の立体射影

$$g' = \frac{4}{(1+|x|^2)^2}g, \quad g = \sum_{1\leq i\leq n} dx_i^2$$

となり，$S^n \setminus \{N\}$ のリーマン計量 g' は $\mathbb{R}^n$ のユークリッド計量 g と共形同値である．

南極を除いた部分も $\mathbb{R}^n$ に共形同値であり，球面は共形平坦な多様体である．さて，$e^\sigma = 2/(1+|x|^2)$ とすれば，$\mathrm{grad}(\sigma) = -e^\sigma \sum x_i e_i$ となる．そこで，$S_{ij} = -e^\sigma \delta_{ij}$ となり，$R_{ijkl} = 0$（$\mathbb{R}^n$ の曲率が零）を式 (4.20) へ代入すれば，S^n のリーマン曲率は

$$R'_{ijkl} = \delta_{jk}\delta_{il} - \delta_{ik}\delta_{jl}$$

となる．また，S^n のリッチ曲率とスカラー曲率は，それぞれ $Ric' = (n-1)g'$，$\kappa' = n(n-1)$ となる．■

■**例 4.6**　双曲空間 H^n は，次のように定義される．

$$(H^n, g') = \left\{ x \in \mathbb{R}^n \,\middle|\, \sum x_i^2 < 1 \right\}, \quad g' = \frac{4}{(1-|x|^2)^2}\sum dx_i^2$$

この式から，H^n は共形平坦である．また，球面の場合と同様に，$e^\sigma = 2/(1-|x|^2)$ として，共形変形による曲率の変化を計算すれば，H^n のリーマン曲率は

$$R'_{ijkl} = -(\delta_{jk}\delta_{il} - \delta_{ik}\delta_{jl})$$

となり，リッチ曲率とスカラー曲率は，それぞれ $Ric' = -(n-1)g'$，$\kappa' = -n(n-1)$ となる．■

上であげた $\mathbb{R}^n$，S^n，H^n は特別なリーマン多様体であり，断面曲率が一定のリーマン多様体である．断面曲率を定義しておこう．

定義 4.13　(M, g) をリーマン多様体として，リーマン曲率テンソルを R とする．点 $x \in M$ での T_xM の 2 次元部分空間（平面）σ に対して，σ に関する**断面曲率** (sectional curvature) を

$$K(\sigma) := \frac{g(R(v,w)w,v)}{g(v,v)g(w,w) - g(v,w)^2}$$

と定義する．ここで，v, w は σ の基底である．また，$K(\sigma)$ が $x \in M$，$\sigma \subset T_xM$ によらず一定なリーマン多様体を**定曲率空間**という．つまり，定数 k が存在して，

$$g(R(X,Y)Y,X) = k\{g(X,X)g(Y,Y) - g(X,Y)^2\}, \quad (X, Y \in \mathfrak{X}(M)) \quad (4.22)$$

を満たすことである．また，リーマン計量 g を定数倍することにより，(M, g) が定曲率空間なら $k = 1, 0, -1$ と正規化できる．

▶**問 4.14**　断面曲率 $K(\sigma)$ の定義が σ の基底のとり方によらないことを示せ. ◀

▶**問 4.15**　ビアンキ恒等式などから次の 2 式を示せ.

$$3R(X,Y)Z = R(X,Y+Z)(Y+Z) - R(Y,X+Z)(X+Z) - R(X,Y)Y - R(X,Z)Z + R(Y,X)X + R(Y,Z)Z,$$

$$2g(R(X,Y)Y,Z) = g(R(X+Z,Y)Y,X+Z) - g(R(X,Y)Y,X) - g(R(Z,Y)Y,Z)$$

さらに, この 2 式を用いて, 点 x での任意の $\sigma \subset T_xM$ に対する $K(\sigma)$ がわかれば, 点 x におけるリーマン曲率 R が定まることを示せ. ◀

次は, リーマン曲率テンソルの分解 (4.18) から明らかであろう.

命題 4.12　(M,g) を n 次元リーマン多様体とする. $n \geq 4$ のとき, $W=0$, $E=0$ なら (M,g) は定曲率空間である. $n=3$ のとき, $E=0$ なら (M,g) は定曲率空間である.

例 4.4〜4.6 から, $\mathbb{R}^n$, S^n, H^n は定曲率空間である.

例 4.7　(1)　n 次元標準球面 S^n は, $K \equiv 1$ の定曲率空間である.

(2)　n 次元ユークリッド空間 $\mathbb{R}^n$ は, $K \equiv 0$ の定曲率空間である.

(3)　(標準的な) n 次元双曲空間 H^n は, $K \equiv -1$ の定曲率空間である. ■

逆に, 完備な定曲率空間は, $\mathbb{R}^n$, S^n, H^n のいずれかと局所等長同型である [47].

定理 4.5　(M,g) が完備な n 次元定曲率空間で $K \equiv 1, 0, -1$ のいずれかであるとすれば, そのリーマン普遍被覆空間はそれぞれ S^n, $\mathbb{R}^n$, H^n である.

注意 4.5　二つのリーマン多様体 (M,g), (N,h) に対して微分同相 $f: M \to N$ で $f^*h = g$ となるものが存在するとき, M と N は**等長同型**であるという. また, $(\widetilde{M},\tilde{g})$ が (M,g) の**リーマン被覆**とは, 滑らかな被覆写像 $\pi: \widetilde{M} \to M$ で局所的に等長同型となるものが存在することである. M のリーマン普遍被覆とは, $\widetilde{M}$ が単連結となるリーマン被覆空間であり, 任意のリーマン多様体に対し, リーマン普遍被覆は存在する [61]. また, 向き付け不可能な連結リーマン多様体に対して, そのリーマン二重被覆で向き付け可能となるリーマン多様体を構成できる.

4.5　ラプラス作用素とホッジ分解定理

(M,g) を n 次元向き付きリーマン多様体として, n 次微分形式のベクトル束 $\Lambda^n(M) \cong \mathbf{SO}(M) \times_{\det} \Lambda^n(\mathbb{R}^n)$ を考える. $\mathbb{R}^n$ の標準基底 $\{e_i\}_i$ を用いた $e_1 \wedge \cdots \wedge e_n \in \Lambda^n(\mathbb{R}^n)$

は $\mathrm{SO}(n)$ 不変なので，命題 4.7 より $\Lambda^n(M)$ の大域的かつ平行な切断が定まる．この切断を**リーマン多様体の体積要素といい，** vol **（または** vol_g**）と書く**．つまり，各点の近傍において，T^*M（$\cong TM$）の向き付き正規直交フレームを $(\omega_1, \dots, \omega_n)$ とすれば，体積要素 vol は

$$\mathrm{vol} = \omega_1 \wedge \cdots \wedge \omega_n$$

となる．また，M がコンパクトの場合，次の値を (M, g) **の体積**とよぶ．

$$\mathrm{vol}(M) = \int_M \mathrm{vol}$$

▶**問 4.16**　(M, g) の座標近傍 U 上の正の局所座標を $(x_1, \dots, x_n)$ とする．また，$g_{ij} = g\left(\frac{\partial}{\partial x_i}, \frac{\partial}{\partial x_j}\right)$ とする．このとき，体積要素の次の局所表示を示せ．

$$\mathrm{vol} = \sqrt{\det(g_{ij})}dx_1 \wedge \cdots \wedge dx_n$$ ◀

さて，1.3 節で与えた $\Lambda^*(\mathbb{R}^n)$ 上の内積は $\mathrm{SO}(n)$ 不変であるので，$\Lambda^p(M)$ のファイバー内積を与える．また，ベクトル束の同型写像である**ホッジのスター作用素** $* : \Lambda^p(M) \to \Lambda^{n-p}(M)$ を得る．そこで，微分形式の空間 $\Omega^*(M)$ の間の同型写像

$$* : \Omega^p(M) \ni \phi \mapsto *\phi \in \Omega^{n-p}(M)$$

を得る．このとき，$\phi, \psi \in \Omega^p(M)$ に対して

$$\langle \phi, \psi \rangle = *(\phi \wedge *\psi) = \langle *\phi, *\psi \rangle, \quad \phi \wedge *\psi = \langle \phi, \psi \rangle \mathrm{vol}$$

を満たすことは明らかであろう．そこで，$\Omega^p(M)$ 上の内積を定義できる．

定義 4.14　$\Omega^p(M)$ 上の内積を，$\phi, \psi \in \Omega^p(M)$ に対して

$$(\phi, \psi) := \int_M \phi \wedge *\psi = \int_M \langle \phi, \psi \rangle_x \mathrm{vol}$$

とする．また，ノルムを $\|\phi\| := \sqrt{(\phi, \phi)}$ とする．

各点での内積が対称かつ正定値であることから，次が成立する．

命題 4.13　(M, g) を向き付き閉リーマン多様体とする．上で定義した $\Omega^*(M)$ 上の内積は，対称かつ正定値内積となる．

証明　正定値性を示すためには次を示せばよい．

「$f \in C^\infty(M)$ で，$f(x) \geq 0$（$\forall x \in M$）かつ $\int_M f(x)\mathrm{vol} = 0$ ならば $f \equiv 0$ となる」．

M の開被覆 $\mathcal{U} = \{U_\alpha\}_\alpha$ に従属した 1 の分割を $\{h_\alpha\}_\alpha$ とする．$f \geq 0$ かつ

$$\int_M f(x)\mathrm{vol} = \sum_\alpha \int_{U_\alpha} h_\alpha(x) f(x)\mathrm{vol} = 0$$

とする．任意の U_α 上で $\displaystyle\int_{U_\alpha} h_\alpha(x) f(x)\sqrt{\deg(g_{ij})}dx_1 \cdots dx_n = 0$ を得る．これより，M 上で $f \equiv 0$ が従う． □

▶**問 4.17** $\nabla \mathrm{vol} = 0$ を用いて，$\nabla * = * \nabla$ を示せ． ◀

定義 4.15 (M, g) を向き付きリーマン多様体とする．**余微分**（co-differential）を

$$\delta := (-1)^{n(p+1)+1} * d* : \Omega^p(M) \to \Omega^{p-1}(M)$$

と定義する．ここで，d は外微分 $d : \Omega^{n-p}(M) \to \Omega^{n-p+1}(M)$ である．また，$\Omega^p(M)$ 上の**ラプラス**（Laplace）**作用素** Δ を

$$\Delta := \delta d + d\delta : \Omega^p(M) \to \Omega^p(M)$$

とする．$\Omega^0(M) = C^\infty(M)$ 上では $\Delta = \delta d$ である．

▶**問 4.18** ユークリッド空間 $\mathbb{R}^n$ 上の p 形式

$$\phi = \sum_{1 \leq i_1 < \cdots < i_p \leq n} \phi_I dx_{i_1} \wedge \cdots \wedge dx_{i_p}, \quad I = (i_1, \ldots, i_p)$$

に対して，次を示せ．

$$\Delta\phi = -\sum_{1 \leq i_1 < \cdots < i_p \leq n} \left(\sum_{1 \leq i \leq n} \frac{\partial^2 \phi_I}{\partial x_i^2} \right) dx_{i_1} \wedge \cdots \wedge dx_{i_p}$$ ◀

▶**問 4.19** $\delta^2 = 0$ および $*\Delta = \Delta*$ を示せ． ◀

以下では (M, g) は向き付き閉リーマン多様体とする．

命題 4.14 δ は d の形式的随伴作用素である．つまり，$(d\phi, \psi) = (\phi, \delta\psi)$ を満たす．

証明 $\phi \in \Omega^{p-1}(M)$，$\psi \in \Omega^p(M)$ とすれば，

$$d(\phi \wedge *\psi) = d\phi \wedge *\psi + (-1)^{p-1}\phi \wedge d * \psi = d\phi \wedge *\psi - \phi \wedge *\delta\psi$$

となる．この両辺を積分すれば，ストークスの定理から次を得る．

$$0 = \int_M d(\phi \wedge *\psi) = \int_M (d\phi \wedge *\psi - \phi \wedge *\delta\psi) = (d\phi, \psi) - (\phi, \delta\psi)$$ □

系 4.1 Δ は $\Omega^p(M)$ 上の形式的自己随伴作用素である．すなわち，次の式が成り立つ．

$$(\Delta\phi, \psi) = (\phi, \Delta\psi), \quad (\phi, \psi \in \Omega^p(M))$$

▶**問 4.20** 系 4.1 を証明せよ． ◀

命題 4.15 $\Delta\phi = 0$ は「$d\phi = 0$ かつ $\delta\phi = 0$」と同値である．

証明 $d\phi = 0$ かつ $\delta\phi = 0$ なら $\Delta\phi = 0$ は明らかであろう．逆を示そう．

$$(\Delta\phi, \phi) = (d\delta\phi, \phi) + (\delta d\phi, \phi) = (\delta\phi, \delta\phi) + (d\phi, d\phi)$$

なので，$\Delta\phi = 0$ なら $\delta\phi = 0$ かつ $d\phi = 0$ となる． □

系 4.2 (M, g) を連結な向き付き閉リーマン多様体とする．$f \in C^\infty(M)$ が調和関数（$\Delta f = 0$）なら，f は定数関数である．

では，微分形式上の調和形式は何を表しているのであろうか？

定義 4.16 リーマン多様体 (M, g) 上の p 形式 ϕ が $\Delta\phi = 0$ となるとき，**調和 p 形式** (harmonic p-form) とよび，その全体を $\mathbf{H}^p := \{\phi \in \Omega^p(M) \mid \Delta\phi = 0\}$ と表す．

実は，調和形式の空間とドラームコホモロジー群（A.3 節）は同型である [70]．

定理 4.6 向き付き閉リーマン多様体 (M, g) 上で，各ドラームコホモロジー類 $[\phi] \in H^p_{DR}(M)$ に対して，$\psi \in [\phi]$ で $\Delta\psi = 0$ となるものが唯一つ存在する．特に，

$$H^p_{DR}(M) \cong \mathbf{H}^p$$

である．また，$\mathbf{H}^p$ は有限次元である．さらに，ドラームの定理を使えば，$\mathbf{H}^p \cong H^p(M, \mathbb{R})$ となり，$\dim_{\mathbb{R}} \mathbf{H}^p$ は p 次ベッチ数 $b_p(M) := \dim H^p(M, \mathbb{R})$ に等しい．

この定理と $*\Delta = \Delta *$ により，次を得る．

系 4.3 (ポアンカレ (Poincaré) 双対定理) M を n 次元向き付き閉リーマン多様体とすれば，$\mathbf{H}^p \cong \mathbf{H}^{n-p}$ が成立する．特に，$b_p(M) = b_{n-p}(M)$ である．また，$H^p_{DR}(M)$ の代表元として調和形式をとることができるので，次の双線形形式は非退化である．

$$H^p_{DR}(M) \times H^{n-p}_{DR}(M) \ni ([\phi], [\psi]) \mapsto \langle [\phi] \cup [\psi], [M] \rangle = \int_M \phi \wedge \psi \in \mathbb{R}$$

ところで，外微分や余微分をレビ＝チビタ接続を使って表すことが可能である．レビ＝チビタ接続から導かれる $\Lambda^p(M)$ 上の共変微分も ∇ と書いておく．

命題 4.16 n 次元向き付きリーマン多様体 (M,g) を考え，開集合 U 上に正規直交フレーム $\{e_i\}_i$ が与えられているとする．このとき，次の局所表示が成立する．

$$d = \sum_{1\le i\le n} e_i \wedge \nabla_{e_i}, \quad \delta = -\sum_{1\le i\le n} \iota(e_i)\nabla_{e_i} \tag{4.23}$$

ここで，$TM \cong T^*M$ により，e_i を 1 形式とみなしている．また，ι は内部積 (2.2) のことである．

証明 ユークリッド空間 $\mathbb{R}^n$ 上の外積や内部積 (2.2) は，定義から $\mathrm{O}(n)$ 同変なので，リーマン多様体上で大域的に定義され，レビ＝チビタ接続に関して平行である．たとえば，$\nabla(\phi\wedge\psi) = \nabla\phi\wedge\psi + \phi\wedge\nabla\psi$ が成立する．

さて，$\tilde{d} = \sum e_i \wedge \nabla_{e_i}$ とすると，

(1) $(\tilde{d}f)(X) = Xf$,（$f \in C^\infty(M)$, $X \in \mathfrak{X}(M)$）

(2) $\tilde{d}(\phi\wedge\psi) = \tilde{d}\phi\wedge\psi + (-1)^p\phi\wedge\tilde{d}\psi$,（$\phi \in \Omega^p(M)$, $\psi \in \Omega^q(M)$）

(3) $\tilde{d}^2 = 0$

を満たすことがわかる．$\phi \in \Omega^p(M)$ を局所表示して，上の性質を使えば $\tilde{d} = d$ となることがわかる．そこで，(1)〜(3) を示そう．(1)，(2) は明らかであるので，(3) を示す．まず，$\tilde{d}$ の局所表示は正規直交フレームのとり方によらないので，点 x において $(\nabla e_i)_x = 0$ となる局所正規直交フレーム $\{e_i\}_i$ をとっておく（命題 4.8）．また，$\phi \in \Omega^p(M)$ として

$$\phi = \phi_I e_1 \wedge \cdots \wedge e_p, \quad \phi_I \in C^\infty(U)$$

に対して示せば十分である．簡単な計算から，点 x において，

$$\tilde{d}^2\phi = \sum_{p<j<k} ([e_j, e_k]\phi_I) e_j \wedge e_k \wedge e_1 \wedge \cdots \wedge e_p$$

となる．そして，$[e_j, e_k]_x = (\nabla_{e_j}e_k - \nabla_{e_k}e_j)_x = 0$ であるので，$\tilde{d}^2 = 0$ がわかる．以上から，$\tilde{d} = d$ となる．

次に，δ について考える．まず，点 x において，

$$d\phi = \sum_j e_j \wedge \nabla_{e_j}(\phi_I e_1 \wedge \cdots \wedge e_p) = \sum_j e_j(\phi_I) e_j \wedge e_1 \wedge \cdots \wedge e_p$$

となる．よって，点 x において，

$$\begin{aligned} *(d*\phi) &= \sum_j e_j(\phi_I) * (e_j \wedge e_{p+1} \wedge \cdots \wedge e_n) \\ &= \sum_j (-1)^{n(p+1)+j-1} e_j(\phi_I) e_1 \wedge \cdots \wedge \widehat{e_j} \wedge \cdots \wedge e_p \end{aligned}$$

$$= -(-1)^{n(p+1)+1} \sum_j \iota(e_j) \nabla_{e_j} \phi$$

となるので，δ の局所表示 (4.23) を得る．□

4.6　スピン接続

(M, g) を n 次元スピン多様体とし，$\mathbf{Spin}(M)$ をスピン構造とする．レビ＝チビタ接続からスピノール束上のスピン接続を定義する．次の図式を思い出そう．

$$\begin{array}{ccc} \mathbf{Spin}(M) \times \mathrm{Spin}(n) & \xrightarrow{\Phi \times \mathrm{Ad}} & \mathbf{SO}(M) \times \mathrm{SO}(n) \\ \downarrow & & \downarrow \\ \mathbf{Spin}(M) & \xrightarrow{\Phi} & \mathbf{SO}(M) \end{array}$$

レビ＝チビタ接続は $\mathbf{SO}(M)$ 上の接続を与えるので，上の二重被覆 Φ に関する引き戻し接続（問 4.3 参照）は，$\mathbf{Spin}(M)$ 上の $\mathfrak{so}(n) \cong \mathfrak{spin}(n)$ 値 1 形式となる．

定義 4.17　レビ＝チビタ接続の Φ による引き戻し接続を**スピン接続**とよぶ．

$\mathbf{Spin}(M)$ 上のスピン接続はスピノール束 $\mathbf{S}$ 上の共変微分を導く．局所自明化のもとで，その局所表示を求めよう．$\mathbf{SO}(M)$ の局所切断を s とする．$s = (e_1, \ldots, e_n)$ は TM の局所 (向き付き) 正規直交フレームである．$\mathbf{Spin}(M)$ の局所切断 f で $\Phi(f) = s$ となるものをとる．また，スピノール表現空間 W の基底を $\{\mathbf{f}_k\}_{1 \le k \le N}$ とする．このとき，$\{\phi_k = [f, \mathbf{f}_k]\}_k$ がスピノール束 $\mathbf{S}$ の局所フレームとなる．

レビ＝チビタ接続は式 (4.10) で与えられるので，$\mathfrak{so}(n) \cong \mathfrak{spin}(n)$ の対応 (1.10) を考えれば，フレーム $\{\phi_k\}_k$ に関するスピン接続の局所表示は，

$$\nabla \phi_k = \frac{1}{4} \sum_{1 \le i,j \le n} g(\nabla e_i, e_j) e_i e_j \phi_k$$

となる．すなわち，スピノール束での共変微分（の局所表示）は

$$\nabla = d + \frac{1}{4} \sum_{1 \le i,j \le n} g(\nabla e_i, e_j) e_i e_j \tag{4.24}$$

で与えられる．同様にして，スピン接続の曲率もリーマン曲率を引き戻せばよいので，$\mathrm{End}(\mathbf{S})$ 値の 2 次微分形式として，次で与えられる．

$$R_\Delta(X, Y) := \frac{1}{4} \sum_{1 \le i,j \le n} g(R(X, Y) e_i, e_j) e_i e_j \tag{4.25}$$

さて，スピノール束には，ファイバー計量やクリフォード積（場合によっては，実構造や四元数構造）が入った．命題 2.2 および 2.3 により，これらの構造はスピン群の作用と可換であり，命題 4.7 より共変微分に関して平行な構造になる．そこで，以下が成立する．

(1) スピノール束上のファイバー内積は，次を満たす．

$$\nabla_X \langle \phi, \psi \rangle = \langle \nabla_X \phi, \psi \rangle + \langle \phi, \nabla_X \psi \rangle, \quad (\phi, \psi \in \Gamma(M, \mathbf{S}), X \in \mathfrak{X}(M))$$

(2) クリフォード束 $\mathbb{C}l(M) = \mathbf{Spin}(M) \times_{\mathrm{Ad}} \mathbb{C}l_n$ を考える．このとき，次が成立する．

$$\nabla_X (\phi\psi) = (\nabla_X \phi)\psi + \phi(\nabla_X \psi), \quad (\phi, \psi \in \Gamma(M, \mathbb{C}l(M)), X \in \mathfrak{X}(M))$$

(3) $\mathbb{C}l(M) \cong \Lambda^*(M) \otimes \mathbb{C}$ において，∇ は $\Lambda^p(M)$ を保存する．つまり，$\nabla_X \Omega^p(M) \subset \Omega^p(M)$ $(X \in \mathfrak{X}(M))$ である．特に，分解 $\mathbb{C}l(M) = \mathbb{C}l^0(M) \oplus \mathbb{C}l^1(M)$ も共変微分で保存される．

(4) $\phi \in \Gamma(M, \mathbb{C}l(M))$，$\psi \in \Gamma(M, \mathbf{S})$，$X \in \mathfrak{X}(M)$ に対して，次が成立する．

$$\nabla_X (\phi\psi) = (\nabla_X \phi)\psi + \phi(\nabla_X \psi) \tag{4.26}$$

(5) 体積要素 ω は $\mathbb{C}l(M)$ の平行切断である．特に，分解 $\mathbb{C}l(M) = \mathbb{C}l^+(M) \oplus \mathbb{C}l^-(M)$ および $\mathbf{S} = \mathbf{S}^+ \oplus \mathbf{S}^-$ は共変微分により保存される．

スピノール束上の接続ラプラシアンを定義しておこう．

定義 4.18 (M, g) をスピン多様体として，$\mathbf{S}$ をスピノール束とする．$X, Y \in \mathfrak{X}(M)$ に対して，$\nabla^2_{X,Y} := \nabla_X \nabla_Y - \nabla_{\nabla_X Y}$ により，$\Gamma(M, \mathbf{S})$ 上の 2 階微分作用素が定義できる．そして，**（接続）ラプラシアン**を，

$$\nabla^* \nabla = -\sum_{1 \le i \le n} \nabla^2_{e_i, e_i} \tag{4.27}$$

として定義する．ここで，$\{e_i\}$ は局所正規直交フレームである．

▶問 4.21 $\nabla^2_{fX,Y} = \nabla^2_{X,fY} = f\nabla^2_{X,Y}$ を示せ． ◀

また，レビ＝チビタ接続の捩率 T は零なので，スピン接続の曲率は次のように表せる．

$$R_\Delta(X, Y) = \nabla^2_{X,Y} - \nabla^2_{Y,X} \tag{4.28}$$

スピン接続に対する平行移動について述べよう．**平行スピノール**とは，$\mathbf{S}$ の平行切断のことである．平行スピノールの存在は $\mathrm{Spin}(n)$ 不変なスピノールが存在すること

を意味し，スピン接続のホロノミー群が $\mathrm{Spin}(n)$ から簡約する．このとき，リーマンホロノミー群はどのように簡約するであろうか？

命題 4.17 [69]　(M, g) をスピン多様体とする．H をレビ＝チビタ接続に関するホロノミー群とする．また，$\tilde{H}$ をスピン接続に関するホロノミー群とする．このとき，M が零でない平行スピノールをもつとすれば，H と $\tilde{H}$ は同型である．

証明　スピン接続の定義から，次の可換図式が成立する．

$$\begin{array}{ccc} \tilde{H} & \xrightarrow{\ i\ } & \mathrm{Spin}(n) \\ {\scriptstyle \mathrm{Ad}}\downarrow & & \downarrow{\scriptstyle \mathrm{Ad}} \\ H & \xrightarrow{\ i\ } & \mathrm{SO}(n) \end{array}$$

そして，$\mathbf{SO}(M) = \mathbf{Spin}(M) \times_{\mathrm{Ad}} \mathrm{SO}(n)$ であるので，スピン接続からレビ＝チビタ接続は導ける．よって，$\mathrm{Ad}(\tilde{H}) = H$ となる．また，$\mathrm{Ad} : \mathrm{Spin}(n) \to \mathrm{SO}(n)$ に対しては，$\ker \mathrm{Ad} = \{\pm 1\}$ であるが，$\mathrm{Ad} : \tilde{H} \to H$ に対しては $\ker \mathrm{Ad} = 1$ または $\ker \mathrm{Ad} = \{\pm 1\}$ となる．たとえば，$H = \mathrm{SU}(m)$ なら $\mathrm{Ad} : \tilde{H} \to H$ は $\mathrm{SU}(m)$ の被覆を与えるが，$\mathrm{SU}(m)$ は単連結であるので $\tilde{H} = \mathrm{SU}(m)$ となる．このように，$\ker \mathrm{Ad} = 1$，$\ker \mathrm{Ad} = \{\pm 1\}$ のいずれも起こりうる．さて，M 上に平行スピノールが存在する場合には，$\tilde{H}$ 不変なスピノール $\phi \in W_n$ をもつ．$-1 \in \tilde{H}$ であるとすると，$-\phi \neq \phi$ となり，不変ベクトルであることに矛盾する．よって，平行スピノールが存在するなら $-1 \notin \tilde{H}$ であり，$\mathrm{Ad} : \tilde{H} \to H$ は同型となる．　□

第 5 章
ディラック作用素

ディラック作用素とは，2 乗すればラプラス作用素になる 1 階微分作用素であり，スピノール場に作用する．この章では，これまで学んだことを用いて，スピン多様体上のディラック作用素を定義し，基本的な性質について解説する．特に，スピン幾何学の基本的なテクニックであり微分幾何学への広い応用をもつ，アティヤ – シンガーの指数定理およびワイゼンベック公式を説明する．

5.1 ディラック作用素の定義

定義 5.1 n 次元スピン多様体 (M, g) 上のスピノール束 $\mathbf{S}$ およびスピン接続から導かれる共変微分 ∇ を考える．また，$\{e_i\}_i$ を接束の局所正規直交フレームとする．このとき，1 階微分作用素 $D : \Gamma(M, \mathbf{S}) \to \Gamma(M, \mathbf{S})$ を次のように定義する．

$$D = \sum_{1 \leq i \leq n} e_i \cdot \nabla_{e_i}$$

ここで，$e_i \cdot \nabla_{e_i}$ は，e_i 方向に共変微分 ∇_{e_i} をして，e_i によるクリフォード積を施したものである．この微分作用素を**ディラック**（Dirac）**作用素**とよぶ．

▶**問 5.1** 上の定義が局所正規直交フレームのとり方によらないことを示せ． ◀

■**例 5.1** (M, g) としてユークリッド空間 $\mathbb{R}^n$ をとる．例 4.4 で見たように，$T(\mathbb{R}^n) = \mathbb{R}^n \times \mathbb{R}^n$ である．よって，スピノール束も自明束 $\mathbb{R}^n \times W_n$ であり，スピノール束上の共変微分は

$$\nabla_{e_i} = \nabla_{\partial_i} = \frac{\partial}{\partial x_i}$$

で与えられる．よって，ディラック作用素は

$$D = \sum_{1 \leq i \leq n} e_i \cdot \frac{\partial}{\partial x_i}$$

となる．$\nabla e_i = \nabla \dfrac{\partial}{\partial x_i} = 0$ およびクリフォード関係式から次が成立する．

$$D^2 = -\sum_{1 \le i \le n} \frac{\partial^2}{\partial x_i^2} = \nabla^* \nabla$$ ■

クリフォード積は行列として実現できるので，次元が低い場合にディラック作用素を具体的に書いてみよう．

■**例 5.2** ($n=1$ **の場合**)　$\mathbb{C}l_1 = \mathbb{C} \oplus \mathbb{C}$ であり $e_1 = (-i, i)$ であった．よって，

$$D = -i\frac{\partial}{\partial x_1}, \quad i\frac{\partial}{\partial x_1}$$

となる．n が奇数の場合には $\mathbb{C}l_{2m+1} = \mathbb{C}(2^m) \oplus \mathbb{C}(2^m)$ であるので，スピノール空間へのクリフォード積は二つあり，どちらをとっても構わない．つまり，今の場合には $e_1 = \pm i$ であり，$D = \pm i \left(\dfrac{\partial}{\partial x_1}\right)$ のどちらを採用しても構わない．$\mathbb{R}^1$ 上の D を考えたが，1次元平坦トーラス $S^1 = \mathbb{R}/\mathbb{Z}$ 上でも同様に定義できる．このとき，ディラック作用素 D は S^1 上の $\mathbb{C}$ 値関数空間 $C^\infty(S^1)$ に作用する1階微分作用素であり，例 5.5 で見るように，D に対する固有関数展開はフーリエ級数展開である． ■

■**例 5.3** ($n=2$ **の場合**)　$\mathbb{R}^2$ 上のスピノール束は $\mathbf{S} = \mathbf{S}^+ \oplus \mathbf{S}^-$ と分解され，$\mathbf{S}^\pm = \mathbb{R}^2 \times \mathbb{C}$ である．そこで，スピノール場は $\mathbb{C}^2$ 値関数となる．また，

$$e_1 = \sigma_2 = \begin{pmatrix} 0 & 1 \\ -1 & 0 \end{pmatrix}, \quad e_2 = -\sigma_3 = \begin{pmatrix} 0 & -i \\ -i & 0 \end{pmatrix}$$

として，$\mathbb{C}l_2$ を行列環 $\mathbb{C}(2)$ として実現すれば，

$$D = e_1\frac{\partial}{\partial x} + e_2\frac{\partial}{\partial y} = \begin{pmatrix} 0 & \dfrac{\partial}{\partial x} - i\dfrac{\partial}{\partial y} \\ -\dfrac{\partial}{\partial x} - i\dfrac{\partial}{\partial y} & 0 \end{pmatrix} = \begin{pmatrix} 0 & 2\dfrac{\partial}{\partial z} \\ -2\dfrac{\partial}{\partial \bar{z}} & 0 \end{pmatrix}$$

となる．$\mathbb{R}^2 = \mathbb{C}$ 上でのディラック作用素を用いた解析は複素解析である． ■

■**例 5.4** ($n=3$ **の場合**)　$\mathbb{R}^3$ の場合には，$\mathbf{S} = \mathbb{R}^3 \times \mathbb{C}^2$ であり，スピノール場は $\mathbb{C}^2$ 値関数である．そして，ディラック作用素は，パウリ行列（式 (1.6)）を用いて

$$D = \sigma_1\frac{\partial}{\partial x_1} + \sigma_2\frac{\partial}{\partial x_2} + \sigma_3\frac{\partial}{\partial x_3}$$

と表示される． ■

ディラック作用素の基本的な性質を調べていこう．

命題 5.1　スピン多様体 (M, g) 上の関数 $f \in C^\infty(M)$ およびスピノール場 $\phi \in \Gamma(M, \mathbf{S})$ に対して，

$$D(f\phi) = (\mathrm{grad} f) \cdot \phi + fD\phi$$

となる．ここで，$(\mathrm{grad} f)\cdot$ は f の勾配ベクトル場 $\mathrm{grad} f$（定義 4.12）のクリフォード積である．

証明

$$D(f\phi) = \sum_i e_i \cdot \nabla_{e_i}(f\phi) = \sum_i e_i \cdot ((e_i f)\phi + f\nabla_{e_i}\phi) = (\mathrm{grad} f) \cdot \phi + fD\phi \qquad \square$$

命題 5.2　(M, g) を n 次元のスピン多様体として，ω を（複素）体積要素とすれば，$D\omega = (-1)^{n-1}\omega D$ となる．特に M が偶数次元なら，分解 $\mathbf{S} = \mathbf{S}^+ \oplus \mathbf{S}^-$ に関して，

$$D = \begin{pmatrix} 0 & D^- \\ D^+ & 0 \end{pmatrix}, \quad D^\pm : \Gamma(M, \mathbf{S}^\pm) \to \Gamma(M, \mathbf{S}^\mp)$$

となる．さらに，次が成立する．

$$D^2 = \begin{pmatrix} D^- D^+ & 0 \\ 0 & D^+ D^- \end{pmatrix}$$

証明　$\nabla\omega = 0$ であり，$\omega e_i = (-1)^{n-1} e_i \omega$ が成立した．よって，$D\omega = (-1)^{n-1}\omega D$ となる．n を偶数とする．$\phi \in \Gamma(M, \mathbf{S}^\pm)$，つまり $\omega\phi = \pm\phi$ とする．このとき，$\omega(D\phi) = -D\omega\phi = \mp(D\phi)$ であるので $D\phi \in \Gamma(M, \mathbf{S}^\mp)$ となる．そこで，$D^\pm = D|_{\Gamma(M, \mathbf{S}^\pm)}$ とすればよい．$\square$

ディラック作用素の解析的な性質を述べる前に，ベクトル束上の微分作用素を定義しておこう．

定義 5.2　E，F を M 上の複素ベクトル束とする．

(1)　線形写像 $L : \Gamma(M, E) \to \Gamma(M, F)$ が l **階の微分作用素**とは，各点 $x \in M$ に対して，x のまわりの座標近傍 U（局所座標 $x_1, \ldots, x_n$）および，E，F の局所自明化 $E|_U \cong U \times \mathbb{C}^p$，$F|_U \cong U \times \mathbb{C}^q$ があり，この自明化に関して L が l 階の線形偏微分作用素となることである．つまり，局所的に L は

$$L = \sum_{|\alpha| \leq l} L_\alpha(x) \mathrm{D}^\alpha, \quad L_\alpha \in C^\infty(U, \mathrm{Hom}(E, F)|_U)$$

と書け，$|\alpha| = l$ を満たすある α に対して $L_\alpha \neq 0$ となることである．ここ

で，和は $\alpha = (\alpha_1, \ldots, \alpha_n) \in (\mathbb{Z}_{\geq 0})^n$ で，$|\alpha| = \sum \alpha_i \leq l$ となるものでとっている．また，D^α は次で定義される．

$$\mathrm{D}^\alpha = \left(\frac{1}{\sqrt{-1}}\right)^{|\alpha|} \frac{\partial^{|\alpha|}}{\partial x_1^{\alpha_1} \cdots \partial x_n^{\alpha_n}}$$

(2) 微分作用素 L の上で述べた局所表示を考える．点 $x \in M$ および $\xi = \sum \xi_i (dx_i)_x \in T_x^* M$ に対して，

$$\sigma_\xi(L) := \sum_{|\alpha|=l} L_\alpha(x) \xi^\alpha, \quad \xi^\alpha = \xi_1^{\alpha_1} \cdots \xi_n^{\alpha_n}$$

とする．$\sigma_\xi(L)$ は行列に値をもつ ξ の l 次多項式関数であり，$x \in M$ を動かせば，切断 $\sigma(L) \in \Gamma(M, S^l(TM) \otimes \mathrm{Hom}(E, F))$ が定まる．ここで，$S^l(TM)$ は TM の l 次対称テンソル束である．この $\sigma(L)$ **を** L **の主表象という**．

(3) 微分作用素 L が**楕円型**とは，各点 x および零でないすべての余接ベクトル $\xi \in T_x^* M$ に対し，$\sigma_\xi(L) : E_x \to F_x$ が同型となることとする．このとき，E, F のベクトル束としてのランクは一致することに注意しよう．

▶**問 5.2**　主表象の定義が局所座標や局所自明化のとり方によらないことを示し，$\sigma(L)$ が $\Gamma(M, S^l(TM) \otimes \mathrm{Hom}(E, F))$ の切断となることを示せ．◀

命題 5.3　スピン多様体 (M, g) 上のディラック作用素 D は，次のように**形式的自己共役な楕円型 1 階微分作用素**である．

(1) ディラック作用素 D は 1 階微分作用であり，その主表象は

$$\sigma_\xi(D) = \sqrt{-1}\xi\cdot, \quad (\xi \in T_x^* M \cong T_x M)$$

とクリフォード積で書ける．また，$\sigma_\xi(D^2) = \|\xi\|^2 \mathrm{id}$ となる．特に，D と D^2 は**楕円型微分作用素**である．

(2) $\Gamma(M, \mathbf{S})$ 上の内積を

$$(\phi, \psi) = \int_M \langle \phi(x), \psi(x) \rangle_x \mathrm{vol}, \quad (\phi, \psi \in \Gamma(M, \mathbf{S})) \tag{5.1}$$

とする（ϕ, ψ のどちらかはコンパクト台をもつとする）．このとき，

$$(D\phi, \psi) = (\phi, D\psi)$$

が成立する．つまり，D **は形式的自己共役作用素**である．また，M がコンパクト境界付き多様体の場合には，

$$(D\phi,\psi)-(\phi,D\psi)=-\int_{\partial M}\langle\mathbf{n}\cdot\phi,\psi\rangle$$

となる．ここで，$\mathbf{n}$ は ∂M への内向き単位法ベクトルとする．

証明 点 $x\in M$ のまわりの局所座標 $(x_1,\ldots,x_n)$ を考える．ここで，適当な線形変換をして，点 x において $\{(\partial x_i)_x\}_i$ が T_xM の正規直交基底であるとしてよい（正規直交性は点 x においてのみ）．また，式 (4.24) から，共変微分 ∇ は

$$\nabla_{(\partial x_i)_x}=\left(\frac{\partial}{\partial x_i}\right)_x+0\text{ 階の項}$$

と書ける（0 階の項は $\mathrm{End}(\mathbf{S})$ の局所的な切断）．そこで，

$$D=\sum(\partial x_i)_x\cdot\left(\frac{\partial}{\partial x_i}\right)_x+0\text{ 階の項}$$

となるので，$\xi=\sum\xi_i(\partial x_i)_x\in T_xM$ に対して

$$\sigma_\xi(D)=\sqrt{-1}\sum\xi_i(\partial x_i)_x\cdot=\sqrt{-1}\xi\cdot$$

となる．同様に，$\sigma_\xi(D^2)=\|\xi\|^2$ を得る．

次に，形式的自己共役であることを示す．命題 4.8 により $x\in M$ を固定して，x の近傍上の正規直交フレーム $(e_1,\ldots,e_n)$ で $(\nabla e_i)_x=0$ となるものをとる．このとき，点 x において

$$\begin{aligned}\langle D\phi,\psi\rangle&=\sum\langle e_i\cdot\nabla_{e_i}\phi,\psi\rangle=-\sum\langle\nabla_{e_i}\phi,e_i\cdot\psi\rangle\\&=-\sum(e_i\langle\phi,e_i\cdot\psi\rangle+\langle\phi,(\nabla_{e_i}e_i)\cdot\psi\rangle+\langle\phi,e_i\cdot\nabla_{e_i}\psi\rangle)\\&=-\sum e_i\langle\phi,e_i\cdot\psi\rangle+\sum\langle\phi,e_i\cdot\nabla_{e_i}\psi\rangle=\mathrm{div}(V)+\langle\phi,D\psi\rangle\end{aligned}$$

となる．ここで，ベクトル場 V は $g(V,W)=-\langle\phi,W\cdot\psi\rangle$ $(W\in\mathfrak{X}(M))$ で定めている．また，ベクトル場 V の**発散** $\mathrm{div}(V)\in C^\infty(M)$ を，$TM\cong T^*M$ のもとで，$\mathrm{div}(V):=-\delta(V)$ とする．具体的には $\mathrm{div}(V)=\sum_i e_ig(V,e_i)$ となる．あとは次の発散定理を使えばよい． □

補題 5.1 (発散定理) 境界付きコンパクトリーマン多様体 (M,g) を考える．$\mathbf{n}$ を内向き単位法ベクトルとする．$X\in\mathfrak{X}(M)$ に対して，次が成立する．

$$\int_M\mathrm{div}(X)\mathrm{vol}_M=\int_{\partial M}g(X,-\mathbf{n})|_{\partial M}\mathrm{vol}_{\partial M}$$

特に，M が閉リーマン多様体なら $\displaystyle\int_M\mathrm{div}(X)\mathrm{vol}_M=0$ となる．

証明 まず，ベクトル場 X に関するリー微分（A.3 節）を L_X としたとき，$L_X(\mathrm{vol})=\mathrm{div}(X)\mathrm{vol}$ を証明しよう．そこで，vol の双対である $\mathrm{vol}^*=e_1\wedge\cdots\wedge e_n$ に対して，$L_X(\mathrm{vol}^*)=-\mathrm{div}(X)\mathrm{vol}^*$ を示す．局所的に見ればよいので $X=\sum X^ie_i$ とし，点 x において $(\nabla e_i)_x=0$

としておく．このとき，点 x において，

$$
\begin{aligned}
&L_X(e_1\wedge\cdots\wedge e_n)\\
&\quad=\sum_k e_1\wedge\cdots\wedge[X,e_k]\wedge\cdots\wedge e_n=\sum_k e_1\wedge\cdots\wedge(\nabla_X e_k-\nabla_{e_k}X)\wedge\cdots\wedge e_n\\
&\quad=-\sum_k e_1\wedge\cdots\wedge\sum_i(e_kX^i)e_i\wedge\cdots\wedge e_n=-\left(\sum_k(e_kX^k)\right)e_1\wedge\cdots\wedge e_k\wedge\cdots\wedge e_n\\
&\quad=-\sum_k e_kg(X,e_k)\mathrm{vol}^*=-\mathrm{div}(X)\mathrm{vol}^*
\end{aligned}
$$

となる．$\mathrm{vol}(\mathrm{vol}^*)=1$ をリー微分 L_X すれば，$L_X(\mathrm{vol})=\mathrm{div}(X)\mathrm{vol}$ を得る．そこで，カルタンの公式 $L_X=d\iota(X)+\iota(X)d$（命題 A.9）より，$d\iota(X)\mathrm{vol}=\mathrm{div}(X)\mathrm{vol}$ となる．これを M 上で積分すれば，ストークスの定理から

$$
\int_M \mathrm{div}(X)\mathrm{vol}=\int_{\partial M}(\iota(X)\mathrm{vol})|_{\partial M}
$$

を得る．そこで，$(\iota(X)\mathrm{vol}_M)|_{\partial M}=g(X,-\mathbf{n})|_{\partial M}\mathrm{vol}_{\partial M}$ を証明すればよい．これも各点で証明すればよい．$\mathbf{n}$ を内向き単位法ベクトルとして，$\mathbf{n}$ を拡張して $(e_1,\dots,e_{n-1},e_n=\mathbf{n})$ が TM の正規直交フレームであるとする．このとき，向きの入れ方に注意すれば，

$$
\mathrm{vol}_{\partial M}=(-1)^n e_1\wedge\cdots\wedge e_{n-1},\quad \mathrm{vol}_M=e_1\wedge\cdots\wedge e_{n-1}\wedge\mathbf{n}
$$

となる．vol_M のベクトル場 X による内部積を考えると，

$$
\iota(X)\mathrm{vol}_M=\sum_{1\le i\le n}(-1)^{i-1}X^ie_1\wedge\cdots\wedge e_{i-1}\wedge e_{i+1}\wedge\cdots\wedge e_n
$$

となり，∂M へ制限すれば，次を得る．

$$
(\iota(X)\mathrm{vol}_M)|_{\partial M}=(-1)^{n-1}X^ne_1\wedge\cdots\wedge e_{n-1}=g(X,-\mathbf{n})|_{\partial M}\mathrm{vol}_{\partial M}
$$

□

以下で，コンパクトスピン多様体上のディラック作用素に対するスペクトル分解を述べるが，証明には楕円型微分作用素に対する知識が必要である．興味のある読者は文献 [13], [50], [70] などを参照してほしい．ここでは結果だけ述べる．まず，もっとも簡単な場合であるフーリエ級数展開について述べておこう．

■例 5.5　$S^1=\mathbb{R}/\mathbb{Z}$ を 1 次元平坦トーラスとして，S^1 上の自明なスピン構造を選ぶ．スピノール束は $S^1\times\mathbb{C}$，ディラック作用素は $D=-i\left(\dfrac{\partial}{\partial\theta}\right)$ となる．このとき，$De^{im\theta}=me^{im\theta}$ となるので，D の固有値 $m\in\mathbb{Z}$ の固有空間を $\ker(D-m\mathrm{id})$ とすれば，

$$
L^2(S^1,\mathbb{C})=\overline{\oplus_{m\in\mathbb{Z}}\ker(D-m\mathrm{id})},\quad \ker(D-m\mathrm{id})=\mathbb{C}\{e^{im\theta}\}
$$

となる．特に，$f\in L^2(S^1,\mathbb{C})$ は次のフーリエ級数展開をもつ．

$$f = \sum_{m=-\infty}^{\infty} a_m e^{im\theta}, \quad a_m = \int_{S^1} f(\theta)e^{-im\theta}d\theta$$ ■

(M, g) を閉スピン多様体とする．$\Gamma(M, \mathbf{S})$ の内積 (5.1) から定まるノルムに関して完備化（L^2 完備化）したものを $L^2(M, \mathbf{S})$ とする．D は $L^2(M, \mathbf{S})$ 上の非有界線形自己共役作用素[†1]となる．$L^2(M, \mathbf{S})$ の零固有空間を除いたところで，D の逆作用素であるグリーン作用素が定まり，それは有界な自己共役コンパクト作用素となる．自己共役コンパクト作用素に対するスペクトル分解定理を使って，次の定理を得る．大事なことは，**フーリエ級数展開のように，任意のスピノール場はディラック作用素に対する固有スピノール場によって展開できる**ことである．

定理 5.1 M を n 次元閉スピン多様体とする．このとき，以下の (1)〜(3) のような，ディラック作用素 D に関する $L^2(M, \mathbf{S})$ の**スペクトル分解**が成立する．

(1) スペクトルの集合 $Spec(D)$ は，固有値からなる $\mathbb{R}$ 内の非有界な離散列である．

(2) 固有値 λ の D の固有空間 $\ker(D - \lambda\mathrm{id})$ は滑らかなスピノール場で張られ，$m(\lambda) := \dim_{\mathbb{C}} \ker(D - \lambda\mathrm{id})$ は有限である．

(3) すべての固有空間の直和を考え，その閉包をとれば，

$$L^2(M, \mathbf{S}) = \overline{\bigoplus_{\lambda \in Spec(D)} \ker(D - \lambda\mathrm{id})}$$

となる．特に，$L^2(M, \mathbf{S})$ に対する完全正規直交系

$$\{\phi_\lambda^{i(\lambda)} \mid \phi_\lambda^{i(\lambda)} \in \ker(D - \lambda\mathrm{id}),\ \lambda \in Spec(D),\ i(\lambda) = 1, \ldots, m(\lambda)\}$$

が存在する．つまり，$\phi \in L^2(M, \mathbf{S})$ は次のように展開できる．

$$\phi = \sum_{\lambda \in Spec(D)} \sum_{1 \le i(\lambda) \le m(\lambda)} (\phi, \phi_\lambda^{i(\lambda)})\phi_\lambda^{i(\lambda)}$$

また，次が成立する．

(4) $\ker D = \ker D^2$ である．$\phi \in \ker D$ を**調和スピノール** (harmonic spinor) という．また，$n \equiv 4 \mod 8$ の場合には $\ker D^{\pm}$ に四元数構造が入る．$n \equiv 0 \mod 8$ の場合には $\ker D^{\pm}$ に実構造が入る．

(5) $Spec(D) \subset \mathbb{R}$ は上にも下にも非有界である．また，$n \not\equiv 3 \mod 4$ ならば，$Spec(D)$ は原点に関して対称である．

証明 最初の三つの主張はコンパクト多様体上の楕円型形式的自己共役作用素の一般論から

[†1] ここでの非有界とは，D の定義域が $L^2(M, S)$ 全体でないという意味．$L^2(M, S)$ の稠密部分空間であるソボレフ空間 $W^1(M, S)$ に制限すれば，$D : W^1(M, S) \to L^2(M, S)$ は有界作用素である [50]．

従う．$Spec(D)$ が上下に非有界であることは文献 [27] を参照してほしい．その他の主張を証明しよう．まず，$\ker D = \ker D^2$ を証明しよう．$\phi \in \ker D^2$ とすると，$0 = (D^2\phi, \phi) = (D\phi, D\phi) = \|D\phi\|^2$ より $D\phi = 0$ となる．$\phi \in \ker D$ ならば $\phi \in \ker D^2$ は明らかである．

また，多様体の次元に依存して，スピノール束上には実構造または四元数構造 $\mathfrak{J}$ が入るが，これらの構造は $\mathrm{Spin}(n)$ 同変なので平行 $(\nabla\mathfrak{J} = 0)$ である．また，命題 2.4，2.5 の証明からわかるように，これらの構造はクリフォード積とも可換である．そこで，$\phi \in \ker D$ ならば $\mathfrak{J}\phi \in \ker D$ であり，$\ker D$ へ実構造や四元数構造は遺伝する．

n が偶数の場合，$Spec(D)$ が原点に関して対称であることを示そう．$\phi = \phi_+ + \phi_- \in \Gamma(M, \mathbf{S}^+ \oplus \mathbf{S}^-)$ を固有値 λ の固有スピノールとすれば，$\phi_+ - \phi_-$ は固有値 $-\lambda$ の固有スピノールである．よって，$Spec(D)$ は原点対称である．

次に，$n = 1 \mod 4$ の場合を考える．スピノール空間 W_n に，実クリフォード積と反可換かつスピン群の作用と可換な実構造または四元数構造を入れることができる．具体例として，$n = 5$ の場合を考えてみる．$Cl_{0,5} = \mathbb{H}(2) \oplus \mathbb{H}(2)$ なので，$\mathbb{C}l_5$ には四元数構造が入り，$\mathbb{C}l_5 = Cl_{0,5} \otimes \mathbb{C}$ の表現空間であるスピノール空間 W_5 にも四元数構造が入る．そして，

$$Cl_{5,0} \ni e_i \mapsto \sqrt{-1}e_i \in Cl_{0,5} \otimes \mathbb{C}$$

という代数準同型を考えれば，四元数構造は $Cl_{5.0}$ の積と反可換である．つまり，$\mathfrak{J}(e_i \cdot \phi) = -e_i \cdot \mathfrak{J}(\phi)$ $(\phi \in W_5)$ となる．そして，スピン群の作用と可換である．この構造は $\mathbf{S}$ 上に遺伝し，平行な四元数構造となる．そこで，$D\phi = \lambda\phi$ ならば，$D\mathfrak{J}\phi = -\lambda\mathfrak{J}\phi$ となり，$Spec(D)$ は原点対称になる．$n \equiv 1 \mod 8$ の場合は，実クリフォード積と反可換な実構造が入ることから，$Spec(D)$ は原点対称となる．　□

注意 5.1　$n = 3 \mod 4$ の場合には，一般に $Spec(D)$ の原点対称性は成立しない．その対称性を測るものがエータ関数 η である（文献 [28]．そのほかに [4], [5], [6], [26]）．

5.2　ディラック作用素の指数定理

ディラック作用素 D に対する重要な結果であるアティヤ－シンガーの指数定理について，アイデアと結果を述べよう．指数定理については，さまざまな興味深い証明の仕方が知られている．文献 [13], [23], [26], [50] などを参照してほしい．

向き付き閉リーマン多様体 M 上のベクトル束 E を考え，E 上に形式的自己共役楕円型微分作用素 $P : \Gamma(M, E) \to \Gamma(M, E)$ が与えられているとする．また，P の任意の固有値は零以上であるとする．このとき，P に対する**熱作用素** e^{-tP} $(t > 0)$ を構成できる．概略を述べておく．P に対するスペクトル分解定理から $\{\phi_{\lambda_i}\}_{i=1}^{\infty}$ という $L^2(M, E)$ の完全正規直交系を得る．ここで，$0 \leq \lambda_1 \leq \lambda_2 \leq \cdots$ が固有値列であり，$\lim_{i\to\infty} \lambda_i = \infty$ となる．$\phi \in L^2(M, E)$ を $\phi = \sum_i (\phi, \phi_{\lambda_i})\phi_{\lambda_i}$ と展開したとき，

$$e^{-tP}(\phi) = \sum_i e^{-t\lambda_i}(\phi, \phi_{\lambda_i})\phi_{\lambda_i}$$

で与えられる作用素 e^{-tP} が P の熱作用素である．また，熱核とよばれる積分核を

$$K_t(x, y) = \sum_{i=1}^{\infty} e^{-t\lambda_i}\phi_{\lambda_i}(x) \otimes \phi^*_{\lambda_i}(y)$$

とする．$t > 0$ より，$e^{-t\lambda_i} \to 0$（$i \to \infty$）の収束は非常に速い．よって，上で与えられる級数の収束も非常によいもので，$K_t(x, y)$ は x, y に関して C^∞ 級となる（ただし，$t \to 0$ とすれば $K_t(x, y)|_{x=y}$ は発散する）．この熱核を用いて，熱作用素は次のように表すことができる．

$$(e^{-tP}\phi)(x) = \int_M K_t(x, y)\phi(y)\mathrm{vol}_y$$

特に，$\phi \in L^2(M, E)$ に対して，$e^{-tP}\phi \in \Gamma(M, E)$ と滑らかな切断になる．このような性質をもつ作用素については，作用素トレースを考えることができる．熱作用素の場合には，作用素トレース $\mathrm{tr}(e^{-tP})$ は次のように積分核を用いて表せる．

$$\mathrm{tr}(e^{-tP}) := \sum_{i=1}^{\infty} e^{-t\lambda_i} = \int_M \mathrm{tr}_x(K_t(x, x))\mathrm{vol}$$

ここで，$K_t(x, x) \in \mathrm{End}(E_x)$ のトレース $\mathrm{tr}_x(K_t(x, x))$ は M 上の関数である．

以上のことをディラック作用素（の 2 乗）へ適用する．(M, g) を偶数次元の閉スピン多様体とする．まず，D^2 の固有値は D の固有値の 2 乗で与えられるので零以上である．また，$\ker D = \ker D^2$ より，

$$\ker D^+ = \ker D^-D^+, \quad \ker D^- = \ker D^+D^-$$

となる．さて，$E_\mu(D^-D^+)$ を D^-D^+ に対する固有値 μ（≥ 0）の固有空間とする．$\phi_+ \in E_\mu(D^-D^+)$ とすれば，$D^+D^-(D^+\phi_+) = D^+(D^-D^+\phi_+) = \mu(D^+\phi_+)$ となるので，$D^+ : E_\mu(D^-D^+) \to E_\mu(D^+D^-)$ という線形写像を得る．

▶**問 5.3**　$\mu \neq 0$ なら $D^+ : E_\mu(D^-D^+) \to E_\mu(D^+D^-)$ は同型を与えることを示せ． ◀

そこで，形式的自己共役な楕円型微分作用素 D^-D^+, D^+D^- の熱作用素を考え，それらのトレースの差を計算してみよう．それぞれの固有値を $\{\mu_i\}_i$，$\{\nu_j\}_j$ とする．$\mu_i > 0$ ならば $E_{\mu_i}(D^-D^+) \cong E_{\mu_i}(D^+D^-)$ であったことから，0 以外の固有値とその重複度は一致している．よって，

$$\mathrm{tr}(e^{-tD^-D^+}) - \mathrm{tr}(e^{-tD^+D^-})$$

$$= \left(\sum_{\mu_i = 0} e^{-t\mu_i} + \sum_{\mu_i > 0} e^{-\mu_i t} \right) - \left(\sum_{\nu_j = 0} e^{-t\nu_j} + \sum_{\nu_j > 0} e^{-\nu_j t} \right)$$
$$= \left(\dim_{\mathbb{C}} \ker D^+ + \sum_{\mu_i > 0} e^{-\mu_i t} \right) - \left(\dim_{\mathbb{C}} \ker D^- + \sum_{\mu_i > 0} e^{-\mu_i t} \right)$$
$$= \dim_{\mathbb{C}} \ker D^+ - \dim_{\mathbb{C}} \ker D^-$$

となり，t **に依存しない**．そして，**ディラック作用素の（解析的）指数**[†1]を

$$\mathrm{ind}(D) := \dim_{\mathbb{C}} \ker D^+ - \dim_{\mathbb{C}} \ker D^-$$

と定義する．一方，積分核表示を考えると

$$\mathrm{ind}(D) = \mathrm{tr}(e^{-tD^-D^+}) - \mathrm{tr}(e^{-tD^+D^-}) = \int_M \mathrm{tr}_x(K_t(x,x)^+ - K_t(x,x)^-)\mathrm{vol}$$

となるが，この右辺も t に依存しない量となる．そこで，$t \to +0$ としたとき，t に関して $\mathrm{tr}_x(K_t(x,x)^+ - K_t(x,x)^-)\mathrm{vol}$ の漸近展開を行う．このとき，t に依存しない項のみをとりだすと，驚くべきことに接束 TM の特性類を曲率表示したものになる．よって，一見するとリーマン計量などに依存しているはずの解析的指数 $\mathrm{ind}(D)$ が，リーマン計量やスピン構造によらず，多様体 M の位相構造（正確には微分位相構造）および向きで定まることを意味している．

定理 5.2 (**アティヤー－シンガー** (Atiyah-Singer) **の指数定理** [7])　(M,g) を偶数次元の閉スピン多様体とし，スピノール束上のディラック作用素 D を考える．このとき，

$$\mathrm{ind}(D) = \int_M \hat{\mathbf{A}}(TM) =: \hat{A}(M)$$

となる．ここで，$\hat{\mathbf{A}}(TM)$ は接束 TM の $\hat{A}$ 類といわれる特性類で，ポントリャーギン類（3.8.3 項）の多項式で書ける．また，$\hat{A}(M)$ **を** M **の** $\hat{A}$**-genus** とよぶ．

特性類である $\hat{A}$ 類の定義をしておこう．$p: E \to M$ を向き付きランク $2r$ の実ベクトル束とする．分裂定理 3.10 を用いれば，E は複素直線束の直和 $E = L_1 \oplus \cdots \oplus L_r$ と表されるとしてよい．よって，$E \otimes \mathbb{C} = L_1 \oplus \bar{L}_1 \oplus \cdots \oplus L_r \oplus \bar{L}_r$ と仮定してよい．$c_1(L_j) = x_j$ とすれば，

$$p(E) = \prod (1 + x_j^2), \quad p_j(E) = \sigma_j(x_1^2, \ldots, x_r^2)$$

---

†1　$\ker D^- \cong \mathrm{coker} D^+$ となる．また，解析的指数とは，D^+ のフレドホルム作用素としてのフレドホルム指数のことである．

となるのであった（例 3.48）．このとき，E の $\hat{A}$ 類を次で定義する．

$$\hat{\mathbf{A}}(E) = \prod_j \frac{x_j/2}{\sinh(x_j/2)} \quad \in H^*(M, \mathbb{Q})$$

実際に計算するには，右辺を x_j で展開して $p_j(E)$ で表せばよい．すなわち，

$$\frac{x/2}{\sinh(x/2)} = 1 - \frac{1}{24}x^2 + \frac{7}{2^7 \cdot 3^2 \cdot 5}x^4 + \cdots$$

を上の式に代入して展開し，各項を $p_j(E)$ を用いて表せば，

$$\hat{\mathbf{A}}(E) = 1 - \frac{1}{24}p_1(E) + \frac{1}{2^7 \cdot 3^2 \cdot 5}(-4p_2(E) + 7p_1(E)^2) + \cdots$$

となる．たとえば，$\dim M = 4$ で，$E = TM$ なら

$$\hat{A}(M) = -\frac{1}{24}\int_M p_1(TM)$$

となる．また，$\dim M = 8$ なら，

$$\hat{A}(M) = \frac{1}{2^7 \cdot 3^2 \cdot 5}\int_M (-4p_2(TM) + 7p_1(TM)^2)$$

となる．$\hat{A}$-genus $\hat{A}(M)$ は一般の多様体については整数値をとるわけではない．しかし，**解析的指数は整数であるので，多様体がスピン多様体ならば $\hat{A}(M)$ は整数値**である．このアイデアに基づいた指数定理の有名な応用を述べておこう．まず，$n = 8k+4$ の場合に，$\ker D^{\pm}$ は四元数ベクトル空間となるので，次を得る．

命題 5.4 $8k+4$ **次元の閉スピン多様体の** $\hat{A}(M)$ **は偶数**である．

例 5.6 4 次元閉スピン多様体上のディラック作用素を考えると，

$$\mathrm{ind}(D) = -\frac{1}{24}\int_M p_1(TM) = -\frac{1}{8}\sigma(M)$$

となる．ここで，σ は M の符号数とよばれる位相不変量である（第 6 章）． ■

命題 5.4 より，$\sigma(M)$ は 16 の倍数となるので，次を得る（指数定理より前に知られていた）．

命題 5.5 (ロホリン (Rokhlin) (1952)) 4 次元の閉スピン微分可能多様体の符号数は 16 の倍数である．

一方，$w_1(M) = w_2(M) = 0$ の 4 次元位相多様体の符号数 $\sigma(M)$ は，必ず 8 で割れることが知られている．さらに，$\sigma(M)$ がちょうど 8 となる位相多様体が存在する（フリードマン (Freedman) (1982)）．この位相多様体に微分構造（微分可能多様体と

しての構造）が入るとロホリンの定理に矛盾するので，微分構造が入らないことがわかる．

さて，指数定理は $\dim_{\mathbb{C}} \ker D^+ - \dim_{\mathbb{C}} \ker D^-$ を与えるが，$\dim_{\mathbb{C}} \ker D^+ + \dim_{\mathbb{C}} \ker D^-$ はどのような量であろうか？

$$\ker D = \ker D^+ \oplus \ker D^-, \quad \dim_{\mathbb{C}} \ker D = \dim_{\mathbb{C}} \ker D^+ + \dim_{\mathbb{C}} \ker D^- < \infty$$

となるので，$\dim_{\mathbb{C}} \ker D^+ + \dim_{\mathbb{C}} \ker D^-$ は調和スピノールの空間の次元 $\dim_{\mathbb{C}} \ker D$ に一致する．$\dim_{\mathbb{C}} \ker D$ は多様体の次元が奇数の場合でも定義できる．作用素の指数と異なり，$\dim_{\mathbb{C}} \ker D$ は計量およびスピン構造によって変化する量である．この調和スピノールの次元に関する問題は，ヒッチン（Hitchin）が文献 [34] で議論しており，ベール（Bär）などによりさまざまな考察がなされた．その結果だけ述べておこう．

スピン多様体が偶数次元なら，指数定理から

$$\dim_{\mathbb{C}} \ker D^+ + \dim_{\mathbb{C}} \ker D^- \geq |\dim_{\mathbb{C}} \ker D^+ - \dim_{\mathbb{C}} \ker D^-| \geq |\hat{A}(M)|$$

と下から抑えられる．さらに，α-genus とよばれる閉スピン多様体 M の（スピン－ボルディズム）不変量 $\alpha(M)$[50] を使えば，任意の次元で不等式を精密化でき，

$$\dim_{\mathbb{C}} \ker D \geq \begin{cases} |\hat{A}(M)| & (n \equiv 0 \mod 4 \text{ のとき}) \\ 1 & (n \equiv 1 \mod 8 \text{ かつ } \alpha(M) \neq 0 \text{ のとき}) \\ 2 & (n \equiv 2 \mod 8 \text{ かつ } \alpha(M) \neq 0 \text{ のとき}) \\ 0 & (\text{その他}) \end{cases}$$

と $\dim_{\mathbb{C}} \ker D$ を下から抑えられる．そこで，等号が成立する（または成立しない）リーマン計量が存在するか，という問題が生じるが，次の結果が知られている [27]．

定理 5.3 [2], [10]　M を n 次元閉スピン多様体（$n \geq 2$）とする．このとき，一般的な（generic な）リーマン計量に対し，上の不等式で等号が成立する．また，$n \equiv 0, 1, 3, 7 \mod 8$ かつ $n \geq 3$ なら，$\dim_{\mathbb{C}} \ker D \geq 1$ となるリーマン計量が M 上に存在する．

5.3　ツイスター作用素

5.1 節においてディラック作用素を $D = \sum_i e_i \cdot \nabla_{e_i}$ として定義したが，共変微分 ∇ を分解することでも定義できる．この際，ツイスター作用素とよばれる 1 階微分作用素も自然に現れる．

まず，スピノール束上の共変微分 ∇ は，

$$\nabla : \Gamma(M, \mathbf{S}) \ni \phi \mapsto \nabla\phi = \sum \nabla_{e_i}\phi \otimes e_i \in \Gamma(M, \mathbf{S} \otimes T^*M) \cong \Gamma(M, \mathbf{S} \otimes TM)$$

と書ける．そこで，束準同型

$$\Pi_\Delta : \mathbf{S} \otimes TM \ni \phi \otimes v \mapsto v \cdot \phi \in \mathbf{S}$$

を考えると $D = \Pi_\Delta \circ \nabla$ となる．この束準同型 Π_Δ の意味を考えてみよう．W_n を（複素）スピノール表現として，全射線形写像

$$\Pi_\Delta : W_n \otimes \mathbb{C}^n \ni \phi \otimes v \mapsto v \cdot \phi \in W_n$$

を考えれば，$\mathrm{Spin}(n)$ 同変な写像であるので，$\ker \Pi_\Delta$ は $W_n \otimes \mathbb{C}^n$ の $\mathrm{Spin}(n)$ 不変部分空間である．また，$\Pi_\Delta \circ \iota = \mathrm{id}$ となる $\mathrm{Spin}(n)$ 同変な単射線形写像 ι を

$$\iota : W_n \ni \phi \mapsto -\frac{1}{n}\sum_i e_i \cdot \phi \otimes e_i \in W_n \otimes \mathbb{C}^n$$

として与える．このとき，$\mathrm{Spin}(n)$ の表現空間としての分解

$$W_n \otimes \mathbb{C}^n = \ker \Pi_\Delta \oplus \iota(W_n) \cong \ker \Pi_\Delta \oplus W_n$$

を得る．また，W_n，$\mathbb{C}^n$ の $\mathrm{Spin}(n)$ 不変な内積を用いて，

$$\langle \phi \otimes v, \psi \otimes w \rangle = \langle \phi, \psi \rangle \langle v, w \rangle, \quad (\phi \otimes v, \psi \otimes w \in W_n \otimes \mathbb{C}^n)$$

とすれば $W_n \otimes \mathbb{C}^n$ に内積を得るが，上の分解はこの内積に関して直交直和分解となる．同伴束上でも同様のことが成立し，ベクトル束の直交直和分解

$$\mathbf{S} \otimes TM = \ker \Pi_\Delta \oplus \mathbf{S}$$

を得る．この同伴ベクトル束 $\mathbf{T} := \ker \Pi_\Delta$ を**ツイスター**（twistor）**束**とよぶ．$\phi = \sum \phi_i \otimes e_i \in \mathbf{S} \otimes TM$ という局所表示に対して，$\phi \in \mathbf{T} \iff \sum_i e_i \cdot \phi_i = 0$ である．また，n が奇数なら $\mathbf{T}$ は既約同伴ベクトル束であることが知られている．n が偶数なら $\mathbf{T} = \mathbf{T}^+ \oplus \mathbf{T}^-$ と既約分解でき，$\mathbf{S}^\pm \otimes TM = \mathbf{T}^\pm \oplus \mathbf{S}^\mp$ となる．

さて，∇ と $\mathbf{S}$ への射影の合成がディラック作用素であったが，$\mathbf{T}$ への射影 Π_T との合成を考えることにより新しい 1 階微分作用素を得ることができる．

命題 5.6 $\ker \Pi_\Delta = \mathbf{T}$ への射影は次で与えられる．

$$\Pi_T : \mathbf{S} \otimes TM \ni \phi \otimes v \mapsto \phi \otimes v + \frac{1}{n}\sum_i e_i \cdot v \cdot \phi \otimes e_i \in \mathbf{T}$$

定義 5.3 次の 1 階微分作用素を**ツイスター作用素**（またはペンローズ（Penrose）

作用素）という．

$$T := \Pi_T \circ \nabla : \Gamma(M, \mathbf{S}) \to \Gamma(M, \mathbf{T})$$

具体的には，$\mathbf{T}$ を $\mathbf{S} \otimes TM$ の部分ベクトル束とみなして，

$$T(\phi) = \Pi_T \left(\sum_i \nabla_{e_i} \phi \otimes e_i \right) = \sum_i \left(\nabla_{e_i} \phi + \frac{1}{n} e_i \cdot D\phi \right) \otimes e_i$$

と書ける．また，$\ker T$ に入るスピノールを**ツイスタースピノール**という．なお，偶数次元なら $T = T^+ + T^-$ と分解され，$\ker T = \ker T^+ \oplus \ker T^-$ となる．

補題 5.2 スピノール場 $\phi \in \Gamma(M, \mathbf{S})$ に対して次は同値である．

(1) ϕ はツイスタースピノールである．

(2) ϕ は次のツイスター方程式を満たす．

$$\nabla_X \phi + \frac{1}{n} X \cdot D\phi = 0, \quad (\forall X \in \mathfrak{X}(M)) \tag{5.2}$$

(3) ϕ は次を満たす．

$$X \cdot \nabla_Y \phi + Y \cdot \nabla_X \phi = \frac{2}{n} g(X, Y) D\phi, \quad (\forall X, Y \in \mathfrak{X}(M)) \tag{5.3}$$

証明 式 (5.2) は T の定義から明らかである．式 (5.2) を満たす ϕ に対して，

$$Y \cdot \nabla_X \phi + \frac{1}{n} Y \cdot X \cdot D\phi = 0, \quad X \cdot \nabla_Y \phi + \frac{1}{n} X \cdot Y \cdot D\phi = 0$$

であるので，合わせれば式 (5.3) を得る．逆に，式 (5.3) を満たすスピノール ϕ に対して，

$$e_i \cdot \nabla_{e_j} \phi + e_j \cdot \nabla_{e_i} \phi = \frac{2}{n} \delta_{ij} D\phi$$

となる．e_i のクリフォード積を施して，和をとれば

$$\frac{2}{n} e_j \cdot D\phi = -(2+n) \nabla_{e_j} \phi - e_j \cdot D\phi, \quad (\forall j = 1, \ldots, n)$$

を得る．よって，$\nabla_X \phi + \frac{1}{n} X \cdot D\phi = 0$ となる． □

作用素 T の形式的随伴作用素を計算しよう．$\psi \in \Gamma(M, \mathbf{S})$，$\phi \in \Gamma(M, \mathbf{T})$ に対して，

$$\begin{aligned}
\langle T\psi, \phi \rangle &= \left\langle \sum_j \left(\nabla_{e_j} \psi + \frac{1}{n} e_j \cdot D\psi \right) \otimes e_j, \sum_i \phi_i \otimes e_i \right\rangle \\
&= \sum_{i,j} \delta_{ij} \left\langle \nabla_{e_j} \psi + \frac{1}{n} e_j \cdot D\psi, \phi_i \right\rangle = \sum_i \langle \nabla_{e_i} \psi, \phi_i \rangle + \frac{1}{n} \sum_i \langle e_i \cdot D\psi, \phi_i \rangle \\
&= \sum_i e_i \langle \psi, \phi_i \rangle - \sum_i \langle \psi, \nabla_{e_i} \phi_i \rangle - \frac{1}{n} \sum_i \langle D\psi, e_i \cdot \phi_i \rangle
\end{aligned}$$

$$= \sum_i e_i\langle\psi, \phi_i\rangle - \sum_i \langle\psi, \nabla_{e_i}\phi_i\rangle + 0 \qquad (\because \phi \in \Gamma(M, \mathbf{T}))$$

となる．ここで，$V = \sum_i \langle\psi, \phi_i\rangle e_i$ とすれば $\mathrm{div}(V) = \sum_i e_i\langle\psi, \phi_i\rangle$ となるので，閉スピン多様体 M 上で積分すれば $(T\psi, \phi) = (\psi, -\sum_i \nabla_{e_i}\phi_i)$ となる．よって，T の**形式的随伴作用素** T^* **は**，$T^*(\sum_i \phi_i \otimes e_i) = -\sum_i \nabla_{e_i}\phi_i$ となるが，これでは局所フレームのとり方に依存してしまうので，

$$T^* := -\sum_i \iota_{TM}(e_i)\nabla_{e_i}$$

と定義する．ここで，右辺の ∇_{e_i} は $\mathbf{S}\otimes TM$ 上の共変微分であり，ι_{TM} は $\mathbf{S}\otimes TM$ の TM 部分に関する内部積である．また，点 $x \in M$ に対して，$(\nabla e_i)_x = 0$ となる正規直交フレーム $\{e_i\}_i$ をとっておけば，接続ラプラシアン (4.27) は $\nabla^*\nabla = -\sum \nabla_{e_i}\nabla_{e_i}$ と書けるので，次が成立する．

$$T^*T(\phi) = -\sum_i \nabla_{e_i}\left(\nabla_{e_i}\phi + \frac{1}{n}e_i \cdot D\phi\right) = \nabla^*\nabla\phi - \frac{1}{n}\sum_{i,j}\nabla_{e_i}(e_i \cdot e_j \cdot \nabla_{e_j}\phi)$$
$$= \nabla^*\nabla\phi - \frac{1}{n}\sum_{i,j} e_i \cdot e_j \cdot \nabla_{e_i}\nabla_{e_j}\phi = \nabla^*\nabla\phi - \frac{1}{n}D^2\phi$$

命題 5.7 n 次元スピン多様体 M のスピノール束 $\mathbf{S}$ 上のディラック作用素 D，ツイスター作用素 T およびその形式的随伴作用素 T^* を考える．このとき，

$$T^*T + \frac{1}{n}D^2 = \nabla^*\nabla \tag{5.4}$$

が成立する．また，次が成立する．

$$\text{平行スピノールの全体} = \ker\nabla = \ker D \cap \ker T$$

▶**問 5.4** $\nabla : \Gamma(M, \mathbf{S}) \to \Gamma(M, \mathbf{S} \otimes T^*M)$ の形式的随伴作用素 ∇^* を定義し，$\nabla^*\nabla$ が接続ラプラシアンとなることを確かめよ． ◀

5.4 リヒネロヴィッツ公式とフリードリッヒの固有値評価

ディラック作用素とツイスター作用素に対して，式 (5.4) を得た．式 (5.4) のように 2 階微分作用素 T^*T と D^2 の線形結合は一般には 2 階微分作用素であるが，うまい線形結合を考えると，微分の階数が落ち，曲率で書ける．実際，

$$\frac{1}{2}T^*T + \frac{-(n-1)}{2}\frac{1}{n}D^2 = -\frac{\kappa}{8}$$

が成立する．ここで，κ はスカラー曲率である．以下でこの事実を証明する．

定理 5.4 (**リヒネロヴィッツ**（Lichnerowicz）**公式**)　n 次元スピン多様体上のディラック作用素を D として，$\nabla^*\nabla$ を接続ラプラシアンとすれば，

$$D^2 = \nabla^*\nabla + \frac{\kappa}{4}$$

が成立する．これを**リヒネロヴィッツ公式**とよぶ．

この定理を証明するため，次の補題をまず証明する．

補題 5.3　X をベクトル場としたとき，スピノール束上で

$$\sum_j e_j \cdot R_\Delta(X, e_j) = -\frac{1}{2}Ric(X)\cdot \tag{5.5}$$

となる．ここで，R_Δ は式 (4.25) のスピノール束上の曲率である．

証明　正規直交フレーム $\{e_i\}_i$ をとって，$X = \sum X^i e_i$ とする．ビアンキ恒等式とクリフォード関係式から

$$\begin{aligned}
3\sum_{i,j,k,l} R_{ijkl}X^i e_j e_k e_l &= \sum_{i,j,k,l}(R_{ijkl}X^i e_j e_k e_l + R_{iljk}X^i e_l e_j e_k + R_{iklj}X^i e_k e_l e_j) \\
&= \sum_{i,j,k,l}\{R_{ijkl}X^i e_j e_k e_l + R_{iljk}X^i(-2\delta_{lj}e_k + 2\delta_{lk}e_j + e_j e_k e_l) \\
&\qquad + R_{iklj}X^i(-2\delta_{lj}e_k + 2\delta_{kj}e_l + e_j e_k e_l)\} \\
&= 2\sum_{i,k,l}(-R_{illk}X^i e_k + R_{iljl}X^i e_j - R_{ikjj}X^i e_k + R_{iklk}X^i e_l) \\
&= 6\sum_{i,l,k} R_{lilk}X^i e_k = -6Ric(X)
\end{aligned}$$

となる．そこで，次を得る．

$$\sum_j e_j \cdot R_\Delta(X, e_j) = \frac{1}{4}\sum_{j,k,l} g(R(X, e_j)e_k, e_l)e_j \cdot e_k \cdot e_l \cdot = -\frac{1}{2}Ric(X)\cdot$$

□

定理 5.4 を証明しよう．

証明　$\{e_i\}_{i=1}^n$ を正規直交フレームとすれば，クリフォード関係式

$$(e_i e_j + \delta_{ij}) = -(e_j e_i + \delta_{ji}), \quad (i, j = 1, \ldots, n)$$

を満たす．一方，式 (4.28) から

$$\left(\nabla^2_{e_i,e_j} - \frac{1}{2}R_\Delta(e_i, e_j)\right) = \left(\nabla^2_{e_j,e_i} - \frac{1}{2}R_\Delta(e_j, e_i)\right), \quad (i, j = 1, \ldots, n)$$

を得る．添え字 i,j に対して反対称な式と対称な式が得られたので，これらを合わせれば，

$$\sum_{i,j}(e_ie_j+\delta_{ij})\left(\nabla^2_{e_i,e_j}-\frac{1}{2}R_\Delta(e_i,e_j)\right)=-\sum_{i,j}(e_je_i+\delta_{ji})\left(\nabla^2_{e_j,e_i}-\frac{1}{2}R_\Delta(e_j,e_i)\right)$$

となり，

$$-\nabla^*\nabla+D^2-\sum_{i,j}e_ie_j\cdot\frac{1}{2}R_\Delta(e_i,e_j)=0$$

を得る．あとは補題 5.3 を用いて，$\sum e_ie_jR_\Delta(e_i,e_j)=\kappa/2$ を示せばよい．

$$\begin{aligned}\sum_{i,j}e_ie_jR_\Delta(e_i,e_j)&=-\frac{1}{2}\sum_i e_iRic(e_i)=-\frac{1}{2}\sum_{i,l}R_{il}e_ie_l\\&=-\frac{1}{4}\sum_{i,l}(R_{il}e_ie_l+R_{li}e_le_i)=\frac{1}{2}\sum_{i,l}R_{il}\delta_{il}=\frac{1}{2}\kappa\end{aligned}\tag{5.6}$$

□

リヒネロヴィッツ公式の重要な応用は，次の**消滅定理**である．

定理 5.5 (M,g) は閉スピン多様体でスカラー曲率が正とする（または，すべての点で $\kappa\geq 0$ で，ある点で $\kappa>0$）．このとき，$\ker D=0$ となる．

証明 $\phi\in\ker D$ とする．このとき，

$$\frac{1}{4}\int_M\kappa\langle\phi,\phi\rangle\mathrm{vol}=-\int_M\langle\nabla^*\nabla\phi,\phi\rangle\mathrm{vol}=-\int_M\langle\nabla\phi,\nabla\phi\rangle\mathrm{vol}=-\|\nabla\phi\|^2$$

となる．$\kappa\geq 0$ であるので，$\nabla\phi=0$ を得る．特に $\langle\phi,\phi\rangle$ は定数である．よって，ある点で $\kappa>0$ であるので，$\int_M\kappa\langle\phi,\phi\rangle\mathrm{vol}=0$ より $\phi=0$ となる． □

次も同様に証明できる．

系 5.1 閉スピン多様体で $\kappa\equiv 0$ とする．このとき，調和スピノールの空間と平行スピノールの空間は一致する．すなわち，$\ker D=\ker\nabla$ である．

さらに指数定理を用いれば，次の系を得る．

系 5.2 M を $4k$ 次元閉スピン多様体とする．M に正のスカラー曲率をもつ計量が入るならば，$\hat{A}(M)=0$ となる．この対偶を考えれば，$\hat{A}(M)\neq 0$ **なら，正のスカラー曲率をもつ計量は** M **には入らない**ことがわかる．

次に，ディラック作用素の固有値を下から評価してみよう．(M,g) を n 次元閉スピン多様体とする．リヒネロヴィッツ公式から，ディラック作用素の固有値 λ の 2 乗は $\lambda^2\geq\min_{x\in M}\kappa(x)/4$ と評価できる．しかし，ツイスター作用素を用いればよりよい

評価ができることを見よう．式 (5.4) とリヒネロヴィッツ公式を合わせれば，

$$\frac{1}{2}T^*T + \frac{-(n-1)}{2}\frac{1}{n}D^2 = -\frac{\kappa}{8} \tag{5.7}$$

となり，**ベクトル束上のいくつかの微分作用素の適当な線形結合が曲率作用素になる**．このように，1 階微分作用素の族 $\{D_i\}_i$ に対して，実数 a_i が存在して，

$$\sum a_i D_i^* D_i = \text{曲率の作用}$$

となる関係式を**ワイゼンベック**（Weitzenböck）**公式**とよぶ．6.4 節で微分形式上のワイゼンベック公式を述べる．さて，式 (5.7) を書き換えれば，

$$D^2 = \frac{n}{n-1}T^*T + \frac{n}{4(n-1)}\kappa$$

となる．ϕ を固有値 λ の固有スピノール場とすれば，次が成立する．

$$\begin{aligned}\lambda^2\|\phi\|^2 = (D^2\phi, \phi) &= \frac{n}{n-1}(T^*T\phi, \phi) + \frac{n}{4(n-1)}\int_M \langle\kappa\phi, \phi\rangle \mathrm{vol} \\ &= \frac{n}{n-1}\|T\phi\|^2 + \frac{n}{4(n-1)}\int_M \langle\kappa\phi, \phi\rangle \mathrm{vol} \geq \frac{n}{4(n-1)}(\min_{x\in M}\kappa(x))\|\phi\|^2\end{aligned}$$

定理 5.6 (**フリードリッヒ**（Friedrich）**固有値評価** [12], [20]）　(M, g) を n 次元閉スピン多様体とする．このとき，ディラック作用素の固有値 λ は

$$\lambda^2 \geq \frac{n}{4(n-1)}\min_{x\in M}\kappa(x)$$

を満たす．そして，等号を成立させるスピノール場はツイスタースピノールである．

球面上で，実際に等号が成立するスピノール場が存在することがわかる（7.3.2 項）．よって，**この評価は sharp** である．つまり，不等式において等号が成立する多様体が存在する．そして，等号が成立する多様体（limiting manifold という）を分類せよという問題が起こる．第 7 章で論じるが，その際，球面以外にも幾何学的に興味深い多様体が現れる．

5.5　共形共変性

ディラック作用素の重要な性質の一つである共形共変性について述べる．

(M, g) を n 次元スピン多様体として，リーマン計量 g を $g' = e^{2\sigma}g$ （$\sigma \in C^\infty(M)$）へ共形変形する．g に対する局所正規直交フレームを $\{e_i\}_i$ とすれば，g' に対する局所正規直交フレームは $\{e_i' = e^{-\sigma}e_i\}_i$ である．そこで，(M, g)，(M, g') に対する向き

付き正規直交フレーム束の同型写像

$$\mathcal{C}:\mathbf{SO}_g(M)\ni e=(e_1,\ldots,e_n)\mapsto e'=(e'_1,\ldots,e'_n)\in\mathbf{SO}_{g'}(M)$$

を得る．(M,g) のスピン構造 $\Phi:\mathbf{Spin}_g(M)\to\mathbf{SO}_g(M)$ に対し，(M,g') に対するスピン構造 $\Phi':\mathbf{Spin}_{g'}(M)\to\mathbf{SO}_{g'}(M)$ および，次を可換にする主 $\mathrm{Spin}(n)$ 束の同型 $\tilde{\mathcal{C}}$ を得る．

$$\begin{array}{ccc}\mathbf{Spin}_g(M) & \xrightarrow{\tilde{\mathcal{C}}} & \mathbf{Spin}_{g'}(M)\\ {\scriptstyle\Phi}\downarrow & & \downarrow{\scriptstyle\Phi'}\\ \mathbf{SO}_g(M) & \xrightarrow{\mathcal{C}} & \mathbf{SO}_{g'}(M)\end{array}$$

そして，スピノール束の等長同型

$$\Psi:\mathbf{S}_g\ni[f,\phi]\mapsto\Psi([f,\phi])=[\tilde{\mathcal{C}}(f),\phi]\in\mathbf{S}_{g'}$$

が導かれる．ここで，f は e に対応する $\mathbf{Spin}_g(M)$ の局所切断である．また，接束（または余接束）に対して，等長同型

$$TM=\mathbf{SO}_g(M)\times_\rho\mathbb{R}^n\ni[e,v]\mapsto[\mathcal{C}(e),v]=[e',v]\in TM=\mathbf{SO}_{g'}(M)\times_\rho\mathbb{R}^n$$

を得る．式 (4.19) により，g，g' に対するレビ＝チビタ接続は

$$g'(\nabla'_X e'_i,e'_j)=g(\nabla_X e_i,e_j)+(e_i\sigma)g(X,e_j)-(e_j\sigma)g(X,e_i)$$

と変化するので，式 (4.24) により次を得る．

命題 5.8 (M,g) をスピン多様体とし，スピノール束上の共変微分を ∇ とする．$g'=e^{2\sigma}g$ と共形変形したとき，g' に関する共変微分 ∇' は次で与えられる．

$$\nabla'_X\Psi(\phi)=\Psi\left(\nabla_X\phi+\frac{1}{4}(\mathrm{grad}(\sigma)\cdot X\cdot-X\cdot\mathrm{grad}(\sigma)\cdot)\phi\right),\quad(\phi\in\Gamma(M,\mathbf{S}))$$

定理 5.7 スピン多様体 (M,g) に対するディラック作用素を D とし，$(M,g'=e^{2\sigma}g)$ に対するディラック作用素を D' とする．このとき，

$$D'=e^{(-\frac{n-1}{2}-1)\sigma}\Psi\circ D\circ e^{\frac{n-1}{2}\sigma}\Psi^{-1}\tag{5.8}$$

となる．すなわち，ディラック作用素 D はリーマン計量の共形変形に対して共変的に変化する（**共形共変性**）．また，ツイスター作用素 T も次の共形共変性をもつ．

$$T'=e^{(\frac{1}{2}-1)\sigma}\Psi\circ T\circ e^{-\frac{1}{2}\sigma}\Psi^{-1}\tag{5.9}$$

証明　$\mathbf{S} \otimes TM$ から $\mathbf{S}' \otimes TM$ への等長同型写像は，

$$\mathbf{S} \otimes TM \ni \phi \otimes e_i \mapsto \Psi(\phi) \otimes e_i' \in \mathbf{S}' \otimes TM$$

で与えられるので，

$$\begin{aligned}
D'\Psi(\phi) &= \sum_{1 \leq i \leq n} e_i' \cdot \nabla'_{e_i'} \Psi(\phi) = e^{-\sigma} \sum_{1 \leq i \leq n} e_i' \cdot \nabla'_{e_i} \Psi(\phi) \\
&= e^{-\sigma} \sum_{1 \leq i \leq n} e_i' \cdot \Psi \left\{ \nabla_{e_i} \phi + \frac{1}{4} (\mathrm{grad}(\sigma) \cdot e_i \cdot - e_i \cdot \mathrm{grad}(\sigma) \cdot) \phi \right\} \\
&= e^{-\sigma} \Psi \left\{ \sum_{1 \leq i \leq n} e_i \cdot \nabla_{e_i} \phi + \frac{1}{4} e_i \cdot (\mathrm{grad}(\sigma) \cdot e_i \cdot - e_i \cdot \mathrm{grad}(\sigma) \cdot) \phi \right\} \\
&= e^{-\sigma} \Psi \left(D\phi + \frac{n-1}{2} \mathrm{grad}(\sigma) \cdot \phi \right)
\end{aligned}$$

となる．そこで，命題 5.1 を使えばよい．ツイスター作用素も同様である．　□

▶**問 5.5**　式 (5.9) を示せ．　◀

系 5.3　(M, g) が閉スピン多様体なら，$\dim_{\mathbb{C}} \ker D$ および $\dim_{\mathbb{C}} \ker T$ は共形不変な量である．なお，$\ker T$ の有限次元性は定理 7.2 で述べる．

注意 5.2　式 (5.8) における $-(n-1)/2$ や式 (5.9) における $1/2$ は共形ウェイト（conformal weight）とよばれ，ワイゼンベック公式 (5.7) の係数に一致している．これは偶然ではなく，一般的な状況でも成立する [25], [35]．

第 6 章 幾何学で現れるディラック作用素とその応用

この章では，リーマン多様体上の微分形式に作用するディラック作用素 $D_L = d + \delta$ をスピン幾何学の立場から論じる．前章で述べた指数定理およびワイゼンベック公式をこのディラック作用素に対して考えると，幾何学におけるさまざまな結果が導けることがわかる．

6.1 捩れディラック作用素

より一般的なディラック作用素について考えてみる．リーマン多様体 M 上にベクトル束 $p: F \to M$ および接続（共変微分）があるとする．さらに，このベクトル束にクリフォード束 $\mathbb{C}l(M)$ が作用し，その作用は接続に関して平行であるとする．このような状況のもとで，$\Gamma(M, F)$ 上のディラック作用素を定義することができる．しかし，クリフォード代数の表現空間はスピノール空間の直和に同型であった．そこで，ベクトル束 F は適当なベクトル束 E を用いて（局所的に）$F = \mathbf{S} \otimes E$ と分解できる．よって，スピノール束にベクトル束 E をテンソル積した（E で捩った）$\mathbf{S} \otimes E$ 上の（捩れ）ディラック作用素を考えれば十分である．以下で，捩れディラック作用素を定義し，その指数定理を解説する．

(M, g) をスピン多様体，$\mathbf{S}$ をスピノール束とする．また，$p: E \to M$ を M 上の複素ベクトル束でファイバー計量および，計量が平行となる共変微分が入っているとする．$\mathbf{S} \otimes E$ には，ファイバー計量が次のように自然に定義される．

$$\langle \phi_1 \otimes s_1, \phi_2 \otimes s_2 \rangle := \langle \phi_1, \phi_2 \rangle \langle s_1, s_2 \rangle, \quad (\phi_1 \otimes s_1, \phi_2 \otimes s_2 \in \Gamma(M, \mathbf{S} \otimes E))$$

また，共変微分およびクリフォード積を，$\phi \otimes s \in \Gamma(M, \mathbf{S} \otimes E)$，$X \in \mathfrak{X}(M)$ に対して，

$$\nabla_X(\phi \otimes s) := \nabla_X \phi \otimes s + \phi \otimes \nabla_X s, \quad X \cdot (\phi \otimes s) = (X \cdot \phi) \otimes s$$

とする．このとき，

$$D_E := \sum_{1\le i\le n} e_i\cdot\nabla_{e_i} : \Gamma(M, \mathbf{S}\otimes E) \to \Gamma(M, \mathbf{S}\otimes E)$$

とし，D_E を**捩れ** (twisted) **ディラック作用素**とよぶ（または E を結合した (coupled) ディラック作用素とよぶ）．通常のディラック作用素と同様に，形式的自己共役な1階楕円型微分作用素であり，偶数次元多様体上なら

$$D_E = \begin{pmatrix} 0 & D_E^- \\ D_E^+ & 0 \end{pmatrix},\quad D_E^\pm : \Gamma(M, \mathbf{S}^\pm\otimes E) \to \Gamma(M, \mathbf{S}^\mp\otimes E)$$

と分解する．そして，通常のディラック作用素の指数定理と同様の手法により，次の指数定理が成立する（詳しくは文献 [13], [23], [26], [50]）．

定理 6.1 (指数定理)　(M,g) を偶数次元の閉スピン多様体とする．このときディラック作用素 $D_E^\pm : \Gamma(M, \mathbf{S}^\pm\otimes E) \to \Gamma(M, \mathbf{S}^\mp\otimes E)$ を考える．D_E の解析的指数を

$$\mathrm{ind}(D_E) := \dim_{\mathbb{C}}\ker D_E^+ - \dim_{\mathbb{C}}\ker D_E^-$$

とし，$ch(E)$ を E のチャーン指標とすれば，

$$\mathrm{ind}(D_E) = \int_M \hat{\mathbf{A}}(TM)ch(E)$$

が成立する．特に，E が複素直線束 L の場合には，次が成立する．

$$\mathrm{ind}(D_L) = \int_M \hat{\mathbf{A}}(TM)e^{c_1(L)}$$

■**例 6.1**　偶数次元球面 S^{2n} 上の複素ベクトル束 E を考える．捩れディラック作用素 $D_E : \Gamma(S^{2n}, \mathbf{S}\otimes E) \to \Gamma(S^{2n}, \mathbf{S}\otimes E)$ を考え，この指数を計算しよう．球面を $\mathbb{R}^{2n+1}$ へ埋め込めば，法ベクトル束 TN は自明直線束であり，$TS^{2n}\oplus TN = T(\mathbb{R}^{2n+1})|_{S^{2n}}$ となる．そこで，球面のポントリャーギン類 p_j $(j\neq 0)$ は零であり，$\hat{\mathbf{A}}(S^{2n}) = 1$ となる．捩れディラック作用素の指数定理から，

$$\mathrm{ind}(D_E) = \int_{S^{2n}} \hat{\mathbf{A}}(S^{2n})ch(E) = \int_{S^{2n}} ch(E) = \int_{S^{2n}} ch_n(E)$$

となる．また，$H^i(S^{2n}, \mathbb{Z}) = 0$ $(i\neq 0, 2n)$ なので，

$$c(E) = 1 + c_n(E) \in H^*(S^{2n}, \mathbb{Z}),\quad c_i(E) = 0,\quad (i\neq 0, n)$$

となる．そこで，式 (3.11) を使えば，球面上では $c_n(E) = \pm(n-1)!ch_n(E)$ がわかり，

$$\mathrm{ind}(D_E) = \pm\frac{1}{(n-1)!}\int_{S^{2n}} c_n(E)$$

となる．**指数は整数**であるので，球面 S^{2n} 上の複素ベクトル束 E に対して，$\displaystyle\int_{S^{2n}} c_n(E)$ は $(n-1)!$ で割り切れる（ボット（Bott）の整数性定理）．この事実の応用を述べよう．$n \geq 4$ のとき S^{2n} の接束 TS^{2n} に概複素構造が入ったと仮定すると，$e(TS^{2n}) = c_n(TS^{2n}, J)$ となる（問 3.24）．しかし，$\chi(S^{2n}) = 2$ であるので，$n \geq 4$ なら $(n-1)!$ で割り切れない．よって，TS^{2n}（$n \geq 4$）には概複素構造は入らない．なお，TS^4 にも概複素構造は入らない．一方で，TS^6 には八元数を用いて概複素構造を入れることができる． ■

(M, g) が（スピンとは限らない）向き付き閉リーマン多様体とする．局所的にはスピン構造が存在するので，局所的にベクトル束が $F = \mathbf{S} \otimes E$ と分解できる場合でも，上の定理 6.1 は成立する（その理由は，熱作用素の積分核が局所的に表示されているため）．6.3 節で，オイラー標数や符号数に対してこの考えを適用する．

6.2 微分形式上のディラック作用素

6.2.1 微分形式上のディラック作用素

向き付きリーマン多様体 (M, g) 上のベクトル束 $\Lambda^*(M)$ を考える．これは同伴ベクトル束としてクリフォード束 $Cl(M)$ と同型であった．さらに，2.4 節で議論したように，$X \in \mathfrak{X}(M)$ の $\Lambda^*(M)$ への左クリフォード積は

$$L(X) = X \wedge -\iota(X)$$

となる．よって，命題 4.16 を用いれば，$\Omega^*(M) = \Gamma(M, \Lambda^*(M))$ 上のディラック作用素

$$D_L := \sum L(e_i)\nabla_{e_i} = \sum e_i \wedge \nabla_{e_i} + \sum -\iota(e_i)\nabla_{e_i} = d + \delta : \Omega^*(M) \to \Omega^*(M)$$

を得る．この $d + \delta$ を**微分形式上のディラック作用素**とよぶ．$d^2 = \delta^2 = 0$ から

$$D_L^2 = d\delta + \delta d = \Delta : \Omega^p(M) \to \Omega^p(M), \quad (p = 0, 1, \dots, n)$$

となる．D_L は微分形式の次数は保たないが，D_L^2 は次数を保つことに注意する．(M, g) が閉リーマン多様体なら，$\ker D_L = \ker D_L^2$ であり，次を得る．

命題 6.1 (M, g) を n 次元向き付き閉リーマン多様体とする．このとき，微分形式上のディラック作用素 $D_L = d + \delta$ に対して，$\ker(d + \delta)$ は調和形式の空間である．

$$\ker(d + \delta) = \ker \Delta = \oplus_{p=0}^n \mathbf{H}^p \cong \oplus_{p=0}^n H^p(M, \mathbb{R})$$

また，右作用 $R(X) = (-1)^p(X\wedge + \iota(X))$ から導かれるディラック作用素

$$D_R := (-1)^p(d - \delta) : \Omega^p(M) \to \Omega^{p+1}(M) \oplus \Omega^{p-1}(M)$$

も定義することができ，$D_L D_R = D_R D_L$ および $D_L^2 = D_R^2 = d\delta + \delta d$ を得る．

▶**問 6.1**　$D_L D_R = D_R D_L$ および $D_L^2 = D_R^2 = d\delta + \delta d$ を示せ．◀

6.2.2　ケーラー多様体上のディラック作用素

ケーラースピン多様体上のディラック作用素について，簡単に説明しよう．この項の詳細は文献 [16], [55] を参照してほしい（ケーラー多様体に不慣れな場合は飛ばすとよい）．(M, g, J) を概エルミート多様体とする．レビ＝チビタ接続が $\nabla J = 0$ を満たす場合には，リーマンホロノミー群が $\mathrm{U}(m)$ へ簡約する（8.1 節参照）．このとき，(M, g, J) をケーラー多様体とよぶ．コンパクト（実）$2m$ 次元ケーラー多様体にスピン構造がある場合を考えよう．このとき，正則直線束 $K = \Lambda^{m,0}(M)$ の 2 乗根となる $\sqrt{K}$ という正則直線束が存在する（3.9.2 項）．また，スピノール束は

$$\mathbf{S} = \bigoplus_{0 \le p \le m} \Lambda^{0,p}(M) \otimes \sqrt{K}$$

となる（3.9.1 項）．そして，ディラック作用素は

$$D = \sqrt{2}(\bar{\partial} + \bar{\partial}^*)$$

と実現される．ここで，

$$\begin{aligned}
\bar{\partial} &: \Gamma(M, \Lambda^{0,p}(M) \otimes \sqrt{K}) \to \Gamma(M, \Lambda^{0,p+1}(M) \otimes \sqrt{K}), \\
\bar{\partial}^* &: \Gamma(M, \Lambda^{0,p}(M) \otimes \sqrt{K}) \to \Gamma(M, \Lambda^{0,p-1}(M) \otimes \sqrt{K}), \\
\bar{\partial}\phi &= \sum_{1 \le i \le m} \frac{1}{2}(e_i - \sqrt{-1}Je_i) \wedge \nabla_{e_i}\phi, \\
\bar{\partial}^*\phi &= \sum_{1 \le i \le m} -\frac{1}{2}\iota(e_i + \sqrt{-1}Je_i)\nabla_{e_i}\phi
\end{aligned}$$

である．

調和スピノールの空間 $\ker D = \ker D^2$ の幾何学的意味を述べよう．

$$\mathbf{H}^p(M, \sqrt{K}) := \ker(\bar{\partial}\bar{\partial}^* + \bar{\partial}^*\bar{\partial})|_{\Lambda^{0,p}(M)\otimes\sqrt{K}}$$

とすれば，$\ker D = \oplus_{p=0}^m \mathbf{H}^p(M, \sqrt{K})$ となる．さらに，$H^p(M, \mathcal{O}(\sqrt{K}))$ を正則切断層 $\mathcal{O}(\sqrt{K})$ に対する p 次コホモロジー群とすれば，ドルボーの定理から $\mathbf{H}^p(M, \sqrt{K}) \cong H^p(M, \mathcal{O}(\sqrt{K}))$ が成立し，

$$\ker D \cong \bigoplus_{0\le p\le m} H^p(M, \mathcal{O}(\sqrt{K}))$$

となる．また，次元の交代和は指数定理により次のように与えられる．

$$\sum_{0\le p\le m} (-1)^p \dim H^p(M, \mathcal{O}(\sqrt{K})) = \hat{A}(M)$$

これは，ヒルツェブルフ－リーマン－ロッホ（Hirzebruch-Riemann-Roch）の定理の特別な場合である．そして，捩れディラック作用素の指数定理を考えれば，通常のヒルツェブルフ－リーマン－ロッホの定理を得ることができる．ケーラー多様体にスピン構造がない場合でも，スピン c 構造を考えることで同様の結果を得る [19]．

6.3 オイラー標数と符号数

指数定理を $\mathbb{C}l(M)$ 上のディラック作用素 D_L へ適用することで，ガウス－ボンネ－チャーンの定理と符号数定理を証明しよう．その証明を通して，3.8 節で述べた特性類の計算が指数定理にどのように利用されるかが理解できる．

$2m$ 次元の向き付き閉リーマン多様体 (M, g) を考える．捩れディラック作用素に対する指数定理は，多様体にスピン構造がない場合でも局所的に $\mathbf{S}\otimes E$ と分解できれば適用可能であるので，$\mathbb{C}l(M) = \Lambda^*(M)\otimes\mathbb{C}$ 上の D_L に指数定理を適用する．しかし，指数定理を得るにはベクトル束の $\mathbb{Z}_2$ 次数付けが必要である．2.4 節で述べたように，二つの $\mathbb{Z}_2$ 次数付け $\mathbb{C}l(M) = \mathbb{C}l^0(M)\oplus\mathbb{C}l^1(M)$ と $\mathbb{C}l(M) = \mathbb{C}l^+(M)\oplus\mathbb{C}l^-(M)$ がある．この二つの次数付けのとり方により，幾何学的に何が与えられるか見ていきたい．

多様体は偶数次元なので，（局所的に）$\mathbb{C}l(M) = \mathbf{S}\otimes\mathbf{S}^*$ となる．左からのクリフォード積 $L(X)$ は第 1 成分の $\mathbf{S}$ へのクリフォード積 $X\cdot$ である．つまり，**微分形式上のディラック作用素 D_L は，$\mathbf{S}^*$ で捩った，捩れディラック作用素である**．また，$\mathbb{C}l(M)$ に対する $\mathbb{Z}_2$ 次数付けに関して，D_L は

$$D_L = \begin{pmatrix} 0 & D_L^- \\ D_L^+ & 0 \end{pmatrix}$$

と分解される．

まず，オイラー標数を与える分解

$$\mathbb{C}l(M) = \mathbb{C}l^0(M)\oplus\mathbb{C}l^1(M) \cong \Lambda^{even}(M)\otimes\mathbb{C}\oplus\Lambda^{odd}(M)\otimes\mathbb{C}$$

を考える．2.4 節より同伴ベクトル束としての同型

$$\Lambda^{even}(M) \otimes \mathbb{C} \cong \mathbb{C}l^0(M) \cong \mathbf{S}^+ \otimes (\mathbf{S}^+)^* \oplus \mathbf{S}^- \otimes (\mathbf{S}^-)^*,$$
$$\Lambda^{odd}(M) \otimes \mathbb{C} \cong \mathbb{C}l^1(M) \cong \mathbf{S}^- \otimes (\mathbf{S}^+)^* \oplus \mathbf{S}^+ \otimes (\mathbf{S}^-)^*$$

を得る．そこで，D_L^+ は二つの捩れディラック作用素

$$D_L^{++} : \Gamma(M, \mathbf{S}^+ \otimes (\mathbf{S}^+)^*) \to \Gamma(M, \mathbf{S}^- \otimes (\mathbf{S}^+)^*),$$
$$D_L^{+-} : \Gamma(M, \mathbf{S}^- \otimes (\mathbf{S}^-)^*) \to \Gamma(M, \mathbf{S}^+ \otimes (\mathbf{S}^-)^*)$$

の和 $D_L^+ = D_L^{++} + D_L^{+-}$ となる．D_L^{++} に対しては捩れディラック作用素の指数定理（定理 6.1）をそのまま適用できるが，D_L^{+-} に対しては $\pm$ が逆になっているので，指数の符号が逆になる．よって，

$$\mathrm{ind}(D_L) = \dim_{\mathbb{C}} \ker D_L^+ - \dim_{\mathbb{C}} \ker D_L^- = \int_M \hat{\mathbf{A}}(TM)(ch((\mathbf{S}^+)^*) - ch((\mathbf{S}^-)^*))$$

となる．一方，命題 6.1 より，

$$\begin{aligned} \dim_{\mathbb{C}} \ker D_L^+ - \dim_{\mathbb{C}} \ker D_L^- &= \sum_p \dim_{\mathbb{C}} \mathbf{H}^{2p} \otimes \mathbb{C} - \sum_p \dim_{\mathbb{C}} \mathbf{H}^{2p+1} \otimes \mathbb{C} \\ &= \sum_q (-1)^q \dim_{\mathbb{R}} \mathbf{H}^q = \sum_q (-1)^q b_q(M) = \chi(M) \end{aligned}$$

となる．以上から，オイラー標数は次のようになる．

$$\chi(M) = \int_M \hat{\mathbf{A}}(TM)(ch((\mathbf{S}^+)^*) - ch((\mathbf{S}^-)^*))$$

右辺の特性類を計算しよう．分裂原理から直線束に分解されている場合を考えればよい．まず，TM は向き付きランク $n = 2m$ の実ベクトル束であり，$TM \otimes \mathbb{C} = L_1 \oplus \overline{L_1} \oplus \cdots \oplus L_m \oplus \overline{L_m}$ と分解されるとしてよい．$c_1(L_i) = x_i$ とすれば

$$\hat{\mathbf{A}}(TM) = \prod_{i=1}^m \frac{x_i/2}{\sinh(x_i/2)}$$

となるのであった．次に，$ch((\mathbf{S}^+)^*) - ch((\mathbf{S}^-)^*)$ を計算しよう．まず，M が 2 次元向き付き閉リーマン多様体の場合を考える．問 3.24 から M は必ずスピン構造をもつ．また，$J : T_xM \to T_xM$ を（反時計回り）90 度回転で定義すれば，概複素構造を得る．そこで，(M, g, J) は概エルミート多様体になる．$TM \otimes \mathbb{C} = TM^{1,0} \oplus TM^{0,1} = L \oplus \overline{L} = L \oplus L^{-1}$ であり，スピノール束は次のようになる．

$$\mathbf{S}^+ = \Lambda^{0,0}(M) \otimes \sqrt{\Lambda^{1,0}(M)} = L^{-\frac{1}{2}},$$
$$\mathbf{S}^- = \Lambda^{0,1}(M) \otimes \sqrt{\Lambda^{1,0}(M)} = \sqrt{\Lambda^{0,1}(M)} = L^{\frac{1}{2}}$$

証明　命題 3.9 で述べたが，上の場合について証明してみよう．体積要素は $\omega = ie_1e_2$ であるので，$e_1e_2 = -i\omega$ で作用する．つまり，$W_2^+ \oplus W_2^- \cong \mathbb{C} \oplus \mathbb{C}$ 上で，

$$e_1e_2 = \begin{pmatrix} -i & 0 \\ 0 & i \end{pmatrix}$$

となるようにクリフォード代数を実現している．また，随伴表現は

$$\mathrm{Ad} : \mathrm{Spin}(2) \ni \sin t + e_1e_2 \cos t \mapsto e^{2it} \in \mathrm{U}(1) \cong \mathrm{SO}(2)$$

で与えられる．以上から，$TM^{1,0} = L$ とすれば，$\mathbf{S}^+ = L^{-\frac{1}{2}}$，$\mathbf{S}^- = L^{\frac{1}{2}}$ となる．　□

そこで，$c_1(L) = x$ とすれば，2 次元向き付き閉リーマン多様体上で

$$ch((\mathbf{S}^+)^*) - ch((\mathbf{S}^-)^*) = e^{\frac{x}{2}} - e^{-\frac{x}{2}}$$

となる．一般の偶数次元多様体については分裂原理を考えればよい．ここで，複素クリフォード代数の周期性 $\mathbb{C}l_{n+2} = \mathbb{C}l_n \otimes \mathbb{C}l_2$ を考えれば，スピノール空間は次のようにテンソル積分解する．$TM \otimes \mathbb{C} = L_1 \oplus L_1^{-1} \oplus \cdots \oplus L_m \oplus L_m^{-1}$ とすれば，

$$\mathbf{S} = (L_1^{-\frac{1}{2}} \oplus L_1^{\frac{1}{2}}) \otimes \cdots \otimes (L_m^{-\frac{1}{2}} \oplus L_m^{\frac{1}{2}}) = \bigoplus_{\epsilon_1, \epsilon_2, \ldots, \epsilon_m = \pm 1} L_1^{\epsilon_1 \frac{1}{2}} \otimes L_2^{\epsilon_2 \frac{1}{2}} \otimes \cdots \otimes L_m^{\epsilon_m \frac{1}{2}}$$

となる．そして，体積要素 $\omega = (ie_1e_2) \cdots (ie_{2m-1}e_{2m})$ は直線束 $L_1^{\epsilon_1 \frac{1}{2}} \otimes \cdots \otimes L_m^{\epsilon_m \frac{1}{2}}$ 上で

$$(-\epsilon_1) \cdots (-\epsilon_m) = (-1)^m \epsilon_1 \cdots \epsilon_m, \quad (\epsilon_1, \ldots, \epsilon_m = \pm 1)$$

と作用する．よって，

$$\mathbf{S}^+ = \bigoplus_{\substack{\epsilon_1, \ldots, \epsilon_m = \pm 1, \\ \epsilon_1 \cdots \epsilon_m = (-1)^m}} L_1^{\epsilon_1 \frac{1}{2}} \otimes \cdots \otimes L_m^{\epsilon_m \frac{1}{2}}, \quad \mathbf{S}^- = \bigoplus_{\substack{\epsilon_1, \ldots, \epsilon_m = \pm 1, \\ \epsilon_1 \cdots \epsilon_m = (-1)^{m+1}}} L_1^{\epsilon_1 \frac{1}{2}} \otimes \cdots \otimes L_m^{\epsilon_m \frac{1}{2}}$$

であり，これらの双対束は

$$(\mathbf{S}^+)^* = \bigoplus_{\substack{\epsilon_1, \ldots, \epsilon_m = \pm 1, \\ \epsilon_1 \cdots \epsilon_m = 1}} L_1^{\epsilon_1 \frac{1}{2}} \otimes \cdots \otimes L_m^{\epsilon_m \frac{1}{2}}, \quad (\mathbf{S}^-)^* = \bigoplus_{\substack{\epsilon_1, \ldots, \epsilon_m = \pm 1, \\ \epsilon_1 \cdots \epsilon_m = -1}} L_1^{\epsilon_1 \frac{1}{2}} \otimes \cdots \otimes L_m^{\epsilon_m \frac{1}{2}}$$

と分解できる．そこで，簡単な計算から

$$ch((\mathbf{S}^+)^*) - ch((\mathbf{S}^-)^*) = \prod_{i=1, \ldots, m} (e^{\frac{x_i}{2}} - e^{-\frac{x_i}{2}})$$

を得る．以上を合わせれば，

$$\hat{\mathbf{A}}(TM)(ch((\mathbf{S}^+)^*) - ch((\mathbf{S}^-)^*)) = \prod_j \frac{x_j/2}{\sinh(x_j/2)} \prod_i (e^{\frac{x_i}{2}} - e^{-\frac{x_i}{2}})$$

$$= \prod_i \frac{x_i/2}{(e^{\frac{x_i}{2}} - e^{-\frac{x_i}{2}})/2}(e^{\frac{x_i}{2}} - e^{-\frac{x_i}{2}})$$

$$= x_1 \cdots x_m = e(TM)$$

となるので，接束のオイラー類（3.8.3 項）になる．そこで，次の有名な定理を得る．

命題 6.2 (ガウス–ボンネ–チャーンの定理[†1])　M を向き付き $2m$ 次元閉多様体とすると，

$$\chi(M) = \int_M e(TM)$$

が成立する．ここで，$e(TM) \in H^{2m}(M, \mathbb{Z})$ は TM のオイラー類である．

次に，符号数定理を証明しよう．2.4 節で述べたように，

$$\mathbb{C}l^+(M) \cong \mathbf{S}^+ \otimes \mathbf{S}^*, \quad \mathbb{C}l^-(M) \cong \mathbf{S}^- \otimes \mathbf{S}^*$$

である．この分解 $\mathbb{C}l^+(M) \oplus \mathbb{C}l^-(M)$ に対して，ディラック作用素 D_L は

$$D_L^\pm : \Gamma(M, \mathbb{C}l^\pm(M)) \to \Gamma(M, \mathbb{C}l^\mp(M))$$

と分解できる．そこで，捩れディラック作用素の指数定理から

$$\mathrm{ind}(D_L) = \dim_{\mathbb{C}} \ker D_L^+ - \dim_{\mathbb{C}} \ker D_L^- = \int_M \hat{\mathbf{A}}(TM) ch(\mathbf{S}^*)$$

となる．まず，左辺の解析的指数の幾何学的な意味を考えよう．$\mathbb{C}l^+(M) \oplus \mathbb{C}l^-(M)$ の分解は（複素）体積要素 ω により与えられたが，同型 $\mathbb{C}l(M) \cong \Lambda^*(M) \otimes \mathbb{C}$ のもとで，ホッジのスター作用素を使って次のように書ける．

$$\omega \cdot \phi = (\sqrt{-1})^{[\frac{n+1}{2}]}(-1)^{p(n-p)+\frac{1}{2}p(p+1)} * \phi, \quad (\phi \in \Lambda^p(M) \otimes \mathbb{C})$$

▶**問 6.2**　上の式を証明せよ．◀

そして，$2m$ 次元リーマン多様体上では，

$$\omega \cdot \phi = (-1)^{p^2 + \frac{1}{2}(p(p+1)+m)} * \phi = (-1)^{\frac{1}{2}(p(p-1)+m)} * \phi$$

となる．体積要素 ω は平行であったので調和形式の同型

$$\omega : \mathbf{H}^p \otimes \mathbb{C} \cong \mathbf{H}^{2m-p} \otimes \mathbb{C}$$

を得る．$p < m$ に対して，$(\mathbf{H}^p \oplus \mathbf{H}^{2m-p}) \otimes \mathbb{C} = \mathbf{H}_+(p) \oplus \mathbf{H}_-(p)$ と，ω に対する

[†1] 本来は，$e(TM)$ が曲率を使って書けることも含めてガウス–ボンネ–チャーンの定理とよぶ．

± 1 固有空間分解を得るが，$\dim_{\mathbb{C}} \mathbf{H}_+(p) = \dim_{\mathbb{C}} \mathbf{H}_-(p)$ である．一方，$p = m$ のときは，

$$\mathbf{H}^m \otimes \mathbb{C} = \mathbf{H}^m_+ \oplus \mathbf{H}^m_-, \quad *^2 = (-1)^m$$

となり，ここで差が出てくる．つまり，

$$\begin{aligned}
&\dim_{\mathbb{C}} \ker D^+_L - \dim_{\mathbb{C}} \ker D^-_L \\
&\quad = \dim_{\mathbb{C}} \mathbf{H}^m_+ - \dim_{\mathbb{C}} \mathbf{H}^m_- + \sum_{0 \leq p \leq m-1} (\dim_{\mathbb{C}} \mathbf{H}_+(p) - \dim_{\mathbb{C}} \mathbf{H}_-(p)) \\
&\quad = \dim_{\mathbb{C}} \mathbf{H}^m_+ - \dim_{\mathbb{C}} \mathbf{H}^m_-
\end{aligned}$$

となる．また，$n = 2m = 4k + 2$ の場合は，$\mathbf{H}^m_\pm$ は $*$ に対する $\pm\sqrt{-1}$ 固有空間である．$\mathbf{H}^m \otimes \mathbb{C}$ の自然な実構造は $\pm\sqrt{-1}$ 固有空間を入れ替えることになるので，$\dim_{\mathbb{C}} \mathbf{H}^m_+ = \dim_{\mathbb{C}} \mathbf{H}^m_-$ が成立する．よって，$n = 4k + 2$ の場合には指数は零である．

そこで，考えるべきは $n = 2m = 4k$ の場合である．このときの $\dim_{\mathbb{C}} \mathbf{H}^m_+ - \dim_{\mathbb{C}} \mathbf{H}^m_-$ の意味を考えよう．向き付き $4k$ 次元閉多様体 M に対して，$H^m(M, \mathbb{R}) \cong H^m_{DR}(M)$ 上に次の 2 次形式が存在する．

$$Q : H^m(M, \mathbb{R}) \times H^m(M, \mathbb{R}) \ni (\phi, \psi) \mapsto Q(\phi, \psi) = \int_M \phi \wedge \psi \in \mathbb{R}$$

m が偶数なので，$\phi \wedge \psi = \psi \wedge \phi$ から Q は対称 2 次形式であり，その符号数（正の固有値の数 − 負の固有値の数）を考えることができる．この符号数は多様体の位相および向きから定まる量で，**$\sigma(M)$ と書き，M の符号数**とよばれる．系 4.3 により，この符号数は調和 m 形式 $\mathbf{H}^m$ 上の 2 次形式

$$Q : \mathbf{H}^m \times \mathbf{H}^m \ni (\phi, \psi) \mapsto \int_M \phi \wedge \psi \in \mathbb{R}$$

の符号数に一致する．さて，$\Omega^m(M)$ 上のホッジのスター作用素 $*$ は $*^2 = 1$ を満たすので，$\Omega^m(M)$ は ± 1 固有空間 $\Omega^m_\pm(M)$ の直和に分解できる．調和 m 形式の空間 $\mathbf{H}^m$ も ± 1 固有空間に分解されるが，$\omega = *$ より，それらは先ほどの $\mathbf{H}^m_\pm$ の実部である．そして，$\phi_\pm \in \Omega^m_\pm(M)$ に対して，

$$\begin{aligned}
\int_M \phi_\pm \wedge \phi_\pm &= \pm \int_M \phi_\pm \wedge *\phi_\pm = \pm \|\phi_+\|^2, \\
\int_M \phi_+ \wedge \phi_- &= -\int_M \phi_+ \wedge *\phi_- = -(\phi_+, \phi_-) = 0
\end{aligned}$$

となるので，Q の符号数は $\dim_{\mathbb{C}} \mathbf{H}^m_+ - \dim_{\mathbb{C}} \mathbf{H}^m_-$ に一致する．以上から，

$$\sigma(M) = \dim_{\mathbb{C}} \mathbf{H}^m_+ - \dim_{\mathbb{C}} \mathbf{H}^m_- = \int_M \hat{\mathbf{A}}(TM) ch(\mathbf{S}^*)$$

となる．右辺の特性類を計算しよう．オイラー標数のときと同様に，

$$ch(\mathbf{S}^*) = \prod (e^{\frac{x_j}{2}} + e^{-\frac{x_j}{2}})$$

であるので，

$$\hat{\mathbf{A}}(TM)ch(\mathbf{S}^*) = \prod \frac{x_j/2}{\sinh(x_j/2)} 2\frac{(e^{\frac{x_j}{2}} + e^{-\frac{x_j}{2}})}{2} = 2^m \prod \frac{x_j/2}{\tanh(x_j/2)}$$

となる．そこで，ヒルツェブルフ（Hirzebruch）の L-類を

$$L(TM) := \prod \frac{x_j}{\tanh x_j} = 1 + L_1(TM) + L_2(TM) + \cdots,$$

$$\hat{L}(TM) := \prod \frac{x_j/2}{\tanh(x_j/2)} = 1 + \hat{L}_1(TM) + \hat{L}_2(TM) + \cdots$$

と定義する．

$$\frac{x}{\tanh x} = 1 + \frac{1}{3}x^2 - \frac{1}{45}x^4 + \cdots$$

を考慮して多項式展開すれば，L-類はポントリャーギン類で書ける．

$$L_1(TM) = \frac{1}{3}p_1(TM), \quad L_2(TM) = \frac{1}{45}(7p_2(TM) - p_1(TM)^2), \quad \ldots$$

また，$L_k(TM) = 4^k \hat{L}_k(TM)$ が成立する．よって，次を得る．

$$\sigma(M) = 2^m \int_M \hat{L}_k(TM) = 2^m \frac{1}{4^k} \int_M L_k(TM) = \int_M L_k(TM)$$

定理 6.2 (符号数定理)　M を向き付き $4k$ 次元閉多様体とする．このとき，

$$\sigma(M) = \int_M L_k(TM)$$

が成立する．ここで，$L_k(TM)$ はヒルツェブルフの L-類である．特に，M が 4 次元なら，次が成立する．

$$\sigma(M) = \frac{1}{3}\int_M p_1(TM)$$

6.4　消滅定理

微分形式上のディラック作用素 $D_L = d + \delta$ に対するワイゼンベック公式や消滅定理について考えよう．アイデアはディラック作用素の場合（5.4 節）と同じである．定理 5.4 の証明と同様にすれば，D_L の主表象および曲率に関する関係式

$$L(e_i)L(e_j) + L(e_j)L(e_i) = -2\delta_{ij}, \quad R_{\Lambda^p}(e_i, e_j) = \nabla^2_{e_i,e_j} - \nabla^2_{e_j,e_i}$$

を合わせることにより,

$$d\delta + \delta d = D_L^2 = \nabla^*\nabla + \mathfrak{R}_p, \quad \mathfrak{R}_p := \frac{1}{2}\sum_{i,j} L(e_i)L(e_j)R_{\Lambda^p}(e_i, e_j)$$

となる．ここで，R_{Λ^p} は $\Lambda^p(M)$ 上の（レビ＝チビタ接続から導かれる）共変微分に対する曲率であり，局所的には

$$R_{\Lambda^p}(e_i, e_j) = \frac{1}{2}\sum_{k,l} R_{ijkl}(d\pi_{\Lambda^p})(e_k \wedge e_l)$$

と表せる．ここで，$d\pi_{\Lambda^p}$ は $\mathfrak{so}(n)$ の $\Lambda^p(\mathbb{R}^n)$ への表現である．

証明 主 $\mathrm{SO}(n)$ 束 $\mathbf{SO}(M)$ のレビ＝チビタ接続に対する曲率は式 (4.13) で与えられる．そこで，同伴ベクトル束 $\Lambda^p(M) = \mathbf{SO}(M) \times_{\pi_{\Lambda^p}} \Lambda^p(\mathbb{R}^n)$ に導かれる曲率は，式 (4.7) から $\pi_{\Lambda^p} : \mathrm{SO}(n) \to \mathrm{GL}(\Lambda^p(\mathbb{R}^n))$ の微分表現を考えればよいので，上の式を得る． □

例 3.40 で見たように，$\Lambda^p(\mathbb{R}^n)$ を Cl_n の部分空間と考えれば，$d\pi_{\Lambda^p}$ は $\mathrm{Spin}(n)$ の随伴表現の微分表現 $\mathrm{ad} : \mathfrak{spin}(n) \mapsto \mathrm{End}(Cl_n)$ であるので，

$$R_{\Lambda^p}(e_i, e_j) = \frac{1}{8}\sum_{k,l} R_{ijkl}\mathrm{ad}([e_k, e_l])$$

となる．よって，曲率項である $\mathfrak{R}_p$ は

$$\mathfrak{R}_p = \frac{1}{2}\sum_{i,j} L(e_i)L(e_j)R_{\Lambda^p}(e_i, e_j) = \frac{1}{16}\sum_{i,j,k,l} R_{ijkl}L(e_i)L(e_j)\mathrm{ad}([e_k, e_l])$$

と表せる．ディラック作用素 D_R に対しても同様のことを議論すれば，

$$D_R^2 = \nabla^*\nabla + \frac{1}{16}\sum_{i,j,k,l} R_{ijkl}R(e_i)R(e_j)\mathrm{ad}([e_k, e_l])$$

となるが，$D_L^2 = D_R^2$ より曲率項は一致する．そして，

$$L(e_i)L(e_j) - R(e_j)R(e_i) = \mathrm{ad}\left(\frac{1}{2}[e_i, e_j]\right)$$

であるので，

$$\mathfrak{R}_p = \frac{1}{64}\sum_{i,j,k,l} R_{ijkl}\mathrm{ad}([e_i, e_j])\mathrm{ad}([e_k, e_l]) \tag{6.1}$$

を得る．たとえば，$\Lambda^1(M) \subset Cl(M)$ 上で曲率項を計算するには，式 (1.11)〜(1.13) と R_{ijkl} の代数関係式 (4.14)〜(4.16) を用いれば，

$$\mathfrak{R}_1(e_s) = \frac{1}{64}\sum_{i,j,k,l} R_{ijkl}[[e_i, e_j], [[e_k, e_l], e_s]] = \sum_t R_{ts}e_t = Ric(e_s)$$

となり，$\Lambda^1(M) \cong TM$ のもとで $\mathfrak{R}_1$ はリッチ変換（式 (4.17)）に一致する．

命題 6.3 (**ワイゼンベック公式**)　(M, g) を向き付きリーマン多様体とすれば，$\Omega^1(M)$ 上で次が成立する．

$$d\delta + \delta d = \nabla^*\nabla + Ric$$

このワイゼンベック公式を使って古典的な**消滅定理**を述べよう．

命題 6.4 (**ボホナー** (Bochner))　M を向き付き閉多様体とする．$Ric > 0$ となるリーマン計量が入るならば，$b_1(M) = 0$（$Ric \geq 0$ かつ，ある点 x で $Ric_x > 0$ の場合でも成立）となる．ここで，$Ric > 0$ とは，各点 x において $Ric_x(v, v) > 0$ ($\forall v \in T_xM,\ v \neq 0$) を満たすことである．また，$(M, g)$ をリッチ平坦な向き付き閉リーマン多様体とすれば，調和 1 形式の空間と平行 1 形式の空間は一致する．

証明　$b_1(M) > 0$ と仮定する．定理 4.6 より調和 1 形式 ϕ で零でないものが存在する．ワイゼンベック公式から

$$\int_M \langle Ric(\phi), \phi\rangle \mathrm{vol} = -(\nabla^*\nabla\phi, \phi) = -\|\nabla\phi\|^2$$

が成立する．$Ric \geq 0$ なら，両辺零となるので $\nabla\phi = 0$ となる．また，ある点 x で $Ric_x > 0$ なので，$\int_M \langle Ric(\phi), \phi\rangle \mathrm{vol} > 0$ となり矛盾する．　□

スピノール束上の共変微分は，ディラック作用素とツイスター作用素へ分解した (5.3 節)．同様のことを $\Lambda^p(M)$ 上で考えてみよう．

p 形式 $\phi \in \Omega^p(M)$ に対して，$\nabla\phi \in \Gamma(M, \Lambda^p(M) \otimes T^*M)$ となる．ベクトル束 $\Lambda^p(M) \otimes T^*M$ から $\Lambda^{p+1}(M)$，$\Lambda^{p-1}(M)$ への射影となる束準同型は

$$\Pi_{p+1} : \Lambda^p(M) \otimes T^*M \ni \phi \otimes v \mapsto v \wedge \phi \in \Lambda^{p+1}(M),$$
$$\Pi_{p-1} : \Lambda^p(M) \otimes T^*M \ni \phi \otimes v \mapsto -\iota(v)\phi \in \Lambda^{p-1}(M)$$

で与えられる．共変微分とこれら束準同型との合成は，式 (4.23) により外微分 d および余微分 δ に一致する．次に，$\Pi_{p+1} \circ i_{p+1} = \mathrm{id}, \Pi_{p-1} \circ i_{p-1} = \mathrm{id}$ となる写像を求めると，

$$i_{p+1} : \Lambda^{p+1}(M) \ni \phi \mapsto \frac{1}{p+1} \sum_{1 \leq i \leq n} \iota(e_i)\phi \otimes e_i \in \Lambda^p(M) \otimes T^*M,$$
$$i_{p-1} : \Lambda^{p-1}(M) \ni \phi \mapsto -\frac{1}{n-p+1} \sum_{1 \leq i \leq n} e_i \wedge \phi \otimes e_i \in \Lambda^p(M) \otimes T^*M$$

となる．ここで，$\{e_i\}_i$ は $T^*M \cong TM$ に対する局所正規直交フレームである．そこで，$\Lambda^{p,1}(M) := \ker \Pi_{p+1} \cap \ker \Pi_{p-1}$ とすれば，同伴ベクトル束としての分解

$$\Lambda^p(M) \otimes T^*M = \Lambda^{p,1}(M) \oplus \Lambda^{p+1}(M) \oplus \Lambda^{p-1}(M)$$

を得る．$\Lambda^{p,1}(M)$ への射影 $\Pi_C : \Lambda^p(M) \otimes TM \to \Lambda^{p,1}(M)$ は，

$$\Pi_C(\phi \otimes v) = \phi \otimes v - \frac{1}{p+1} \sum_{1 \le i \le n} \iota(e_i)v \wedge \phi \otimes e_i - \frac{1}{n-p+1} \sum_{1 \le i \le n} e_i \wedge \iota(v)\phi \otimes e_i$$

で与えられる．$\Lambda^p(M)$ 上の共変微分 ∇ と射影 Π_C を合成することにより，

$$\begin{aligned} C(\phi) &:= \Pi_C \left(\sum_{1 \le i \le n} \nabla_{e_i}\phi \otimes e_i \right) \\ &= \sum_{1 \le i \le n} \left(\nabla_{e_i}\phi - \frac{1}{p+1}\iota(e_i)d\phi + \frac{1}{n-p+1} e_i \wedge \delta\phi \right) \otimes e_i \end{aligned}$$

という 1 階微分作用素 $C : \Gamma(M, \Lambda^p(M)) \to \Gamma(M, \Lambda^{p,1}(M))$ を得る．この C を**共形キリング**（conformal Killing）**作用素**とよび，$\phi \in \ker C$ となる微分形式を**共形キリング微分形式**とよぶ．

さて，$\phi = \sum \phi_i \otimes e_i \in \Lambda^{p,1}(M)$ とは，$\sum e_i \wedge \phi_i = 0$ かつ $\sum \iota(e_i)\phi_i = 0$ となるものであることに注意すれば，共形キリング作用素の形式的随伴作用素 C^* は

$$C^* := -\sum_i \iota_{TM}(e_i)\nabla_{e_i}$$

で与えられることがわかる．ここで，ι_{TM} は $\Lambda^p(M) \otimes TM$ の TM 部分に関する内部積である．そして，命題 5.7 の T^*T の場合と同様に計算すれば，

$$\begin{aligned} C^*C\phi &= -\sum_{1 \le i \le n} \nabla_{e_i} \left(\nabla_{e_i}\phi - \frac{1}{p+1}\iota(e_i)d\phi + \frac{1}{n-p+1} e_i \wedge \delta\phi \right) \\ &= \nabla^*\nabla\phi - \frac{1}{p+1}\delta d\phi - \frac{1}{n-p+1} d\delta\phi \\ &= (\delta d + \delta d - \mathfrak{R}_p) - \frac{1}{p+1}\delta d\phi - \frac{1}{n-p+1} d\delta\phi \\ &= -\mathfrak{R}_p + \frac{p}{p+1}\delta d\phi + \frac{n-p}{n-p+1} d\delta\phi \end{aligned}$$

となる．そこで，次の命題を得る．

命題 6.5 (ワイゼンベック公式)　n 次元向き付きリーマン多様体 (M, g) 上のベクトル束 $\Lambda^p(M)$ を考える．$\Lambda^p(M)$ 上の微分作用素である外微分 d，余微分 δ，共形キ

リング作用素 C は次を満たす．

$$C^*C + \frac{1}{p+1}\delta d + \frac{1}{n-p+1}d\delta = \nabla^*\nabla,$$
$$-C^*C + \frac{p}{p+1}\delta d + \frac{n-p}{n-p+1}d\delta = \mathfrak{R}_p$$

ここで，$\mathfrak{R}_p$ は式 (6.1) で与えられる $\mathrm{End}(\Lambda^p(M))$ の切断である．

▶**問 6.3**　命題 6.5 の第 1 式を証明せよ．◀

$\Lambda^1(M) \cong TM$ の場合に命題 6.5 を適用しよう．M を向き付き閉リーマン多様体とする．$\phi \in \Omega^1(M)$ に対して，

$$\begin{aligned}(\Delta\phi,\phi) &= \frac{n}{n-1}\left(\frac{n-1}{n}\|d\phi\|^2 + \frac{n-1}{n}\|\delta\phi\|^2\right) \geq \frac{n}{n-1}\left(\frac{1}{2}\|d\phi\|^2 + \frac{n-1}{n}\|\delta\phi\|^2\right)\\ &= \frac{n}{n-1}\left(\|C\phi\|^2 + \int_M \langle Ric(\phi),\phi\rangle \mathrm{vol}\right) \geq \frac{n}{n-1}\int_M \langle Ric(\phi),\phi\rangle \mathrm{vol}\end{aligned}$$

となる．そこで，ある正の定数 r が存在して，$Ric \geq (n-1)r > 0$ を満たすとする（4.4.3 項）．このとき，上の不等式から，$\Omega^1(M)$ 上のラプラス作用素の固有値 λ は $\lambda \geq nr$ を満たす．また，関数 f が $\Delta f = \delta df = \lambda f$ を満たすなら，$df \in \Lambda^1(M)$ は $\Delta df = d\Delta f = \lambda df$ を満たす．よって，$df \neq 0$ なら $\lambda \geq nr$ となる．実は，等号成立する固有値が存在するなら，(M,g) は球面と等長同型である（証明は文献 [59], [67]）．

命題 6.6 (リヒネロヴィッツ－小畠)　(M,g) を n 次元向き付き閉リーマン多様体とし，$Ric \geq (n-1)r > 0$（r は正の定数）とする．このとき，関数空間上のラプラス作用素 $\Delta = \delta d$ に対する零でない固有値 λ は $\lambda \geq nr > 0$ を満たす．さらに，等号成立する固有値が存在するための必要十分条件は，(M,g) が定曲率 r の球面と等長同型であることである．

さて，1 次微分形式上の C, d, δ の幾何学的意味をもう少し調べてみよう．まず，リーマン計量による同型 $\mathfrak{X}(M) \cong \Omega^1(M)$ を使ってベクトル場 X に対する 1 形式も同じ記号で書くことにする．$X \in \ker C$ に対する微分方程式を書き下せば，

$$\nabla_Y X - \frac{1}{2}\iota(Y)dX - \frac{1}{n}\mathrm{div}(X)Y = 0, \quad (\forall Y \in \mathfrak{X}(M)) \tag{6.2}$$

となる．これは次のように書き換えることができる．

$$g(\nabla_Y X, Z) + g(\nabla_Z X, Y) = \frac{2}{n}\mathrm{div}(X)g(Y,Z), \quad (\forall Y, Z \in \mathfrak{X}(M)) \tag{6.3}$$

定義 6.1 (M, g) をリーマン多様体とする．ベクトル場 X が M 上の**キリングベクトル場**とは，次の意味で $L_X g = 0$ を満たすことである．

$$(L_X g)(Y, Z) = X(g(Y, Z)) - g([X, Y], Z) - g(Y, [X, Z]) = 0, \quad (\forall Y, Z \in \mathfrak{X}(M))$$

ここで，L_X は X によるリー微分である．キリングベクトル場 X に対する（局所）1 パラメータ変換群 ϕ_t は $\phi_t^* g = g$ を満たすので，キリングベクトル場の全体は，(M, g) の等長変換群のリー環になる．また，ベクトル場 X が M 上の**共形（キリング）ベクトル場**とは，$L_X g = 2\lambda g$ となる関数 $\lambda \in C^\infty(M)$ が存在することである．これら全体は，(M, g) の共形変換群のリー環になる．

注意 6.1 (M, g) の等長変換とは，g を保存する M の微分同相のことである．等長変換全体は（有限次元）リー群になる．また，(M, g) の共形変換とは g の共形変形を与える M の微分同相のことであり，共形変換全体もリー群になる [46]．

▶**問 6.4** X, Y がキリングベクトル場なら，$[X, Y]$ もキリングベクトル場であることを示せ．共形ベクトル場に対しても同様のことが成立することを示せ． ◀

命題 6.7 (M, g) を向き付きリーマン多様体とする．ベクトル場 X が $X \in \ker C$ であることは，X が共形ベクトル場であることと同値である．また，$X \in \ker C \cap \ker \delta$ となることは，X がキリングベクトル場であることと同値である．

証明 まず，∇ がレビ＝チビタ接続であることから，

$$\begin{aligned}
(L_X g)(Y, Z) &= Xg(Y, Z) - g([X, Y], Z) - g(Y, [X, Z]) \\
&= g(\nabla_X Y, Z) + g(Y, \nabla_X Z) - g(\nabla_X Y - \nabla_Y X, Z) \\
&\quad - g(Y, \nabla_X Z - \nabla_Z X) \\
&= g(\nabla_Y X, Z) + g(Y, \nabla_Z X)
\end{aligned}$$

となる．そこで，$X \in \ker C$ に対して，$\lambda = \mathrm{div}(X)/n$ とすれば $L_X g = 2\lambda g$ となり，X は共形ベクトル場である．逆に，X が共形ベクトル場なら

$$2n\lambda = \sum_k (L_X g)(e_k, e_k) = \sum_k g(\nabla_{e_k} X, e_k) + g(e_k, \nabla_{e_k} X) = 2\mathrm{div}(X)$$

となるので，$L_X g = (2/n)\mathrm{div}(X) g$ となり $X \in \ker C$ である．また，$X \in \ker \delta$ は，$\mathrm{div}(X) = 0$ と同値である．よって，$X \in \ker C \cap \ker \delta$ はキリングベクトル場であることを意味する． □

最後にワイゼンベック公式のキリングベクトル場への応用を述べる．

命題 6.8 (ボホナー)　(M, g) を向き付き閉リーマン多様体とする.

(1) リッチ曲率が負なら，キリングベクトル場は零である．特に，等長変換群は有限群になる．ここで，リッチ曲率が負とは，各点 x において $Ric_x(v, v) < 0$ $(\forall v \in T_xM,\ v \neq 0)$ を満たすことである.

(2) リッチ曲率が非正なら，キリングベクトル場は平行ベクトル場である.

(3) リッチ曲率が零なら，キリングベクトル場の次元は $b_1(M)$ に一致する.

証明　X をキリングベクトル場とする．$X \in \ker C \cap \ker \delta$ であるので，命題 6.5 より $\nabla^* \nabla X = Ric(X)$ を得る．よって,

$$\|\nabla X\|^2 = (\nabla^* \nabla X, X) = \int_M Ric(X, X) \mathrm{vol}$$

が成立する．$X \neq 0$ として，リッチ曲率が負なら $0 \leq \|\nabla X\| < 0$ となるので矛盾する．よって，リッチ曲率が負なら $X = 0$ が成立する．$Ric \leq 0$ とすれば $0 \leq \|\nabla X\| \leq 0$ となるので，$\nabla X = 0$ である．逆に，平行ベクトル場ならキリングベクトル場である．また，$Ric = 0$ なら調和 1 形式と平行 1 形式の空間は一致するのであった．よって，キリングベクトル場の次元と $b_1(M)$ は一致する.　□

第 7 章
いろいろなスピノール

この章では，スピン幾何学の一つの方向として，キリングスピノールやツイスタースピノールという特殊スピノールについて学ぶ．これらのスピノール場の存在は多様体に特別な幾何構造を与える．実際，キリングスピノール場をもつスピン多様体はアインシュタイン多様体である．そして次章で学ぶように，特殊スピノールはさまざまな幾何構造と関連するのである．

7.1 キリングスピノール

閉スピン多様体 M 上のディラック作用素に対する固有値評価（定理 5.6）において，等号を成立させるスピノール場 $\phi \in \Gamma(M, \mathbf{S})$ が存在したとする．つまり，$D^2\phi = \{n/4(n-1)\}\kappa_0\phi$ を満たすとする．ここで，κ_0 は定数で $\kappa_0 := \min_{x\in M}\kappa(x)$ である．このとき，$\phi \in \ker T$ であるので，ϕ はツイスタースピノールである．さらに，

$$D\phi = \pm\sqrt{\frac{n}{4(n-1)}\kappa_0}\,\phi$$

と補題 5.2 から，

$$\nabla_X\phi = \pm\sqrt{\frac{1}{4n(n-1)}\kappa_0}\,X\cdot\phi, \quad (\forall X \in \mathfrak{X}(M))$$

を満たす．そこで，キリングスピノールとよばれる特別なスピノール場を定義しよう．

定義 7.1 (M, g) をスピン多様体とする．ある定数 $\mu \in \mathbb{C}$ が存在し，次を満たすスピノール場 $\phi \in \Gamma(M, \mathbf{S})$ を**キリングスピノール**とよぶ．

$$\nabla_X\phi = \mu X\cdot\phi, \quad (\forall X \in \mathfrak{X}(M))$$

また，この**定数 μ をキリング数**とよぶ．

そこで，「固有値評価で等号を満たす多様体を分類せよ」という自然な問題は，「キリングスピノールをもつスピン多様体を分類せよ」ということになる．この問題はフ

リードリッヒらドイツのスピン幾何学派らが研究し始め，ワン（Wang）（平行スピノール[68], [69]），ベール（Bär）（実キリングスピノール[9]），バウム（Baum）（純虚キリングスピノール[11]）などにより解かれた．このキリングスピノールについて考えていこう．

命題 7.1 キリングスピノールはツイスタースピノールである．

証明 ϕ をキリング数 μ のキリングスピノールとすれば，

$$D\phi = \sum_i e_i \cdot \nabla_{e_i}\phi = \sum_i \mu e_i \cdot e_i \cdot \phi = -n\mu\phi$$

となり，次が成立する．

$$\nabla_X\phi + \frac{1}{n}X \cdot D\phi = \mu X \cdot \phi - \mu X \cdot \phi = 0 \qquad \square$$

命題 7.2 M を偶数次元スピン多様体として，キリング数 μ のキリングスピノール ϕ をもつとする．このとき，$\phi = \phi_+ + \phi_- \in \Gamma(M, \mathbf{S}^+ \oplus \mathbf{S}^-)$ とすれば，$\tilde{\phi} = \phi_+ - \phi_-$ はキリング数 $-\mu$ のキリングスピノールである．

証明 $\nabla_X\phi_\pm = \mu X \cdot \phi_\mp$ であるので，$\nabla_X(\phi_+ - \phi_-) = -\mu X \cdot (\phi_+ - \phi_-)$ となる． $\square$

注意 7.1 上の命題 7.2 における $\phi_\pm$ はツイスタースピノールであるが，キリングスピノールではない（ただし $\mu \neq 0$）．

次の命題はキリングスピノールという名前の由来である．

命題 7.3 キリング数が実数のキリングスピノール ϕ に対して，

$$V^\phi := \sqrt{-1}\sum_{1\le i\le n}\langle e_i \cdot \phi, \phi\rangle e_i$$

はキリングベクトル場（定義 6.1）である．

証明 まず，上式で定義されるベクトル場 V^ϕ は

$$\overline{V^\phi} = -\sqrt{-1}\sum\langle\phi, e_i \cdot \phi\rangle e_i = \sqrt{-1}\sum\langle e_i \cdot \phi, \phi\rangle e_i = V^\phi$$

を満たし，実ベクトル場である．ϕ がキリングスピノールであるので，

$$\begin{aligned}
\nabla_X V^\phi &= \sqrt{-1}\sum\langle e_i \cdot \nabla_X\phi, \phi\rangle e_i + \sqrt{-1}\sum\langle e_i \cdot \phi, \nabla_X\phi\rangle e_i \\
&= \sqrt{-1}\mu\Big(\sum\langle e_i \cdot X \cdot \phi, \phi\rangle e_i + \sum\langle e_i \cdot \phi, X \cdot \phi\rangle e_i\Big) \\
&= \sqrt{-1}\mu\sum\langle(e_i \cdot X - X \cdot e_i \cdot)\phi, \phi\rangle e_i
\end{aligned}$$

となる．ここで，μ が実数であることを用いた．よって，次を得る．

$$g(\nabla_X V^\phi, Y) = \sqrt{-1}\mu\langle (Y\cdot X\cdot - X\cdot Y\cdot)\phi, \phi\rangle$$

右辺は X, Y について交代であることから，V^ϕ はキリングベクトル場となる． □

▶**問 7.1** キリング数が純虚数 $\mu = \sqrt{-1}b$（$b \in \mathbb{R}$, $b \neq 0$）のキリングスピノール ϕ は，$L_{V^\phi} g = 4b|\phi|^2 g$ を満たすことを示せ．ここで，$|\phi|^2(x) = \langle \phi, \phi\rangle_x$ とする．特に，V^ϕ は共形ベクトル場になる．また，V^ϕ を 1 形式とみなしたとき，$dV^\phi = 0$ を示せ． ◀

次の定理により，キリングスピノールの考察は三つの場合に分けられる．

定理 7.1 (M, g) は連結 n 次元スピン多様体（$n \geq 2$）で，キリング数が μ の非自明な（恒等的に零でない）キリングスピノールをもつとする．

(1) (M, g) は**アインシュタイン多様体**である．特に，スカラー曲率 κ は定数になる．

(2) スカラー曲率 κ は次で与えられる．

$$\mu^2 = \frac{1}{4}\frac{1}{n(n-1)}\kappa$$

特に，キリング数 μ は実数または純虚数である．また，キリング数 μ のキリングスピノールが存在したとき，他のキリングスピノールのキリング数は μ または $-\mu$ である．

そこで，キリング数の値により，次の三つの場合が考えられる．

(1) キリング数が零でない**実数**の場合．キリングスピノールを**実キリングスピノール**（real Killing spinor）とよぶ．(M, g) がリーマン多様体として**完備**とすれば，M はコンパクトで，スカラー曲率が正のアインシュタイン多様体である．また，キリングスピノール ϕ はディラック作用素 D に対する固有値 $\pm(1/2)\sqrt{\{n/(n-1)\}\kappa}$ の固有スピノールであり，$\langle\phi, \phi\rangle$ は定数である．

(2) キリング数が**純虚数**の場合．キリングスピノールを**虚キリングスピノール**（imaginary Killing spinor）とよぶ．このとき，(M, g) は非コンパクトでスカラー曲率が負のアインシュタイン多様体となる．また，キリングスピノールを ϕ とすれば，$\langle\phi, \phi\rangle$ は零点をもたない非定数関数である．

(3) キリング数が**零**の場合．**キリングスピノールは平行スピノールである．このとき，**(M, g) **はリッチ平坦多様体**になる．

この定理を証明するために，二つ補題を用意する．

補題 7.1 (M, g) を連結スピン多様体として，恒等的に零でないキリングスピノール ϕ をもつとする．このとき，ϕ には零点（$\phi(x) = 0$ となる点 x）は存在しない．

また，ϕ の1点 $x \in M$ での値が定まれば，他の点での値も定まる．

注意 7.2　ツイスタースピノールには零点があってもよい．

証明　$\nabla'_X := \nabla_X - \mu X\cdot$ とすれば，これはスピノール束上の共変微分になる．そして，キリング数が μ のキリングスピノールは ∇' に対して平行切断となる．平行切断なので，1点 x での値がわかれば，平行移動により他の点での値も定まる（4.3.2 項）．□

補題 7.2　$\phi \in W_n$ を $\phi \neq 0$ のスピノールとする．$u, v \in \mathbb{R}^n$ が $(u + \sqrt{-1}v) \cdot \phi = 0$ を満たすなら，$\|u\| = \|v\|$ かつ $\langle u, v \rangle = 0$ である．

証明

$$0 = (u + \sqrt{-1}v) \cdot (u + \sqrt{-1}v) \cdot \phi = -\langle u, u \rangle \phi + \langle v, v \rangle \phi - 2\sqrt{-1}\langle u, v \rangle \phi$$

となる．$\phi \neq 0$ であるので，$\|u\| = \|v\|$ および $\langle u, v \rangle = 0$ を得る．□

定理 7.1 の証明　キリングスピノール ϕ に対して，$\nabla_X \nabla_Y \phi = \mu(\nabla_X Y) \cdot \phi + \mu^2 Y \cdot X \cdot \phi$ となる．よって，

$$R_\Delta(X, Y)\phi = \mu^2(Y \cdot X \cdot - X \cdot Y \cdot)\phi$$

となる．そこで，式 (5.5) を使って

$$\begin{aligned}
-\frac{1}{2}Ric(X) \cdot \phi &= \sum_i e_i \cdot R_\Delta(X, e_i)\phi \\
&= \sum_i \mu^2 e_i \cdot (e_i \cdot X \cdot - X \cdot e_i \cdot)\phi = 2(1-n)\mu^2 X \cdot \phi
\end{aligned}$$

となり，$\{Ric(X) - 4(n-1)\mu^2 X\} \cdot \phi = 0$ を得る．また，式 (5.6) より，

$$0 = \sum e_i \cdot \{Ric(e_i) - 4(n-1)\mu^2 e_i\} \cdot \phi = \{-\kappa + 4n(n-1)\mu^2\}\phi$$

となる．補題 7.1 からキリングスピノールには零点がなかったので，

$$\mu^2 = \frac{1}{4}\frac{1}{n(n-1)}\kappa$$

が成立する．特に，スカラー曲率 κ は実定数となり，μ は実数か純虚数になる．また，ほかにキリングスピノールがある場合，そのキリング数も上式を満たすので，μ または $-\mu$ のいずれかである．

μ は実数か純虚数なので，$\{Ric(X) - 4(n-1)\mu^2 X\} \cdot \phi = 0$ と補題 7.2 より，$Ric(X) = 4(n-1)\mu^2 X$ を得る．このように，リッチ変換が恒等変換の定数倍なので，命題 4.9 より (M, g) はアインシュタイン多様体になる．特に，$\mu = 0$ の場合，(M, g) はリッチ平坦となる．

キリング数 μ が零でない実数の場合に，リッチ曲率は正の定数で抑えられる．よって，(M, g) が完備と仮定すればマイヤースの定理（定理 4.3）から，M はコンパクトとなる．また，

$$D\phi = -n\mu\phi = \mp\frac{1}{2}\sqrt{\frac{n}{(n-1)}\kappa}\,\phi$$

となる．これはフリードリッヒの固有値評価で等号が成立する多様体である．

次に，μ が純虚数 $\mu = \sqrt{-1}b$（$b \in \mathbb{R}$）の場合を考える．このとき，(M, g) はスカラー曲率が負のアインシュタイン多様体になる．M がコンパクトと仮定する．$D^2\phi = -n^2b^2\phi$ から $\|D\phi\|^2 = -n^2b^2\|\phi\|^2$ となり，$\phi \equiv 0$ となってしまう．よって，M は非コンパクトである．

さて，キリングスピノール ϕ に対して，

$$X\langle\phi, \phi\rangle = \langle\nabla_X\phi, \phi\rangle + \langle\phi, \nabla_X\phi\rangle = (\mu - \bar{\mu})\langle X \cdot \phi, \phi\rangle$$

となる．よって，μ が実数なら，$X\langle\phi, \phi\rangle = 0$ であり $\langle\phi, \phi\rangle$ は定数となる．μ が純虚数 $\sqrt{-1}b$ なら，$X\langle\phi, \phi\rangle = 2\sqrt{-1}b\langle X \cdot \phi, \phi\rangle = 2bg(V^\phi, X)$（$\forall X \in \mathfrak{X}(M)$）となる（問 7.1）．$|\phi|^2$ が定数関数と仮定すると，$V^\phi = 0$ となる．$0 = L_{V^\phi}g = 4b|\phi|^2 g$ となるが，補題 7.1 より ϕ に零点はないので矛盾する．よって，$\langle\phi, \phi\rangle$ は非定数関数となる． □

系 7.1 2 次元スピン多様体が非自明なキリングスピノールをもてば，それは定曲率空間である．

系 7.2 非自明な平行スピノールをもつスピン多様体はリッチ平坦である．また，平行スピノールをもつ 3 次元スピン多様体は局所的にユークリッド空間である．

証明 最初の主張はすでに証明した．また，4.4.2 項で見たように，3 次元リーマン多様体のリーマン曲率テンソルはリッチ曲率で決まるので，リッチ平坦ならリーマン曲率テンソルは零である． □

系 7.3 非自明なキリングスピノールをもつ 3 次元または 4 次元スピン多様体は定曲率空間である．ただし，4 次元の場合は $\mu \neq 0$ とする．

証明 3 次元ならリーマン曲率はリッチ曲率のみで定まる．そして，アインシュタイン多様体なので定曲率空間になる．4 次元の場合は文献 [20] を参照せよ． □

さて，(M, g) は連結 n 次元スピン多様体でキリング数 $\mu \neq 0$ のキリングスピノールをもつとする．計量を $g \mapsto ag$（$a > 0$, a は定数）と変形すれば，キリング数 μ は $\pm 1/2$ または $\pm(1/2)\sqrt{-1}$ と正規化できる．

定義 7.2 キリング数が $\pm 1/2$（または $\pm(1/2)\sqrt{-1}$）のキリングスピノールの全体を $\mathcal{K}_\pm$ とする．$\mathcal{K}_\pm$ は $\mathbb{C}$ 上ベクトル空間であり，$\mathcal{K}_+ \oplus \mathcal{K}_- \subset \ker T$ となる．なお，多様体の次元が偶数なら，命題 7.2 より $\dim_{\mathbb{C}} \mathcal{K}_+ = \dim_{\mathbb{C}} \mathcal{K}_-$ となる．

補題 7.1 より，$\mathcal{K}_\pm$ の独立な基底の個数はスピノール束のファイバーのランク以下

である．そこで，次が成り立つ．

命題 7.4　$\dim_{\mathbb{C}} \mathcal{K}_{\pm} \leq 2^{[n/2]}$

キリング数が零でないキリングスピノールをもつスピン多様体 M_1, M_2 があるとき，$M_1 \times M_2$ 上にキリングスピノールは存在しないことがわかる．

命題 7.5　キリング数が零でない非自明なキリングスピノールをもつスピン多様体は，リーマン多様体として既約である（既約については 8.1 節を参照）．

証明　キリングスピノール ϕ に対して，

$$R_{\Delta}(X,Y)\phi = \mu^2(Y \cdot X \cdot - X \cdot Y \cdot)\phi = \frac{\kappa}{4n(n-1)}(Y \cdot X \cdot - X \cdot Y \cdot)\phi$$

であった．M が局所的にリーマン多様体の積 $U = U_1 \times U_2$ であるとする．このとき X, Y を，それぞれ U_1, U_2 に接する接ベクトルとすれば，$R_{\Delta}(X,Y) = 0$ かつ $g(X,Y) = 0$ となるので，$\kappa X \cdot Y \cdot \phi = 0$ を得る．キリング数が零でないのでスカラー曲率も零でない．$X \cdot X \cdot Y \cdot \phi = -g(X,X)Y \cdot \phi = 0$ であり，$Y \cdot \phi = 0$ を得る．同様にすれば，U 上で $\phi = 0$ がわかる．しかし，キリングスピノールに零点がないことに矛盾する．□

7.2　ツイスタースピノール

キリングスピノールの一般化であるツイスタースピノール（$T\phi = 0$ または式 (5.2)）を調べよう．

補題 7.3　ツイスタースピノール ϕ は次を満たす．

$$\nabla_X(D\phi) = \frac{n}{2(n-2)}\left\{\frac{\kappa}{2(n-1)}X - Ric(X)\right\} \cdot \phi$$

証明　ツイスター方程式 $\nabla_X \phi + (1/n)X \cdot D\phi = 0$（$\forall X \in \mathfrak{X}(M)$）を共変微分して，

$$\nabla_{e_i}\nabla_X\phi + \frac{1}{n}(\nabla_{e_i}X) \cdot D\phi + \frac{1}{n}X \cdot \nabla_{e_i}(D\phi) = 0,$$

$$\nabla_X\nabla_{e_i}\phi + \frac{1}{n}(\nabla_X e_i) \cdot D\phi + \frac{1}{n}e_i \cdot \nabla_X(D\phi) = 0$$

を得る．この 2 式を合わせれば，

$$R_{\Delta}(X,e_i)\phi + \frac{1}{n}e_i \cdot \nabla_X(D\phi) - \frac{1}{n}X \cdot \nabla_{e_i}(D\phi) = 0$$

となる．さらに e_i をかけて和をとり，式 (5.5) および (5.7) を使えば，次が成立する．

$$-\frac{1}{2}Ric(X)\cdot\phi = \sum e_i \cdot R_\Delta(X,e_i)\phi = \nabla_X(D\phi) - \frac{1}{n}X\cdot D^2\phi - \frac{2}{n}\nabla_X(D\phi)$$
$$= \frac{n-2}{n}\nabla_X(D\phi) - \frac{1}{n}\left\{\frac{n}{4(n-1)}\kappa X\cdot\phi\right\} \qquad \square$$

そこで，$X \in \mathfrak{X}(M)$ に対して

$$K(X) := \frac{1}{n-2}\left\{\frac{\kappa}{2(n-1)}X - Ric(X)\right\} \in \mathfrak{X}(M)$$

とし，スピノール束の直和 $\mathbf{S}\oplus\mathbf{S}$ 上に新しい共変微分を次で定義する．

$$\nabla^s_X := \begin{pmatrix} \nabla_X & \frac{1}{n}X\cdot \\ -\frac{n}{2}K(X)\cdot & \nabla_X \end{pmatrix} \tag{7.1}$$

▶**問 7.2** ∇^s が $\mathbf{S}\oplus\mathbf{S}$ 上の共変微分となることを示せ． ◀

補題 7.4 ϕ をツイスタースピノールとすると，$(\phi, D\phi) \in \Gamma(M, \mathbf{S}\oplus\mathbf{S})$ は ∇^s に関して平行である．逆に，∇^s に関して平行な切断 (ϕ,ψ) を考えると，$\psi = D\phi$ であり，ϕ はツイスタースピノールになる．

証明 ϕ をツイスタースピノールとすれば，

$$\nabla^s_X\begin{pmatrix}\phi \\ D\phi\end{pmatrix} = \begin{pmatrix} \nabla_X & \frac{1}{n}X\cdot \\ -\frac{n}{2}K(X)\cdot & \nabla_X \end{pmatrix}\begin{pmatrix}\phi \\ D\phi\end{pmatrix} = \begin{pmatrix} \nabla_X\phi + \frac{1}{n}X\cdot D\phi \\ -\frac{n}{2}K(X)\cdot\phi + \nabla_X(D\phi)\end{pmatrix} = 0$$

となる．逆を証明する．(ϕ,ψ) を ∇^s に関して平行とすると，

$$\nabla_X\phi + \frac{1}{n}X\cdot\psi = 0, \quad -\frac{n}{2}K(X)\cdot\phi + \nabla_X\psi = 0$$

となる．よって，

$$D\phi = \sum e_i\cdot\nabla_{e_i}\phi = -\sum_i \frac{1}{n}e_i\cdot e_i\cdot\psi = \psi$$

であり，ϕ はツイスター方程式 (5.2) を満たす． $\square$

定理 7.2 (有限次元性) (M,g) を連結 n 次元スピン多様体 $(n \geq 3)$ とする．このとき，ツイスタースピノールが成す空間 $\ker T$ は有限次元であり，$\dim_{\mathbb{C}}\ker T \leq 2^{[n/2]+1}$ となる．ここで，多様体はコンパクトでなくてもよいことに注意する．

証明 ∇^s に関して平行な切断は 1 点での値で定まる．そこで，$\mathbf{S}\oplus\mathbf{S}$ のファイバーのランクを数えればよいので，$\dim_{\mathbb{C}}\ker T \leq 2^{[n/2]+1}$ となる． $\square$

次の系は $(\phi, D\phi)$ が ∇^s に関して平行であることから従う．

系 7.4　ϕ をツイスタースピノールとする．ある点 x での $\phi(x)$ と $(D\phi)(x)$ が定まれば，任意の点での値が定まる．特に，ある点 x で $\phi(x) = 0$, $(D\phi)(x) = 0$ を満たすなら $\phi \equiv 0$ である．

命題 7.6　恒等的に零でないツイスタースピノール ϕ の零点の集合

$$Z_\phi = \{x \in M \mid \phi(x) = 0\} \tag{7.2}$$

は，M 内で孤立点の集合である．

証明　ϕ をツイスタースピノールとして，M 上の関数 $|\phi|^2 = \langle\phi, \phi\rangle$ を考える．まず，

$$\begin{aligned}\mathrm{grad}|\phi|^2 &= \sum \nabla_{e_i}\langle\phi, \phi\rangle e_i = \sum(\langle\nabla_{e_i}\phi, \phi\rangle e_i + \langle\phi, \nabla_{e_i}\phi\rangle e_i) \\ &= -\frac{1}{n}\sum(\langle e_i \cdot D\phi, \phi\rangle + \langle\phi, e_i \cdot D\phi\rangle)e_i\end{aligned}$$

が成立する．そこで，点 x で $\phi(x) = 0$ とすると，x は $|\phi|^2$ の臨界点である．ϕ の零点 x でのヘシアン（2 階微分）[51] を計算しよう．

$$\begin{aligned}&(YX|\phi|^2)(x) \\ &= \langle\nabla_Y\nabla_X\phi, \phi\rangle + \langle\nabla_X\phi, \nabla_Y\phi\rangle + \langle\nabla_Y\phi, \nabla_X\phi\rangle + \langle\phi, \nabla_Y\nabla_X\phi\rangle \\ &= \frac{1}{n^2}(\langle X \cdot D\phi, Y \cdot D\phi\rangle(x) + \langle Y \cdot D\phi, X \cdot D\phi\rangle(x)) \\ &= \frac{2}{n^2}g(X, Y)|D\phi|^2(x)\end{aligned}$$

となるので，関数 $|\phi|^2$ の零点 x でのヘシアンは

$$Hess_x|\phi|^2 = \frac{2}{n^2}|D\phi|^2(x)g_x$$

となる．そこで，系 7.4 より，$D\phi(x) = 0$ なら $\phi \equiv 0$ となり仮定に反する．よって，零点において $D\phi(x) \neq 0$ としてよいので，ヘシアンは非退化である．つまり，ϕ の零点は関数 $|\phi|^2$ の非退化な臨界点の集合に含まれる．よって，x は孤立点である．　□

ツイスタースピノールの零点についていろいろと知られているが，ここでは，キリングスピノールとの関係について結果だけ述べておこう．

定理 7.3 [12]　(M, g) を非自明なツイスタースピノール ϕ をもつスピン多様体とする．ϕ の零点の集合を Z_ϕ とする．このとき，$M \setminus Z_\phi$ 上で $g' = (1/|\phi|^4)g$ と共形変形すれば，$(M \setminus Z_\phi, g')$ はアインシュタイン多様体になる．また，$\phi/|\phi|$ は実キリングスピノールの和となる．さらに，$Z_\phi \neq \emptyset$ の場合には，それらは平行スピノールとなる．

この定理から，平行スピノールをもつ多様体の分類結果（第 8 章参照）を用いて，ツイスタースピノールをもつスピン多様体の分類が行える．詳しくは文献 [48], [49] を参照してほしい．

今までの議論で，表 7.1 のようなスピノールが出てきた．これらの関係は図 7.1 のようになる．このような特殊なスピノールについてさまざまな結果が知られている [12], [16], [27]．次の章で，平行スピノール，キリングスピノールをもつ多様体の分類結果について述べる．

表 7.1 いろいろな特殊スピノール

名前	方程式	幾何構造
平行スピノール	$\nabla\phi = 0$	リッチ平坦
調和スピノール	$D\phi = 0$	
ツイスタースピノール	$T\phi = 0$	
実キリングスピノール	$\nabla_X\phi = \mu X\cdot\phi$ $(\mu \in \mathbb{R})$	コンパクト アインシュタイン，$\kappa > 0$
虚キリングスピノール	$\nabla_X\phi = \mu X\cdot\phi$ $(\mu \in \sqrt{-1}\mathbb{R})$	非コンパクト アインシュタイン，$\kappa < 0$

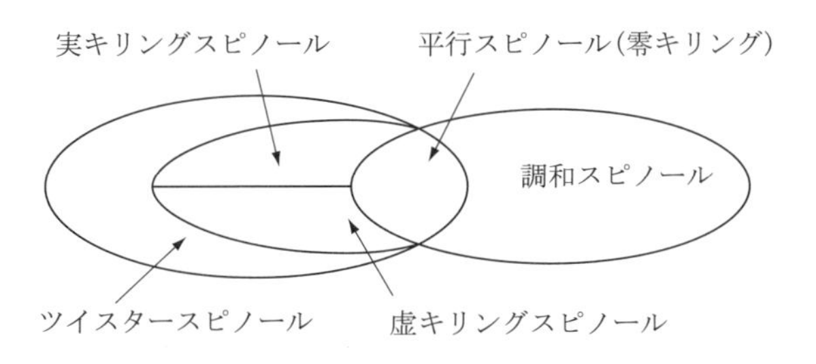

図 7.1 特殊スピノールの関係

注意 7.3 平坦トーラス $T^n = S^1 \times \cdots \times S^1$ 上のスピン構造は $H^1(T^n, \mathbb{Z}_2) = \mathbb{Z}_2^n$ で分類される．自明なスピン構造の場合，定数スピノール場は平行スピノールになる．しかし，自明でないスピン構造の場合には平行スピノールは存在しない．このように，特殊なスピノールの存在・非存在はリーマン計量にもスピン構造にも依存する．

7.3 定曲率空間上のキリングスピノール

定曲率空間 $\mathbb{R}^n, S^n, H^n$ 上のキリングスピノールを計算しよう．球面 S^n と双曲空間 H^n に対しては，それらの計量がユークリッド計量と共形同値であることを用いる．

7.3.1 ユークリッド空間上のツイスタースピノール

ユークリッド空間 $M = \mathbb{R}^n$ を考える．$u : \mathbb{R}^n \to W_n$ を定スピノール場とする．この u は平行スピノールであるので，ツイスタースピノールである．また，$(x_1, \ldots, x_n)$ を $\mathbb{R}^n$ の標準座標，$(e_1, \ldots, e_n)$ を標準的な正規直交フレームとする．このとき，ベクトル場 $x := \sum x_i e_i$ を考える．定スピノール場 u にベクトル場 x を作用させて，

$$x \cdot u = \sum_{1 \leq i \leq n} x_i e_i \cdot u$$

というスピノール場を得る．このとき，

$$\nabla_{e_i}(x \cdot u) = \frac{\partial}{\partial x_i}\left(\sum_{1 \leq j \leq n} x_j e_j \cdot u\right) = e_i \cdot u,$$

$$\frac{1}{n} e_i \cdot D(x \cdot u) = \frac{1}{n} e_i \cdot \sum_{1 \leq k \leq n} e_k \cdot \frac{\partial}{\partial x_k}\left(\sum_{1 \leq j \leq n} x_j e_j \cdot u\right) = -e_i \cdot u$$

となるので，$x \cdot u$ もツイスタースピノールである．そこで，$\dim_{\mathbb{C}} \ker T \geq 2^{[n/2]+1}$ となるが，定理 7.2 から，$\dim_{\mathbb{C}} \ker T = 2^{[n/2]+1}$ となる（ただし，$n \geq 3$）．このように，上であげたもの以外にはツイスタースピノールは存在しない．なお，$\mathbb{R}^n$ 上のツイスタースピノール $x \cdot u$ の零点は原点である．

7.3.2 球面上のキリングスピノール

半径 1 の標準球面 (S^n, g') を考える（$n \geq 2$ とする）．N を北極として，$S^n \setminus \{N\}$ は立体射影により，ユークリッド空間 $(\mathbb{R}^n, g)$ と共形同値であった．実際，計量は例 4.5 で見たように，

$$g' = e^{2\sigma} g = \frac{4}{(1 + |x|^2)^2} g, \quad g = \sum_{1 \leq i \leq n} dx_i^2$$

となる．正規直交フレームの変化は，

$$e_i' = \frac{1 + |x|^2}{2} e_i = e^{-\sigma} e_i$$

であり，$\mathrm{grad}(\sigma) = -e^{\sigma} \sum x_i e_i = -e^{\sigma} x$ となる．そこで，球面上のスピノール束の共変微分は命題 5.8 により，

$$\nabla'_{e_i'} \circ \Psi = \Psi \circ \left\{\frac{1 + |x|^2}{2} \frac{\partial}{\partial x_i} + \frac{1}{4}(-x \cdot e_i \cdot + e_i \cdot x \cdot)\right\}$$

で与えられる．$\mathbb{R}^n$ のツイスタースピノールを ϕ とすれば，定理 5.7 より，$\Psi(e^{\sigma/2}\phi)$

は $S^n \setminus \{N\}$ 上のツイスタースピノールになる．そこで，u, v を $\mathbb{R}^n$ 上の定数スピノールとして，

$$\phi_{u,v}(x) := \frac{u + x \cdot v}{\sqrt{1+|x|^2}}$$

とすれば，$\Psi(\phi_{u,v})$ が $S^n \setminus \{N\}$ 上のツイスタースピノールになる．このとき，$x \to \infty$ としても $\Psi(\phi_{u,v})$ は有界であるので，S^n 全体で定義できる．そして，

$$\begin{aligned}\nabla'_{e'_i} \Psi(\phi_{u,v}) &= \Psi\left(\frac{1+|x|^2}{2}\frac{\partial}{\partial x_i}\phi_{u,v} + \frac{1}{2}e_i \cdot x \cdot \phi_{u,v} + \frac{1}{2}x_i\phi_{u,v}\right) \\ &= \Psi\left(\frac{1}{2}e_i \cdot \frac{x \cdot u + v}{\sqrt{1+|x|^2}}\right)\end{aligned}$$

となる．そこで，$v = \pm u$ とすれば，

$$\nabla'_{e'_i} \Psi(\phi_{u,\pm u}) = \pm\frac{1}{2}\Psi(e_i \cdot \phi_{u,\pm u}) = \pm\frac{1}{2}e'_i \cdot \Psi(\phi_{u,\pm u})$$

となり，$\Psi(\phi_{u,\pm u})$ はキリング数が $\pm 1/2$ のキリングスピノールである．

さて，半径 1 の標準球面 S^n のスカラー曲率は $\kappa = n(n-1)$ であるので，ϕ を S^n 上のキリング数が $\pm 1/2$ のキリングスピノールとすれば，$D\phi = -n\mu\phi = \mp\dfrac{n}{2}\phi$ を満たす．一方，定理 5.6 によれば，球面上のディラック作用素の固有値 λ は

$$\lambda^2 \geq \frac{n}{4(n-1)}\min_x \kappa(x) = \frac{n^2}{4}$$

となるので，等号を成立させる固有スピノールがキリングスピノールである．また，$\dim_{\mathbb{C}} \mathcal{K}_+ + \dim_{\mathbb{C}} \mathcal{K}_- \leq 2^{[n/2]+1}$ であるので，上で与えたもの以外にはキリングスピノールは存在しない．

命題 7.7 標準球面 S^n 上で，キリング数が $\pm 1/2$ のキリングスピノール全体の空間を $\mathcal{K}_\pm$ とすれば，$\dim_{\mathbb{C}} \mathcal{K}_\pm = 2^{[n/2]}$ となる．よって，$\dim_{\mathbb{C}} \mathcal{K}_+ + \dim_{\mathbb{C}} \mathcal{K}_- = 2^{[n/2]+1}$ となる．さらに，D^2 の最小固有値は $n^2/4$ であり，その重複度は $2^{[n/2]+1}$ である．

このように，フリードリッヒ固有値評価（定理 5.6）において，等号を満たす多様体を得た．しかし，そのような多様体は球面だけに限らない．それについては次の章で詳しく述べる．

7.3.3 双曲空間上のキリングスピノール

双曲空間 $H^n = \{x \in \mathbb{R}^n \mid |x| < 1\}$ を考える（$n \geq 2$ とする）．ここで，計量は

$$g' = \frac{4}{(1-|x|^2)^2} g, \quad g = \sum_{1 \leq i \leq n} dx_i^2$$

で与えられる．球面の場合と同様の計算を行う．正規直交基底の対応は，

$$e_i' = \frac{1-|x|^2}{2} e_i = e^{-\sigma} e_i$$

であり，共変微分は

$$\nabla'_{e_i'} \circ \Psi = \Psi \circ \left\{ \frac{1-|x|^2}{2} \frac{\partial}{\partial x_i} + \frac{1}{4}(x \cdot e_i \cdot - e_i \cdot x \cdot) \right\}$$

となる．u, v を $\mathbb{R}^n$ 上の定数スピノールとして，

$$\phi_{u,v}(x) = \frac{u + x \cdot v}{\sqrt{1-|x|^2}}$$

とすれば，$\Psi(\phi_{u,v})$ は H^n 上のスピノールになる．そして，$v = \pm\sqrt{-1}u$ とすれば，次のような虚キリングスピノールを得る．

$$\nabla'_{e_i'} \Psi(\phi_{u, \pm\sqrt{-1}u}) = \pm \frac{1}{2} \sqrt{-1} e_i' \cdot \Psi(\phi_{u, \pm\sqrt{-1}u})$$

命題 7.8　双曲空間 H^n 上で，キリング数 $\pm(1/2)\sqrt{-1}$ のキリングスピノールの空間を $\mathcal{K}_\pm$ とすれば，$\dim_{\mathbb{C}} \mathcal{K}_\pm = 2^{[n/2]}$ となる．特に，$\dim_{\mathbb{C}} \mathcal{K}_+ + \dim_{\mathbb{C}} \mathcal{K}_- = 2^{[n/2]+1}$ である．

第 8 章 分類定理

この最後の章において，平行スピノールや実キリングスピノールをもつスピン多様体が，どのような幾何学的構造をもつかについて議論する．カラビ–ヤウ多様体，G_2 多様体，Spin(7) 多様体，佐々木–アインシュタイン多様体などさまざまな幾何構造が現れる．現代幾何学においてスピン幾何学がいかに重要であるかが理解できるであろう．

8.1 リーマンホロノミー群の分類

リーマン多様体のホロノミー群に対する結果の概略を述べる（詳細は文献 [14], [41], [46], [61]）．なお，多様体は連結と仮定しておく．

定義 8.1 n 次元リーマン多様体 (M,g) に対して，レビ＝チビタ接続に対するホロノミー群を $\mathrm{Hol}(M) \subset \mathrm{O}(n)$（または $\mathrm{Hol}(M,g)$），制限ホロノミー群を $\mathrm{Hol}^0(M) \subset \mathrm{SO}(n)$ と書く．それぞれ (M,g) の**リーマンホロノミー群，制限リーマンホロノミー群**とよぶ．また，それらのリー環であるホロノミー環を $\mathfrak{h}(M)$ と書く．

4.2 節で述べた主束のホロノミー群について成立したことは，すべてリーマンホロノミー群について成立する．また，命題 4.3 および式 (4.16) から，点 x においてリーマン曲率テンソルは $S^2(\mathfrak{h}(M)) \subset S^2(\Lambda^2 T_x^* M)$ に値をもつ．

さて，二つのリーマン多様体 (M_1, g_1), (M_2, g_2) の積 $(M_1 \times M_2, g_1 \times g_2)$ はリーマン多様体になる．これは，$T_{(x_1,x_2)}(M_1 \times M_2) = T_{x_1}M_1 \oplus T_{x_2}M_2$ に

$$(g_1 \times g_2)_{(x_1,x_2)}((v_1,v_2),(w_1,w_2)) = (g_1)_{x_1}(v_1,w_1) + (g_2)_{x_2}(v_2,w_2)$$

というリーマン計量を入れることによる．

定義 8.2 リーマン多様体が**可約**とは，上のようにリーマン多様体の積になることである．**局所可約**とは，局所的にリーマン多様体の積になることである．また，局所可約でないときに，リーマン多様体は**既約**であるという．

リーマン多様体 $(M_1 \times M_2, g_1 \times g_2)$ に対して，

$$\mathrm{Hol}(M_1 \times M_2, g_1 \times g_2) = \mathrm{Hol}(M_1, g_1) \times \mathrm{Hol}(M_2, g_2),$$
$$\mathrm{Hol}^0(M_1 \times M_2, g_1 \times g_2) = \mathrm{Hol}^0(M_1, g_1) \times \mathrm{Hol}^0(M_2, g_2)$$

となることは簡単にわかる．逆に，リーマンホロノミー群が直積群に分解されるとき，リーマン多様体としても分解することを見ていく．

補題 8.1　リーマン多様体 (M, g) の点 x におけるリーマンホロノミー群 $\mathrm{Hol}(M) = \mathrm{Hol}(M, x)$ を考える．$\mathrm{Hol}(M)$ の T_xM への表現が $T_xM = V_x \oplus W_x$ と直交直和分解されたとする．このとき，TM の部分ベクトル束 V, W で次を満たすものが存在する．(1) 直交直和分解 $TM = V \oplus W$ が成立．(2) V, W は平行移動で保存される．(3) 点 x において $T_xM = V_x \oplus W_x$ となる．

証明　M の点 y と点 x を曲線 γ で結ぶ．$T_xM = V_x \oplus W_x$ を γ に沿って平行移動することで $T_yM = V_y \oplus W_y$ が定まる．この T_yM の分解は $\mathrm{Hol}(M)$ に関する分解であるので，x, y を結ぶ曲線のとり方によらない．そこで，接束の分解 $TM = V \oplus W$ が定まり，V, W は平行移動で保存される．また，$\mathrm{Hol}(M) \subset \mathrm{O}(n)$ なので，$T_xM = V_x \oplus W_x$ は直交分解であるが，$\nabla g = 0$ より $TM = V \oplus W$ も g に関する直交直和分解である．　□

この補題の仮定のもとで，リーマン曲率テンソルは $S^2(\Lambda^2 V^*) \oplus S^2(\Lambda^2 W^*)$ の切断となる．ホロノミー環もリー環の直和に分解され，制限ホロノミー群は $\mathrm{Hol}^0(M) = H_V \times H_W$ と分解できる．ここで，$H_V \subset \mathrm{SO}(V_x)$，$H_W \subset \mathrm{SO}(W_x)$ であり，H_V は W_x へ自明に作用し，H_W は V_x へ自明に作用する．このように，ホロノミー群の T_xM への表現が分解されるなら，ホロノミー群自身が分解される．また，接束の部分束 V は平行移動で保存されるので，$X, Y \in \Gamma(M, V)$ に対して $[X, Y] = \nabla_X Y - \nabla_Y X \in \Gamma(M, V)$ となる．つまり，V は可積分な接分布を与える．W も同様である．そこで，それらの積分多様体を考えることにより，M はリーマン多様体として局所的に分解できる．また，M が単連結なら大域的な分解を与える．そこで，次の有名な定理が導ける．

定理 8.1 (ドラームの分解定理)　完備単連結リーマン多様体 (M, g) に対して，完備単連結リーマン多様体 (M_i, g_i) で $\mathrm{Hol}(M_i, g_i)$ が $\mathbb{R}^{n_i}$ へ既約に作用し，$(M, g) = (M_1, g_1) \times \cdots \times (M_k, g_k)$ かつ $\mathrm{Hol}(M, g) = \mathrm{Hol}(M_1, g_1) \times \cdots \times \mathrm{Hol}(M_k, g_k)$ となるものが存在する．単連結を仮定しない場合には，局所的に，つまり制限ホロノミー群 $\mathrm{Hol}^0(M)$ に対して同様の主張が成立する．

この応用として，命題 6.4 を少し精密化したものを得る．

定理 8.2 (ボホナー) (M,g) は n 次元閉リーマン多様体で $Ric \geq 0$ とする．このとき，$\dim_{\mathbb{R}} H^1(M,\mathbb{R}) = b_1(M) \leq n$ であり，(M,g) のリーマン普遍被覆 $(\widetilde{M},\tilde{g})$ はリーマン多様体として直積 $N \times \mathbb{R}^k$ になる．ここで，$k = b_1(M)$ で，$\mathbb{R}^k$ はユークリッド空間である．また，N は $n-k$ 次元の単連結リーマン多様体である．

証明 命題 6.4 の証明から，$k = b_1(M)$ 個の各点で独立な平行ベクトル場 $X_1, \ldots, X_k$ が存在する．特に，$k \leq n$ である．各ベクトル場に $T_xM = \mathbb{R}^n$ 内の $\mathrm{Hol}(M)$ 不変なベクトルが対応する．そこで，$\mathrm{Hol}(M)$ に関する分解 $\mathbb{R}^n = \mathbb{R}^{n-k} \oplus \mathbb{R}^k$ が成立し，$\mathrm{Hol}(M)$ は $\mathbb{R}^k$ 上に自明に作用する．$TM = V \oplus (M \times \mathbb{R}^k)$ となり，$M \times \mathbb{R}^k$ 方向は局所的にユークリッド空間である．また，(M,g) がコンパクトであることから，$(\widetilde{M},\tilde{g})$ は完備リーマン多様体である．そこで，前定理から $\widetilde{M} = N \times \mathbb{R}^k$ と分解する． □

実は，上の定理における N はコンパクトとしてよい．実際，チーガー－グロモール（Cheeger-Gromoll）の定理 [14], [61] から，次のより強い主張がいえる．

定理 8.3 (1) (M,g) は閉リーマン多様体で $Ric \geq 0$ とする．このとき，リーマン普遍被覆 $(\widetilde{M},\tilde{g})$ はリーマン多様体として $N \times \mathbb{R}^{b_1(M)}$ と分解できる．ここで，N は単連結でリッチ曲率が非負の閉リーマン多様体である．

(2) (M,g) は閉リーマン多様体でリッチ平坦 $Ric = 0$ とする．このとき，(M,g) のリーマン有限被覆で $N \times T^{b_1(M)}$ となるものが存在する．ここで，N は単連結でリッチ平坦な閉リーマン多様体であり，T^k は k 次元平坦トーラスである．

さて，ドラーム分解定理から，リーマン多様体の局所的な構造を調べるには単連結既約リーマン多様体について考えればよい．リーマン多様体の重要な例として対称空間があるが，単連結既約対称空間はカルタンにより分類されている [14], [33]．そこで，対称空間でない既約単連結リーマン多様体の分類を考える．実は，次のベルジェ（Berger）のリストのように分類されているのである．

定理 8.4 (ベルジェ) (M,g) は完備単連結 n 次元の既約リーマン多様体で，対称空間でないとする．このとき，M のホロノミー群は次のいずれかである．

(1) $\mathrm{Hol}(M) = \mathrm{SO}(n)$.
(2) $n = 2m$ ($m \geq 2$) かつ $\mathrm{Hol}(M) = \mathrm{U}(m) \subset \mathrm{SO}(2m)$.
(3) $n = 2m$ ($m \geq 2$) かつ $\mathrm{Hol}(M) = \mathrm{SU}(m) \subset \mathrm{SO}(2m)$.
(4) $n = 4k$ ($k \geq 2$) かつ $\mathrm{Hol}(M) = \mathrm{Sp}(k) \subset \mathrm{SO}(4k)$.
(5) $n = 4k$ ($k \geq 2$) かつ $\mathrm{Hol}(M) = \mathrm{Sp}(k)\mathrm{Sp}(1) \subset \mathrm{SO}(4k)$.

(6) $n = 7$ かつ $\mathrm{Hol}(M) = \mathrm{G}_2 \subset \mathrm{SO}(7)$.

(7) $n = 8$ かつ $\mathrm{Hol}(M) = \mathrm{Spin}(7) \subset \mathrm{SO}(8)$.

ここで,

$$\mathrm{Sp}(k)\mathrm{Sp}(1) := (\mathrm{Sp}(k) \times \mathrm{Sp}(1))/\mathbb{Z}_2 = \frac{\mathrm{Sp}(k) \times \mathrm{Sp}(1)}{\{(1,1),(-1,-1)\}}$$

であり，G_2 は定理 2.6 の例外型リー群である．Spin(7) は定理 2.8 の $\mathrm{Spin}(7)^+$ である．

この定理に関して重要な事実は，**ベルジェのリストのホロノミー群をもつリーマン多様体** (M, g) **が実際に存在し，多様体がコンパクトの場合でもそのような計量が存在**することである．また，$\mathrm{Hol}(M)$ が $\mathrm{SU}(m)$，$\mathrm{Sp}(k)$，G_2，Spin(7) となる (M, g) はリッチ平坦多様体となることがわかる（8.2 節）．これらの場合には，コンパクト多様体上で具体的に計量が書けるわけではないが，存在が知られている（文献 [40] などを参照）．

上記の各ホロノミー群に対して，それぞれ異なった次のような幾何学がある（次節で概略を述べる）．なお，各幾何構造の定義は論文によって多少異なるので，ここでは文献 [40], [41] に従っている．

(1) $\mathrm{Hol}(M) \subset \mathrm{SO}(n)$．$(M, g)$ は一般のリーマン多様体．

(2) $\mathrm{Hol}(M) \subset \mathrm{U}(m)$ となるリーマン計量 g をケーラー計量という．

(3) $\mathrm{Hol}(M) \subset \mathrm{SU}(m)$ となる計量をカラビ–ヤウ（Calabi-Yau）計量という．ケーラー計量の特別な場合である．いわゆるカラビ予想の解決により，$c_1(M) = 0$ となるコンパクトケーラー多様体上にカラビ–ヤウ計量が存在する．

(4) $\mathrm{Hol}(M) \subset \mathrm{Sp}(k)$ となるリーマン計量を超ケーラー計量という．上記のカラビ–ヤウ計量の特別な場合である．

(5) $\mathrm{Hol}(M) \subset \mathrm{Sp}(k)\mathrm{Sp}(1) = (\mathrm{Sp}(k) \times \mathrm{Sp}(1))/\mathbb{Z}_2$ となるリーマン計量を四元数ケーラー計量という．

(6) G_2，Spin(7) は例外（exceptional）ホロノミー群とよばれ，そのようなホロノミー群をもつ多様体を扱う幾何学は例外幾何学ともよばれる．ブライアント（Bryant）やサラモン（Salamon）により，このようなホロノミー群をもつ完備なリーマン計量の例が与えられ，ジョイス（Joyce）により閉多様体上のリーマン計量の存在が示された．

また，多様体の位相に関して次の命題を得ることができる（後述の系 8.1 も参照）．

命題 8.1　(M, g) が閉リーマン多様体で，$\mathrm{Hol}(M)$ が $\mathrm{SU}(m)$，$\mathrm{Sp}(k)$，G_2，Spin(7)

のいずれかに一致するなら，$H^1(M,\mathbb{R})=0$ であり，基本群 $\pi_1(M)$ は有限群となる．

証明　8.2 節で見るように (M,g) はリッチ平坦であり，$\dim H^1(M,\mathbb{R})$ は平行ベクトル場の空間の次元に一致する．しかし，$\mathrm{Hol}(M)$ が上であげたいずれかの場合には，$\mathbb{R}^n$ に既約に作用するので，平行ベクトル場は存在せず $H^1(M,\mathbb{R})=0$ となる．さらに，定理 8.3 により，リーマン普遍被覆 $\widetilde{M}$ はコンパクトなので，$\pi_1(M)$ は有限群である．□

8.2　さまざまな幾何構造

ベルジェのリストにおける各幾何構造の概略を述べ，スピン幾何学との関連性を述べよう [14], [16], [41], [63]．

8.2.1　ケーラー多様体

$\mathrm{Hol}(M)\subset \mathrm{U}(m)$ となるケーラー構造を説明しよう [14], [55]．

定義 8.3　(M,g,J) を実 $2m$ 次元概エルミート多様体とする．レビ＝チビタ接続に関して $\nabla J=0$ となるとき，(M,g,J) を**ケーラー**（Kähler）**多様体**とよび，g を**ケーラー計量**とよぶ．

たとえば，複素射影空間は標準的な計量である Fubini-Study 計量によりケーラー多様体となる．また，複素射影空間内の部分複素多様体は計量を制限することでケーラー多様体になる．実際，下の命題 8.2 の (1) が容易に確かめられる．

(M,g,J) をケーラー多様体とする．$\nabla J=0$ から概複素構造 J は可積分であり，ケーラー多様体は複素多様体である．

証明　レビ＝チビタ接続 ∇ を $TM\otimes\mathbb{C}$ へ複素線形に拡張しておく．このとき，$\nabla J=0$ より $T^{0,1}M$ は ∇ で保存される．また，捩率が零より，$[X,Y]=\nabla_X Y-\nabla_Y X$ である．そこで，$X,Y\in\Gamma(M,T^{0,1}M)$ ならば，$[X,Y]\in\Gamma(M,T^{0,1}M)$ となる．p.67 で述べたことから，(M,J) は複素多様体となる．□

また，$\nabla J=0$ より，リーマンホロノミー群は $\mathrm{U}(m)$ に含まれる．逆に，(M,g) の点 x におけるリーマンホロノミー群が $\mathrm{U}(m)$ に含まれるなら，点 x での概エルミート構造を平行移動することにより，M 上の概エルミート構造が定まり $\nabla J=0$ となるので，(M,g) はケーラー多様体となる．

ケーラー多様体 (M,g,J) 上で，

$$\omega(X,Y):=g(JX,Y) \tag{8.1}$$

とすれば $\omega \in \Gamma(M, \Lambda^{1,1}(M))$ となる．この ω を**ケーラー形式**という．$\nabla g = 0$, $\nabla J = 0$ より，ω は平行な 2 形式である．特に $d\omega = 0$ である．また，次が成立する．

命題 8.2　概エルミート多様体 (M, g, J) に対して次は同値である．
(1) $d\omega = 0$ かつ J は可積分．(2) $\nabla\omega = 0$．(3) $\nabla J = 0$．

証明　(2) ならば (3) であることは簡単であるので，各自で証明せよ．そこで，(1) ならば (3) を証明する．まず，

$$g((\nabla_X J)(Y), Z) = g(\nabla_X(JY), Z) - g(J(\nabla_X Y), Z) = g(\nabla_X(JY), Z) + g(\nabla_X Y, JZ),$$
$$\begin{aligned} d\omega(X, Y, Z) &= X(\omega(Y, Z)) - Y(\omega(X, Z)) + Z(\omega(X, Y)) \\ &\quad - \omega([X, Y], Z) + \omega([X, Z], Y) - \omega([Y, Z], X) \end{aligned}$$

である．そこで，式 (4.9) および式 (3.2) を用いれば，

$$2g((\nabla_X J)(Y), Z) - d\omega(X, Y, Z) + d\omega(X, JY, JZ) = g(JX, -N^J(Y, Z))$$

を得る．よって，(1) ならば (3) を得る．□

さて，(M, g, J) をケーラー多様体とする．余接束は $T^*M \otimes \mathbb{C} = \Lambda^{1,0}(M) \oplus \Lambda^{0,1}(M)$ と分解され，標準直線束 $K = \Lambda^{m,0}(M) = \Lambda^m(\Lambda^{1,0}(M))$ を得る．この標準直線束 K は $\mathrm{U}(m)$ の表現 $\det^{-1} : \mathrm{U}(m) \to \mathrm{U}(1)$ から得られる複素直線束であるので，$c_1(M) = -c_1(K)$ が成立する（3.9.1 項）．なお，レビ＝チビタ接続から導かれる K 上の曲率はリッチ曲率を使って表せる．また，ケーラー多様体上のスピン構造やスピノール束については 3.9 節で，ディラック作用素については 6.2.2 項で説明した．ケーラー多様体に対するスピン幾何学の詳細は文献 [16] を見てほしい．

8.2.2　カラビ–ヤウ多様体

ケーラー多様体上の標準直線束 K に零でない平行切断が存在する場合を考える．命題 4.7 により，K 上の平行切断の存在は，ホロノミー群が $\mathrm{SU}(m)$ に含まれることと同値である．このとき，次が成立する．

命題 8.3　実 $2m$ 次元ケーラー多様体 (M, g, J) のホロノミー群が $\mathrm{SU}(m)$ に含まれるとき，その多様体を**カラビ–ヤウ**（Calabi-Yau）**多様体**[†1]とよぶ．また，K の標準的な平行切断を正則体積要素という．カラビ–ヤウ多様体は，**自然なスピン構造をもち，二つの独立な平行スピノールが存在する**．特に，**リッチ平坦多様体**であり，$c_1(M) = 0$ となる．

---

†1　カラビ–ヤウ多様体といったら，普通は多様体をコンパクトと仮定する．

証明　向き付き正規直交フレーム束 $\mathbf{SO}(M)$ の構造群が $\mathrm{SU}(m)$ へ簡約するので，例 3.37 で見たように自然なスピン構造をもつ．そして，スピノール束は $\mathbf{S} = \oplus_p \Lambda^{0,p}(M)$ となる（例 3.50）．$\Lambda^{0,0}(M)$，$\Lambda^{0,m}(M)$ は，簡約した主 $\mathrm{SU}(m)$ 束の同伴ベクトル束として自明束である．よって，平行スピノールをもつので，定理 7.1 によりリッチ平坦となる．ここで，$\Lambda^{0,0}(M) \subset \mathbf{S}^+$ であるが，$\Lambda^{0,m}(M)$ は m が偶数（奇数）なら $\mathbf{S}^+$（$\mathbf{S}^-$）の部分束である．また，K は自明束となるので，$c_1(M) = -c_1(K) = 0$ となる．なお，リッチ平坦であることは，K の曲率がリッチ曲率で書けることからも証明できる．□

逆に，リッチ平坦ケーラー多様体を考えてみる．標準直線束 K の曲率は零となるので，K に対する平行切断が局所的には存在する．よって，制限ホロノミー群 $\mathrm{Hol}^0(M)$ が $\mathrm{SU}(m)$ に含まれる．しかし，$\mathrm{Hol}(M) \subset \mathrm{SU}(m)$ となるとは限らない．たとえば，複素 2 次元曲面であるエンリケス曲面（Enriques surface）はリッチ平坦ケーラーであるが，$\mathrm{Hol}(M) \not\subset \mathrm{SU}(2)$ となる計量が入る．

注意 8.1　M がリッチ平坦ケーラー多様体なら，$c_1(M) = 0$ である．逆に，コンパクトケーラー多様体 M で $c_1(M) = 0$ となるとき，M 上にリッチ平坦ケーラー計量が入る（ヤウによるカラビ予想の解決．詳しくは文献 [40] などを参照）．

8.2.3 超ケーラー多様体

次に，$\mathrm{Hol}(M) \subset \mathrm{Sp}(k)$ となる超ケーラー多様体を定義する．

定義 8.4　(M, g) を実 $4k$ 次元リーマン多様体として，概エルミート構造 I_1，I_2 で，$I_1 I_2 = -I_2 I_1$ となるものが入るとき，その多様体を概超ケーラー多様体とよぶ．ここで，$I_3 = I_1 I_2$ とすれば，I_3 も概エルミート構造である．さらに，$\nabla I_i = 0$（$i = 1, 2, 3$）のとき，**超ケーラー**（hyper Kähler）**多様体**とよぶ．$\nabla I_i = 0$ から，接束に平行な四元数構造が入り，(M, g, I_i) は各 i に対してケーラー多様体となる．

$\mathrm{Hol}(M)$ が $\mathrm{Sp}(k) \subset \mathrm{SU}(2k) \subset \mathrm{SO}(4k)$ に含まれるので，(M, g) はリッチ平坦ケーラー多様体である．また，実 4 次元の場合は $\mathrm{Sp}(1) = \mathrm{SU}(2)$ であるので，超ケーラー多様体とカラビ–ヤウ多様体の概念は一致する．

さて，ケーラー多様体上のケーラー形式はシンプレクティック形式（非退化な閉 2 形式）であるが，その類似として，超ケーラー多様体上において

$$\Omega(X, Y) = g(I_2 X, Y) + \sqrt{-1} g(I_3 X, Y)$$

とすることにより，複素構造 I_1 に関して**正則なシンプレクティック形式** Ω が定義される．この Ω は，I_1 に関する分解 $T^*M \otimes \mathbb{C} = \Lambda^{1,0}(M) \oplus \Lambda^{0,1}(M)$ から得られ

る $\Lambda^{2,0}(M)$ の切断であり，$T^{1,0}(M) \times T^{1,0}(M)$ 上の非退化2次形式である．特に，$T^{1,0}(M) \cong \Lambda^{1,0}(M)$ を得る．そして，$\nabla I_i = 0$，$\nabla g = 0$ から Ω も平行（よって正則）な切断となる．また，超ケーラー多様体のホロノミー群は $\mathrm{Sp}(k) \subset \mathrm{SU}(2k)$ であるので，自然なスピン構造をもつ．

スピノール束を見ていこう．ユニタリ群 $\mathrm{U}(m)$ の表現空間の同型 $\mathbb{C}^m \cong (\overline{\mathbb{C}^m})^*$ が成立していたので，ケーラー多様体上で $T^{1,0}(M) \cong \Lambda^{0,1}(M)$ を得る．同様に $T^{0,1}(M) \cong \Lambda^{1,0}(M)$ となる．そこで，超ケーラー多様体上では

$$T^{0,1}(M) \cong \Lambda^{1,0}(M) \cong T^{1,0}(M) \cong \Lambda^{0,1}(M)$$

が成立する．よって，超ケーラー多様体上のスピノール束は

$$\mathbf{S} \cong \oplus_{p=0}^{2k} \Lambda^{0,p}(M) \cong \oplus_{p=0}^{2k} \Lambda^{p,0}(M)$$

と分解する．$\Lambda^{0,0}(M)$，$\Lambda^{2k,0}(M)$ は同伴ベクトル束として自明束であるので平行切断が存在するが，より多くの平行切断が存在する．実際，Ω を使って次のベクトル束の埋め込みを考える．

$$\Lambda^{0,0}(M) \ni f \mapsto \Omega^l f \in \Lambda^{2l,0}(M)$$

このとき，f を定数切断とすれば，$\Omega^l f$ は平行切断となる．このように，$\Lambda^{p,0}(M)$ $(p = 2, 4, \ldots, 2k-2)$ は既約な同伴ベクトル束ではなく，自明な部分ベクトル束をもつのである．以上から，次の命題を得る．

命題 8.4　(M, g, I_1, I_2, I_3) を実 $4k$ 次元超ケーラー多様体とする．**超ケーラー多様体は自然なスピン構造をもつリッチ平坦な多様体であり，$k+1$ 個の独立な平行スピノールをもつ．**

8.2.4　四元数ケーラー構造

次に，四元数ケーラー多様体を定義する [62]．

定義 8.5　$k \geq 2$ とする．実 $4k$ 次元リーマン多様体 (M, g) でホロノミー群が $\mathrm{Sp}(k)\mathrm{Sp}(1)$ に含まれるとき，その多様体を**四元数ケーラー**（quaternionic Kähler）**多様体**という．

四元数ケーラー多様体の接空間がもつ幾何学的構造について述べよう．$\mathbb{H}^k$ を四元数 $4k$ 次元ベクトル空間とし，通常のユークリッド内積が入っているとする（よって，四元数構造と可換である）．このとき，$(A, q) \in \mathrm{Sp}(k) \times \mathrm{Sp}(1)$ の $\mathbb{H}^k$ への作用を

$$\mathbb{H}^k \ni v = (v_1, \ldots, v_k) \mapsto qvA^* \in \mathbb{H}^k$$

により定義する．このとき，$(-I_k, -1) \in \mathrm{Sp}(k) \times \mathrm{Sp}(1)$ は $(-1)v(-I_k)^* = v$ と $\mathbb{H}^k$ 上で恒等作用となるので，$\mathbb{H}^k$ には $\mathrm{Sp}(k)\mathrm{Sp}(1) = (\mathrm{Sp}(k) \times \mathrm{Sp}(1))/\mathbb{Z}_2 \subset \mathrm{SO}(4k)$ が作用する．$\mathbb{H}^k$ の通常の四元数構造である i, j, k を左から掛ける演算は，$\mathrm{Sp}(k)$ 部分の作用とは可換である．一方，$\mathrm{Sp}(1)$ 部分とは可換ではないため，$\mathrm{Sp}(k)\mathrm{Sp}(1)$ は $\mathbb{H}^k$ 上の四元数構造を不変にする線形変換群ではないが，次のように解釈できる．E を実 $4k$ 次元ベクトル空間として，正定値内積 g_E および内積と可換な四元数構造 $I, J, K \in \mathrm{End}(E)$ があるとする．ここで，可換とは

$$g_E(Iu, Iv) = g_E(Ju, Jv) = g_E(Ku, Kv) = g_E(u, v), \quad (u, v \in E)$$

のことである．このとき，線形変換全体 $\mathrm{End}(E)$ 内の 2 次元球面

$$S_E := \{a_1 I + a_2 J + a_3 K \mid a_1, a_2, a_3 \in \mathbb{R}, a_1^2 + a_2^2 + a_3^2 = 1\} \subset \mathrm{End}(E)$$

を考える．また，E の線形同型群 $\mathrm{GL}(E)$ は，E の線形変換全体 $\mathrm{End}(E)$ に

$$\mathrm{GL(E)} \times \mathrm{End}(E) \ni (f, L) \mapsto \tilde{f}(L) := f \circ L \circ f^{-1} \in \mathrm{End}(E)$$

により自然に作用する（通常の随伴表現である）．そして，(E, S_E, g_E) に対し

$$\mathrm{Sp}(k)\mathrm{Sp}(1) \cong \{f \in \mathrm{GL}(E) \mid f^* g_E = g_E, \tilde{f}(S_E) = S_E\}$$

となる．ここで，$I, J, K \in S_E$ は $\mathrm{Sp}(k)\mathrm{Sp}(1)$ 不変ではないことに注意しよう．

証明 $E = \mathbb{H}^k$ とみなし，i, j, k を左からの積とする．このとき，

$$S_E = \{a_1 i + a_2 j + a_3 k \mid a_1^2 + a_2^2 + a_3^2 = 1\} \subset \mathrm{End}(\mathbb{H}^k)$$

となる．$q \in \mathrm{Sp}(1)$ に対して，$f_q(v) = qv$ で与えられる $f_q \in \mathrm{O}(E)$ を考えると，$\tilde{f}_q(S_E) = S_E$ となる．実際，$L \in S_E$ に対して，$\tilde{f}_q(L) = qLq^{-1}$ であるので，$S_E = S^2 = \{p \in \mathrm{Im}(\mathbb{H}) | |p| = 1\}$ とみなしたとき，$\tilde{f}_q$ は $q \in \mathrm{Sp}(1)$ の S^2 への作用に一致する（実際，$\mathrm{Sp}(1)/\mathrm{U}(1) \cong \mathrm{SU}(2)/\mathrm{U}(1) \cong S^2$ であった）．このように，S_E は f_q により保存される．また，$A \in \mathrm{Sp}(k)$ に対して，$f_A(v) = vA^*$ で与えられる $f_A \in \mathrm{O}(E)$ から導かれる $\tilde{f}_A$ は，S_E 上で恒等写像である．以上から，$[A, q] \in \mathrm{Sp}(k)\mathrm{Sp}(1)$ は E 上の S_E と内積 g_E を保存する．

一方，$h \in \mathrm{O}(E)$ に対して $\tilde{h}(i), \tilde{h}(j), \tilde{h}(j)$ は E 上の四元数エルミート構造になるが，これらから得られる 2 次元球面

$$\{a_1 \tilde{h}(i) + a_2 \tilde{h}(j) + a_3 \tilde{h}(k) \mid a_1^2 + a_2^2 + a_3^2 = 1\} \subset \mathrm{End}(E)$$

は，S_E と一致するとは限らない．S_E と一致すると仮定すると，$\tilde{h}(i), \tilde{h}(j), \tilde{h}(j)$ は $\mathrm{Im}(\mathbb{H}) = \mathbb{R}^3$ の正規直交基底となるので，ある $q \in \mathrm{Sp}(1)$ が存在して S_E 上で $\tilde{f}_q = \tilde{h}$ となる．そ

こで，$f_q^{-1} \circ h$ は S_E 上で恒等作用となる E 上の直交変換であるので，$f_q^{-1} \circ h \in \mathrm{Sp}(k)$ である．よって，$h \in \mathrm{Sp}(k)\mathrm{Sp}(1)$ を得る．□

このように，四元数ケーラー多様体の接空間のモデルは，(E, S_E, g_E) である．この考察から次の命題が従う．

命題 8.5　リーマン多様体 (M, g) が四元数ケーラー多様体であるための必要十分条件は，M の開被覆 $M = \bigcup_\lambda U_\lambda$ および各 U_λ 上で次を満たす二つの（局所）概複素構造 I_λ, J_λ が存在することである．

(1) g は I_λ, J_λ に関してエルミート計量．
(2) $I_\lambda J_\lambda = -J_\lambda I_\lambda$.
(3) I_λ と J_λ を共変微分すれば，$I_\lambda, J_\lambda, K_\lambda = I_\lambda J_\lambda$ の線形結合になる．
(4) 各 $x \in U_\lambda \cap U_\mu$ に対して，$I_\lambda, J_\lambda, K_\lambda$ から生成される $\mathrm{End}(T_x M)$ の部分空間と，I_μ, J_μ, K_μ から生成される部分空間は一致する．

注意 8.2　局所的に定まる四元数構造 $I_\lambda, J_\lambda, K_\lambda$ は大域的に定まるとは限らない．たとえば，四元数射影空間 $\mathbb{H}P^n$ 上には大域的な概複素構造は存在しない．また，命題 8.5 の 3 番目の条件がない場合には，(M, g) を四元数エルミート多様体とよぶ．

注意 8.3　四元数ケーラー多様体 M 上の局所的な I, J, K は，M 上の 2 次元球面束を与える．そして，命題 8.5 の 4 番目の条件から大域的な 2 次元球面束 $Z \xrightarrow{S^2} M$ を得る．Z には複素多様体の構造が入り，M のツイスター空間とよばれる．

命題 8.5 の応用をいくつか述べよう [14], [39], [62]．

命題 8.6　四元数ケーラー多様体はアインシュタイン多様体である．さらに，リッチ曲率が零なら $\mathrm{Hol}^0(M) \subset \mathrm{Sp}(k)$ となる．

証明　接フレーム束の構造群は $\mathrm{Sp}(k)\mathrm{Sp}(1)$ へと簡約し，主 $\mathrm{Sp}(k)\mathrm{Sp}(1)$ 束を得る．構造群の $\mathrm{Sp}(1)$ 部分の $\mathfrak{sp}(1) \cong \mathrm{Im}(\mathbb{H}) \cong \mathbb{R}^3$ への随伴表現 Ad を考えれば，同伴ベクトル束として実ランク 3 のベクトル束 Q を得る．Q が開集合 U 上で局所自明化されるとして，局所フレームを I, J, K とする．$\mathrm{Sp}(1)$ の随伴表現の微分表現を考えれば，$\mathrm{ad}(\mathfrak{sp}(1)) \subset \mathfrak{o}(3)$ であるので，ベクトル束 Q 上の曲率は $\mathfrak{o}(3)$ 値 2 形式である．そこで，R をリーマン曲率とすれば，U 上の 2 形式 α, β, γ で次を満たすものが存在する．

$$
\begin{aligned}
R(X,Y)I - IR(X,Y) &= \gamma(X,Y)J - \beta(X,Y)K, \\
R(X,Y)J - JR(X,Y) &= -\gamma(X,Y)I + \alpha(X,Y)K, \\
R(X,Y)K - KR(X,Y) &= \beta(X,Y)I - \alpha(X,Y)J
\end{aligned}
\tag{8.2}
$$

ここで，$\mathrm{ad}(R(X,Y))I = R(X,Y)I - IR(X,Y)$ であることを用いた．また，I, J, K は四元数エルミート構造であるので，

$$\begin{aligned} &g(KZ, R(X,Y)JZ) + g(R(X,Y)Z, IZ) \\ &\quad = -g(R(X,Y)KZ, JZ) + g(KR(X,Y)Z, JZ) \\ &\quad = -\beta(X,Y)g(IZ, JZ) + \alpha(X,Y)g(JZ, JZ) = \alpha(X,Y)g(Z,Z) \end{aligned}$$

を得る．$\{X_i\}_{i=1}^{4k}$ を TM の局所正規直交フレームとすれば，$\{IX_i\}_i$, $\{JX_i\}_i$, $\{KX_i\}_i$ も局所正規直交フレームであるので，

$$\begin{aligned} 4k\alpha(X,Y) &= \alpha(X,Y)\sum_i g(X_i, X_i) \\ &= \sum_i g(R(X,Y)X_i, IX_i) + g(R(X,Y)JX_i, KX_i) \\ &= 2\sum_i g(R(X,Y)X_i, IX_i) \underbrace{=}_{\text{ビアンキ恒等式}} 4\sum_i g(R(X,X_i)Y, IX_i) \\ &= -4\sum_i g(IR(X,X_i)Y, X_i) \end{aligned}$$

となる．再び式 (8.2) を使って，

$$\begin{aligned} k\alpha(X,Y) &= -\sum\{g(R(X,X_i)IY, X_i) - \gamma(X,X_i)g(JY,X_i) + \beta(X,X_i)g(KY,X_i)\} \\ &= Ric(X, IY) + \gamma(X, JY) - \beta(X, KY) \end{aligned}$$

を得る．この式において，Y を IY に変えれば，

$$k\alpha(X, IY) = -Ric(X,Y) - \gamma(X, KY) - \beta(X, JY)$$

となる．同様の計算により，

$$\begin{aligned} k\beta(X, JY) &= -Ric(X,Y) - \gamma(X, KY) - \alpha(X, IY), \\ k\gamma(X, KY) &= -Ric(X,Y) - \alpha(X, IY) - \beta(X, JY) \end{aligned}$$

となるので，

$$\alpha(X, IY) = \beta(X, JY) = \gamma(X, KY) = -\frac{1}{k+2}Ric(X,Y)$$

が成立する．そこで，任意のベクトル場 X, Z に対して，

$$\begin{aligned} &g(R(X,IX)Z, IZ) + g(R(X,IX)JZ, KZ) \\ &\quad + g(R(JX,KX)Z, IZ) + g(R(JX,KX)JZ, KZ) \\ &= -\frac{2}{k+2}Ric(X,X)g(Z,Z) = -\frac{2}{k+2}Ric(Z,Z)g(X,X) \end{aligned}$$

となる．この式と命題 4.9 を用いれば，M はアインシュタイン多様体となる．また，リッチ曲率が零なら，Q 上の曲率は零となる．これは，単連結領域で平行な四元数エルミート構造

が存在することを意味するので，$\mathrm{Hol}^0(M) \subset \mathrm{Sp}(k)$ となる．□

この命題により，四元数ケーラー多様体のスカラー曲率 κ は定数となる．スカラー曲率が零となる場合には（局所的に）超ケーラー多様体の話となるので，四元数ケーラー幾何学では，スカラー曲率が正の定数である正四元数ケーラー多様体，負の定数である負四元数ケーラー多様体の場合を扱うことになる．

注意 8.4　実 $4k$ 次元四元数ケーラー多様体を考えているが，$k \geq 2$ と仮定していた．$k = 1$ の場合には，$\mathrm{Sp}(1)\mathrm{Sp}(1) = \mathrm{SO}(4)$ であるので，ホロノミー群に制限は起こらない．そこで，実 4 次元四元数ケーラー多様体をアインシュタイン多様体かつ自己双対共形ワイルテンソルをもつリーマン多様体と定義する．

さて，局所的な I, J, K とリーマン計量から，式 (8.1) のようにして局所的な 2 形式 $\omega_I, \omega_J, \omega_K$ を得る．このとき，

$$\Omega := \omega_I \wedge \omega_I + \omega_J \wedge \omega_J + \omega_K \wedge \omega_K$$

とすれば，命題 8.5 から大域的な平行 4 形式となることがわかる．この Ω は次のようにしても定義できる．$\mathbb{H}^k$ 上の i, j, k から上記の方法で得られる 4 形式 Ω_0 を考えると，$\mathrm{Sp}(k)\mathrm{Sp}(1)$ 不変であることがわかる．よって，Ω_0 から M 上の平行 4 形式 Ω を得る．この Ω は**クレイネス**（Kraines）**形式**とよばれ，四元数ケーラー幾何学で重要な道具である．

命題 8.7　四元数ケーラー多様体上にはクレイネス形式とよばれる非自明な平行な 4 形式が存在する．

最後に，四元数ケーラー多様体のスピン構造について結果のみ述べておこう．多様体 M 上の主 $\mathrm{Sp}(k)\mathrm{Sp}(1)$ 束を分類する集合 $H^1(M, \underline{\mathrm{Sp}(k)\mathrm{Sp}(1)})$ を考える．群の層の短完全系列

$$1 \to \mathbb{Z}_2 \to \underline{\mathrm{Sp}(k) \times \mathrm{Sp}(1)} \to \underline{\mathrm{Sp}(k)\mathrm{Sp}(1)} \to 1$$

から，次の準同型を得る．

$$\delta : H^1(M, \underline{\mathrm{Sp}(k)\mathrm{Sp}(1)}) \to H^2(M, \mathbb{Z}_2)$$

四元数ケーラー多様体 M 上のフレーム束を簡約した主 $\mathrm{Sp}(k)\mathrm{Sp}(1)$ 束を $P(M)$ とする．$\epsilon := \delta(P(M)) \in H^2(M, \mathbb{Z}_2)$ とすれば，$P(M)$ が主 $\mathrm{Sp}(k) \times \mathrm{Sp}(1)$ 束へリフトするための障害が ϵ である．

命題 8.8 (M, g) を実 $4k$ 次元の四元数ケーラー多様体とすると，

$$w_2(M) = \begin{cases} \epsilon & (k = odd) \\ 0 & (k = even) \end{cases}$$

となる．特に，k が偶数ならスピン多様体である．k が奇数のときは，M がスピン構造をもつことと，$P(M)$ の構造群が $\mathrm{Sp}(k) \times \mathrm{Sp}(1)$ へリフトすることは同値である．

注意 8.5 k が偶数の場合にスピン構造をもつことは，次のように証明してもよい．下の図式において，k が偶数なら $i_*(\pi_1(\mathrm{Sp}(k)\mathrm{Sp}(1))) = 0$ となる．よって，下の図式を可換にするリフト F が存在するので，(M, g) には自然なスピン構造が存在する．

$$\begin{array}{ccc} & & \mathrm{Spin}(4k) \\ & F\nearrow & \downarrow \mathrm{Ad} \\ \mathrm{Sp}(k)\mathrm{Sp}(1) & \xrightarrow{i} & \mathrm{SO}(4k) \end{array}$$

四元数（スピン）ケーラー多様体に関連したスピン幾何学は文献 [16] を参照してほしい．

8.2.5 G_2 構造・$\mathrm{Spin}(7)$ 構造

リーマン多様体のホロノミー群が G_2 または $\mathrm{Spin}(7)^+$ に含まれる場合を考えよう．そのような多様体の接空間の構造は 2.5 節で述べた．

定義 8.6 実 7 次元リーマン多様体 (M, g) で $\mathrm{Hol}(M) \subset \mathrm{G}_2$ となるとき，それを G_2 **多様体**という．また，実 8 次元リーマン多様体 (M, g) で $\mathrm{Hol}(M) \subset \mathrm{Spin}(7)^+$ となるとき，それを $\mathrm{Spin}(7)$ **多様体**という．

次の命題は定理 2.6 と定理 2.8 から従う．

命題 8.9 (1) G_2 多様体上には associative 3 形式という平行 3 形式 ϕ，co-associative 4 形式という平行 4 形式 ψ（$= *\phi$）が存在する．また，G_2 多様体は自然なスピン構造をもち，非自明な平行スピノールが存在する．特に，リッチ平坦多様体である．

(2) $\mathrm{Spin}(7)$ 多様体上にはケーリー 4 形式という平行 4 形式 Φ（$= *\Phi$）が存在する．また，$\mathrm{Spin}(7)$ 多様体は自然なスピン構造をもち，非自明な平行スピノールが存在する．特に，リッチ平坦多様体である．

もう少し詳しく見ていこう．まず，M が 7 次元多様体でフレーム束 $\mathbf{GL}(M)$ の構造群が G_2 へ簡約するとする．このとき，M は**概 G_2 構造**をもつといい，その主 G_2

束を $\mathbf{G}_2(M)$ と書く．このとき，associative 3 形式が存在する．また，$\mathrm{G}_2 \subset \mathrm{SO}(7)$ であるのでリーマン計量 g および向きが定まる．

$\mathbb{R}^7$ 上の標準計量 g_0 と式 (2.12) で与えられる 3 形式 ϕ_0 を考える．向き付き 7 次元多様体 M の各点 $x \in M$ に対し，$\Lambda^3 T_x^*(M)$ の次の部分集合を考える．

$$\mathcal{P}_x^3(M) \\ = \{\phi \in \Lambda^3 T_x^* M \mid u^*\phi_0 = \phi \text{ を満たす向きを保つ線形同型 } u : T_x M \to \mathbb{R}^7 \text{ が存在 }\}$$

定理 2.4 により，この $\mathcal{P}_x^3(M)$ は等質空間として $\mathrm{GL}_+(7;\mathbb{R})/\mathrm{G}_2$ として表せる．ここで，$\mathrm{GL}_+(n;\mathbb{R}) = \{g \in \mathrm{GL}(n;\mathbb{R}) | \det g > 0\}$ である．この等質空間の次元は，

$$\dim_{\mathbb{R}} \mathcal{P}_x^3(M) = \dim_{\mathbb{R}} \mathrm{GL}_+(7;\mathbb{R}) - \dim_{\mathbb{R}} \mathrm{G}_2 = 49 - 14 = 35$$

であるので，$\mathcal{P}_x^3(M)$ は 35 次元実ベクトル空間 $\Lambda^3 T_x^* M$ の開集合となる．さて，向き付き 7 次元多様体 M 上のファイバー束 $\mathcal{P}^3(M) = \bigcup_{x\in M} \mathcal{P}_x^3(M) \subset \Lambda^3 T^* M$ を考える．M 上の 3 形式 ϕ がこのファイバー束 $\mathcal{P}^3(M)$ の切断となるとき，ϕ を非退化な 3 形式（または正の 3 形式）とよぶ．このような非退化な 3 形式 ϕ が存在すると仮定する．M のフレーム束 $\mathbf{GL}_+(M)$ の各点 u は線形同型 $u : T_x M \to \mathbb{R}^7$ を与えるが，そのような u で，$u^*\phi_0 = \phi$ となるもの全体が成す $\mathbf{GL}_+(M)$ の部分集合は主 G_2 束 $\mathbf{G}_2(M)$ を与える（G_2 構造が与える M の向きは，もとの向きと一致する）．つまり，M 上の概 G_2 構造となり，リーマン計量 g を与える．このように，**向き付き 7 次元多様体上の M 上の概 G_2 構造と，非退化な 3 形式は 1 対 1 に対応している**ので，7 次元多様体上の組 (ϕ, g) も概 G_2 構造とよぶ．

概 G_2 構造 (ϕ, g) が与えられたとき，レビ＝チビタ接続に関して $\nabla\phi = 0$ を満たすなら，ϕ がホロノミー群により不変であることを意味するので，$\mathrm{Hol}(M) \subset \mathrm{G}_2$ となる．ここで，共変微分 ∇ は g から定まるので，ϕ から定まっている．よって，$\nabla\phi = 0$ は ϕ に対する非線形微分方程式であることに注意しよう．逆に，$\mathrm{Hol}(M) \subset \mathrm{G}_2$ のとき，associative 3 形式 ϕ は平行である．また，ϕ が平行なら $d\phi = 0$ かつ $\delta\phi = 0$ であるが，逆に $d\phi = 0$，$\delta\phi = 0$ なら ϕ は平行となる [50], [63]．以上から次の命題を得る．

命題 8.10　7 次元多様体上に概 G_2 構造 (ϕ, g) があるとする．次は同値である．
(1) $\mathrm{Hol}(M) \subset \mathrm{G}_2$．(2) $\nabla\phi = 0$．(3) $d\phi = 0$ かつ $d * \phi = 0$．

同様に，8 次元多様体上の概 $\mathrm{Spin}(7)$ 構造 (Φ, g) の概念を定義でき，次が成立する．

命題 8.11　8 次元多様体上に概 $\mathrm{Spin}(7)$ 構造 (Φ, g) があるとする．次は同値である．
(1) $\mathrm{Hol}(M) \subset \mathrm{Spin}(7)$．(2) $\nabla\Phi = 0$．(3) $d\Phi = 0$．

概 G_2 構造や概 Spin(7) 構造をもつための条件を調べてみよう [50].

命題 8.12 M を 7 次元多様体とする．このとき，M が概 G_2 構造をもつための必要十分条件は M がスピン構造をもつことである．また，M が 7 次元閉多様体の場合に，M が概 SU(2) 構造をもつための必要十分条件は M がスピン構造をもつことである．

証明 第 1 の主張を述べる．必要条件であることは定理 2.6 から従う（または G_2 が単連結なので，命題 3.5 を利用）．逆に，M がスピン多様体とする．また，**実**スピノール束を $\mathbf{S}$ とする．これはランク 8 の実ベクトル束である．$8 > \dim M$ であることから，実スピノール場 ϕ で任意の $x \in M$ に対して $\phi_x \neq 0$ となるものが存在する（たとえば，文献 [53] 参照）．そこで，$\mathbf{S}$ の単位球面束

$$S(\mathbf{S}) = \bigcup_{x \in M} S(\mathbf{S}_x), \quad S(\mathbf{S}_x) = \{\psi \in \mathbf{S}_x \mid |\psi| = 1\}$$

を考えると，$\phi/|\phi|$ は $S(\mathbf{S})$ の大域的切断である．$S(\mathbf{S})$ のファイバー S^7 は，命題 2.10 から $S^7 = \mathrm{Spin}(7)/\mathrm{G}_2$ となるので，切断 $\phi/|\phi|$ は $\mathbf{Spin}(M) \times_{\mathrm{Spin}(7)} (\mathrm{Spin}(7)/\mathrm{G}_2)$ の大域的切断となる．定理 3.2 により $\mathbf{Spin}(M)$ の構造群は G_2 へ簡約する．そして，$\mathrm{Ad} : \mathrm{Spin}(7) \to \mathrm{SO}(7)$ において，$\mathrm{Ad}(\mathrm{G}_2) = \mathrm{G}_2$ であるので，接フレーム束の構造群も G_2 へ簡約する．

M が 7 次元向き付き閉多様体なら，M 上に二つの独立なベクトル場が存在することが知られている．また，$\mathbb{R}^7$ 内の 2 次元平面の集合であるグラスマン多様体 $Gr_2(\mathbb{R}^7)$ は等質空間として，$Gr_2(\mathbb{R}^7) = \mathrm{G}_2/\mathrm{SU}(2)$ となる [21]．M が 7 次元閉スピン多様体とすれば，構造群は G_2 へ簡約し，$\mathbf{G}_2(M) \times_{\mathrm{G}_2} Gr_2(\mathbb{R}^7)$ の大域的切断が存在する．よって，構造群は SU(2) へ簡約する． □

8 次元多様体の場合でも，定理 2.8 および $\mathrm{Spin}(8)/\mathrm{Spin}(7)^+ = S^7$ により，実スピノール束 $\mathbf{S}^+$ 上に各点で零でない切断があれば，M 上の概 Spin(7) 構造を導ける．

命題 8.13 M を 8 次元多様体とする．このとき，M が概 Spin(7) 構造をもつための必要十分条件は，M がスピン構造をもち実スピノール束 $\mathbf{S}^+$ が各点で零でない切断をもつことである．

注意 8.6 各点で零でない切断は，実スピノール束 $\mathbf{S}^+$ の球面束 $S(\mathbf{S}^+)$ の大域切断を与える．この大域切断の存在は，$\mathbf{S}^+$ のオイラー標数 $\chi(\mathbf{S}^+)$ が零であることと同値である．$\chi(\mathbf{S}^+)$ を計算すれば，8 次元多様体 M が概 Spin(7) 構造をもつことは，$w_1(M) = w_2(M) = 0$ かつ M の向きを適当にとることにより，次を満たすことと同値である．

$$\chi(\mathbf{S}^+) = p_1(M)^2 - 4p_2(M) + 8\chi(M) = 0$$

8.3 平行スピノールをもつ多様体の分類

平行スピノールをもつスピン多様体を分類しよう．簡単のため，平行スピノールをもつスピン多様体 (M,g) は，リーマン多様体として完備，単連結，既約と仮定しておく．次の場合を考えてみる．

(1) (M,g) が（既約，単連結）対称空間の場合．平行スピノールをもつなら (M,g) はリッチ平坦である．そこで，(M,g) はユークリッド空間と等長同型となる．

(2) ホロノミー群が $\mathrm{SO}(n)$ に一致する場合．平行スピノールをもてば，構造群 $\mathrm{Spin}(n)$ の不変スピノール $\phi \in W_n$ が存在し，構造群は簡約する．しかし，命題 4.17 を考えると $\mathrm{Hol}(M) = \mathrm{SO}(n)$ に矛盾する．よって，この場合は起こりえない．

(3) ホロノミー群が $\mathrm{U}(m)$，$\mathrm{Sp}(k)\mathrm{Sp}(1)$ のいずれかに一致する場合．平行スピノールをもてば，リッチ平坦となりホロノミー群が $\mathrm{SU}(m)$，$\mathrm{Sp}(k)$ へと簡約され矛盾する．

そこで，$\mathrm{Hol}(M)$ が $\mathrm{SU}(m)$，$\mathrm{Sp}(k)$，G_2，$\mathrm{Spin}(7)$ の場合を考える．各場合の平行スピノールの空間の次元については前節で解説した．

定理 8.5 (**ワン**（Wang）[68]）　(M,g) を完備単連結既約 n 次元スピン多様体とし，

$$\mathcal{N} := \{\phi \in \Gamma(M, \mathbf{S}) \mid \nabla\phi = 0\}, \quad \mathcal{N}_\pm := \{\phi \in \Gamma(M, \mathbf{S}^\pm) \mid \nabla\phi = 0\}$$

とする（ただし $n \geq 2$）．$\dim \mathcal{N} > 0$ ならば，(M,g) は表 8.1 のいずれかである．

表 8.1　平行スピノールの分類

$n = \dim M$	$\mathrm{Hol}(M)$	幾何構造	$\dim \mathcal{N}$ or $(\dim \mathcal{N}_+, \dim \mathcal{N}_-)$
$4k$	$\mathrm{SU}(2k)$	カラビ–ヤウ	$(2,0)$
$4k+2$	$\mathrm{SU}(2k+1)$	カラビ–ヤウ	$(1,1)$
$4k$	$\mathrm{Sp}(k)$	超ケーラー	$(k+1,0)$
7	G_2	G_2	1
8	$\mathrm{Spin}(7)$	$\mathrm{Spin}(7)$	$(1,0)$

単連結を仮定しない場合の結果は文献 [12], [56], [69] を参照してほしい．また，平行スピノールからホロノミー群を特徴づける平行微分形式をつくることもできる [50], [68]．

指数定理の応用として，上記のホロノミー群をもつための位相的障害に関する結果を述べよう．

系 8.1　(M,g) を $4k$ 次元閉スピン多様体とする．

(1)　$\mathrm{Hol}(M,g) = \mathrm{SU}(2k)$ なら，$\hat{A}(M) = 2$.

(2)　$\mathrm{Hol}(M,g) = \mathrm{SU}(2k) \times \mathrm{SU}(2k-2l)$（$0 < l < k$）なら，$\hat{A}(M) = 4$.

(3)　$\mathrm{Hol}(M,g) = \mathrm{Sp}(k)$ なら，$\hat{A}(M) = k+1$.

(4) $k=2$ で $\mathrm{Hol}(M,g)=\mathrm{Spin}(7)$ なら，$\hat{A}(M)=1$ であり M は単連結である．

証明 系 5.1 より，リッチ平坦な閉スピン多様体上では調和スピノールは平行スピノールである．よって，指数定理を用いれば，平行スピノールの空間の次元から $\hat{A}(M)$ が計算できる．そこで，$\mathrm{Hol}(M,g)=\mathrm{Spin}(7)$ のとき，M が単連結となることを示せばよい．単連結でないと仮定して，そのリーマン普遍被覆 $\pi:\widetilde{M}\to M$ をとる．命題 8.1 により $\widetilde{M}$ はコンパクトであり $\pi_1(M)$ は有限である．この $\widetilde{M}$ のホロノミー群も $\mathrm{Spin}(7)$ に一致するので，$N=1$ となり $\hat{A}(\widetilde{M})=1$ となる．また，特性類は曲率を用いて書けることから，$\hat{\mathbf{A}}(\widetilde{M})=\pi^*\hat{\mathbf{A}}(M)$ が成立する．そこで，

$$\hat{A}(\widetilde{M})=\int_{\widetilde{M}}\pi^*\hat{\mathbf{A}}(M)=|\pi_1(M)|\int_M\hat{\mathbf{A}}(M)=|\pi_1(M)|\hat{A}(M)$$

となる．ここで，$|\pi_1(M)|$ は基本群の元の数で，$\pi:\widetilde{M}\to M$ が何重被覆かを表している．よって，$\pi_1(M)=1$ であり $\widetilde{M}=M$ となる．以上から，M は単連結である． □

8.4 実キリングスピノールをもつ多様体の分類

実キリングスピノールをもつ完備単連結スピン多様体の分類は，ベール [9] により与えられた．それはリーマン錐を使った有用かつ美しい方法である．実際，例外ホロノミー群をもつ（非コンパクトな）多様体の具体的構成をも与える．たとえば，ブライアントが構成した G_2 多様体 [18] を含む．なお，キリングスピノールをもつスピン c 多様体も文献 [54] で分類がされている．以下の議論は，その論文に基づいている．

(M,g) を n 次元リーマン多様体とし，(M,g) の**リーマン錐**とよばれる $n+1$ 次元リーマン多様体 $(\overline{M},\bar{g})$ を考える．ここで，

$$\overline{M}=M\times\mathbb{R}^+=M\times(0,\infty),\quad \bar{g}=r^2g+dr^2$$

としている．このとき，自然な射影を $\pi:\overline{M}\ni(x,r)\mapsto x\in M$ とする．$\overline{M}$ 上のリーマン計量 $\bar{g}$ に対するレビ＝チビタ接続 $\overline{\nabla}$ は，コシュール公式 (4.9) を使えば

$$\overline{\nabla}_{\partial r}\partial r=0,\quad \overline{\nabla}_{\partial r}X=\overline{\nabla}_X\partial r=\frac{X}{r},\quad \overline{\nabla}_XY=\nabla_XY-rg(X,Y)\partial r \qquad (8.3)$$

を満たすことがわかる．ここで，X,Y は M 上のベクトル場を $\overline{M}$ 上へと拡張したもので，$X_{(x,r)}=(X_x,0)\in T_{(x,r)}\overline{M}=T_xM\oplus T_r\mathbb{R}^+$ としている．さらに，$(\overline{M},\bar{g})$ の曲率は，

$$\overline{R}(X,\partial r)\partial r=\overline{R}(X,Y)\partial r=\overline{R}(X,\partial r)Y=0,$$
$$\overline{R}(X,Y)Z=R(X,Y)Z+g(X,Z)Y-g(Y,Z)X$$

となる．特に，式 (4.22) から $\overline{M}$ が平坦であることと M が球面に局所的に等長であることは同値となる．また，$\overline{M}$ のリッチ曲率およびスカラー曲率は次で与えられる．

$$\overline{Ric}(X,Y) = Ric(X,Y) - (n-1)g(X,Y), \quad \overline{\kappa}(x,r) = \frac{1}{r^2}(\kappa(x) - n(n-1)) \quad (8.4)$$

さて，M 上の向き付き正規直交フレーム束である主 SO(n) 束を $\mathbf{SO}_n(M)$ と書く．また，自然な埋め込み

$$i : \mathrm{SO}(n) \ni g \mapsto \begin{pmatrix} g & 0 \\ 0 & 1 \end{pmatrix} \in \mathrm{SO}(n+1)$$

により，M 上の主 SO$(n+1)$ 束

$$\mathbf{SO}_{n+1}(M) := \mathbf{SO}_n(M) \times_i \mathrm{SO}(n+1)$$

を得る．SO$(n+1)$ の自然表現 $(\nu, \mathbb{R}^{n+1})$ に対する同伴ベクトル束 $\mathbf{SO}_{n+1}(M) \times_\nu \mathbb{R}^{n+1}$ を考えると，

$$\mathbf{SO}_{n+1}(M) \times_\nu \mathbb{R}^{n+1} \cong \mathbf{SO}_n(M) \times_\nu \mathbb{R}^n \oplus (M \times \mathbb{R}) = TM \oplus (M \times \mathbb{R})$$

となる．右辺の自明直線束 $M \times \mathbb{R}$ の標準切断を $e_{n+1}(x) = (x, 1)$ $(x \in M)$ と書くことにしよう．

一方，$\overline{M}$ の向き付き正規直交フレーム束を $\mathbf{SO}_{n+1}(\overline{M})$ とする．射影 $\pi : \overline{M} \to M$ により $\mathbf{SO}_{n+1}(M)$ を $\overline{M}$ 上へ引き戻せば，

$$\pi^*\mathbf{SO}_{n+1}(M) \ni (e_1, \ldots, e_n, e_{n+1}) \mapsto (\bar{e}_1, \ldots, \bar{e}_n,\ \bar{e}_{n+1} := \partial r) \in \mathbf{SO}_{n+1}(\overline{M})$$

により同型 $\pi^*\mathbf{SO}_{n+1}(M) \cong \mathbf{SO}_{n+1}(\overline{M})$ を得る．ここで，$\bar{e}_i := e_i/r$ $(i = 1, \ldots, n)$ であり，$(\bar{e}_1, \ldots, \bar{e}_n,\ \bar{e}_{n+1})$ は各点 (x, r) において $T_{(x,r)}\overline{M} = T_xM \oplus T_r\mathbb{R}^+$ の向き付き正規直交フレームとなる．このフレームに関して，レビ＝チビタ接続を計算すれば，

$$\bar{g}(\overline{\nabla}\bar{e}_i, \bar{e}_j)(\bar{e}_{n+1}) = 0, \quad \bar{g}(\overline{\nabla}\bar{e}_i, \bar{e}_j)(e_l) = g(\nabla e_i, e_j)(e_l), \quad \bar{g}(\overline{\nabla}\bar{e}_{n+1}, \bar{e}_i)(e_j) = \delta_{ij} \quad (8.5)$$

となる．さて，M と $\overline{M}$ はホモトピー同値であるので，(M, g) 上のスピン構造と $(\overline{M}, \bar{g})$ のスピン構造は 1 対 1 対応している．実際，次のようにすればよい．埋め込み i : Spin$(n) \to$ Spin$(n+1)$ を用いて，M 上のスピン構造 $\mathbf{Spin}_n(M)$ から M 上の主 Spin$(n+1)$ 束

$$\mathbf{Spin}_{n+1}(M) = \mathbf{Spin}_n(M) \times_i \mathrm{Spin}(n+1)$$

を構成することができ，$\pi^*\mathbf{Spin}_{n+1}(M) \cong \mathbf{Spin}_{n+1}(\overline{M})$ を得る．そして，次の図式は可換である．

$$\begin{array}{ccc}
\mathbf{Spin}_{n+1}(\overline{M}) & \xrightarrow{\pi} & \mathbf{Spin}_{n+1}(M) \\
{\scriptstyle \pi^*\Phi}\downarrow & & \downarrow{\scriptstyle \Phi} \\
\mathbf{SO}_{n+1}(\overline{M}) & \xrightarrow{\pi} & \mathbf{SO}_{n+1}(M) \\
\downarrow & & \downarrow \\
\overline{M} & \xrightarrow{\pi} & M
\end{array}$$

ここで，$\pi^*\Phi$ は $\mathrm{Spin}(n+1)$ 同変であることがわかり，$\pi^*\mathbf{Spin}_{n+1}(M)$ が $\overline{M}$ のスピン構造を与えている．スピノール束の対応を見ていこう．命題 2.3 で見たように，

$$\mathfrak{spin}(n+1) \cong \mathfrak{spin}(n) \oplus \mathbb{R}^n \subset \mathbb{C}l_n, \quad \mathrm{Spin}(n+1) \subset \mathbb{C}l_n$$

となる．$\dim M = n = 2m$ の場合に，$\mathbb{C}l_{2m}$ の表現空間 W_{2m} を考える．これを $\mathrm{Spin}(2m+1) \subset \mathbb{C}l_{2m}$ へ制限すれば, $\mathrm{Spin}(2m+1)$ のスピノール表現 $(\Delta_{2m+1}, W_{2m+1})$ と同値である．よって，$\mathrm{Spin}(2m)$ の表現空間としての同型

$$\Delta_{2m+1}|_{\mathrm{Spin}(2m)} \cong \Delta_{2m}$$

を得る．一方，$n = 2m-1$ の場合には，$\mathbb{C}l_{2m-1} = \mathbb{C}l^+_{2m-1} \oplus \mathbb{C}l^-_{2m-1}$ であるので，$\mathbb{C}l_{2m-1}$ の非同値な二つの表現 $W^{\pm}_{2m-1}$ を得るのであった．これらは $\mathrm{Spin}(2m-1)$ の表現空間としては同値であり，$W_{2m-1} := W^+_{2m-1} \cong W^-_{2m-1}$ である．しかし，$\mathrm{Spin}(2m) \subset \mathbb{C}l_{2m-1}$ の表現と考えた場合には，それぞれ $(\Delta^+_{2m}, W^+_{2m})$，$(\Delta^-_{2m}, W^-_{2m})$ と同値となる．よって，$\mathrm{Spin}(2m-1)$ の表現空間としての同型

$$\Delta^{\pm}_{2m}|_{\mathrm{Spin}(2m-1)} \cong \Delta_{2m-1}$$

を得る．また，定理 2.2 のように複素体積要素 $\omega_{2m-1} \in \mathbb{C}l_{2m-1}$ は $\omega_{2m} \in \mathbb{C}l^0_{2m}$ に対応しており，ω_{2m-1} は $+1$ か -1 の自由度（$W^{\pm}_{2m-1}$ のどちらを選ぶか）がある．ここでは，$\omega_{2m-1} = +1$ をとることにする（対応する ω_{2m} は $\omega_{2m} = 1$ で作用する）．

そこで，M 上のスピノール束 $\mathbf{S}$ は

$$\mathbf{S} = \mathbf{Spin}_n(M) \times_{\Delta_n} W_n = \begin{cases} \mathbf{Spin}_{n+1}(M) \times_{\Delta_{n+1}} W_{n+1} & (n = 2m) \\ \mathbf{Spin}_{n+1}(M) \times_{\Delta^+_{n+1}} W^+_{n+1} & (n = 2m-1) \end{cases}$$

と書ける．以上のことから，$\overline{\mathbf{S}}$ を $\overline{M}$ 上のスピノール束とすれば，$\pi^*\mathbf{S} \cong \overline{\mathbf{S}}$（$n = 2m$），$\pi^*\mathbf{S} \cong \overline{\mathbf{S}^+}$（$n = 2m-1$）となる．また，$\phi \in \Gamma(M, \mathbf{S})$ に対して，$\pi^*\phi \in \Gamma(\overline{M}, \overline{\mathbf{S}})$ が定まり，

$$\frac{1}{r} X \cdot \partial r \cdot \pi^*\phi = \pi^*(X \cdot \phi), \quad \frac{1}{r} X \cdot \frac{1}{r} Y \cdot \pi^*\phi = \pi^*(X \cdot Y \cdot \phi), \quad (X, Y \in \mathfrak{X}(M))$$

となる．$\overline{\mathbf{S}}$ 上の共変微分 $\overline{\nabla}$ を式 (8.5) および式 (4.24) により計算すれば，

$$\overline{\nabla}_{\partial r}\bar{\phi} = \frac{\partial \bar{\phi}}{\partial r}, \quad \overline{\nabla}_{e_k}\bar{\phi} = \nabla_{e_k}\bar{\phi} - \frac{1}{2}\bar{e}_k \cdot \partial r \cdot \bar{\phi}, \quad (\bar{\phi} \in \Gamma(\overline{M}, \overline{\mathbf{S}}))$$

となり，$\phi \in \Gamma(M, \mathbf{S})$ に対して次が成立する．

$$\overline{\nabla}_{\partial r}\pi^*\phi = 0, \quad \overline{\nabla}_X \pi^*\phi = \pi^*\left(\nabla_X\phi - \frac{1}{2}X \cdot \phi\right)$$

この式から，ϕ がキリング数 $1/2$ のキリングスピノールなら $\pi^*\phi$ は平行スピノールとなる．逆に，$\bar{\phi}$ が $\overline{M}$ 上の平行スピノールなら，

$$\overline{\nabla}_{\partial r}\bar{\phi} = \frac{\partial \bar{\phi}}{\partial r} = 0, \quad \overline{\nabla}_{e_k}\bar{\phi} = \nabla_{e_k}\bar{\phi} - \frac{1}{2}\bar{e}_k \cdot \partial r \cdot \bar{\phi} = 0$$

を満たし，第 1 式から $\bar{\phi} = \pi^*(\bar{\phi}|_M)$ となる．そして，第 2 式から $\bar{\phi}$ を M へ制限した $\bar{\phi}|_M$ はキリングスピノールとなる．

さて，代数同型 $\mathbb{C}l_n \cong \mathbb{C}l^0_{n+1}$ は，$\mathbb{C}l_n \ni e_i \mapsto -e_i e_{n+1} \in \mathbb{C}l^0_{n+1}$ としても得られる．このとき，$n = 2m-1$ の場合に $\pi^*\mathbf{S} \cong \overline{\mathbf{S}^-}$ となり，$\phi \in \Gamma(M, \mathbf{S})$ に対して，

$$\overline{\nabla}_{\partial r}\pi^*\phi = 0, \quad \overline{\nabla}_X \pi^*\phi = \pi^*\left(\nabla_X\phi + \frac{1}{2}X \cdot \phi\right)$$

となる．以上から次の定理を得る．

定理 8.6　n 次元スピン多様体 (M, g) およびそのリーマン錐 $(\overline{M}, \bar{g})$ を考える．次は同値である．

(1)　M 上に実キリングスピノールが存在．

(2)　$\overline{M}$ 上に平行スピノールが存在．

また，n が奇数の場合には，M 上のキリング数 $\pm 1/2$ の実キリングスピノールと $\overline{M}$ 上の $\mathbf{S}^{\pm}$ 値の平行スピノールが対応する．

この定理から，実キリングスピノールをもつスピン多様体の分類に，平行スピノールの分類結果が使える．また，リーマン錐に対する次の補題が必要である．

補題 8.2 (ガロ (Gallot)[24]**)**　(M, g) が完備リーマン多様体なら，$(\overline{M}, \bar{g})$ は既約または平坦である．特に，M が単連結閉リーマン多様体で $\mathrm{Hol}(\overline{M})$ が可約なら，(M, g) は球面に等長同型である．

以上の準備のもとで，キリング数が零でない実キリングスピノールをもつスピン多様体の分類を行おう．完備単連結な n 次元スピン多様体 (M, g) 上に実キリングスピノール ϕ（キリング数 $\neq 0$）が存在したとする．正規化してキリング数は $\pm 1/2$ とし

てよい（命題 7.5 により，多様体は既約であることにも注意）．M は $Ric = (n-1)g$ となるコンパクトアインシュタイン多様体となり，式 (8.4) によりリーマン錐 $\overline{M}$ は完備単連結リッチ平坦な多様体である．$\overline{M}$ が可約の場合には，補題 8.2 から $\overline{M}$ は平坦なので，M は標準球面である．$\overline{M}$ が既約な場合を考える．$\overline{M}$ はリッチ平坦なので対称空間は外せる．つまり，$\overline{M}$ は対称空間でない既約単連結リッチ平坦なスピン多様体で平行スピノールをもつ．よって，そのホロノミー群は $\mathrm{SU}(m)$, $\mathrm{Sp}(k)$, $\mathrm{Spin}(7)$, G_2 のいずれかに一致する．

M 上のキリング数が $\pm 1/2$ のキリングスピノールの空間の次元を $K_\pm$ とし，錐 $\overline{M}$ 上の平行スピノールの空間の次元を N（または $N_\pm$）とする．$n = 2m$ の場合には，$\overline{M}$ は平坦か $\mathrm{Hol}(\overline{M}) = \mathrm{G}_2$ となる．$\overline{M}$ が平坦なら M は球面であり，$K_\pm = 2^{n/2}$ となる．$\overline{M}$ が G_2 ホロノミー群をもつなら $N = 1$ であり，M 上でキリング数 $1/2$ のキリングスピノールを得るが，命題 7.2 によりキリング数 $-1/2$ のキリングスピノールが存在する．よって，$K_\pm = 1$ である．$n = 2m-1$ の場合には，$\overline{M}$ は平坦またはホロノミー群が $\mathrm{SU}(m)$, $\mathrm{Sp}(k)$, $\mathrm{Spin}(7)$ のいずれかとなる．あとは $n = 2m$ の場合と同様に議論すればよい．また，M 上には特別な幾何構造が存在することがわかる（後述）．

定理 8.7 (ベール（Bär))　(M, g) は完備単連結 n 次元スピン多様体で非自明な実キリングスピノール（キリング数 $\neq 0$）をもつとする．このとき M は表 8.2 のいずれかである．

表 8.2　実キリングスピノールの分類

$n = \dim M$	$\mathrm{Hol}(\overline{M})$	幾何構造	(K_+, K_-)
n	$\{1\}$	$M = S^n$	$(2^{[n/2]}, 2^{[n/2]})$
$4k-1$ $(k \geq 3)$	$\mathrm{SU}(2k)$	佐々木–アインシュタイン	$(2, 0)$
$4k+1$ $(k \geq 1)$	$\mathrm{SU}(2k+1)$	佐々木–アインシュタイン	$(1, 1)$
$4k-1$ $(k \geq 3)$	$\mathrm{Sp}(k)$	3-佐々木	$(k+1, 0)$
6	G_2	nearly ケーラー	$(1, 1)$
7	$\mathrm{Spin}(7)$	nearly 平行 G_2	$(1, 0)$
7	$\mathrm{SU}(4)$	佐々木–アインシュタイン	$(2, 0)$
7	$\mathrm{Sp}(2)$	3-佐々木	$(3, 0)$

系 8.2　(M, g) は偶数次元の完備スピン多様体で非自明な実キリングスピノールをもつとする（単連結は仮定しない）．$\dim M \neq 6$ ならば，(M, g) は球面に等長同型である．

証明　M が実キリングスピノールをもつならリーマン普遍被覆 $\widetilde{M}$ も実キリングスピノールをもち，定理 7.1 より $\widetilde{M}$ はコンパクトである．$n \neq 6$ なので，表 8.2 から $\widetilde{M}$ は球面となる．よって，M も正の定曲率空間であり，S^n の等長変換群 $\mathrm{O}(n+1)$ の部分有限群 $\Gamma \subset \mathrm{O}(n+1)$

が存在して，$M \cong S^n/\Gamma$ となる．n が偶数の場合は，恒等変換でない $g \in \mathrm{SO}(n+1)$ は固定点をもつので，$g \notin \Gamma$ となる．そこで，$\Gamma = \{I, -I\}$ または $\Gamma = \{I\}$ となり，M は球面または実射影空間である [61]．しかし，偶数次元実射影空間は向き付け不可能である．以上から，M は球面である．□

最後に，上の定理 8.7 におけるいくつかの幾何構造について簡単に説明しよう．まず，佐々木多様体を定義する [17]．

定義 8.7　リーマン多様体 (M, g) 上のベクトル場 ξ が**佐々木構造**をもつとは，次を満たすことである．

(1)　ξ は長さ 1 のキリングベクトル場である．

(2)　$(1,1)$ テンソル場 $\phi := -\nabla\xi$ および 1 形式 $\eta := g(\xi, \cdot)$ に対し，次が成立する．

$$\phi \circ \phi = -\mathrm{id} + \eta \otimes \xi$$

(3)　$(\nabla_X \phi)(Y) = g(X, Y)\xi - \eta(Y)X$，$(\forall X, Y \in \mathfrak{X}(M))$．

そして，(M, g, ξ, η, ϕ) を**佐々木多様体**とよぶ．

▶**問 8.1**　(M, g, ξ, η, ϕ) を佐々木多様体とする．次を示せ．

(1)　佐々木多様体は奇数次元多様体である．

(2)　$\phi(\xi) = 0$，$\eta \circ \phi = 0$．

(3)　$g(\phi(X), \phi(Y)) = g(X, Y) - \eta(X)\eta(Y)$，$g(X, \phi(Y)) = \dfrac{1}{2}d\eta(X, Y)$．◀

さて，リーマン多様体 (M, g) のリーマン錐 $(\overline{M}, \bar{g} = r^2 g + dr^2)$ にケーラー構造が入ったとする．$L_{r\partial r} = 0$ となることに注意しよう．このとき，（平行な）複素構造 J を用いて，

$$\xi := J(r\partial r)$$

とする．$(\bar{g}, J)$ はエルミート構造なので，$\bar{g}(J(r\partial r), \partial r) = \bar{g}(\xi, \partial r) = 0$ となる．そこで，ξ は $M = M \times \{1\} \subset \overline{M}$ 上のベクトル場となり，(M, g) 上の佐々木構造を与える．たとえば，$X, Y \in \mathfrak{X}(M)$ とすると，$\xi = J(r\partial r)$ より，

$$\bar{g}(\nabla_X \xi, Y) \underset{\text{式 (8.3)}}{=} \bar{g}(\overline{\nabla}_X \xi + r g(X, \xi)\partial r, Y) = \bar{g}(J(r\overline{\nabla}_X \partial r), Y) \underset{\text{式 (8.3)}}{=} \bar{g}(J(X), Y)$$

となるので，M 上へ制限したとき，$g(\nabla_X \xi, Y)$ は X, Y について交代的である．よって，ξ は長さ 1 のキリングベクトル場である．

▶**問 8.2**　上の M が佐々木多様体となるためのその他の条件を確かめよ [16]．◀

逆に，(M, g) 上の佐々木構造を与える ξ，ϕ に対して，$(\overline{M}, \bar{g})$ 上の複素構造を

$$J(r\partial r) := \xi, \quad J(\xi) := -r\partial r,$$

$$J(X) := -\phi(X), \quad (X \text{ は，} \bar{g} \text{ に関して } \xi \text{ および } r\partial r \text{ と直交するベクトル場})$$

とすれば，$(\overline{M}, \bar{g}, J)$ はケーラー多様体になる．また，$r\partial r$ の 1 パラメータ変換群は $\varphi_t(x,r) = (x, e^t r)$ であるが，この φ_t により J は保存される．

定理 8.8 (M,g) 上の佐々木構造と $(\overline{M}, \bar{g})$ 上の $r\partial r$ の 1 パラメータ変換群で保存されるケーラー構造は 1 対 1 に対応する．

そこで，定理 8.7 において，完備単連結スピン多様体 (M,g) に対する錐 $(\overline{M}, \overline{g})$ のホロノミー群が $\mathrm{Hol}(\overline{M}) \subset \mathrm{SU}(m)$ となるなら，(M,g) は佐々木多様体かつアインシュタイン多様体となる．逆に次がわかる．

系 8.3 (M, g, ξ, η, ϕ) が単連結佐々木－アインシュタイン多様体なら，M はキリングスピノールをもつ．

証明 仮定から，$(\overline{M}, \bar{g})$ 上にリッチ平坦なケーラー構造が入り，$\mathrm{Hol}(\overline{M}) = \mathrm{Hol}^0(\overline{M}) \subset \mathrm{SU}(m)$ となる．よって，定理 8.6 より M 上にキリングスピノールが存在する． □

次に，nearly ケーラー（Kähler）多様体を定義しよう [29], [57]．

定義 8.8 (M, g, J) を概エルミート多様体とする．任意のベクトル場 X に対して $(\nabla_X J)(X) = 0$ を満たすとき，(M, g, J) を **nearly ケーラー多様体**とよぶ．さらに，各点で $\nabla J \neq 0$ のとき，strict な nearly ケーラー多様体という．

これより，(M,g) が 6 次元の場合を考えることにする．6 次元の nearly ケーラー多様体がケーラー多様体でないなら，stirct な nearly ケーラー多様体となり，（計量を定数倍すれば）$Ric = 5g$ となるアインシュタイン多様体となることが知られている [30]．さて，(M,g) を 6 次元リーマン多様体とし，そのリーマン錐 $(\overline{M}, \bar{g})$ が G_2 多様体になるとする．$\overline{M}$ 上の associative 3 形式 ϕ を使って，$M = M \times \{1\} \subset \overline{M}$ 上で

$$g(X, JY) := \phi(\partial r, X, Y)$$

とすれば，g と可換な概複素構造 J が定まる．さらに，

$$g((\nabla_X J)(Y), (\nabla_X J)(Y)) = g(X,X)g(Y,Y) - g(X,Y)^2 - g(JX,Y)^2$$

を満たす（constant-type 1 とよばれる）．特に，$(\nabla_X J)(X) = 0$，$\nabla J \neq 0$ である．よって，(M, g, J) は strict な nearly ケーラー多様体となる．逆に，(M, g, J) を strict な nearly ケーラー多様体としたとき，$\overline{M}$ 上の 3 形式を

$$\phi = r^2 dr \wedge \omega + \frac{1}{3} r^3 d\omega$$

とすれば，（G_2 構造を与える意味での）非退化3形式となり平行となる．よって，$(\overline{M}, \bar{g})$ のホロノミー群は G_2 に含まれる [9]．

定理 8.9　6次元リーマン多様体 (M, g) 上の constant-type 1 の nearly ケーラー構造と $(\overline{M}, \overline{g})$ 上の G_2 構造は1対1に対応する．

また，定理 8.7 を合わせれば次の命題を得る．6次元の nearly ケーラー多様体から出発して，ホロノミー群 G_2 をもつ7次元多様体を構成できることになる．

命題 8.14　単連結6次元で constant-type 1 の nearly ケーラー多様体 (M, g, J) はキリングスピノールをもち，$(K_+, K_-) = (1, 1)$ となる．そして，リーマン錐 $(\overline{M}, \bar{g})$ のホロノミー群は G_2 に一致する．

次に，nearly 平行 G_2（または weak G_2）多様体を定義しよう [21]．概 G_2 構造 (ϕ, g) が $\nabla\phi = 0$ を満たすとき $\mathrm{Hol}(M) \subset G_2$ となり，これは $d\phi = 0$ かつ $d * \phi = 0$ と同値であった．nearly 平行 G_2 構造とは，その条件を少し弱めたものである．

定義 8.9　M を7次元多様体で，概 G_2 構造 (ϕ, g) をもつとする．$d\phi = -8\lambda * \phi$（λ は定数）かつ $\delta\phi = 0$ を満たすとき，M を **nearly 平行 G_2 多様体**という．ここで，$\lambda = 0$ の場合が G_2 構造である．また，$\lambda \neq 0$ なら，$d\phi = -8\lambda * \phi$ から $\delta\phi = 0$ が従うことに注意しよう．

nearly 平行 G_2 多様体上にはキリング数 λ のキリングスピノールが存在し，アインシュタイン多様体となることが知られている [21]．

さて，7次元多様体 (M, g) のリーマン錐が Spin(7) 多様体 $(\overline{M}, \bar{g}, \Phi)$ になるとする．このとき，M 上で

$$\phi(X, Y, Z) := \Phi(\partial r, X, Y, Z)$$

とすれば，非退化な3形式となり概 G_2 構造を定め，M 上の nearly 平行 G_2 構造になる．また，その逆も可能である．

残りの一つの幾何構造である 3-佐々木構造は超ケーラー構造の奇数次元版であるが，それについては文献 [16], [17] を参照してほしい．

以上で，実キリングスピノールをもつ多様体の幾何構造の概略を終える．

その他の話題について簡単に述べておこう．

完備 n 次元リーマン多様体 (M,g) が共形ベクトル場 V をもつとする．さらに，$\mathfrak{X}(M)\cong\Omega^1(M)$ のもとで $dV=0$ かつ $\delta V\neq 0$ とする．また，V が零点をもたないとする．このとき，(M,g) は warped product $(F^{n-1}\times\mathbb{R}, h(t)^2g_F+dt^2)$ となる[66]．ここで，(F^{n-1},g_F) は完備 $n-1$ 次元リーマン多様体，$h(t)$ は $\mathbb{R}$ 上の正値関数であり，V は $h(t)\dfrac{\partial}{\partial t}$ となる．虚キリングスピノール ϕ をもつスピン多様体 (M,g) を考えたとき，ϕ から得た共形キリングベクトル場 V^ϕ は問 7.1 および定理 7.1 より，この条件を満たす．よって，次を得る（詳しくは文献 [60] を参照）．

定理 8.10 (バウム (Baum)[11]) 完備連結スピン多様体 M が非自明な虚キリングスピノールをもつとする（キリング数 $\sqrt{-1}\mu$）．このとき，M は warped product

$$(F^{n-1}\times\mathbb{R}, e^{-4\mu t}g_F+dt^2)$$

と等長同型である．ここで，(F^{n-1},g_F) は平行スピノールをもつ完備連結スピン多様体である．逆に，(F^{n-1},g_F) が完備連結スピン多様体で平行スピノールをもつとすると，$(F^{n-1}\times\mathbb{R}, e^{-4\mu t}g_F+dt^2)$ は虚キリングスピノールをもつ．

実キリングスピノールをもつスピン多様体の分類は，ディラック作用素の 2 乗 D^2 に対するフリードリッヒ固有値評価（定理 5.6）で等号を満たすスピン多様体の分類に対応した．ケーラー構造や四元数ケーラー構造がある場合に，D^2 の固有値評価に関する結果があり，等号を満たす多様体（limiting manifold）の分類がなされている．また，スピン c 多様体の場合や，境界付き多様体の場合などもある．一方，まったく別の手法により固有値を上から評価することも研究されている．詳細は文献 [16], [27] を見てほしい．

付　録

A.1　リー群と等質空間

リー群と等質空間について基本的な結果をまとめておく [51], [70]．リー群，リー環，その表現に関する理論はとても奥深く，他分野にもおおいに利用される．

A.1.1　リー群

定義 A.1　集合 G が**リー群**（Lie group）であるとは，次が成立することである．

(1) G は群．

(2) G は多様体．

(3) 群演算が滑らか．つまり，$G \times G \ni (x, y) \mapsto xy \in G$，$G \ni x \mapsto x^{-1} \in G$ が滑らかな写像．ここで，$G \times G$ は積多様体の構造を入れている．

また，G がコンパクトのとき，G を**コンパクトリー群**とよぶ．

定義 A.2　G, H をリー群として，H が G の部分群かつ部分多様体のとき，H を G の**部分リー群**とよぶ．さらに，H が G の閉集合である場合には閉部分リー群とよぶ．

実は，次のことが知られている．

命題 A.1　H がリー群 G の部分群かつ閉集合ならば，H は閉部分リー群である．

さて，リー群の幾何学的構造を調べよう．G をリー群とする．$g \in G$ に対して，左移動 L_g，右移動 R_g を

$$L_g : G \ni x \mapsto gx \in G, \quad R_g : G \ni x \mapsto xg \in G$$

とする．これらは逆写像 $L_{g^{-1}}$，$R_{g^{-1}}$ をもつので，微分同相写像である．L_g，R_g の $h \in G$ における微分を考えれば，

$$dL_g : T_hG \to T_{gh}G, \quad dR_g : T_hG \to T_{hg}G$$

という線形同型写像を得る．そこで，G 上のベクトル場 $X \in \mathfrak{X}(G)$ に対して $(dL_gX)_{gh}$

$:= (dL_g)_h(X_h)$ $(\forall h \in G)$ と定めることにより，新しいベクトル場 $dL_g X \in \mathfrak{X}(G)$ が定まる．

定義 A.3 G をリー群とする．任意の $g \in G$ に対し $dL_g X = X$ となるベクトル場 X を左不変ベクトル場とよぶ．また，その全体を $\mathfrak{g}$ と書き，G の**リー環**とよぶ．

リー群の G の単位元を e とする．左不変ベクトル場 X に対して，各点 $g \in G$ での接ベクトル X_g は $X_g = (dL_g)_e(X_e)$ となるので，$X_e \in T_eG$ で完全に決まってしまう．逆に，$X_e \in T_eG$ から左不変ベクトル場 X が $X_g := dL_g(X_e)$ により定まるので，$\mathfrak{g} \cong T_eG$ となる．また，L_g が G の微分同相を与えることから，$X, Y \in \mathfrak{X}(G)$ に対して，$dL_g([X,Y]) = [dL_gX, dL_gY]$ が成立する．そこで，$X, Y \in \mathfrak{g}$ ならば $[X,Y] \in \mathfrak{g}$ となるので，ベクトル場のリー括弧積に関して $\mathfrak{g}$ は閉じている．つまり，次のようなリー環の構造をもつ．

定義 A.4 $\mathbb{R}$ または $\mathbb{C}$ 上ベクトル空間 V が**リー環**(Lie algebra) であるとは，$x, y \in V$ に対してリー括弧積とよばれる積 $[x, y] \in V$ が定まり，次を満たすことである．

(1) （双線形性） $V \times V \ni (x, y) \mapsto [x, y] \in V$ は双線形．

(2) （交代性） $[x, y] = -[y, x]$.

(3) （ヤコビ律） $x, y, z \in V$ に対して次が成立する．

$$[x, [y, z]] + [y, [z, x]] + [z, [x, y]] = 0$$

V が $\mathbb{R}$ 上の環なら実リー環とよび，$\mathbb{C}$ 上の環なら複素リー環とよぶ．また，部分ベクトル空間 $W \subset V$ が V の部分リー環とは，$x, y \in W$ なら $[x, y] \in W$ を満たすことである．

■**例 A.1** 多様体 M 上のベクトル場全体 $\mathfrak{X}(M)$ は，（無限次元）実リー環である．リー群 G のリー環 $\mathfrak{g}$ は，$\mathfrak{X}(G)$ の部分リー環である． ■

命題 A.2 G をリー群とする．G のリー環 $\mathfrak{g}$ は $\dim G$ 次元の実リー環構造をもち，$T_e(G)$ と同一視できる．

G 上の左不変ベクトル場 X は完備ベクトル場であり，$t = 0$ において単位元 e を通る積分曲線を $\exp tX$ $(t \in \mathbb{R})$ と書くことにすれば，

$$\exp(t+s)X = (\exp tX)(\exp sX), \quad (\forall t, s \in \mathbb{R})$$

を満たす．そこで，$\{\exp tX \mid t \in \mathbb{R}\} \subset G$ は G の部分群であり，1 パラメータ部分群とよばれる．このとき，次がわかる．

$$\frac{d}{dt}R_{\exp tX}(g)\bigg|_{t=0} = \frac{d}{dt}g\exp tX\bigg|_{t=0} = \frac{d}{dt}L_g(\exp tX)\bigg|_{t=0} = dL_g(X_e) = X_g$$

よって，次の命題が成立する．

命題 A.3 リー群 G 上の左不変ベクトル場 $X \in \mathfrak{g}$ に対する 1 パラメータ変換群は $R_{\exp tX}$ である．

定義 A.5 G をリー群，$\mathfrak{g}$ を G のリー環とする．次を指数写像とよぶ．

$$\exp : \mathfrak{g} \ni X \mapsto \exp X \in G$$

また，$\mathfrak{g}$ の原点の開近傍 $U \subset \mathfrak{g}$ を適当にとれば，指数写像により G の単位元 e の近傍と微分同相となる．特に，指数写像の逆写像が e のまわりの局所座標を与える．

■**例 A.2** $n \times n$ の可逆行列全体

$$\mathrm{GL}(n;\mathbb{R}) := \{A \in \mathbb{R}(n) | \det A \neq 0\}$$

は，一般線形群 (general linear group) とよばれる n^2 次元のリー群である．$X \in \mathbb{R}(n)$ に対して，行列の指数関数

$$\gamma(t) = \exp(tX) = \sum_{m=0}^{\infty} \frac{t^m X^m}{m!}$$

は，$\mathrm{GL}(n;\mathbb{R})$ 内の曲線であり，$\gamma'(0) = X \in T_e(\mathrm{GL}(n;\mathbb{R}))$ となる．そして，$\dim_{\mathbb{R}} \mathbb{R}(n) = n^2$ であるので，$\mathbb{R}(n) = T_e(\mathrm{GL}(n;\mathbb{R}))$ となる．特に，$\mathrm{GL}(n;\mathbb{R})$ のリー環 $\mathfrak{gl}(n;\mathbb{R})$ は $\mathbb{R}(n)$ と同型である．左不変ベクトル場 $X \in \mathbb{R}(n)$ に対する 1 パラメータ変換群は，

$$R_{\exp tX} : \mathrm{GL}(n;\mathbb{R}) \ni g \mapsto R_{\exp tX}(g) = g\exp tX \in \mathrm{GL}(n;\mathbb{R})$$

で与えられ，$X_g = \dfrac{d}{dt}R_{\exp tX}(g)|_{t=0} = gX$ となる．そこで，$X, Y \in \mathfrak{gl}(n;\mathbb{R})$ に対するベクトル場のリー括弧積（式 (A.2)）を計算すれば，

$$[X,Y]_g = \lim_{t\to 0} \frac{Y_g - dR_{\exp tX}(Y_{g\exp(-tX)})}{t} = g(XY - YX)$$

を得る．以上から，リー環 $\mathfrak{gl}(n;\mathbb{R})$ のリー括弧積は，$\mathbb{R}(n)$ における行列の交換子積

$$[X,Y] = XY - YX \tag{A.1}$$

で与えられる．同様にして，

$$\mathrm{GL}(n;\mathbb{C}) = \{A \in \mathbb{C}(n) | \det A \neq 0\}$$

は，複素一般線形群という実 $2n^2$ 次元リー群である．そのリー環は $\mathbb{C}(n)$ と同型であり，リー括弧積は行列の交換子積で与えられる（複素リー環の構造も入る）．また，$\mathbb{R}^{2n} \cong \mathbb{C}^n$ 上の複素構造を $J = \begin{pmatrix} 0 & -I \\ I & 0 \end{pmatrix}$ で与えれば，

$$\mathrm{GL}(n;\mathbb{C}) \cong \{A \in \mathrm{GL}(2n;\mathbb{R}) | AJ = JA\} \subset \mathrm{GL}(2n;\mathbb{R})$$

であり，$\mathrm{GL}(n;\mathbb{C})$ は $\mathrm{GL}(2n;\mathbb{R})$ の部分リー群である． ■

以下で述べる例は，すべて一般線形群の（コンパクト）部分リー群である．特に，リー環のリー括弧積は行列の交換子積で与えられる．

■**例 A.3** ユークリッド空間 $\mathbb{R}^n$ のユークリッド内積を保つ線形変換全体は，直交行列全体が成す群であり，

$$\mathrm{O}(n) := \{A \in \mathbb{R}(n) \mid {}^tAA = I\} \subset \mathrm{GL}(n;\mathbb{R})$$

となる．これは n **次直交群**とよばれ，$\dfrac{1}{2}n(n-1)$ 次元のコンパクトリー群である．また，$\mathrm{O}(n)$ は二つの連結成分をもち，単位元を含む連結成分（単位元連結成分）は

$$\mathrm{SO}(n) := \{A \in \mathrm{O}(n) \mid \det A = 1\}$$

であり，n **次特殊直交群**とよばれる．$\mathrm{O}(n)$，$\mathrm{SO}(n)$ のリー環は交代行列全体である．

$$\mathfrak{o}(n) = \mathfrak{so}(n) := \{X \in \mathbb{R}(n) \mid {}^tX + X = 0\}$$ ■

証明 リー環が交代行列全体となることを示しておこう．$X \in \mathbb{R}(n)$ に対して，$\exp tX \in \mathrm{O}(n)$ とすれば，${}^t(\exp tX)(\exp tX) = I$ を満たす．この式の $t = 0$ での微分を考えると，${}^tX + X = 0$ を得る．逆に，X が交代行列なら，

$${}^t(\exp tX)(\exp tX) = (\exp t\,{}^tX)(\exp tX) = (\exp(-tX))(\exp tX) = \exp 0 = I$$

となるので $\exp tX$ は $\mathrm{O}(n)$ 内の曲線で $t = 0$ のとき単位元を通る．よって，$X \in T_e(\mathrm{O}(n))$ である．次元を考慮すれば，$T_e(\mathrm{O}(n)) = \{X \in \mathbb{R}(n) \mid {}^tX + X = 0\}$ を得る． □

■**例 A.4** $\mathbb{C}^n$ 上の複素線形変換でありエルミート内積を保つ変換群は，n **次ユニタリ群**とよばれる実 n^2 次元のコンパクトリー群である．

$$\mathrm{U}(n) = \{A \in \mathbb{C}(n) \mid A^*A = I\} \subset \mathrm{GL}(n;\mathbb{C})$$

また，

$$\mathrm{SU}(n) = \{A \in \mathrm{U}(n) \mid \det A = 1\}$$

は実 n^2-1 次元コンパクトリー群であり，n **次特殊ユニタリ群**という．これらのリー環は次で与えられる．

$$\mathfrak{u}(n)=\{A\in\mathfrak{gl}(n;\mathbb{C})\mid A+A^*=0\},\quad \mathfrak{su}(n)=\{A\in\mathfrak{u}(n)\mid \mathrm{tr}A=0\}$$

ここで，$\mathfrak{su}(n)$ の表示を得るには，$\det(\exp(tA))=e^{t(\mathrm{tr}A)}$ （$A\in\mathrm{GL}(n;\mathbb{C})$）を用いればよい． ■

■**例 A.5**　四元数ベクトル空間 $\mathbb{H}^n$ を考える．$\mathbb{H}^n\cong\mathbb{R}^{4n}$ とみなして標準的なユークリッド内積を入れておく．また，$\mathbb{H}^n$ には右から i,j,k を作用させることで四元数ベクトル空間とみなしている．このとき，内積を保存する四元数線形変換全体は

$$\mathrm{Sp}(n):=\{A\in\mathbb{H}(n)\mid A^*A=I\},\quad \mathfrak{sp}(n)=\{A\in\mathbb{H}(n)\mid A^*+A=0\}$$

であり，$\mathrm{Sp}(n)$ を n **次（コンパクト）シンプレクティック群**とよぶ．ここで，A^* は A に四元数共役を施して転置した行列である．また，$\mathbb{C}^{2n}$ 上に四元数構造 $\mathbb{C}^{2n}\ni(z,w)\mapsto(-\bar{w},\bar{z})\in\mathbb{C}^{2n}$ を入れることにより，$\mathbb{C}^{2n}\cong\mathbb{H}^n$ とみなせる．このとき，次が成立する．

$$\mathrm{Sp}(n)=\{A\in\mathbb{C}(2n)\mid A^*A=I,\ \bar{A}J=JA\}\subset\mathrm{SU}(2n),\quad J=\begin{pmatrix}0&I_n\\-I_n&0\end{pmatrix}$$ ■

▶**問 A.1**　$\mathbb{H}\cong\mathbb{C}^2$ とみなせば，$\mathrm{Sp}(1)\cong\mathrm{SU}(2)$ となることを示せ．また，$\dim\mathrm{Sp}(n)=n(2n+1)$ を示せ． ◀

さて，G をリー群とする．$g\in G$ に対し $\mathrm{Ad}(g):=dL_g dR_{g^{-1}}:T_eG\to T_eG$ とすれば，$\mathrm{Ad}(g)\mathrm{Ad}(h)=\mathrm{Ad}(gh)$ を満たすので，群準同型

$$\mathrm{Ad}:G\ni g\mapsto\mathrm{Ad}(g)\in\mathrm{GL}(\mathfrak{g})$$

を得る．これはリー群 G のリー環 $\mathfrak{g}$ への表現であり，**随伴表現**（adjoint representation）という．また，$L_gR_{g^{-1}}:G\to G$ が微分同相であることから，$\mathrm{Ad}(g)[X,Y]=[\mathrm{Ad}(g)X,\mathrm{Ad}(g)Y]$ となり，$\mathrm{Ad}(g)$ は $\mathfrak{g}$ の（リー環としての）自己同型である．さらに，次が成立する．

命題 A.4　随伴表現 $\mathrm{Ad}:G\to\mathrm{GL}(\mathfrak{g})$ の単位元での微分は

$$\mathrm{ad}:=d\mathrm{Ad}_e:\mathfrak{g}\ni X\mapsto\mathrm{ad}(X)\in\mathrm{End}(\mathfrak{g}),\quad \mathrm{ad}(X)Y:=[X,Y],\quad (Y\in\mathfrak{g})$$

となり，$\mathrm{Ad}(\exp tX)=\exp t\mathrm{ad}(X)\in\mathrm{GL}(\mathfrak{g})$ （$t\in\mathbb{R},\ X\in\mathfrak{g}$）が成立する．

証明　$\gamma_1(t)=\mathrm{Ad}(\exp tX)$，$\gamma_2(t)=\exp t\mathrm{ad}(X)$ は $\mathrm{GL}(\mathfrak{g})$ 内の 1 パラメータ部分群となるので，原点での接ベクトルで完全に決まってしまう．$\gamma_1'(0)$，$\gamma_2'(0)$ はどちらも $Y\mapsto[X,Y]$

という End($\mathfrak{g}$) の元を与える．よって，$\mathrm{Ad}(\exp tX) = \exp t\,\mathrm{ad}(X)$ となる． □

リー群の間の準同型に対しても，上と同様な命題が成立する．

命題 A.5 G, H をリー群として，$F : H \to G$ を準同型かつ滑らかな写像とする．このとき，単位元での微分を考えると，リー環の準同型 $f = dF_e : \mathfrak{h} \to \mathfrak{g}$ を得る．そして，$F(\exp tX) = \exp tf(X)$（$t \in \mathbb{R}, X \in \mathfrak{g}$）を満たす．特に，$H$ が G の部分リー群なら $\mathfrak{h}$ は $\mathfrak{g}$ の部分リー環である．

A.1.2 等質空間

等質空間について簡単に説明しよう．リー群 G とその閉部分リー群 H の商空間 G/H は多様体となる．これは，群 G という対称性をもった多様体である．

定理 A.1 G をリー群として，H を G の閉リー部分群とする．G における同値関係 $g \sim g'$ を $g^{-1}g' \in H$ と定める．このとき，商空間

$$G/H := G/\!\sim\, = \{[g] = gH \mid g \in G\}$$

は $\dim G - \dim H$ 次元の多様体となり，G の**等質空間**（homogeneous space）という．

証明の概略 局所座標の与え方についてのみ述べておく．G，H のリー環を $\mathfrak{g}$，$\mathfrak{h}$ とする．$\mathfrak{h}$ は $\mathfrak{g}$ の部分リー環であるので，$\mathfrak{g} = \mathfrak{h} \oplus \mathfrak{m}$ となる部分ベクトル空間 $\mathfrak{m}$ をとる．このとき，$\mathfrak{h} \oplus \mathfrak{m} \ni (X, Y) \mapsto \exp X \exp Y \in G$ は $(0, 0)$ の十分小さい近傍をとれば，G の局所座標を与える．さらに，$0 \in \mathfrak{m}$ の近傍 U を十分小さくとれば，

$$\mathfrak{m} \supset U \ni X \mapsto (\exp X)H \in G/H$$

は G/H 内の開集合への同相写像となり，これが $[e]$ のまわりの局所座標を与える．他の点でも同様にすればよい．なお，H が閉集合であることは，G/H がハウスドルフ空間になるために必要である． □

定義 A.6 リー群 G が多様体 M へ（左から）**作用**するとは，滑らかな写像

$$G \times M \ni (g, x) \mapsto gx \in M$$

が与えられていて，$(g_1g_2)x = g_1(g_2x)$，$ex = x$（$g_1, g_2 \in G$，$x \in M$）を満たすことである．このとき，作用に関して次のいくつかの概念が定義される．

(1) 点 $x \in M$ における**イソトロピー**（isotropy）**部分群**（または固定部分群）とは $G_x := \{g \in G \mid gx = x\} \subset G$ のことであり，G の閉部分リー群となる．

(2) 点 $x \in M$ を通る G **軌道**（orbit）とは $G \cdot x = \{gx \mid g \in G\} \subset M$ のことである．また，点 x を通る軌道 $G \cdot x$ は等質空間 G/G_x と微分同相である．

(3) 軌道の全体は商集合 M/G となり，軌道空間とよばれる（多様体になるとは限らない）．

(4) 作用が**自由**（free）であるとは，任意の $x \in M$ に対して $G_x = \{e\}$ となることである．つまり，任意の点の軌道が G と微分同相となることである．

(5) 作用が**推移的**（transitive）とは，任意の 2 点 $x, x' \in M$ に対して，$gx = x'$ となる $g \in G$ が存在することである．つまり，軌道が一つのみ（軌道空間が 1 点）ということである．このとき，点 $x \in M$ を一つ固定すれば，$M = G/G_x$ となる．このように群が推移的に作用する多様体は等質空間となる．逆に，等質空間 G/H には G が推移的に作用する．

■**例 A.6**　$\mathrm{SO}(n+1)$ は $\mathbb{R}^{n+1}$ に自然に作用する．点 $x \in \mathbb{R}^{n+1}$ が $\|x\| = r \neq 0$ なら，点 x の軌道は半径 r の球面であり $\mathrm{SO}(n+1)_x \cong \mathrm{SO}(n)$ となる．特に，球面 $S^n \subset \mathbb{R}^{n+1}$ は等質空間として $S^n = \mathrm{SO}(n+1)/\mathrm{SO}(n)$ と書ける．また，$x = 0$ の軌道は $\{0\}$ であり $\mathrm{SO}(n+1)_0 = \mathrm{SO}(n+1)$ である．■

▶**問 A.2**　$H(n)$ を $n \times n$ のエルミート行列全体とする．この空間に $\mathrm{U}(n)$ が，

$$\mathrm{U}(n) \times H(n) \ni (P, X) \mapsto PXP^{-1} \in H(n)$$

により作用する．エルミート行列がユニタリ行列により対角化できることを考慮して，軌道空間を求めよ．また，各軌道を等質空間として G/H の形で表せ．◀

次は本書でたびたび用いる重要な概念である．

定義 A.7　リー群 G が多様体 M, N に作用しているとする．滑らかな写像 $F : M \to N$ が G **同変**であるとは，$F(gx) = gF(x)$（$\forall x \in M$, $\forall g \in G$）が成立することである．G 同変であることを，写像 F が G の作用と可換であるともいう．

A.2　リー群の表現

リー群の表現について基本的な事柄をまとめておく．詳しくは文献 [22], [45] などを参照のこと．

定義 A.8　リー群 G の**表現**（representation）とは，複素ベクトル空間 V と（滑らかな）準同型 $\rho : G \to \mathrm{GL}(V)$ の組 (ρ, V) のことである．V を G **の表現空間**または

G **加群**とよぶ．前節の言葉を使えば，表現とは G が V へ線形に作用していることである．

リー環 $\mathfrak{g}$ の**表現**とは，複素ベクトル空間 V とリー環の準同型 $\pi : \mathfrak{g} \to \mathrm{End}(V)$ の組 (π, V) のことである．ここで，$\mathrm{End}(V)$ は V の線形変換全体が成すベクトル空間のことであり，$X, Y \in \mathrm{End}(V)$ に対して $[X, Y] = XY - YX$ とすることで，$\mathrm{End}(V)$ にリー環構造を入れている．

本書では（断らない限り），「表現」とは有限次元の複素ベクトル空間への表現のことを意味する．実ベクトル空間への表現は実表現という．

定義 A.9 G の表現 (ρ, V) を考える．表現空間 V にエルミート内積 $\langle \cdot, \cdot \rangle$ が入っているとする．$\langle \rho(g)v, \rho(g)w \rangle = \langle v, w \rangle$（$\forall g \in G, \forall v, w \in V$）が成立するとき，表現 (ρ, V) を**ユニタリ表現**とよぶ．つまり，$\rho(g)$ は V のユニタリ変換を与える．

リー群の表現 $\rho : G \to \mathrm{GL}(V)$ を考える．命題 A.5 より，単位元での微分写像 $d\rho : \mathfrak{g} \cong T_e(G) \to \mathrm{End}(V)$ はリー環の準同型なので，$\mathfrak{g}$ の V への表現となる．$(d\rho, V)$ を (ρ, V) の**微分表現**または**無限小表現**という．また，G のユニタリ表現の微分表現は $\langle d\rho(X)v, w \rangle + \langle v, d\rho(X)w \rangle = 0$（$\forall X \in \mathfrak{g}, \forall v, w \in V$）を満たす．言い換えれば，$d\rho(X)$ は V の歪エルミート変換である．

コンパクトリー群の表現は必ずユニタリ表現にできることを示そう．

命題 A.6 コンパクトリー群 G には両側不変測度 dg が存在する．つまり，$f \in C^\infty(G)$ に対して，

$$\int_G f(gh)dg = \int_G f(hg)dg = \int_G f(g)dg, \quad (\forall h \in G)$$

を満たす G 上の n 形式 dg が存在する．ここで，$n = \dim G$ とする．

証明 G は n 次元多様体なので $\dim_{\mathbb{R}} \Lambda^n(T_e(G)) = 1$ である．零でない $\omega \in \Lambda^n(T_e(G))$ を用いて，左移動 $L_g : G \to G$ により $(dg)_g := (dL_{g^{-1}})^* \omega$ とすれば，dg は左不変な n 形式である．よって，

$$\int_G f(hg)dg = \int_G f(g)dg, \quad (\forall h \in G)$$

が成立する．また，右移動により引き戻した $R_h^* dg$ を考えると，$R_h L_g = L_g R_h$ により，$R_h^* dg$ は左不変な n 形式である．さて，左不変 n 形式は原点での値で決まってしまうので，左不変な n 形式の全体は 1 次元ベクトル空間である．よって，$R_h^* dg = \alpha(h) dg$ となるような $\alpha \in C^\infty(G)$ が定まる．$R_h R_{h'} = R_{hh'}$ により，$\alpha : G \to \mathbb{R} \setminus \{0\}$ は準同型となる．また，G がコンパクトであるので α は有界となる．よって，$\alpha \equiv 1$ である．このように，dg は

両側不変な n 形式であり求めるものとなる. □

命題 A.7　コンパクトリー群 G の有限次元表現 (ρ, V) を考える. このとき, ユニタリ表現になるように V にエルミート内積を入れることができる.

証明　G がコンパクト群であるので, 命題 A.6 より不変測度 dg が存在する. V の勝手なエルミート内積 $\langle\cdot,\cdot\rangle$ を選び不変測度で平均化すれば, G 不変内積を得る. 実際, 次のようになる.

$$\langle v, w\rangle_{inv} := \frac{1}{\mathrm{vol}(G)}\int_G \langle\rho(g)v, \rho(g)w\rangle dg = \frac{1}{\mathrm{vol}(G)}\int_G \langle\rho(gh)v, \rho(gh)w\rangle dg$$
$$= \frac{1}{\mathrm{vol}(G)}\int_G \langle\rho(g)\rho(h)v, \rho(g)\rho(h)w\rangle dg = \langle\rho(h)v, \rho(h)w\rangle_{inv}, \quad (\forall h \in G)$$

□

定義 A.10　リー群 G の表現 (ρ, V) を考える. 部分ベクトル空間 $W \subset V$ が $\rho(G)W \subset W$ を満たすとき, G **不変部分空間**という. 表現 (ρ, V) の G 不変部分空間が V と $\{0\}$ のみのとき, (ρ, V) を**既約表現**という. また, 既約でない場合は可約という. 表現 (ρ, V) の表現空間 V が既約表現空間の直和に分解（**既約分解**）できるとき, 表現は**完全可約**であるという. リー環の表現に対する既約性なども同様に定義できる.

命題 A.8　コンパクトリー群 G の（有限次元）表現は完全可約である.

証明　(ρ, V) を G の表現とする. ユニタリ表現としてよい. $W \subset V$ が G 不変とすれば $W^\perp = \{v \in V \mid \langle v, w\rangle = 0, \forall w \in W\}$ も G 不変であり, $V = W \oplus W^\perp$ となる. この作業を繰り返せばよい. □

▶**問 A.3**　上の証明において $W^\perp$ が G 不変であることを示せ. ◀

定義 A.11　G の表現 $(\rho, V), (\rho', V')$ が**同値**とは, G 同変な線形同型 $\Phi : V \to V'$ が存在することで, $\rho \cong \rho'$ と書く. また, 同値でないときは非同値という.

G の表現 (ρ, V) から新しく表現を構成することができる.

■**例 A.7**　G の表現 (ρ, V) を考える. このとき, 双対空間 V^* への G の作用を

$$(\rho^*(g)f)(v) := f(\rho(g^{-1})v), \quad (f \in V^*, v \in V)$$

とすれば, V^* 上の表現を得る. これを**転置表現**または**双対表現**とよぶ. また, V の複素共役空間 $\overline{V}$ を考える. つまり, $\overline{V} := \{\bar{v} | v \in V\}$ という集合であり, $\bar{v}+\bar{w} := \overline{v+w}$,

$z \cdot \bar{v} := \overline{(\bar{z}v)}$ によりベクトル空間の構造を入れたものである．このとき，

$$\bar{\rho}(g)\bar{v} := \overline{\rho(g)v}, \quad (v \in V)$$

により，$\overline{V}$ は G の表現空間になる．これを**共役表現**という．さらに，ρ がユニタリ表現ならエルミート内積を使って G 同変な線形同型 $V^* \cong \overline{V}$ がつくれるので，双対表現と共役表現は同値である．■

■**例 A.8**　G の表現 (ρ, V), (ρ', V') から新しい表現をつくることができる．

(1) $(\rho \otimes \rho')(g) := \rho(g) \otimes \rho'(g)$ とすれば，$V \otimes V'$ は G 加群になる．これを**テンソル積表現**とよぶ．もとの表現が既約だとしても，テンソル積表現は既約とは限らないことに注意しよう．

(2) V の交代テンソル積 $\Lambda^k(V)$ を考えると，上と同様に G 加群となる．$\rho(g)(v_1 \wedge \cdots \wedge v_k) := \rho(g)v_1 \wedge \cdots \wedge \rho(g)v_k$ とすればよい．同様に，V の対称テンソル積 $S^k(V)$ も G 加群である．

(3) $\mathrm{Hom}(V, V') = V' \otimes V^*$ も自然に G 加群となる．

このように，線形代数の基本的な操作を使えば表現をたくさんつくることができる．■

A.3　微分形式に関する補足

多様体上の微分形式に関していくつかの補足をしておく（詳細は文献 [51], [70]）．n 次元多様体 M 上の p 次微分形式の全体 $\Omega^p(M)$ 上には，**外微分**（exterior derivative）という線形写像

$$d : \Omega^p(M) \to \Omega^{p+1}(M), \quad (p = 0, 1, \cdots, n)$$

が定義される．$\alpha \in \Omega^p(M)$ の局所座標表示を

$$\alpha = \sum_{1 \le i_1 < \cdots < i_p \le n} a_{i_1 \cdots i_p}(x) dx_{i_1} \wedge dx_{i_2} \wedge \cdots \wedge dx_{i_p}$$

とすれば，

$$d\alpha = \sum_{1 \le i_1 < \cdots < i_p \le n} \sum_{j=1}^{n} \frac{\partial a_{i_1 \cdots i_p}}{\partial x_j}(x) dx_j \wedge dx_{i_1} \wedge dx_{i_2} \wedge \cdots \wedge dx_{i_p}$$

で与えられる．この外微分は $d^2 = 0$ を満たす．また，次のようにベクトル場を使って表すこともできる．ベクトル場 $X_1, \cdots, X_{p+1} \in \mathfrak{X}(M)$ に対して，

$$d\alpha(X_1,\cdots,X_{p+1})=\sum_{i=1}^{p+1}(-1)^{i+1}X_i(\alpha(X_1,\cdots,\hat{X}_i,\cdots,X_{p+1}))\\+\sum_{i<j}(-1)^{i+j}\alpha([X_i,X_j],X_1,\cdots,\hat{X}_i,\cdots,\hat{X}_j,\cdots,X_{p+1})$$

が成立する．たとえば，$\alpha\in\Omega^1(M)$ なら，次を得る．

$$d\alpha(X,Y)=X(\alpha(Y))-Y(\alpha(X))-\alpha([X,Y])$$

次に，カルタンの公式を示そう．n 次元多様体 M 上のベクトル束 $\Lambda^*(T^*M)$ を考える．X をベクトル場とする．各点 x において式 (2.2) により線形写像 $\iota(X_x):\Lambda^p(T_x^*M)\to\Lambda^{p-1}(T_x^*M)$ を定めれば，ベクトル束の準同型 $\iota(X):\Lambda^p(T^*M)\to\Lambda^{p-1}(T^*M)$ を得る．そして，次の**内部積**とよばれる線形写像を得る．

$$\iota(X):\Omega^p(M)\ni\alpha\mapsto\iota(X)\alpha\in\Omega^{p-1}(M),\quad(p=0,1,\ldots,n)$$

また，ベクトル場 X の（局所）1 パラメータ変換群を ϕ_t とすれば，次の**リー微分**とよばれる $\Omega^p(M)$ 上の線形写像を得る（$p=0,1,\ldots,n$）．

$$L_X:\Omega^p(M)\ni\alpha\mapsto L_X\alpha\in\Omega^p(M),\quad L_X\alpha=\left.\frac{d}{dt}\phi_t^*\alpha\right|_{t=0}$$

ここで，ϕ_t^* は微分形式上の引き戻し写像

$$(\phi_t^*\alpha)(X_1,\ldots,X_p):=\alpha(d\phi_t(X_1),\ldots,d\phi_t(X_p)),\quad(X_1,\ldots,X_p\in\mathfrak{X}(M))$$

である．リー微分の定義からわかるように，L_X は外微分 d と可換であり，ライプニッツ則（下の第 2 式）を満たす．

$$L_X(d\alpha)=dL_X\alpha,\quad L_X(\alpha\wedge\beta)=L_X\alpha\wedge\beta+\alpha\wedge L_X\beta$$

また，M 上のベクトル場の全体 $\mathfrak{X}(M)$ 上にもリー微分

$$L_X:\mathfrak{X}(M)\ni Y\mapsto L_X(Y)\in\mathfrak{X}(M)$$

が定義され，ベクトル場のリー括弧積 $[X,Y]$ に一致する．すなわち，点 $x\in M$ において

$$[X,Y]_x=L_X(Y)_x=\lim_{t\to0}\frac{Y_x-d\phi_t(Y_{\phi_{-t}(x)})}{t}\tag{A.2}$$

が成立する．よって，$\alpha\in\Omega^p(M)$，$X_1,\ldots,X_p,X\in\mathfrak{X}(M)$ に対して，

$$L_X(\alpha(X_1,\ldots,X_p))=(L_X\alpha)(X_1,\ldots,X_p)+\sum_{i=1}^{p}\alpha(X_1,\ldots,[X,X_i],\ldots,X_p)$$

となる．さて，リー微分，内部積，外微分は次の関係をもつ．

命題 A.9 (カルタンの公式) X を M 上ベクトル場とする．このとき，次が成立する．

$$L_X = d\iota(X) + \iota(X)d : \Omega^p(M) \to \Omega^p(M)$$

証明 $R_X := d\iota(X) + \iota(X)d$ とする．まず，$\alpha \in \Omega^p(M), \beta \in \Omega^q(M)$ に対して，

$$\iota(X)(\alpha \wedge \beta) = \iota(X)\alpha \wedge \beta + (-1)^p \alpha \wedge \iota(X)\beta,$$
$$d(\alpha \wedge \beta) = d\alpha \wedge \beta + (-1)^p \alpha \wedge d\beta$$

から，R_X はライプニッツ則を満たす．また，$dR_X = R_X d$ となる．よって，L_X, R_X は，(1) d と可換，(2) ライプニッツ則，(3) $R_X f = L_X f = X(f)$ ($f \in C^\infty(M)$) を満たす．$\alpha \in \Omega^p(M)$ を局所表示して，(1)〜(3) を使えば，$R_X \alpha = L_X \alpha$ となる． □

次に，多様体のドラームコホモロジー群の定義と基本事項を述べる．n 次元多様体 M 上で外微分 $d : \Omega^p(M) \to \Omega^{p+1}(M)$ ($p = 0, 1, \ldots, n$) から，次の線形写像の系列を得る．

$$0 \to \Omega^0(M) \xrightarrow{d} \Omega^1(M) \xrightarrow{d} \cdots \xrightarrow{d} \Omega^n(M) \xrightarrow{d} 0$$

p 次形式 $\alpha \in \Omega^p(M)$ が $d\alpha = 0$ を満たすとき α を p **次閉形式**とよび，$\alpha = d\beta$ となる $\beta \in \Omega^{p-1}(M)$ が存在するとき α を p **次完全形式**とよぶ．$d^2 = 0$ より，完全形式なら閉形式であり，各 p に対して p **次ドラームコホモロジー群**

$$H^p_{DR}(M) = \{p \text{ 次閉形式全体 }\}/\{p \text{ 次完全形式全体 }\}$$

が定まる．$H^p_{DR}(M)$ の元は p 次閉形式 α を用いて $[\alpha] \in H^p_{DR}(M)$ と書ける．また，次の問 A.4 から $H^*_{DR}(M) = \oplus_p H^p_{DR}(M)$ には環構造が入り，多様体の間の写像 $F : N \to M$ は環準同型 $F^* : H^*_{DR}(M) \to H^*_{DR}(N)$ を導く．

▶**問 A.4** (1) $[\alpha_1] \in H^p_{DR}(M)$，$[\alpha_2] \in H^q_{DR}(M)$ に対して，$[\alpha_1] \wedge [\alpha_2] := [\alpha_1 \wedge \alpha_2]$ とする．この定義が well-defined であり，$[\alpha_1] \wedge [\alpha_2] \in H^{p+q}_{DR}(M)$ となることを示せ．また，$[\alpha_1] \wedge [\alpha_2] = (-1)^{pq}[\alpha_2] \wedge [\alpha_1]$ を示せ．

(2) $F : N \to M$ が滑らかな写像のとき，写像 $F^* : H^p_{DR}(M) \to H^p_{DR}(N)$ が $F^*[\alpha] := [F^*\alpha]$ により定まる．この写像が well-defined であることを示せ．また，$F^*[\alpha_1] \wedge F^*[\alpha_2] = F^*([\alpha_1] \wedge [\alpha_2])$ を示せ． ◀

ドラームコホモロジーの重要な性質の一つ，ホモトピー不変性を述べよう．

定義 A.12 滑らかな写像 $F_0 : M \to N$，$F_1 : M \to N$ に対して，滑らかな写像

$F : M \times [0,1] \to N$ で $F_0(x) = F(x,0)$ および $F_1(x) = F(x,1)$ （$x \in M$）となるものが存在するとき，F_0 と F_1 は**ホモトピック**であるといい，$F_0 \sim F_1$ と書く．また，$F_t(x) = F(x,t)$ とする．この F または $\{F_t\}_{t\in[0,1]}$ を F_0 と F_1 を結ぶホモトピーとよぶ．

定理 A.2　$F_0, F_1 : M \to N$ がホモトピックなら，$F_t^* : H_{DR}^p(N) \to H_{DR}^p(M)$ はすべて同じ写像を与える．特に，$F_0^* = F_1^*$ となる．

証明　$F : M\times[0,1] \to N$ をホモトピーとし $[0,1]$ 上の座標を t とする．$a = [\alpha] \in H_{DR}^p(N)$ に対して，$F^*\alpha$ を dt を含む部分と含まない部分に分解すれば，

$$F^*\alpha = \beta + dt \wedge \gamma$$

となる．ここで，$\beta = F_t^*\alpha$，$\gamma = \iota\left(\dfrac{\partial}{\partial t}\right)F^*\alpha$ である（各自確かめよ）．さて，M 方向の外微分を d_M とすれば，α が閉形式であるので

$$0 = F^*d\alpha = dF^*\alpha = d_M\beta + dt \wedge \frac{\partial\beta}{\partial t} - dt \wedge d_M\gamma$$

となり，$d_M\beta = 0,\ \dfrac{\partial\beta}{\partial t} = d_M\gamma$ を得る．よって，$\dfrac{\partial}{\partial t}F_t^*\alpha = \dfrac{\partial\beta}{\partial t} = d_M\gamma$ となるので

$$F_t^*\alpha - F_0^*\alpha = \int_0^t \frac{\partial}{\partial s}F_s^*\alpha\, ds = d_M\int_0^t \gamma\, ds$$

となる．以上から，$[F_t^*\alpha] = [F_0^*\alpha]$ が成立する．　□

命題 A.10 (ポアンカレ (Poincaré) の補題)　$H_{DR}^0(\mathbb{R}^n) = \mathbb{R}$ であり，$H_{DR}^p(\mathbb{R}^n) = 0$ （$p \neq 0$）となる．

証明　$F : \mathbb{R}^n \times [0,1] \to \mathbb{R}^n$ を $F(x,t) = tx$ として，定理 A.2 を適用すればよい．　□

定義 A.13　多様体 M, N がホモトピックとは，滑らかな写像 $F : M \to N$, $G : N \to M$ で，$F \circ G \sim \mathrm{id}_N$, $G \circ F \sim \mathrm{id}_M$ となるものが存在することである．

たとえば，$\mathbb{R}^n$ と 1 点はホモトピックである．

定理 A.3　M と N がホモトピックなら，$H_{DR}^p(M) \cong H_{DR}^p(N)$ となる．特に，M, N が微分同相なら $H_{DR}^p(M) \cong H_{DR}^p(N)$ となる．

証明　$F^* \circ G^* = \mathrm{id}_{H_{DR}^p(M)}$, $G^* \circ F^* = \mathrm{id}_{H_{DR}^p(N)}$ より，$H_{DR}^p(M) \cong H_{DR}^p(N)$.　□

定理 4.6，系 4.3 から，閉多様体なら $H_{DR}^p(M)$ は有限次元である．そして，向き付き閉多様体に対して，ポアンカレ双対 $H_{DR}^p(M) \cong H_{DR}^{n-p}(M)$ が成立する．

— あとがき —

本書は主に文献 [20] および [50] を参考にしている．また，多様体論や微分幾何学については [43], [51], [70] を，位相幾何学や微分位相幾何学については [15], [53], [58] を参考にした．スピン幾何学の基本的なことはすべて述べたつもりである．その先の進展については [16] または [27] で述べられているので，興味のある読者に一読をお勧めする．また，クリフォード代数へのより代数的もしくはモダンな解説書としては [52] がよい．特に，[16] はさまざまな幾何構造についても詳しく述べられており，微分幾何学を専攻する方にはとても参考になるであろう．しかし，序論で述べたように，ディラック作用素やスピノール場に関連した研究は本書で解説したスピン幾何学以外にもさまざまな方向がある．どの方向に向かうにしても，本書が役に立つことを願う．

また，本書は 2008 年に行った首都大学東京での集中講義の講義ノートがもとになっており，それを大幅に加筆および修正したものである．2014 年にも早稲田大学でスピン幾何学の講義を行い，学生の反応を聞きながら執筆した．

謝辞：本書に対して多くの有益な意見をくださった宮崎直哉氏，集中講義の機会を与えてくださった今井淳氏，学生からの視点として意見をくれた高梨充浩君をはじめとする学生たち，よりよい参考書にするために意見をくださった森北出版の上村紗帆氏に心から感謝いたします．

著　者

— 参考文献 —

[1] W. Ambrose and I. M. Singer. A theorem on holonomy. *Trans. Amer. Math. Soc.*, Vol. 75, pp. 428–443, 1953.

[2] B. Ammann, M. Dahl, and E. Humbert. Surgery and harmonic spinors. *Adv. Math.*, Vol. 220, No. 2, pp. 523–539, 2009.

[3] M. F. Atiyah, R. Bott, and A. Shapiro. Clifford modules. *Topology*, Vol. 3, No. suppl. 1, pp. 3–38, 1964.

[4] M. F. Atiyah, V. K. Patodi, and I. M. Singer. Spectral asymmetry and Riemannian geometry i. *Math. Proc. Cambridge Philos. Soc.*, Vol. 77, pp. 43–69, 1975.

[5] M. F. Atiyah, V. K. Patodi, and I. M. Singer. Spectral asymmetry and Riemannian geometry ii. *Math. Proc. Cambridge Philos. Soc.*, Vol. 78, pp. 405–432, 1975.

[6] M. F. Atiyah, V. K. Patodi, and I. M. Singer. Spectral asymmetry and Riemannian geometry iii. *Math. Proc. Cambridge Philos. Soc.*, Vol. 79, pp. 71–99, 1976.

[7] M. F. Atiyah and I. M. Singer. The index of elliptic operators on compact manifolds. *Bull. Amer. Math. Soc.*, Vol. 69, pp. 422–433, 1963.

[8] J. Baez. The octonions. *Bull. Amer. Math. Soc.*, Vol. 39, No. 2, pp. 145–205, 2002.

[9] C. Bär. Real Killing spinors and holonomy. *Comm. Math. Phys.*, Vol. 154, pp. 509–521, 1993.

[10] C. Bär and M. Dahl. Surgery and the spectrum of the Dirac operator. *J. Reine Angew. Math.*, Vol. 552, pp. 53–76, 2002.

[11] H. Baum. Complete Riemannian manifolds with imaginary Killing spinors. *Ann. Glob. Anal. Geom.*, Vol. 7, pp. 205–226, 1989.

[12] H. Baum, Th. Friedrich, R. Grunewald, and I. Kath. *Twistors and Killing spinors on Riemannian manifolds*, Vol. 124 of *Teubner-Texte zur Mathematik*. Teubner-Verlag, 1991.

[13] N. Berline, E. Getzler, and M. Vergne. *Heat kernels and Dirac operators*. Grundlehren Text Editions. Springer-Verlag, 1992.

[14] A. Besse. *Einstein manifolds*. Springer-Verlag, 1987.

[15] R. Bott and L. W. Tu. *Differential forms in algebraic topology*, Vol. 82 of *GTM*. Springer-Verlag, 1982.

[16] J.-P. Bourguignon, O. Hijazi, J.-L. Milhorat, A. Moroianu, and S. Moroianu. *A spinorial approach to Riemannian and conformal geometry*. Monographs in Math. Europian Mathematical Society, 2015.

[17] C. Boyer and K. Galicki. *Sasakian geometry*. Oxford Mathematical Monographs. Oxford University Press, 2008.

[18] R. Bryant. Metrics with exceptional holonomy. *Ann. of Math.*, Vol. 126, No. 3, pp. 525–576, 1987.

[19] J. J. Duistermaat. *The heat kernel Lefschetz fixed point formula for the spin c Dirac operator*, Vol. 18 of *Progress in Nonlinear Differential Equations and their Applications*. Birkhäuser, 1996.

[20] Th. Friedrich. *Dirac operators in Riemannian geometry*, Vol. 25 of *Graduate Studies in Math.* AMS, 2000.

[21] Th. Friedrich, I. Kath, A. Moroianu, and U. Semmelmann. On nearly parallel G_2-structures. *J. Geom. Phys.*, Vol. 23, No. 3-4, pp. 259–286, 1997.

[22] W. Fulton and J. Harris. *Representation theory. A first course*, Vol. 129 of *GTM*. Springer-Verlag, 1991.

[23] 古田幹雄. 指数定理. 岩波書店, 2008.

[24] S. Gallot. Équations différentielles caractéristiques de la sphère. *Ann. Sci. E.N.S.*, Vol. 12, pp. 235–267, 1979.

[25] P. Gauduchon. Structures de Weyl et théorèmes d'annulation sur une variété conforme autoduale. *Ann. Scuola Norm. Sup. Pisa Cl. Sci.*, Vol. 18, No. 4, pp. 563–629, 1991.

[26] P. Gilkey. *Invariance theory, the heat equation, and the Atiyah-Singer index theorem. Second edition.* Studies in Advanced Mathematics. CRC Press, 1995.

[27] N. Ginoux. *The Dirac spectrum*, Vol. 1976 of *Lecture Notes in Mathematics*. Springer-Verlag, 2009.

[28] S. Goette. Computations and applications of *eta* invariants "Global differential geometry". *Springer Proceedings in Mathematics*, Vol. 17, pp. 401–433, 2012.

[29] A Gray. Nearly Kähler manifolds. *J. Diff. Geometry*, Vol. 4, pp. 283–309, 1970.

[30] A Gray. The structure of nearly Kähler manifolds. *Math. Ann.*, Vol. 223, pp. 233–248, 1976.

[31] R. Harvey. *Spinors and calibrations*, Vol. 9 of *Perspectives in Mathematics*. Academic Press, 1990.

[32] R. Harvey and H. B. Lawson. Calibrated geometries. *Acta. Math.*, Vol. 148, pp. 47–157, 1982.

[33] S. Helgason. *Differential geometry, Lie groups, and symmetric spaces*, Vol. 80 of *Pure and Applied Mathematics*. Academic Press, 1978.

[34] N. Hitchin. Harmonic spinors. *Adv. Math.*, Vol. 14, pp. 1–55, 1974.

[35] Y. Homma. Bochner-Weitzenböck formulas and curvature actions on Riemannian manifolds. *Trans. Amer. Math. Soc.*, Vol. 358, No. 1, pp. 87–114, 2006.

[36] J.-S. Huang and P. Pandžić. *Dirac operators in representation theory*. Mathematics: Theory & Applications. Birkhäuser, 2006.

[37] J. Humphreys. *Introduction to Lie algebras and representation theory*, Vol. 9 of *GTM*. Springer-Verlag, 1972.

[38] D. Husemoller. *Fibre Bundles (third edtion)*, Vol. 20 of *GTM*. Springer-Verlag, 1994.

[39] S. Ishihara. Quaternion Kählerian manifolds. *J. Diff. Geom.*, Vol. 9, pp. 483–500, 1974.

[40] D. Joyce. *Compact manifolds with special holonomy*. Oxford Mathematical Monographs. Oxford University Press, 2000.

[41] D. Joyce. *Riemannian holonomy groups and calibrated geometry*, Vol. 12 of *Oxford Graduate Texts in Mathematics*. Oxford University Press, 2007.

[42] M. Karoubi. *K -theory. An introduction*. Springer-Verlag, 1978.

[43] 小林昭七. 接続の微分幾何とゲージ理論. 裳華房, 1989.

[44] 小林昭七. 複素幾何. 岩波書店, 2005.

[45] 小林俊行, 大島利雄. リー群と表現論. 岩波書店, 2005.

[46] S. Kobayshi and K. Nomizu. *Foundations of differential geometry. Vol. I and II.* A Wiley-Interscience Publication, 1963.1969.

[47] W. Kühnel. *Differential geometry:curves-surfaces-manifolds, (third edition)*, Vol. 77 of *Student Math. Library*. AMS, 2015.

[48] W. Kühnel and H.-B. Rademacher. Asymptotically Euclidean manifolds and twistor spinors. *Comm. Math. Phys.*, Vol. 196, No. 1, pp. 67–76, 1998.

[49] W. Kühnel and H.-B. Rademacher. Asymptotically Euclidean ends of Ricci flat manifolds, and conformal inversion. *Math. Nachr.*, Vol. 219, pp. 125–134, 2000.

[50] H. B. Lawson and M.-L. Michelsohn. *Spin geometry*, Vol. 38 of *Princeton Mathematical Series*. Princeton University Press, 1989.

[51] 松島与三. 多様体入門, 数学選書, 第 5 巻. 裳華房, 1965.

[52] E. Meinrenken. *Clifford algebras and Lie theory*, Vol. 58 of *A Series of Modern Surveys in Mathematics*. Springer, 2013.

[53] J. W. Milnor and J. D. Stasheff. *Characteristic classes*, Vol. 76 of *Annals of Math. Stud.* Princeton University Press, 1974.

[54] A. Moroianu. Parallel and Killing spinors on Spin^c manifolds. *Comm. Math.*

Phys., Vol. 187, No. 2, pp. 417–427, 1997.

[55] A. Moroianu. *Lectures on Kähler geometry*, Vol. 69 of *London Mathematical Society Student Texts*. Cambridge Univ. Press, 2007.

[56] A. Moroianu and U. Semmelmann. Parallel spinors and holonomy groups. *J. Math. Phys.*, Vol. 41, No. 4, pp. 2395–2402, 2000.

[57] P.-A. Nagy. Nearly Kähler geometry and Riemannian foliations. *Asian J. Math.*, Vol. 6, No. 3, pp. 281–301, 2002.

[58] 中岡稔. 復刊 位相幾何学—ホモロジー論, 共立講座 現代の数学, 第 15 巻. 共立出版, 1999.

[59] M. Obata. Certain conditions for a Riemannian manifold to be isometric with a sphere. *J. Math. Soc. Japan*, Vol. 14, pp. 333–340, 1962.

[60] H.-B. Rademacher. Generalized Killing spinors with imaginary Killing function and conformal Killing fields. *Lecture Notes in Math.*, Vol. 1481, pp. 192–198, 1991.

[61] 酒井隆. リーマン幾何学, 数学選書, 第 11 巻. 裳華房, 1992.

[62] S. M. Salamon. Quaternionic Kähler manifolds. *Invent. Math.*, Vol. 67, pp. 143–171, 1982.

[63] S. M. Salamon. *Riemannian geometry and holonomy groups*, Vol. 201 of *Pitamna Research Notes in Mathematics*. Longman, 1989.

[64] P. Shanahan. *The Atiyah-Singer index theorem. An introduction*, Vol. 638 of *Lecture note in Math.* Springer, 1978.

[65] R. Strichartz. Linear algebra of curvature tensors and their covariant derivatives. *Canad. J. Math.*, Vol. 40, pp. 1105–1143, 1988.

[66] Y. Tashiro. Complete Riemannian manifolds and some vector fields. *Trans. AMS.*, Vol. 117, No. 251–275, 1965.

[67] 浦川肇. スペクトル幾何, 共立講座 数学の輝き, 第 3 巻. 共立出版, 2015.

[68] M. Wang. Parallel spinors and parallel forms. *Ann. Golob. Anal. Geom.*, Vol. 7, pp. 59–68, 1989.

[69] M. Wang. On non-simply connected manifolds with non-trivial parallel spinor. *Ann. Golob. Anal. Geom.*, Vol. 13, pp. 31–42, 1995.

[70] F. W. Warner. *Foundations of differentiable manifolds and Lie groups*, Vol. 94 of *GTM*. Springer-Verlag, 1983.

[71] 横田一郎. 群と位相, 基礎数学選書, 第 5 巻. 裳華房, 1971.

— 索 引 —

■記号

■あ行

■か行

■さ行

■た行

■な行

■は行

■ま行

■や行

■ら行

■わ行

著者略歴

本間　泰史（ほんま・やすし）

1971年　生まれる
1994年　早稲田大学理工学部数学科卒業
2001年　博士（理学）取得
　　　　早稲田大学理工学部助手，日本学術振興会特別研究員，
　　　　東京理科大学理工学部助手，早稲田大学理工学術院准教授を経て
2012年　早稲田大学理工学術院教授
　　　　現在に至る

編集担当　上村紗帆（森北出版）
編集責任　藤原祐介・石田昇司（森北出版）
組　　版　中央印刷
印　　刷　　同
製　　本　協栄製本

スピン幾何学
―スピノール場の数学―

2016年11月14日　第1版第1刷発行
2017年10月10日　第1版第2刷発行

著　　者　本間泰史
発 行 者　森北博巳
発 行 所　**森北出版株式会社**
東京都千代田区富士見1-4-11（〒102-0071）
電話 03-3265-8341／FAX 03-3264-8709
http://www.morikita.co.jp/
日本書籍出版協会・自然科学書協会　会員
JCOPY ＜(社)出版者著作権管理機構　委託出版物＞

落丁・乱丁本はお取替えいたします．

Printed in Japan／ISBN978-4-627-07761-4